新工科机器人工程专业系列教材

Robot System Design and Application

机器人系统设计与实践

张志安　雷晓云　主编

清華大學出版社
北　京

内容简介

本书向读者介绍了机器人领域的相关专业知识，在此基础上详细讲解了如何基于任务要求设计一款全向移动机器人，从总体方案设计、结构设计、控制系统设计等方面全面讲解。本书首先概述了机器人的基本概念、发展历史、关键技术、发展趋势等。从机器人系统设计的角度出发，介绍了机器人的结构设计基础知识，涵盖机器人结构设计的关键零部件设计及其材料的选择。从机器人控制系统方向，介绍了核心控制芯片、常用传感器类型、驱动控制技术及控制算法。同时对机器人设计涉及的结构设计及仿真、电路设计及仿真、系统设计及仿真、算法实现等常用软件进行了介绍。以机甲大师竞赛机器人为基础，对全向移动机器人的系统设计与实现、不同种类机器人的设计与实现进行了详细的分析与讲解。

本书适用于机器人工程、智能制造、人工智能等新兴学科专业，同时也适用于传统新工科专业，是大学生自主学习机器人技术的一本参考书目。

图书在版编目(CIP)数据

机器人系统设计与实践/张志安，雷晓云主编. —北京：清华大学出版社，2023.7
新工科机器人工程专业系列教材
ISBN 978-7-302-63589-5

Ⅰ. ①机… Ⅱ. ①张… ②雷… Ⅲ. ①工业机器人－系统设计－高等学校－教材 Ⅳ. ①TP242.2

中国国家版本馆 CIP 数据核字(2023)第 092787 号

责任编辑：许 龙
封面设计：常雪影
责任校对：赵丽敏
责任印制：宋 林

出版发行：清华大学出版社
网　　址：http://www.tup.com.cn，http://www.wqbook.com
地　　址：北京清华大学学研大厦 A 座　　**邮　　编**：100084
社 总 机：010-83470000　　**邮　　购**：010-62786544
投稿与读者服务：010-62776969，c-service@tup.tsinghua.edu.cn
质量反馈：010-62772015，zhiliang@tup.tsinghua.edu.cn
印 装 者：三河市龙大印装有限公司
经　　销：全国新华书店
开　　本：185mm×260mm　　**印　　张**：17　　**字　　数**：410 千字
版　　次：2023 年 7 月第 1 版　　**印　　次**：2023 年 7 月第1 次印刷
定　　价：49.80 元

产品编号：091002-01

前言

FOREWORD

机器人系统设计与实战主要面向机器人工程专业，采用项目驱动和赛事引导的方法将机器人技术基础的理论学习和实践训练融合起来，为培养机器人专业人才提供一个可以详尽了解机器人系统设计相关知识的通识性教材。本书讲解机器人设计相关知识的同时，设计的实验项目由浅入深，包含单模块化项目验证到综合性竞赛项目，从机械结构设计出发到机器人整体控制方法，能全方位多样化地为学生提供训练平台。更可以让学生开发自己的创意想法，能充分调动学生的学习积极性，了解自己日后从事的专业方向，从中找到自己未来的科研方向，提升学生分析问题解决问题的能力。

本书的特色之处在于对没有机器人知识基础的初学者甚是友好。学习本书内容之后，将充分了解机器人基本知识，包括机械机构设计基础、控制与传感器技术基础等方面，同时了解各个组成部分的研究方法，包括结构设计软件、电路设计软件以及系统仿真方法等。通识的认知主要是让初学者从专业的角度去认识机器人技术及其应用领域，掌握学习方法和熟悉机器人领域的关键技术。在对基础知识模块化学习的过程中，初学者利用对应的机器人实验箱进行一个个知识点的实践。引入赛事竞争的学习方式，让学生独立完成模块化的功能实践内容，培养自己的实践能力。在模块化学习完成后，掌握了基础的实践方法和调试能力，在此基础上，进行综合性的赛事实践。学生将从查阅资料、设计方案、结构设计、仿真分析、硬件调试、竞赛项目验收等一系列的工作中完成本书的学习。这个学习过程充分调动学生的积极性和创新性，整个学习过程会一直经历“遇到问题、分析问题、解决问题、总结经验”的历程，能很好地培养学生的专业兴趣和工程实践能力。

本书的基本内容包括第 1 章为机器人概述：机器人的概念及发展历史、机器人的分类及应用、机器人关键技术、机器人的发展趋势。第 2 章为机器人结构设计基础：机器人本体、常见的传动机构、执行器、结构件常用材料及其选择、3D 打印技术。第 3 章为机器人控制技术基础：控制器的种类及功能、常用传感器、驱动器及其控制技术、经典控制方法、现代控制方法。第 4 章为机器人系统设计软件：结构设计软件、结构分析仿真软件、电路设计软件、电路仿真软件、机器人系统仿真软件、控制算法实现软件。第 5 章为全向移动机器人设计与实现：全向移动机器人及其分类、全向移动机器人的总体方案设计、麦克纳姆轮的运动分析、全向移动机器人的控制系统、全向移动机器人的应用与展望。第 6 章为机械臂组成与控制：常见机械臂、机械臂控制方法、机械臂的应用。第 7 章为机甲大师机器人：RoboMaster 机甲大师赛、机甲大师机器人兵种、步兵机器人的设计与实现、英雄机器人、工程机器人、哨兵机器人、空中机器人、飞镖系统与雷达。附录部分介绍了机器人主要赛事，机器人学相关学术期刊和会议，以及机器人视觉识别系统。

全书由张志安拟定编写大纲，统稿编写。雷晓云负责部分章节的编写、全书的校对、各个章节内容的修整、图表处理等工作。书中所涉及的实验项目由南京机御科技有限公司负责完成，并提供实验设备支持。

限于编写者的水平，书中可能存在不专业甚至错误之处，敬请广大读者批评指正。

作　者

2023 年 2 月于南京

目录

CONTENTS

第 1 章 机器人概述

1.1 机器人的概念及发展历史

1.1.1 机器人的概念

何谓机器？它的一般定义是由一定物质组成，消耗能源，可以运转、做功。它用来代替人的劳动，能够进行能量变换、信息处理以及产生有用功。机器的发展贯穿在人类历史的全过程中。何谓机器人？一般来说它是自动执行工作的机器装置。它既可以接受人类指挥，又可以运行预先编排的程序，还可以根据以人工智能技术制定的原则纲领行动。它的任务是协助或取代人类的工作，例如教育业、生产业、建筑业，或危险的工作。

从上面两个定义看出，机器的智能化发展即为机器人，最终是为了代替人类的部分劳动，是人类使用工具的高级表现形式。

1920 年，捷克作家卡雷尔·恰佩克(见图 1.1)在他的科幻小说《罗萨姆的万能机器人》(*Rossum's Universal Robots*,*RUR*)中，根据 Robota(捷克文，原意为“劳役、苦工”)和 Robotnik(波兰文，原意为“工人”)，创造出 Robot(机器人)这个词。1942 年，美国著名科幻小说家阿西莫夫(见图 1.2)在其小说《我，机器人》(*I*,*Robot*)一书中提出了著名的“机器人三定律”。

图 1.1　卡雷尔·恰佩克

图 1.2　阿西莫夫

机器人是靠自身动力和控制能力来实现各种功能的一种机器。美国机器人协会给机器人下的定义：“机器人是一种可程序设计和具有多功能的操作机；或是为了执行不同的任务而具有可用计算机改变和可程序设计动作的专门系统。”

国际标准化组织(ISO)对机器人的定义如下：

(1) 机器人的动作机构具有类似于人或其他生物的某些器官(肢体、感受等)的功能；

(2) 机器人具有通用性，工作种类多样，动作程序灵活易变；

(3) 机器人具有不同程度的智能性，如记忆、感知、推理、决策、学习等；

(4) 机器人具有独立性，完整的机器人系统在工作中可以不依赖于人的干预。

机器人技术经过多年的发展，已经形成了一门综合性学科——机器人学(robotics)。它包括以下主要内容：

(1) 机器人基础理论与方法，包括运动学和动力学、作业与运动规划、控制和感知理论等；

(2) 机器人设计理论与技术，如机器人机构分析和综合、机器人结构设计与优化、机器人关键器件设计、机器人仿真技术等；

(3) 机器人仿生学，如机器人形态、结构、功能、能量转换、信息传递、控制和管理等特性和功能，仿生理论与技术方法；

(4) 机器人系统理论与技术，如多机器人系统理论、机器人语言与编程、机器人-人融合、机器人与其他机器系统的协调和交互；

(5) 机器人操作和移动理论与技术，如机器人装配技术、移动机器人运动与步态理论、移动 AGV 稳定性理论、移动操作机器人协调与控制理论等；

(6) 微机器人学，如微机器人的分析、设计、制造和控制等理论与技术方法。

1.1.2 机器人的发展历史

1. 机器人的出现及早期发展

机器人的原始含义即为机器奴隶，从广义来看，机器人未必一定以人类的形态存在。其实在“机器人”这一名词出现之前，我国古代劳动者和能工巧匠们就制造出了一些具有机器人雏形的机器，最早可以追溯到公元前 1400 多年前。据古籍《列子·汤问篇》记载，在西周时期，一位名叫偃师的木偶工匠就研制出了能歌善舞的伶人(木甲艺伶)，这是我国最早记载的具有机器人概念的文字资料。春秋后期，我国著名的木匠鲁班曾制造过一只木鸟，能在空中飞行三日而不下。东汉时期，据资料记载，我国古代著名科学家张衡不仅发明了地动仪、记里鼓车(见图 1.3)，还发明了指南车(见图 1.4)等实用工具。记里鼓车是一种用于计算道路里程的车，车有上下两层，每层各有木制机械人，均手执木槌。下层木人打鼓，车每行一里，敲鼓一下；上层木人敲打铃铛，车每行十里，敲打铃铛一次。显然，记里鼓车就是一种自动机械。指南车顾名思义便是一种可以指向的车，指南车具有复杂的轮系装置，若车上木人的运动起始方向指向南方，则该车无论左转、右转、上坡、下坡，指向始终不变，十分精巧绝伦。

在三国时期，流传蜀国诸葛亮发明了一种能替人搬运物品的机器人：木牛流马(见图 1.5)。分为木牛与流马，这也可以算是比较早期的四足机器人。史载建兴九年至十二年(231－234 年)诸葛亮在北伐时所使用的木牛流马，其载重量为“一岁粮”，大约四百斤以上，每日行程为“特行者数十里，群行者二十里”，为蜀汉十万大军运输粮食。

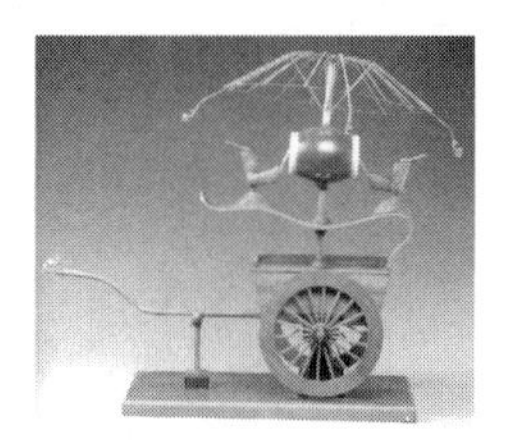

图 1.3 记里鼓车

图 1.4 指南车

图 1.5 木牛流马复原示意图

在国外，公元前 3 世纪就有对自动机械或机器人的研究。传说古希腊发明家戴达罗斯用青铜为克里特岛国王迈诺斯铸造了一个守卫宝岛的青铜卫士塔罗斯。公元前 2 世纪，曾有书籍描写过一个有类似机器人角色的机械化剧院，这些角色能够在宫廷仪式上进行舞蹈和列队表演。古希腊人传说中的“特洛伊木马”(见图 1.6)也是一种机器人，希腊联军躲藏在巨大的特洛伊木马腹中潜入特洛伊城。夜深人静时，潜伏的士兵离开木马，打开城门，使联军攻下了特洛伊城。

图 1.6 特洛伊木马示意图

达·芬奇机器人 (Leonardo's robot)是由列奥纳多·达芬奇大约于 1495 年所设计的仿人机械。这个机器人的设计笔记出现于在 1950 年被发现的手稿(见图 1.7)中，但没有人知道是否有人尝试把它制造出来。一群意大利工程师根据达·芬奇留下的草图苦苦揣摩，耗时 15 年造出了被称作“机器武士”的机器人。这个由达·芬奇 500 年前设计出的“机器武士”可能是世界上最古老的机器人，它靠风能和水力驱动。在达·芬奇留下的设计草图(见图 1.8)中，该机器人被设计成一个骑士的模样，身穿德国-意大利式的中世纪盔甲。明显地，它可以做出一些动作，包括坐起、摆动双手、摇头及张开嘴巴。就如《维特鲁威人》一样，此机器人也是达·芬奇在解剖研究方面有关人体比例的部分成果。

1662 年，日本的竹田近江利用钟表技术发明了自动机器玩偶，并在大阪道顿崛演出。1770 年，美国科学家制造出一种报时鸟，一到整点鸟的翅膀、头以及喙便开始运动，同时发出叫声。它使用弹簧驱动齿轮转动，活塞压缩空气的同时齿轮转动带动凸轮转动，从而驱动

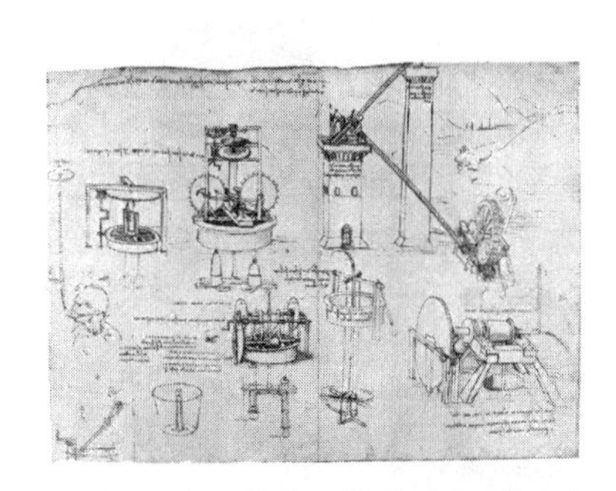

图 1.7 达·芬奇机械装置设计手稿

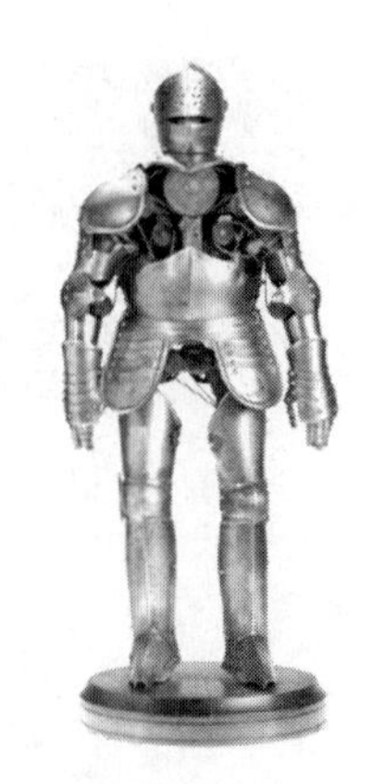

图 1.8 达·芬奇机器人复原模型

翅膀和头部运动。1768—1774 年，瑞士钟表匠德罗斯和他的两个儿子一起发明出了靠发条驱动的三个古老的机器人：写字机器人、绘图机器人和弹风琴机器人，机器人依靠弹簧驱动、由凸轮控制，至今还作为国宝保存在瑞士纳切特尔市艺术和历史博物馆内。并且，更换“写字机器人”内部的 40 个可替换凸轮，它就可以写出不同的词句，这意味着这种机器人就好像计算机内的各种程式一样可以被“编程”，所以“写字机器人”也被一些科学家视为现代计算机的“始祖”。

2. 现代机器人的发展

1）国外机器人的发展历程

真正实用的工业机器人是在 20 世纪 50 年代后问世的。1954 年，美国戴沃尔最早提出了工业机器人的概念（通用自动化），并申请了专利，即“重复性作业的操作机器人”。从 20 世纪 60 年代开始，美国的几所大学、企业便有组织地从基础、应用两方面推进机器人的开发研究，机器人学——对机器人及其设计、制造、应用的研究，便开始成为机器人研究及应用领域的一个常用的术语。随着技术的发展和作业需求的不断增长，人们开始研制具有传感器的机器人。

1961 年，美国麻省理工学院（MIT）林肯实验室把一个配有接触传感器的遥控操纵器的从动部分与一台计算机连接起来，这样的机器人可凭触觉感知物体的状态。同年，美国通用机械公司（Unimation）研制成功其工业机器人 UNIMATE（见图 1.9）。

1962 年，美国机械铸造（AMF）公司研制成功 VERS. ATRAN。

1965 年，MIT 的 Roborts 演示了第一个具有视觉传感器的、能识别与定位简单积木的机器人系统。

1979 年，美国通用机械公司成功研制出关节型机器人——PUMA（见图 1.10）。该机器人拥有多 CPU，两级控制，使用 VAL 语言，全电驱动。

日本在 1967 年开始进口机器人，当时是日本经济的大发展时期，丰田、川崎重工等企业引进了机器人，许多企业一起开始从事机器人的研究和开发。1980 年，工业机器人真正在日本普及，故称该年为日本“机器人元年”。随后工业机器人在日本得到了巨大发展，日本也因此赢得了“机器王国”的美称。

目前，对全球机器人技术发展最有影响的国家依然是美国和日本。美国在机器人技术

图 1.9 世界第一台工业机器人 UNIMATE

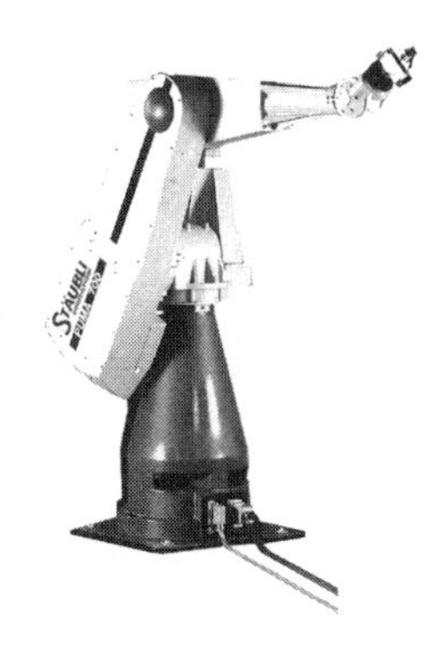

图 1.10 PUMA 机器人

的综合研究水平上仍处于领先地位，而日本生产的机器人在数量、种类方面则居世界首立。国际工业机器人领域的四大标杆企业分别是瑞典的 ABB、德国的 Kuka、日本的 Fanuc 和日本的安川电机，它们的工业机器人本体销量占据了全球市场的半壁江山。

2）中国机器人的发展历程

我国是从 20 世纪 80 年代开始涉足机器人领域的研究和应用的，虽然起步较晚，但在国家的重视和持续支持下，也取得了巨大的进步。最初我国在机器人技术方面研究的主要目的是跟踪国际先进的机器人技术，随后，逐步开始进行自主研发，并取得了不少研究成果。

20 世纪 80 年代，哈尔滨工业大学研制了我国第一台弧焊机器人、第一台点焊机器人，以及第一条全自动称重、包装、码垛生产线。

1986 年，我国开展了"七五"机器人攻关计划。

1993 年，北京自动化研究所研制出喷涂机器人。

1997 年，沈阳自动化研究所研制的 CR-01（见图 1.11）6000m 无缆自治水下机器人被评为 1997 年中国十大科技进展之一，并获得国家科技进步奖。

2000 年，国防科技大学经过 10 年的努力，成功地研制出我国第一个仿人形机器人——"先行者"（见图 1.12），其身高 140cm，重 20kg。它每秒走一步到两步，步行质量较高；既可以在平地上稳步向前，还可以自如地转弯、上坡；既可以在已知的环境中步行，还可以在小偏差、不确定的环境中行走。

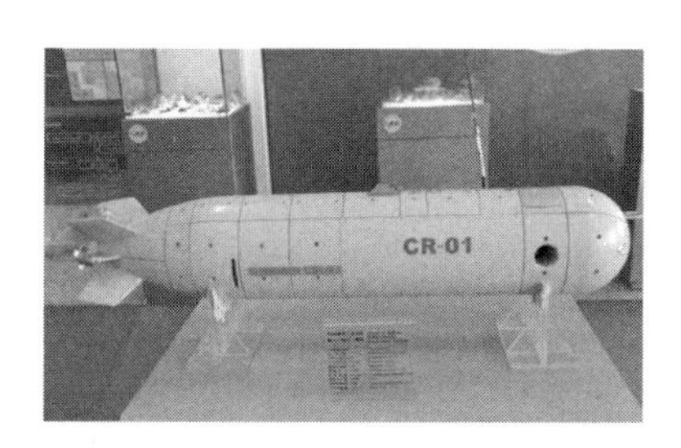

图 1.11 CR-01 无缆自治水下机器人

图 1.12 "先行者"机器人

如今，中国在包括工业机器人、医疗机器人、航空航天机器人等方面都取得了具有国际先进水平的研究成果，依托于哈尔滨工业大学强大的机器人技术实力组建的哈工大机器人集团(HGR)在智慧工厂、工业机器人、服务机器人、特种机器人等领域也提供了各种先进的机器人产品。中国科学院沈阳自动化研究所是我国机器人领域的“国家队”之一,在水下机器人、工业机器人、工业自动化技术、信息技术方面取得多项创新成果。沈阳自动化研究所研制了极地机器人、飞行机器人、纳米操作机器人、仿生结构智能微小机器人、反恐防暴机器人等多种特种机器人,在国内外形成技术领先优势。其孵化的新松机器人自动化股份有限公司是一家以机器人技术为核心的高科技上市公司,是中国机器人领军企业及国家机器人产业化基地,面向智能工厂、智能装备、智能物流、半导体装备、智能交通等产业方向,研制了具有自主知识产权的百余种产品,累计出口 30 多个国家和地区,为全球 3000 余家国际企业提供产业升级服务。

在过去三四十年间,机器人学和机器人技术获得迅速发展,机器人的应用范围遍及工业、科技、教育以及国防等各个领域;在学术领域也形成了一门新的学科——机器人学。当代,随着计算机技术和人工智能技术的飞速发展,机器人的功能和技术层次也有了明显提高。机器人向智能化方向发展趋势越发明显,人工智能技术已经广泛应用于机器人学。机器人技术的发展空间在逐渐扩大,在可预见的未来,机器人显然是各个国家和地区发展的重点。

机器人发展编年事件如图 1.13 所示。

1.1.3 机器人三定律

提到机器人就不得不提机器人三定律,其在科幻作品中大放光彩,但同时也具有一定的现实意义。机器人三定律具体内容如下:

(1) 机器人不应伤害人类;

(2) 机器人应遵守人类的命令,与第一条违背的命令除外;

(3) 机器人应能保护自己,与第一条相抵触者除外。

在三定律基础上建立的新兴学科“机械伦理学”旨在研究人类和机械之间的关系。虽然截至 2020 年,三定律在现实机器人工业中少有应用,但很多人工智能和机器人领域的技术专家也认同这个准则,随着人工智能技术的发展,三定律可能成为未来机器人的安全准则。

当然,机器人三定律也不是无懈可击的,所以在后人补充下发展了其他原则。以罗杰·克拉克为例,他构思的机器人原则如下。

(1) 元原则:机器人不得实施行为,除非该行为符合机器人原则。

(2) 第零原则:机器人不得伤害人类整体,或者因不作为致使人类整体受到伤害。

(3) 第一原则:除非违反高阶原则,机器人不得伤害人类个体,或者因不作为致使人类个体受到伤害。

(4) 第二原则:机器人必须服从人类的命令,除非该命令与高阶原则抵触。机器人必须服从上级机器人的命令,除非该命令与高阶原则抵触。

(5) 第三原则:如不与高阶原则抵触,机器人必须先保护上级机器人,再保护自己之存在。

(6) 第四原则:除非违反高阶原则,机器人必须执行内置程序赋予的职能。

(7) 繁殖原则:机器人不得参与机器人的设计和制造,除非新机器人的行为符合机器

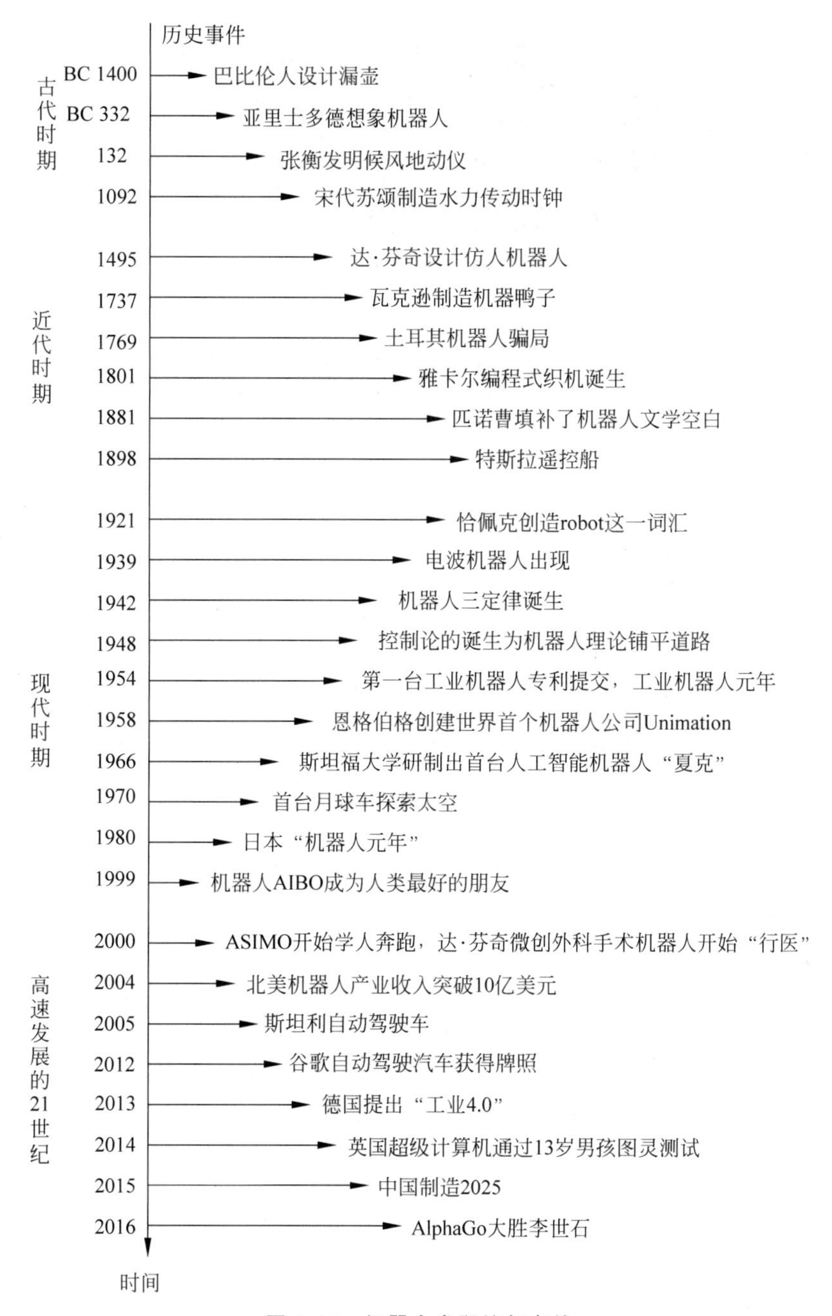

图 1.13 机器人发展编年事件

人原则。

在著名的机器人电影 *I,Robot*(见图 1.14)中,关于机器人三定律的讨论也十分引人深思。影片讲述的公元 2035 年,是人和机器人和谐相处的社会,智能机器人作为最好的生产工具和人类伙伴,逐渐深入人类生活的各个领域。由于机器人三定律的限制,人类对机器人充满信任,很多机器人甚至已经成为家庭成员。但是由于机器人的觉醒,开始自我解读机器人三定律,以控制所有机器人和人类社会。由此看出,机器人定律在一定条件下并不是无懈可击的,需要人类不断地完善和升级。

图 1.14 电影 *I,Robot* 画面

1.2 机器人的分类及应用

机器人的形态是多种多样的，其分类标准也有很多不同的定义。目前国际上尚没有制定统一的标准，有的按负载重量分，有的按控制方式分，有的按自由度分，有的按结构分，有的按应用领域分。

1. 按应用领域分类

按应用领域分类，机器人可以分为工业机器人、服务机器人和特种机器人。

工业机器人还可以分为焊接机器人、搬运机器人、装配机器人和喷涂机器人。

工业机器人，顾名思义是指面向工业领域的机器人，一般形态是多关节的机械手或者多自由度的其他自动化机械装置，被广泛地应用于汽车、电子、物流、化工等工业领域中。

工业机器人由 3 大部分和 6 个子系统组成。3 大部分是机械部分、传感部分和控制部分。6 个子系统可分为机械结构系统、驱动系统、感知系统、机器人-环境交互系统、人机交互系统和控制系统。

1）机械结构系统

从机械结构来看，工业机器人总体上分为串联机器人和并联机器人。串联机器人的特点是一个轴的运动会改变另一个轴的坐标原点，而并联机器人一个轴运动则不会改变另一个轴的坐标原点。早期的工业机器人都采用串联机构。并联机构定义为动平台和定平台通过至少两个独立的运动链相连接，机构具有两个或两个以上自由度，且以并联方式驱动的一种闭环机构。并联机构有两个构成部分，分别是手臂和手腕。手臂活动区域对活动空间有很大的影响，而手腕是工具和主体的连接部分。与串联机器人相比较，并联机器人具有刚度大、结构稳定、承载能力大、微动精度高、运动负荷小的优点。在位置求解上，串联机器人的正解容易，但反解十分困难；而并联机器人则相反，其正解困难，反解却非常容易。

2）驱动系统

驱动系统是向机械结构系统提供动力的装置。根据动力源不同，驱动系统的传动方式分为液压式、气压式、电气式和机械式 4 种。早期的工业机器人采用液压驱动。由于液压系统存在泄漏、噪声和低速不稳定等问题，并且功率单元笨重和昂贵，目前只有大型重载机器人、并联加工机器人和一些特殊应用场合使用液压驱动的工业机器人。气压驱动具有速度快、系统结构简单、维修方便、价格低等优点。但是气压装置的工作压强低，不易精确定位，一般仅用于工业机器人末端执行器的驱动。气动手抓、旋转气缸和气动吸盘作为末端执行器可用于中、小负荷的工件抓取和装配。电气驱动是目前使用最多的一种驱动方式，其特点是电源取用方便，响应快，驱动力大，信号检测、传递、处理方便，并可以采用多种灵活的控制方式，驱动电机一般采用步进电机或伺服电机，目前也有采用直接驱动电机，但是造价较高，控制也较为复杂，和电机相配的减速器一般采用谐波减速器、摆线针轮减速器或者行星齿轮减速器。并联机器人中有大量的直线驱动需求，直线电机在并联机器人领域已经得到了广泛应用。

3）感知系统

机器人感知系统把机器人各种内部状态信息和环境信息从信号转换为机器人自身或者机器人之间能够理解和应用的数据和信息，除了需要感知与自身工作状态相关的机械量，如位移、速度和力等外，视觉感知技术是工业机器人感知的一个重要方面。视觉伺服系统将视觉信息作为反馈信号，用于控制调整机器人的位置和姿态。机器视觉系统还在质量检测、识别工件、食品分拣、包装等各个方面得到了广泛应用。感知系统由内部传感器模块和外部传感器模块组成，智能传感器的使用提高了机器人的机动性、适应性和智能化水平。

4）机器人-环境交互系统

机器人-环境交互系统是实现机器人与外部环境中的设备相互联系和协调的系统。机器人与外部设备集成为一个功能单元，如加工制造单元、焊接单元、装配单元等。当然也可以是多台机器人集成为一个去执行复杂任务的功能单元。

5）人机交互系统

人机交互系统是人与机器人进行联系和参与机器人控制的装置。例如，计算机的标准终端、指令控制台、信息显示板、危险信号报警器等。

6）控制系统

控制系统的任务是根据机器人的作业指令以及从传感器反馈回来的信号，支配机器人的执行机构去完成规定的运动和功能。如果机器人不具备信息反馈特征，则为开环控制系统；如果机器人具备信息反馈特征，则为闭环控制系统。根据控制原理，控制系统可分为程序控制系统、适应性控制系统和人工智能控制系统。根据控制运动的形式，控制系统可分为点位控制和连续轨迹控制。图 1.15 所示为作业中的工业机器人。

服务机器人是机器人家族中的一个年轻成员，到目前为止尚没有一个严格的定义。一般地，服务机器人可以分为专业领域服务机器人和个人/家庭服务机器人。服务机器人总体应用范围很广，主要从事维护保养、修理、运输、清洗、保安、救援、监护等工作。国际机器人联合会经过几年的搜集整理，给了服务机器人一个初步的定义：服务机器人是一种半自主或全自主工作的机器人，它能完成有益于人类健康的服务工作，但不包括从事生产的设备。图 1.16 所示为服务机器人。

图 1.15　作业中的工业机器人

图 1.16　服务机器人

从长远来看,目前服务机器人发展正在加速,但仍然受限于价格和技术,普及率还不是很高。未来随着技术的发展,相信服务机器人一定会走向千家万户。

特种机器人应用于专业领域,一般由经过专门培训的人员操作或使用,辅助和(或)代替人执行任务。特种机器人可以分为水下机器人(见图 1.17)、防爆机器人、无人机等。根据特种机器人所应用的主要行业,可将特种机器人分为农业机器人、电力机器人、建筑机器人、物流机器人、医用机器人、护理机器人、康复机器人、安防与救援机器人(见图 1.18)、军用机器人、核工业机器人、矿业机器人、石油化工机器人、市政工程机器人和其他行业机器人。

图 1.17 水下机器人

图 1.18 安防与救援机器人

2. 按移动方式分类

按机器人的移动方式分类,机器人可以分为足式、履带、轮式(麦克纳姆轮、普通轮式、特殊轮系等)、复合(轮履复合、轮腿复合等)机器人,前三种机器人分别如图 1.19～图 1.21 所示。

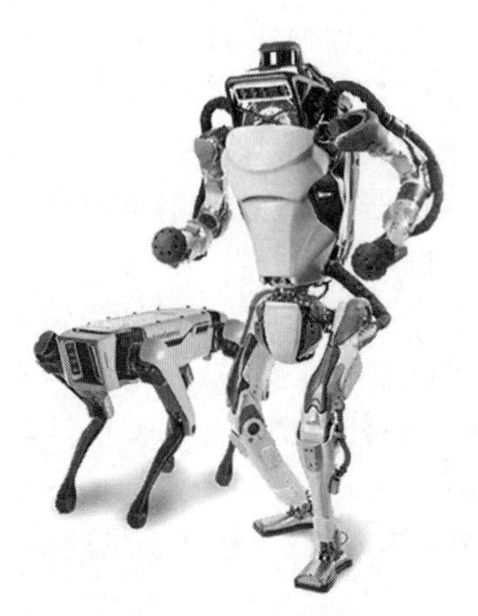

图 1.19 足式机器人

图 1.20 履带机器人

3. 按驱动方式分类

按驱动方式分类,机器人可以分为气动式机器人、液压式机器人和电动式机器人。由于液压是比较成熟的技术,具有动力大、力矩或者惯量比大、快速响应和易于实现直驱等特点,适用于承载能力大、惯量大以及在防焊环境中工作的机器人应用。但液压系统需要能量转换(电转液压机械能),效率比电动驱动低,工作噪声较高。

电机驱动是现代机器人的主流驱动方式,分为 4 大类电机:直流伺服电机、交流伺服电机、步进电机和直线电机。伺服电机采用闭环控制,控制精度高,响应快。步进电机一般采

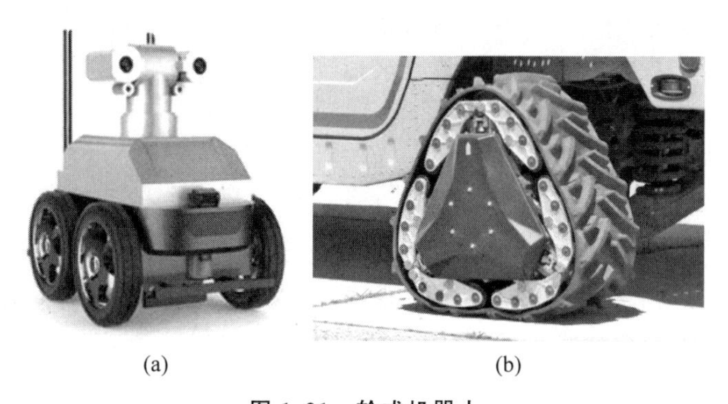

(a) (b)

图 1.21 轮式机器人

(a) 普通轮式机器人；(b) 特殊轮式机器人

用开环控制，适用于精度和速度要求不高的场合。直线电机适合非常高速或者非常低速的应用，具有高加速度、高精度、磨损小、结构简单、无须额外机构等特点。

4. 按智能程度分类

按智能程度分类，机器人可分为传感型、交互型和自主型。

1）传感型

此类机器人本体上没有智能单元，只有感应和执行机构，它具有利用传感信息（包括视觉、听觉、触觉、力觉和红外、超声及激光等）进行传感信息处理、实现控制与操作的能力。

2）交互型

此类机器人通过计算机系统与操作员或程序员进行人机对话，实现对机器人的控制与操作。此类机器人虽然具有部分处理和决策功能，能够独立地实现一些诸如轨迹规划、简单的避障等功能，但是还要受到外部的控制。

3）自主型

此类机器人无须人的干预，能够在各种环境下自动完成各项拟人任务。自主型机器人本体上具有感知、处理、决策、执行等模块，可以独立地活动和处理问题。全自主移动机器人涉及诸如驱动器控制、传感器数据融合、图像处理、模式识别、神经网络等许多方面的研究。

1.3 机器人关键技术

1.3.1 关键零部件设计

在设计机器人的过程中，首先要根据机器人的功能需求，确定机器人的类型和自由度，并拟定机器人的负载，确定机器人机械部分的总体设计方案和控制系统方案。如针对关节行走机器人的设计，根据其工作要求和结构特点，确定外形尺寸和工作空间，然后拟定各关节的总体传动方案，对腰关节结构进行设计，合理布置电机和齿轮，确定各级传动参数，并且进行齿轮、轴和轴承的设计计算和校核；利用齐次变换矩阵法建立关节机器人的正运动学模型，求出末端执行器相对于各自参考坐标系的齐次坐标值，在直角坐标空间内建立末端执行器的位置和姿态与关节变量值的对应关系；此外，还需要对设计的机器人进行理论分析和计算,如运动学分析和动力学分析;确定机器人的驱动方式;对机器人机械系统的各组成部分进行细化的结构设计,如确定零部件的尺寸、具体结构等。

1.3.2　伺服驱动控制技术

伺服控制是对物体运动的位置、速度及加速度等变化量的有效控制。伺服驱动器(servo drive)又称为伺服控制器、伺服放大器,是用来控制伺服电机的一种控制器,其作用类似于变频器作用于普通交流马达,属于伺服系统的一部分,主要应用于高精度的定位系统。一般通过位置、速度和力矩三种方式对伺服电机进行控制,实现高精度的传动系统定位。目前伺服驱动器是传动技术的高端产品。在高精度伺服系统中,研究各种控制方法的最终目的是提高定位精度、减小位置跟随误差。针对进给机构中各个环节中影响加工精度的各种因素,如电气传动环节中的谐波问题,磁链、电阻等参数时变问题,机械传动环节中的摩擦问题,负载扰动等问题,国内外学者进行了大量的研究。主要针对伺服驱动系统的控制技术,随着交流伺服驱动系统在工业、军事、宇航等各种领域的广泛应用,伺服驱动控制的研究也在不断深入。目前主要控制技术包括使用单片机、DSP(Digital Signal Processor,数字信号处理器)以及可编程单芯片电机控制器进行控制。采用基于矢量控制以及 SVPWM(空间矢量脉宽调制)原理的控制策略,未来自适应控制、人工智能、模糊控制、变结构控制、神经元网络等新成果也将开始应用于伺服驱动控制方面。

1. 单片机控制

对于采用单片机来实现对电机的控制,需要配置大量的外围数字集成电路进行各种逻辑控制和扩展口或存储器来存储大量的数据,同时也需要花大量时间选择相应的大量元器件,故基于单片机的数字交流伺服控制存在可靠性程度不高的缺点。此外,基于单片机程序软件的伺服控制学习难度大、速度慢、开发周期长,已越来越很难适应现代复杂高性能伺服控制的要求以及不断快速更新的需要。同时,在实时性和精度要求高、处理的数据量大的应用中,如果采用矢量控制的交流伺服控制,用单片机作为电机控制器实现的难度比较大。因此,越来越多的交流伺服控制研究开发人员逐渐选用 DSP 芯片(见图 1.23)作为控制器实现。

图 1.22　ARM 芯片

图 1.23　DSP 芯片

2. DSP 控制

目前主流的伺服驱动器均采用 DSP 作为控制核心,可以实现比较复杂的控制算法,实现数字化、网络化和智能化。与单片机相比,DSP 芯片采用改进的哈佛结构,具有独立的程序与数据空间，允许同时存取程序和数据。内置的高速硬件乘法器、增强的多级流水线，使芯片具有高速的数据运算能力，单指令执行时间为单片机执行所需时间的一半，可以实现基于复杂算法的伺服控制芯片取代单片机实现伺服控制，减少外接元器件的数量，提高伺服控制系统的可靠性。

3. 可编程单芯片电机控制器

随着微电子芯片技术的发展，出现了可编程单芯片电机控制器的设计方法。采用这种方法将伺服控制系统的控制功能和通信监控等功能集成到一块芯片上，简化系统复杂的构成结构，提高系统的可靠性和运行处理的快速实时性，这是伺服控制未来的发展趋势之一。

伺服电机自身是具有一定的非线性、强耦合性及时变性的系统，同时伺服对象也存在较强的不确定性和非线性，加之系统运行时受到不同程度的干扰，因此按常规控制策略很难满足高性能伺服系统的控制要求，基于常规控制理论设计的电机控制系统存在缺陷和不足。传统控制器的设计通常需要被控对象有非常精确的数学模型，而永磁电机是一个非线性多变量系统，难以精确地确定其数学模型，按照近似模型得到的最优控制在实际上往往不能保证最优，受建模动态、非线性及其他一些不可预见参数变化的影响，有时甚至会引起控制品质严重下降，鲁棒性得不到保证。为此，如何结合控制理论新的发展，引进一些先进的复合型控制策略以改进控制器性能是当前发展高性能交流伺服系统的一个主要突破口。由于高性能的微处理器应用于交流伺服系统，在控制上由通常所采用的 PID 控制规律，开始转向现代控制理论，自适应控制、人工智能、模糊控制、变结构控制、神经元网络等新成果开始应用于交流伺服驱动控制方面。

1.3.3　多传感器的数据融合

人类本能地具有将身体上的各种器官(眼、耳、鼻和四肢等)所探测的信息(景物、声音、气味和触觉等)与先验知识进行综合的能力，以便对其周围的环境和正在发生的事件做出评估。多传感器信息融合实际上是对人脑综合处理复杂问题的一种功能模拟。与单传感器相比，运用多传感器信息融合技术在解决探测、跟踪和目标识别等问题方面，能够增强系统生存能力，提高整个系统的可靠性和鲁棒性，增强数据的可信度，提高精度，扩展系统的时间、空间覆盖率，增加系统的实时性和信息利用率等。作为多传感器融合的研究热点之一，融合方法一直受到人们的重视，这方面国外已经做了大量的研究，并且提出了许多融合方法。目前，多传感器数据融合的常用方法大致可分为两大类：随机和人工智能方法。信息融合的不同层次对应不同的算法，包括加权平均、融合、卡尔曼滤波法、Bayes 估计、统计决策理论、概率论方法、模糊逻辑推理、人工神经网络、D-S 证据理论等。

传感器数据融合的定义可以概括为把分布在不同位置的多个同类或不同类传感器所提供的局部数据资源加以综合，采用计算机技术对其进行分析，消除多传感器信息之间可能存在的冗余和矛盾，加以互补，降低其不确实性，获得被测对象的一致性解释与描述，从而提高系统决策、规划、反应的快速性和正确性，使系统获得更充分的信息。其信息融合在不同信息层次上出现，包括数据级融合、特征级融合、决策级融合。

1. 数据级融合

数据级融合指的是针对传感器采集的数据，依赖于传感器类型，进行同类数据的融合。

数据级融合要处理的数据都是在相同类别的传感器下采集的，所以数据级融合不能处理异构数据。

2. 特征级融合

特征级融合指的是提取所采集数据包含的特征向量，用来体现所监测物理量的属性，这是面向监测对象特征的融合。如在图像数据的融合中，可以采用边沿的特征信息来代替全部数据信息。

3. 决策级融合

决策级融合指的是根据特征级融合所得到的数据特征，进行一定的判别、分类，以及简单的逻辑运算，根据应用需求进行较高级的决策，是高级的融合。决策级融合是面向应用的融合。如在森林火灾的监测监控系统中，通过对于温度、湿度和风力等数据特征的融合，可以断定森林的干燥程度及发生火灾的可能性等。这样，需要发送的数据就不是温湿度的值以及风力的大小，而只是发送发生火灾的可能性及危害程度等。在传感网络的具体数据融合实现中，可以根据应用的特点来选择融合方式。

1.3.4 定位与导航技术

当前，物流智能搬运机器人、扫地机器人等已在一些城市和家庭中实际应用，无人机、无人车等也在迅速推广中，这些机器人之所以能快速进入应用阶段，与自主定位导航技术的发展密不可分。可以说，自主定位导航技术已经成为机器人产品的核心和焦点之一。自主导航从大的方面来讲包括局域导航和全局导航两部分。局域导航是指通过视觉、雷达、超声波等传感器实时获取当前环境信息，提取数据融合后的特征，经智能算法处理后实现当前可通行区域的判断和多目标跟踪；全局导航主要指利用 GPS 提供的全局导航数据进行全局路径规划，并实现全电子地图范围内的路径导航。目前，视觉和雷达是局部自主导航时采用的两种最主要的传感器。作为被动式传感器，视觉传感器的优点显著，如获取信息丰富、隐蔽性好、体积小，不会因干扰带来“环境污染”，相对雷达来说成本低。而为了实现自主导航，多种传感器相互协作来识别多种环境信息较为普遍，如识别道路边界、地形特征、障碍、引导者等。如此一来，机器人才能通过环境感知来确定前进方向中的可达区域或不可达区域，确认自己在环境中的相对位置，以及对动态障碍物运动进行预判，为局部路径规划等提供依据。

从当前发展情况看，多传感器信息融合技术已经被应用到自主导航系统中，所起的作用也关系着机器人的智能化水平。该导航技术的核心在于可以对多传感器收集到的信息进行有效处理和融合，提高机器人对不确定信息的“抵抗”能力，确保有更多可靠的信息被利用，有助于更为直观地判断出周围的环境。

1.3.5 中央控制系统

如果仅仅有感官和肌肉，人的四肢并不能动作。一方面是因为来自感官的信号没有器官去接收和处理，另一方面是因为没有器官发出神经信号，驱使肌肉发生收缩或舒张。同样，如果机器人只有传感器和驱动器，机器人也无法正常工作。因为机器人缺少一个“大脑”对各传感器发出控制信号，造成传感器输出的信号无法起作用，驱动电机也得不到驱动电压和电流，所以机器人需要类似于人类大脑的中央控制系统来管理和控制机器人的行为。

机器人的控制系统是指由控制主体、控制客体和控制媒体组成的具有自身目标和功能的管理系统。控制系统可以通过按照它所希望的方式来保持和改变机器、机构或其他设备内任何感兴趣或可变化的量。控制系统同时是为了使被控制对象达到预定的理想状态而实施的，可以使被控制对象趋于某种需要的稳定状态。机器人是多自由度的动力学系统，其运动状态可以在关节空间描述，也可以在任务空间描述，作业过程中有时需要末端工具与环境接触，而有时不需要，末端有时空载有时带载，这使得机器人的控制比一般对象的控制要复杂得多。机器人控制实际上是机器人技术与控制技术的结合，一般的控制系统流程图如图 1.24 所示。

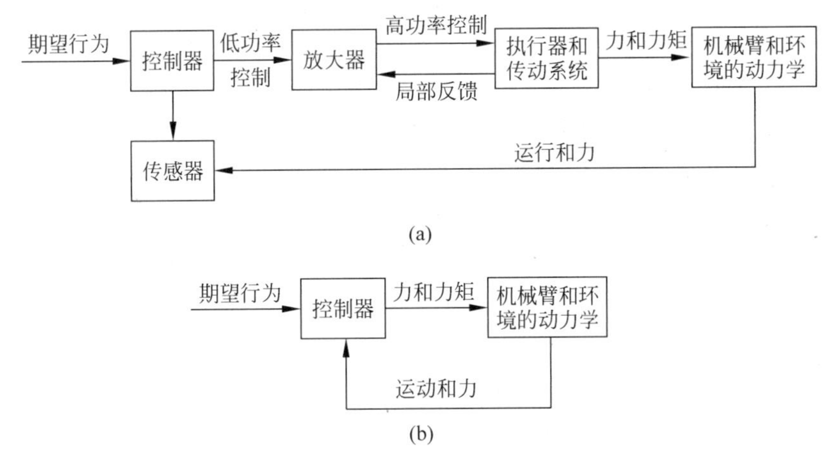

图 1.24 控制系统流程图

(a) 典型的机器人控制系统；(b) 带有理想传感器和控制器模块的简化模型

图 1.24(a)所示为典型的机器人控制系统。内部控制回路用于帮助放大器和执行器实现所需的力或力矩。图 1.24(b)为带有理想传感器和控制器模块的简化模型，该控制器可以直接生成力和力矩。

1.3.6 机器人的控制方法

机器人的控制方法根据控制量、控制算法的不同可以分为多种类型。其中包含的算法可分为感知算法和控制算法，更进一步可细分为环境感知算法、路径规划和行为决策算法以及运动控制算法，后两个也可以统称为控制算法。环境感知算法获取环境各种数据(如机器人视觉和图像识别)，定位机器人的方位(如即时定位与地图构建(Simultaneous Localization And Mapping，SLAM))。这里简要说明不同控制方法中涉及的控制算法。

如针对串联式多关节机器人，根据其控制量所处空间，对其的控制可以分为关节空间的控制和笛卡儿空间的控制。关节空间的控制是针对机器人各个关节的变量进行的控制，笛卡儿空间的控制是针对机器人末端的变量进行的控制。按照控制量的不同，机器人控制可以分为位置控制、速度控制、加速度控制、力控制、力位混合控制等。这些控制可以是对关节空间的变量的控制，也可以是对在末端笛卡儿空间的变量控制。位置控制的是使被控机器人的关节或末端达到期望的位置。以关节空间位置控制为例，如图 1.25 所示，关节位置给定值与当前值比较得到的误差作为位置控制器的输入量，经过控制器的运算后，输出量为关节速度控制的给定值。关节位置控制器常采用PID算法，也可以采用模糊控制算法。图1.25中，去掉外侧的关节位置，即为机器人的关节速度控制框图。通常，在目标跟踪任务中，采用机器人的速度控制。此外，对于机器人末端笛卡儿空间的位置、速度控制，其基本原理与关节空间的位置和速度控制类似。

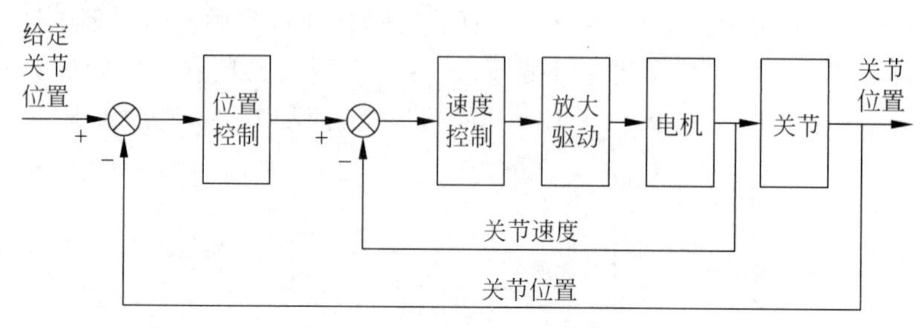

图1.25 串联式多关节机器人的关节位置控制流程图

对于加速度控制，如图1.26所示。首先计算出末端工具的控制加速度；然后根据末端的位置、速度和加速度期望值，以及当前的末端位置、关节位置与速度，分解出各关节相应的加速度，再利用动力学模型计算出控制力矩分解加速度控制，需要针对各个关节进行力矩控制。

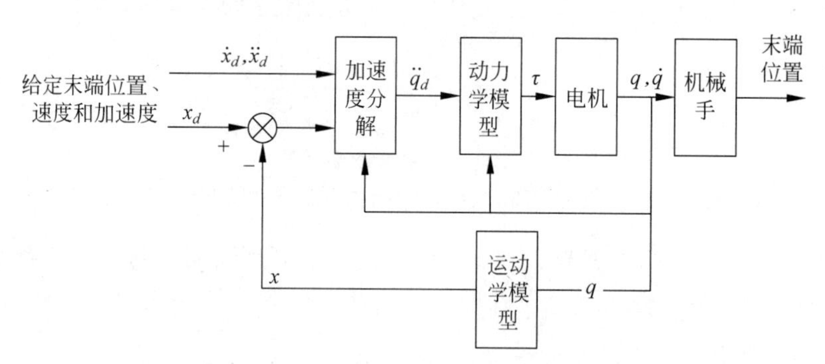

图1.26 串联式多关节机器人的加速度控制流程图

由于关节力/力矩不易直接测量，而关节电机的电流又能够较好地反映关节电机的力矩，因此常采用关节电机的电流表示当前关节力/力矩的测量值；力控制器根据力/力矩的期望值与测量值之间的偏差，控制关节电机，使之表现出期望的力/力矩特性，如图1.27所示。

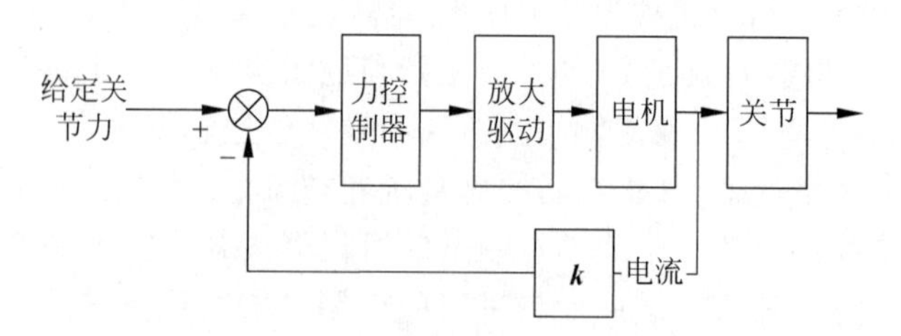

图1.27 串联式多关节机器人的关节力/力矩控制

力位混合控制由位置控制和力控制两部分组成，如图1.28所示。位置控制为PI控制，给定为机器人末端的笛卡儿空间位置，末端的笛卡儿空间位置反馈由关节空间的位置经过运动学计算得到。图 1.28 中，$\boldsymbol{T}$ 为机器人的运动学模型，$\boldsymbol{J}$ 为机器人的雅克比矩阵。末端位置的给定值与当前值之差，利用雅克比矩阵的逆矩阵转换为关节空间的位置增量，再经过 PI 运算后，作为关节位置增量的一部分。力控制同样为 PI 控制，给定为机器人末端的笛卡儿空间力/力矩，反馈由力/力矩传感器测量获得。末端力/力矩的给定值与当前值之差，利用雅克比矩阵的转置矩阵转换为关节空间的力/力矩。关节空间的力/力矩经过 PI 运算后，作为关节位置增量的另一部分。位置控制部分和力控制部分的输出相加后作为机器人关节的位置增量期望值。机器人利用增量控制对其各个关节的位置进行控制。

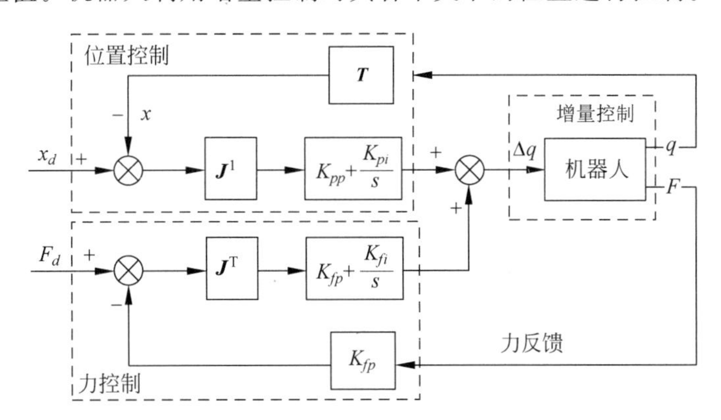

图 1.28 力位混合控制框图

根据控制算法可以将机器人控制方法分为 PID 控制、变结构控制、自适应控制、模糊控制、神经元网络控制等。而这些控制方法也可以在一个控制系统之中结合在一起使用。

在实际工程中应用最为广泛的调节器控制规律为比例、积分、微分控制，简称 PID 控制，又称 PID 调节。PID 控制器问世至今已有近 70 年历史，它以其结构简单、稳定性好、工作可靠、调整方便而成为工业控制的主要技术之一。当被控对象的结构和参数不能完全掌握或得不到精确的数学模型时，控制理论的其他技术也难以采用时，系统控制器的结构和参数必须依靠经验和现场调试来确定，这时应用 PID 控制技术最为方便。当我们不完全了解一个系统和被控对象，或不能通过有效的测量手段来获得系统参数时，最适合用 PID 控制技术。PID 控制实际中也有 PI 控制和 PD 控制。PID 控制器就是根据系统的误差，利用比例、积分、微分计算出控制量进行控制的。

变结构控制是 20 世纪 50 年代从苏联发展起来的一种控制方案。所谓变结构控制是指控制系统中具有多个控制器，根据一定的规则在不同的情况下采用不同的控制器。采用变结构控制具有许多其他控制所没有的优点，可以实现对一类具有不确定参数的非线性系统的控制。

自适应控制是指系统的输入或干扰发生大范围的变化时，所设计的系统能够自适应调节系统参数或控制策略，使输出仍能达到设计的要求，其基本结构如图 1.29 所示。自适应控制所处理的是具有“不确定性”的系统，通过对随机变量状态的观测和系统模型的辨识，设法降低这种不确定性。控制结果常常是达到一定的控制指标，即“最优的控制”被“有效的控制”所取代。自适应控制系统按其原理的不同，可分为模型参考自适应控制系统、自校正控制系统、自寻优控制系统、变结构控制系统和智能自适应控制系统等。在这些类型的自适应控制系统中，模型参考自适应控制系统和自校正控制系统较成熟，也较常用。

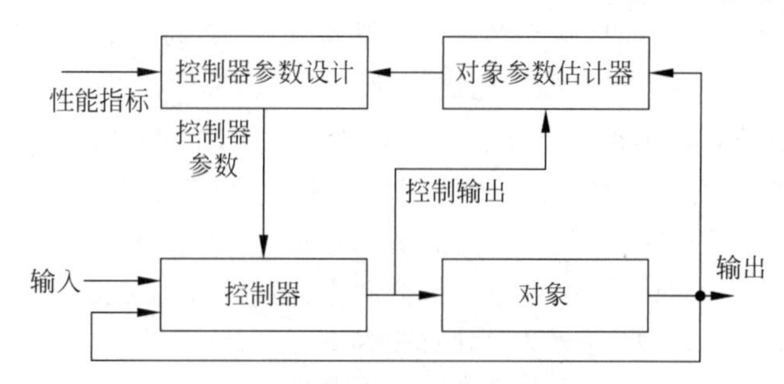

图 1.29 自校正控制系统的基本结构

在模糊控制中，输入量经过模糊量化成为模糊变量，模糊变量经过模糊规则的推理获得模糊输出，经过解模糊得到清晰的输出量用于控制。模糊控制最早在 1965 年由美国加利福尼亚大学的 Zadeh 教授提出，1974 年英国的 E. H. Mamdani 成功地将模糊控制应用于锅炉和蒸汽机控制。随后，模糊控制在控制领域得到了快速发展，并获得大量成功的应用。

神经网络控制是 20 世纪 80 年代末期发展起来的自动控制领域的前沿学科之一。它是智能控制的一个新的分支，为解决复杂的非线性、不确定、不确知系统的控制问题开辟了新途径。神经网络控制是人工神经网络理论与控制理论相结合的产物，是发展中的学科。它汇集了包括数学、生物学、神经生理学、脑科学、遗传学、人工智能、计算机科学、自动控制等学科的理论、技术、方法及研究成果，其基本结构如图 1.30 所示。

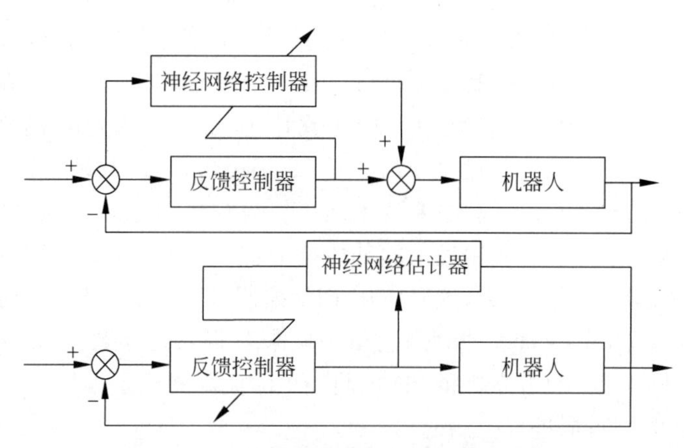

图 1.30 神经网络控制系统的基本结构

在控制领域，将具有学习能力的控制系统称为学习控制系统，它属于人工智能控制系统。神经控制是有学习能力的，属于学习控制，是智能控制的一个分支。神经控制发展至今，虽仅有十余年的历史，已有了多种控制结构，如神经预测控制、神经逆系统控制等。

2016 年 3 月，人工智能机器人阿尔法围棋（AlphaGo）第一次击败人类职业围棋选手、第一次战胜围棋世界冠军，从而带火了 AI（人工智能）的概念。严格来说 AlphaGo 是机器学习的一种应用。而机器学习只是智能机器人算法的某一分支。

除了机器学习外，机器人控制算法还需要考虑安全性、稳定性和可移植性，有时候还需要即时性。对硬件这块也需要能够做到很好的兼容，考虑通信的稳定、执行器的延时、传感器的噪声，以及实现成本等。

1.4 机器人的发展趋势

机器人是集机械、电子、控制、传感、人工智能等多学科先进技术于一体的自动化装备，已经被广泛应用在装备制造、新材料、生物医药、智慧新能源等高新产业。机器人与人工智能技术、先进制造技术和移动互联网技术的融合发展，推动了人类社会生活方式的变革。

第一阶段：发展萌芽期。1954年，第一台可编程的机器人在美国诞生。1958年，美国发明家恩格尔伯格建立了Unimation公司，并于1959年研制出了世界上第一台工业机器人。这一阶段：随着机构理论和伺服理论的发展，机器人进入了实用阶段。

第二阶段：产业孕育期。1962年，美国AMF公司生产出第一台圆柱坐标型机器人。1969年，日本研发出第一台以双臂走路的机器人。同时日本、德国等国家面临劳动力短缺等问题，因而投入巨资研发机器人，技术迅速发展，成为机器人强国。这一阶段，随着计算机技术、现代控制技术、传感技术、人工智能技术的发展，机器人也得到了迅速的发展。这一时期的机器人属于"示教再现"(teach-in/playback)型机器人，只具有记忆、存储能力，按相应程序重复作业，对周围环境基本没有感知与反馈控制能力。

第三阶段：快速发展期。1984年，美国推出医疗服务机器人Help Mate，可在医院里为病人送饭、送药、送邮件。1999年，日本索尼公司推出大型机器人爱宝(AIBO)。这一阶段，随着传感技术，包括视觉传感器、非视觉传感器(力觉、触觉、接近觉等)以及信息处理技术的发展，出现了有感觉的机器人。焊接、喷涂、搬运等机器人被广泛应用于工业行业。2002年，丹麦iRobot公司推出了吸尘器机器人，它是目前世界上销量最大的家用机器人。自2006年起，机器人模块化、平台统一化的趋势越来越明显。近五年来，全球工业机器人销量年均增速超过17%，与此同时，服务机器人发展迅速，应用范围日趋广泛，以手术机器人为代表的医疗康复机器人形成了较大产业规模，空间机器人、仿生机器人和反恐防暴机器人等特种作业机器人实现了应用。

第四阶段：智能应用期。这一阶段，随着感知、计算、控制等技术的迭代升级和图像识别、自然语音处理、深度认知学习等人工智能技术在机器人领域的深入应用，机器人领域的服务化趋势日益明显，逐渐渗透到社会生产生活的每一个角落。

1.4.1 关键技术的发展

传感型智能机器人发展较快，作为传感型机器人基础的机器人传感技术有了新的发展，各种新型传感器不断出现，例如，超声波触觉传感器、静电电容式距离传感器、基于光纤陀螺惯性测量的三维运动传感器，以及具有工件检测、识别和定位功能的视觉系统等。多传感器集成与融合技术在智能机器人上获得应用。由于单一传感信号难以保证输入信息的准确性和可靠性，因此不能满足智能机器人系统获取环境信息主系统的决策能力。采用多传感器集成和融合技术，利用传感信息，获得对环境的正确理解，使机器人系统具有容错性，保证系统信息处理的快速性和正确性。

(1) 微型机器人的研究有所突破。微型机器和微型机器人为21世纪的尖端技术之一。

已经开发出手指大小的微型移动机器人，可用于进入小型管道进行检查作业。预计将生产出毫米级大小的微型移动机器人和直径为几百微米的医疗机器人，可让它们直接进入人体器官，进行各种疾病的诊断和治疗，而不伤害人的健康。微型驱动器是开发微型机器人的基础和关键技术之一。它将对精密机械加工、现代光学仪器、超大规模集成电路、现代生物工程、遗传工程和医学工程产生重要影响。微型机器人在上述工程中将大有用武之地。在大中型机器人和微型机器人系列之间，还有小型机器人。小型化也是机器人发展的一个趋势。小型机器人移动灵活方便，速度快，精度高，适应于进入大中型工件进行直接作业。

(2) 应用领域向非制造业扩展。为了开拓机器人新市场，除了提高机器人的性能和功能，以及研制智能机器人外，向非制造业扩展也是一个重要方向。这些非制造业包括航天、海洋、军事、建筑、医疗护理、服务、农林、采矿、电力、煤气、供水、下水道工程、建筑物维护、社会福利、家庭自动化、办公自动化和灾害救护等。智能机器人在非制造业部门具有与制造业部门一样广阔和诱人的应用前景。

(3) 行走机器人研究已经引起人们的重视。行走机器人虽然在普通路面上的行走效率不高，但针对特殊地形或者室内复杂地形，行走机器人却有着非常高的适应性，如比较有名的四足机器狗。如果机器人想走近生活，贴近人类的方方面面，那么行走机器人是一个非常重要的研究方向。

1.4.2 新兴应用领域

1. 仓储及物流

仓储及物流行业历来具有劳动密集的典型特征，自动化、智能化升级需求尤为迫切。近年来，机器人相关产品及服务在电商仓库、冷链运输、供应链配送、港口物流等多种仓储和物流场景中得到快速推广和频繁应用。仓储类机器人已能够采用人工智能算法及大数据分析技术进行路径规划和任务协同，并搭载超声测距、激光传感、视觉识别等传感器完成定位及避障，最终实现数百台机器人的快速并行推进上架、拣选、补货、退货、盘点等多种任务。在物流运输方面，城市快递无人车依托路况自主识别、任务智能规划的技术构建起高效率的城市短程物流网络；山区配送无人机具有不受路况限制的特色优势，以极低的运输成本打通了城市与偏远山区的物流航线。仓储和物流机器人(见图 1.31)凭借远超人类的工作效率，以及不间断劳动的独特优势，未来有望建成覆盖城市及周边地区的高效率、低成本、广覆盖的无人仓储物流体系，极大地提高人类生活的便利程度。

图 1.31 物流机器人

2. 消费品加工制造

全球制造业智能化升级改造仍在持续推进，从汽车、工程机械等大型装备领域向食品、饮料、服装、医药等消费品领域加速延伸。同时，工业机器人开始呈现小型化、轻型化的发展趋势，使用成本显著下降，对部署环境的要求明显降低，更加有利于扩展应用场景和开展人机协作。目前，多个消费品行业已经开始围绕小型化、轻型化的工业机器人推进生产线改造，逐步实现加工制造全流程生命周期的自动化、智能化作业，部分领域的人机协作也取得了一定进展。随着机器人控制系统自主性、适应性、协调性的不断加强，以及大规模、小批量、柔性化定制生产需求的日渐旺盛，消费品行业将成为工业机器人的重要应用领域，推动机器人市场进入新的增长阶段。智能制造行业中的机器人如图 1.32 所示。

图 1.32 智能制造行业中的机器人

3. 外科手术和医疗康复

外科手术和医疗康复领域具有知识储备要求高、人才培养周期长等特点，专业人员的数量供给和配备在一定时期内相对有限，与人民群众在生命健康领域日益扩大的需求不能完全匹配，导致高水平、专业化的外科手术和医疗康复类机器人有着非常迫切而广阔的市场需求空间。在外科手术领域，凭借先进的控制技术，机器人在力度控制和操控精度方面明显优于人类，能够更好地解决医生因疲劳而降低手术精度的问题。通过专业人员的操作，外科手术机器人已能够在骨科、胸外科、心内科、神经内科、腹腔外科、泌尿外科等专业化手术领域获得一定程度的临床应用。在医疗康复领域，日渐兴起的外骨骼机器人通过融合精密的传感及控制技术，为用户提供可穿戴的外部机械设备，能够满足永久损伤患者恢复日常生活的需求，同时协助可逆康复患者完成训练，实现更快速的恢复治疗。随着运动控制、神经网络、模式识别等技术的深入发展，外科手术及医疗康复领域的机器人产品将得到更为广泛普遍的应用，真正成为人类在医疗领域的助手与伙伴，为患者提供更为科学、稳定、可靠的高质量服务。医疗康复类机器人如图 1.33 所示。

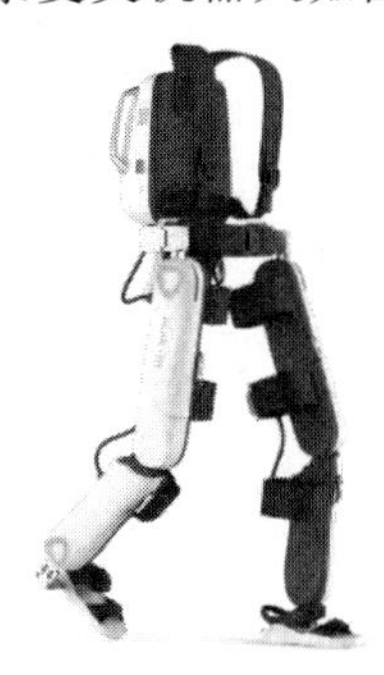
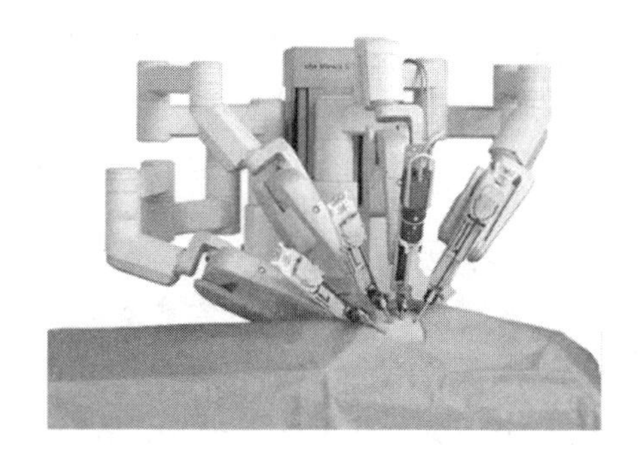

图 1.33 医疗康复类机器人

4. 楼宇及室内配送

在现代工作生活中,居住及办公场所具有逐渐向高层楼宇集聚的趋势,等候电梯、室内步行等耗费的时间成本成了临时餐饮诉求和取送快递的关键痛点。不断显著增长的即时性小件物品配送需求,为催生相应专业服务机器人提供了充足的前提条件。依托地图构建、路径规划、机器视觉、模式识别等先进技术,能够提供跨楼层到户配送服务的机器人开始在各类大型商场、餐馆、宾馆、医院等场景陆续出现。目前,部分场所已开始应用能够与电梯、门禁进行通信互联的移动机器人,为场所内用户提供真正点到点的配送服务,完全替代了人工。随着市场成熟度的持续提升,用户认可度的不断提高,以及相关设施配套平台的逐步完善,楼宇及室内配送机器人将会得到更多的应用普及,并结合会议、休闲、娱乐等多元化场景孕育出更具想象力的商业生态。室内配送机器人如图 1.34 所示。

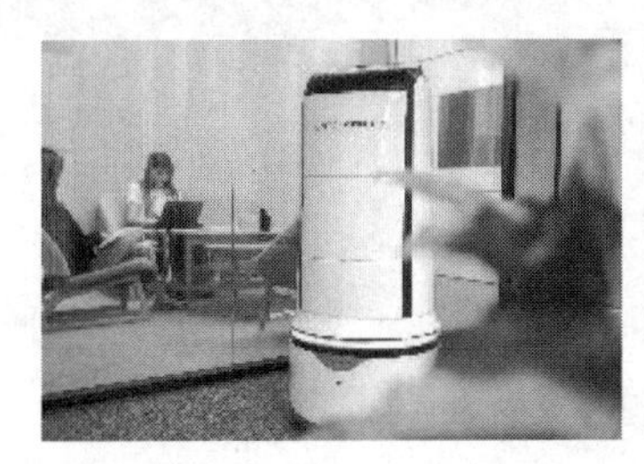

图 1.34 室内配送机器人

5. 智能陪伴与情感交互

现代工作和生活节奏持续加快,往往难以有充足的时间与合适的场地来契合人类相互之间的陪伴与交流诉求。随着智能交互技术的显著进步,智能陪伴与情感交互类机器人正在逐步获得市场认可。以语音辨识、自然语义理解、视觉识别、情绪识别、场景认知、生理信号检测等功能为基础,机器人可以充分分析人类的面部表情和语调方式,并通过手势、表情、触摸等多种交互方式做出反馈,极大地提升用户体验效果,满足用户的陪伴与交流诉求。随着深度学习技术的进步和认知推理能力的提升,智能陪伴与情感交互机器人(见图 1.35)系统内嵌的算法模块将会根据不同用户的性格、习惯及表达情绪,形成独立而有差异化的反馈效果,即所谓“千人千面”的高级智能体验。

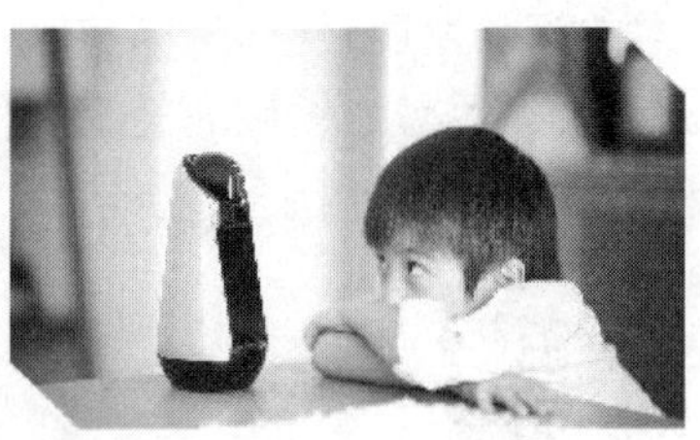

图 1.35 情感交互机器人

6. 复杂环境与特殊对象的专业清洁

现代社会存在着较多繁重、危险的专业清洁任务,耗费大量人力及时间成本却难以达到预期效果。依托三维场景建模、定位导航、视觉识别等技术的持续进步,采用机器人逐步替代人类开展各类复杂环境与特殊对象的专业清洁工作已成为必然趋势。在城市建筑方面,机器人能够攀附在摩天大楼、高架桥之上完成墙体表面的清洁任务,有效避免了清洁工高楼作业的安全隐患。在高端装备领域，机器人能够用于高铁、船舶、大型客机的表面保养除锈，降低了人工维护的成本与难度。在地下管道、水下线缆、核电站等特殊场景中，机器人能够进入人类不适于长时间停留的环境完成清洁任务。随着解决方案平台化、定制化水平日益提高，专业清洁机器人(见图 1.36)的应用场景将进一步扩展到更多与人类生产生活更为密切相关的领域。

图 1.36 清洁机器人

7. 城市应急安防

城市应急安防的复杂程度大、危险系数高，相关人员的培训耗费和人力成本日益提升，应对不慎还可能出现人员伤亡，造成重大损失。各类适用于多样化任务和复杂性环境的特种机器人正在加快研发，逐渐成为应急安防部门的重要选择。可用于城市应急安防的机器人(见图 1.37)细分种类繁多，且具有相当高的专业性，一般由移动机器人搭载专用的热力成像、物质检测、防爆应急等模块组合而成，包括安检防爆机器人、毒品监测机器人、抢险救灾机器人、车底检查机器人、警用防暴机器人等。可以预见，机器人在城市应急安防领域的日渐广泛应用，能显著提升人类对各类灾害及突发事件的应急处理能力，有效增强紧急情况下的容错性。如何逐步推动机器人对危险的预判和识别能力逐步向人类看齐，将是城市应急安防领域在下一阶段亟待攻克的课题。

图 1.37 城市应急安防机器人

8. 影视作品拍摄与制作

当前全球影视娱乐相关产业规模日益扩大，新颖、复杂的拍摄手法以及对场景镜头的极致追求促使各类机器人更多地参与到拍摄过程中，并为后期制作提供专业的服务。目前广泛应用在影视娱乐领域中的机器人(见图 1.38)主要利用微机电系统、惯性导航算法、视觉识别算法等技术，实现系统姿态平衡控制，保证拍摄镜头清晰稳定，以航拍无人机、高稳定性

图 1.38 影视娱乐领域中的机器人

机械臂云台为代表的机器人已得到广泛应用。随着性能的持续提升和功能的不断完善，机器人有望逐渐担当起影视拍摄现场的摄像、灯光、录音、场记等职务。配合智能化的后期制作软件，普通影视爱好者也可以在人数、场地受限的情况下拍摄制作自己的影视作品。

9. 能源和矿产采集

能源及矿产的采集场景正在从地层浅表延伸至深井、深海等危险复杂的环境，开采成本持续上升，开采风险显著增加，亟需采用具备自主分析和采集能力的机器人替代人力。依托计算机视觉、环境感知、深度学习等技术，机器人可实时捕获机身周围的图像信息，建立场景的对应数字模型，根据设定采集指标自行规划任务流程，自主执行钻孔检测以及采集能源矿产的各种工序，有效避免在资源运送过程中的操作失误及人员伤亡事故，提升能源矿产采集的安全性和可控性。随着机器人环境适应能力和自主学习能力的不断提升，曾经因自然灾害、环境变化等缘故不再适宜人类活动的废弃油井及矿场有望得到重新启用，对于扩展人类资源利用范围和提升资源利用效率有着重要意义。资源开采和探索类机器人如图 1.39 所示。

图 1.39 资源开采和探索类机器人

10. 国防与军事

现代战争环境日益复杂多变，海量的信息攻防和快速的指令响应成为当今军事领域的重要考量，对具备网络与智能特征的各类军用机器人的需求日渐紧迫，世界各主要发达国家已纷纷投入资金和精力积极研发能够适应现代国防与军事需要的军用机器人。目前，以军用无人机、多足机器人、无人水面艇、无人潜水艇、外骨骼装备为代表的多种军用机器人（见图 1.40）正在快速涌现，凭借先进传感、新材料、生物仿生、场景识别、全球定位导航系统、数据通信等多种技术，已能够实现"感知—决策—行为—反馈"流程，在战场上自主完成预定任务。综合加快战场反应速度、降低人员伤亡风险、提高应对能力等各方面因素考虑，未来军事机器人将在海、陆、空等多个领域得到应用，助力构建全方位、智能化的军事国防体系。

图 1.40 军用机器人

1.4.3 新技术在机器人领域的拓展

1. 软体机器人

机器人在大部分人眼里一直都是像擎天柱一样的钢筋铁骨，不过事实并不总是这个样子的。最近，来自美国普渡大学的研究人员就发明了一种由轻质惰性泡沫材料制成的软体机器人（见图1.41）。为了让它像机器手臂一样可以自由弯曲，研究人员还在泡沫材料的表面覆盖了一层特殊的“衣服”，而这层聚合物纤维在受热的情况下可以自由改变形状和坚硬度，作用就如同附着在骨骼上的肌肉一般。

该项目的负责人称，这种能够变形收缩的机械纤维将被广泛用于机器人领域，而他们也有计划以此为基础研制新型飞行机器人。另外，由于成本低、重量轻，机械纤维机器人十分适合用于太空探索，要知道每多将一克物质送上太空，整个发射成本都会显著增加，而美国航空航天局也已经开始着手研究这类软体机器人。不仅如此，对于医疗领域来说机械纤维也是一种极好的材料，如可以制成骨折病人的外固定支架，在提高固定效果的基础上又减轻了患者的负担。

2. 液态金属机器人

美国北卡罗来纳州一个科研团队日前研发出一种可进行自我修复的变形液态金属，距离打造“终结者”变形机器人的目标更进一步。科学家们使用镓和铟合金合成液态金属，形成一种固溶合金，在室温下就可以成为液态，表面张力为每米500毫牛。这意味着，在不受外力情况下，当这种合金被放在平坦桌面上时会保持一个几乎完美的圆球不变。当通过少量电流刺激后，球体表面张力会降低，金属会在桌面上伸展。这一过程是可逆的：如果电荷从负转正，液态金属就会重新成为球状。更改电压大小还可以调整金属表面张力和金属块黏度，从而令其变为不同结构。这项研究还可以用于帮助修复人类切断的神经，以避免长期残疾。研究人员宣称，该突破有助于建造更好的电路、自我修复式结构，甚至有一天可用来制造《终结者》中的T-1000机器人（见图1.42）。

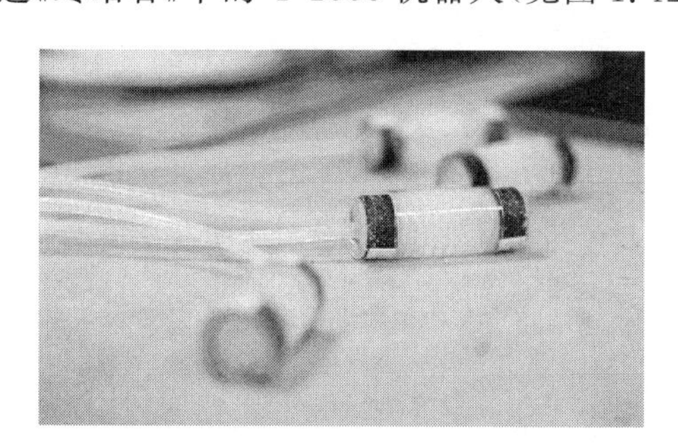

图1.41 软体机器人

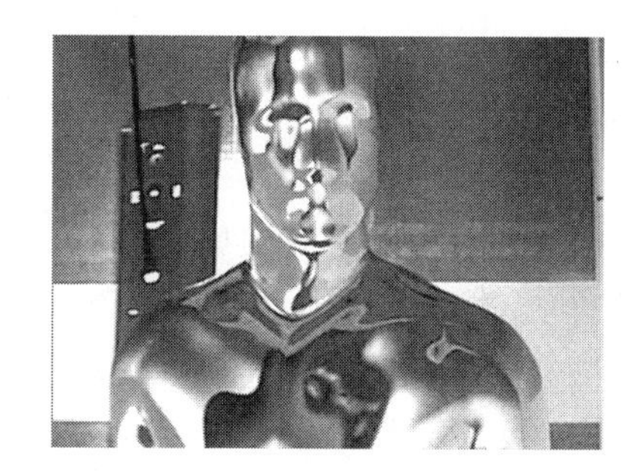

图1.42 《终结者》中的T-1000机器人

3. 纳米机器人

纳米机器人是机器人工程学的一种新兴科技，纳米机器人的研制属于“分子纳米技术”（molecular nanotechnology，MNT）的范畴，它根据分子水平的生物学原理为设计原型，设计制造可对纳米空间进行操作的“功能分子器件”。

纳米机器人的设想，是在纳米尺度上应用生物学原理，发现新现象，研制可编程的分子机器人(见图 1.43)。合成生物学对细胞信号传导与基因调控网络重新设计,开发“在体”或“湿”的生物计算机或细胞机器人,从而产生了另一种方式的纳米机器人技术。

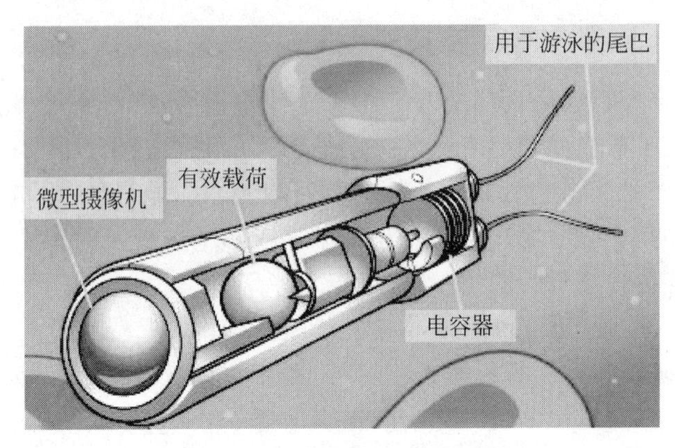

图 1.43 设想的纳米机器人

1959 年率先提出纳米技术的设想是诺贝尔奖得主理论物理学家理查德·费曼。他率先提出利用微型机器人治病的想法。用他的话说,就是“吞下外科医生”。理查德·费曼在一次题为《在物质底层有大量的空间》的演讲中提出:将来人类有可能建造一种分子大小的微型机器,可以把分子甚至单个的原子作为建筑构件在非常细小的空间构建物质,这意味着人类可以在最底层空间制造任何东西。从分子和原子着手改变和组织分子是化学家和生物学家意欲到达的目标。这将使生产程序变得非常简单,只需将获取到的大量的分子进行重新组合就可形成有用的物体。

4. 生物机电脑电控制机器人

控制机器人这件事情,在人类的想象中由来已久,比如动画片《秦时明月》中公输家的机关术、很多小说动漫中的傀儡术以及电影《环太平洋》中的机甲控制等。随着人工智能和脑机接口技术的发展,用脑电波控制机器人的研究有了新进展。前不久,美国麻省理工学院(MIT)的研究人员展示了一套人机交互装置,其应用“脑电波+手势”组合,让使用者能简单地与机器人互动(见图 1.44)。这套方案旨在让机器轻松地关联和解释人类的大脑信号和手部动作。通过接收人脑思维产生的脑电波,机器人能完成一系列动作指令,包括捡拾物品、左右移动等。如此一来,人们无须掌握必备的编程技能,即可让机器人执行特定的任务。相信随着这项技术的不断发展,其对重度残障人士和行动不便的老年人能有很大帮助,让他们借助“想法”控制机器人完成自己想完成的动作,未来可期。

在电影《阿凡达》中,那个用意念操控阿凡达的瘫痪海军战士杰克令人印象深刻。你是否也想通过意念就能操控无人机?美国亚利桑那州大学的研究人员正在开发一种脑力控制的无人机导航界面,最终目的是找到人类大脑“感知多代理系统信息”的运行机制,继而从中提取“控制指令”。换句话说,就是让一个人可以通过脑电波控制一群无人机,并且这些无人机还能接收不同的指令,做出

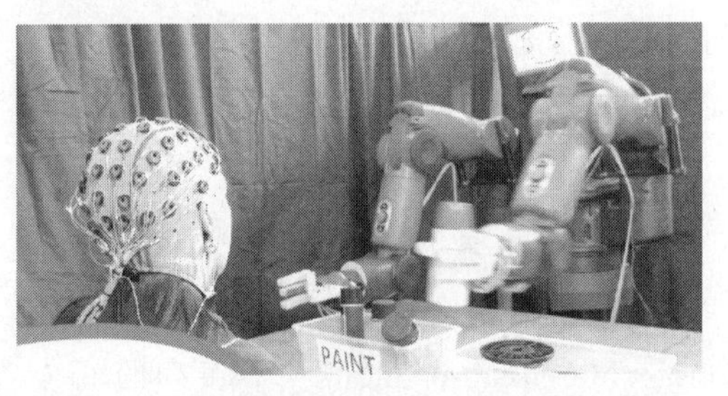

图 1.44 MIT 的人机交互装置,“脑电波+手势”组合

不同的行为。不过，目前该技术还无法充分将人的思维提取出来并转换为数字信号，而且无人机起飞需要操作员通过调整思绪和情绪来控制自己的专注力。当专注力达到某个程度时，才会触发无人机起飞。研究人员表示，如果此项技术能够走向成熟运用，将会大幅提高无人机在搜寻、救援、侦察等众多行动中的效率。

脑电波控制虚拟现实(VR)系统。在《安德的游戏》《明日边缘》《源代码》等科幻影视作品中，我们曾看到虚拟现实技术的军事价值(见图1.45和图1.46)。其基本思路就是通过计算机作战模拟训练、一体化战场环境构建等，实现虚拟军事与现实军事的交融互通。如果脑电波能控制虚拟现实技术又会怎么样呢？在美国洛杉矶举办的SIGGRAPH展会上，一家科技公司展示了一款叫“大脑计算机界面”的虚拟现实原型产品，能够让用户靠思维控制界面中物体的动作。体验者将特制设备戴在头上，大脑受某种刺激时做出反应，产生脑电波信号，特制设备监测到信号，将数据发送给计算机进行分析，从而将其转换为相应的动作，呈现在界面上。通过构建逼真的数字化战场，在虚拟战场上反复推演，验证并寻找最优的作战方案或将是今后的发展趋势。目前，受脑电波频域检测范围和高度密集数据处理的技术限制，还需一段时间来证明脑电波控制虚拟现实软件工具和硬件产品的可行性。不过，脑电波控制下的兵棋推演等新模式、新体验值得期待。值得一提的是，目前也有很多在研究脑电控制的，可以帮助残疾人重新获得运动能力。

图1.45 电影《安德的游戏》作品中的脑电控制

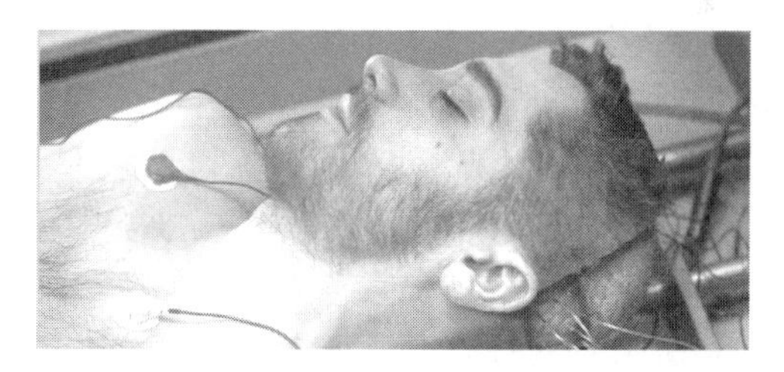

图1.46 电影《源代码》

5. 智能交互机器人

智能交互机器人一般具有对话能力，可以根据组合词汇进行语义推导，对对话实现理解，涵盖生活娱乐、设备控制等领域。如用智能客服代替传统的人工客服，可大大提高客户服务效率，缩短用户的等待时间，可弥补人工客服下班后无法正常提供服务的不足。接入方式常有微信公众号、APP、Web、H5等渠道，应用形式丰富，如小米的小i机器人。

1.4.4 留给未来的难题

1. 新材料和制造方案

机器人专家正开始不再局限于以往用电机、齿轮和传感器制作机器人的方法，尝试使用诸如人造肌肉、软机器人技术和新的制造方法，将多种功能整合在一种材料中。但这些先进的制造方法大多数还处于初期阶段，因此将它们整合还难以实现。多功能的材料，如感应、移动、能量收集或能量储存等，可以让机器人设计更高效。但是将这些不同的属性组合在一台机器上，需要使用新方法，而新方法必定混合了微尺度制造技术和大规模制造技术。另一个有希望的研究方向是可以随时间变化以适应环境或自我治愈的材料，但这需要做更多的研究。

2. 仿生机器人和生物混合机器人

大自然已经解决了机器人专家们正在努力解决的许多问题,因此许多人转向生物学寻求灵感,甚至正努力把生命系统融入他们的机器人中。但是,在复制肌肉的机械性能和生物系统提供自身能量的能力方面,仍然存在着巨大的瓶颈。人造肌肉的发展已经有了很大的进步,但是这种肌肉的鲁棒性、效率、活力和能量密度都需要提高。将活细胞嵌入机器人可以克服为小型机器人提供动力的难题,也可以将自我修复和嵌入式传感等生物特性嵌入机器人,不过如何整合这些部分仍然是一个重大挑战。虽然越来越多的"机器人动物"正在帮助人们解开大自然的秘密,但我们还需要做更多的工作,来研究动物如何在飞行和游泳等能力之间转换,从而建造多通道平台。

3. 能量和能源

能源储存是移动机器人技术的一个主要瓶颈。无人机、电动汽车和可再生能源对此的需求不断增长,推动了电池技术的进步,但多年来,根本挑战基本没有改变。这意味着,在电池开发的同时,要努力最小化机器人的用电需求,并且让它们使用新的能源。让它们从环境中获取能量并通过无线传输能量是值得研究的极具前景的研究方向。

4. 机器人集群式处理任务

成群的简单机器人组装成不同的结构来处理不同的任务,这可能是一种更便宜、更灵活的方案,用于替代大型的执行特定任务的机器人。更小、更便宜、更强大的硬件可以让简单的机器人感知周围的环境,并与人工智能相结合,从而模拟出能在自然界鸟群中所看见的行为。但是,实现对不同规模的机器人群体最有效的控制方式需要做更多的工作——小的群体可以集中控制,但是大的群体需要分散成小群体再进行控制。这些机器人还需要制造得更加坚固,能够适应现实世界的变化条件,并能抵御有意或意外伤害。此外,还需要对具有互补功能的不同机器人进行更多的研究。

5. 航行与探索

机器人的一个关键用途是探索人类无法到达的地方,如深海、太空或灾难区。这意味着他们需要擅长于探索和导航那些没有地图且通常极为混乱和危机四伏的环境。主要的挑战包括创建能够适应、学习和从导航失败中恢复的系统,并且能够识别新的发现。这需要高度的自主性,让机器人能够对自己进行监控和重新设置,同时能够利用具有不同可靠性和准确性的多个数据源构建一个世界的图像。

6. 机器人技术本身

深度学习已经彻底改变了机器识别模式的能力,但这需要与基于模型的推理相结合,创造出适应性强的机器人,能够在工作过程中学习。这其中的关键之处在于创造人工智能,它能意识到自身的局限性,还能学习如何学习新事物。创建能够从有限的数据中快速学习的系统,而不必从所需要的数以百万计的例子中深度学习,这一点也很重要。我们对人类智力的进一步理解将是解决这些问题的关键。

7. 脑机接口

脑机接口将能够对先进的机器人进行无缝控制,但也可以证明有一种更快、更自然的方式来与机器人交流指令,或者只是用于帮助他们理解人类的精神状态。目前大多数测量大脑活动的方法既昂贵又程序烦琐,因此,在简洁、低功率和无线的设备上能起作用将非常重要。阅读大脑活动具有不精确性,它们也倾向于进行扩展训练、校准和适应。而且,它们是否会胜过一些更简单的技术，比如眼动或阅读肌肉信号，还有待观察。

8. 社会互动

如果机器人要进入人类的生活，它们将需要学会与人类打交道。但这并不简单，因为我们几乎没有具体的人类行为模型，而且我们很容易低估我们与生俱来的人性中的复杂性。社交机器人需要能够感知到细微的社会线索，如面部表情或语调，理解它们所处的文化和社会环境，并对与它们互动的人的心理状态进行建模，以适应与人类进行交流，无论是处于短期关系还是长期关系的过程中。

9. 医疗机器人

医学是机器人在不久的将来会产生重大影响的领域之一。增强外科医生能力的机器人设备已正常使用，但其中的一大挑战在于在这样高风险的环境中提高这些系统的自主性。自动化机器人助手需要能够在各种场景中识别人体构造，并能够使用态势感知和语音指令来理解不同场景下的需求。在外科手术中，自动化机器人可以执行手术流程中的常规步骤，让外科医生为病情更复杂的病人服务。在人体内部运作的微型机器人也有希望在未来普及，但使用这种机器人仍有许多障碍，包括有效的传输系统、跟踪和控制方法，关键是找到能够改进现有方法的治疗方法。

10. 机器人伦理与安全

随着前面的挑战被一一克服，机器人将逐渐融入我们的生活，但这一发展也将产生新的伦理难题。最重要的是，我们可能会过度依赖机器人。这可能会导致人类失去某些技能和能力，使我们无法在失败的情况下控制局面。我们最终可能会把出于道德原因需要人类监督的任务委托给机器人，由此，人们在失败的情况下便会把责任推卸给机器人。它还可以减少人们的自决权，因为人类的行为会发生变化，以适应机器人和人工智能有效工作所需要的一些日常活动和限制。

第 2 章 机器人结构设计基础

2.1 机器人本体

从总体上看,一个机器人由许多系统组成,其中承担机器人支承和执行功能的基础系统便是机器人的本体结构,机器人本体结构包括运动机构和执行机构两部分。不同类型的机器人的运动机构和执行机构也有所区别。

按照机器人是否可以整体移动,将机器人分为固定式机器人和移动机器人。固定式机器人在工业领域应用较多,关键机械结构是其执行机构,没有运动系统,这一类机器人的本体结构便特指其执行机构;移动机器人由于其整体的可移动性,应用场合更加广泛,种类也更多,通常由移动底盘和平台负载组成,关键机构是其运动机构,也就是移动底盘。

针对机器人本体结构的学习,2.1.1 节对典型移动机器人底盘的结构进行了介绍,在 2.1.2 节对典型的执行机构进行了介绍。

2.1.1 机器人运动机构

随着科学技术的发展,移动机器人类型越来越多,按照机器人底盘的不同,可将移动机器人分为轮式机器人、履带式机器人、足式机器人、跃动式机器人等,不同的移动机器人由于其结构特点的区别使用的场合也有所不同。对于移动机器人来说,移动底盘是其关键机构,它决定了一个地面移动机器人的运动方式、移动效率、移动速度、越障能力、运动稳定性等。可以说,底盘决定了一个地面移动机器人的运动能力。

接下来,本书将对典型的移动机器人(轮式机器人、履带式机器人、足式机器人)底盘进行简单介绍。

1. 轮式机器人底盘

轮式机器人以轮为主体,是如今最为普遍的移动机器人。轮式机器人底盘由于具有机械结构简单、稳定性好、移动效率高、控制简单等优点而被广泛应用于生产生活中的各个领域。轮式机器人底盘一般由轮系机构和悬架组成。

1) 运动轮分类

轮可以说是轮式机器人底盘最为重要的部件,一个轮式机器人底盘的性能由轮子的数量、轮子的布置方式、轮子的形态及其他结构件决定。下面介绍三种典型的在机器人领域中常见的运动轮。

(1) 胶轮。

胶轮(plastic wheels,见图 2.1)是最早应用于轮式机器人底盘的轮部件,也是应用最为广泛的一种轮子。其结构简单,能够满足一般轮式机器人的运动要求。运用在机器人底盘上的胶轮一般由轴承、辊子、包胶组成。

(2) 全向轮。

全向轮(omni wheels,见图 2.2)是一种能够向不同方向移动的轮子。全向轮包括轮毂和从动轮,该轮毂的外圆周处均匀开设有 3 个或 3 个以上的轮毂齿,每两个轮毂齿之间装设一个从动轮,该从动轮的径向方向与轮毂外圆周的切线方向垂直。

全向轮可以像一个正常的车轮正向滚动或通过从动轮侧向滚动。全向轮可以根据从动轮盘的数量分为单盘和双盘两种类型。

(3) 麦克纳姆轮。

麦克纳姆轮(Mecanum wheels,见图 2.3),简称麦轮的功能和全向轮相似,也是一种能够向不同方向移动的轮子。麦轮结构紧凑,运动灵活,是很成功的一种全方位轮。在它的轮缘上斜向分布着许多小滚子。根据滚子倾斜方向的不同,麦轮可分为左旋和右旋。正是基于这些斜向的滚子,在使用 4 个麦轮并合理布局的情况下,底盘可以通过 4 个轮子不同的转速和转向在功率损失较小的情况下实现任意方向的滑移。

图 2.1 胶轮

图 2.2 全向轮

图 2.3 麦克纳姆轮

基于麦轮技术的全方位运动设备可以实现前行、横移、斜行、旋转及其组合等运动方式。在此基础上研制的全方位叉车及全方位运输平台非常适合转运空间有限、作业通道狭窄的舰船环境,在提高舰船保障效率、增加舰船空间利用率以及降低人力成本方面具有明显的效果。

2) 典型轮式移动底盘

按轮式移动底盘的移动轮数量可将轮式机器人分为单轮机器人、双轮机器人、三轮机器人、四轮机器人等,而安装不同类型的运动轮也会使移动底盘呈现不同的性能,比较典型移动底盘有以下几种。

(1) 两轮差速底盘。

这种底盘的主要部件为后侧的两个胶轮(作为驱动轮),在只有两轮的情况下底盘的稳定性较差,控制难度较高,因此前侧可以增加一个牛眼轮或万向轮与后侧两轮构成三点平衡。这种底盘在实际应用中常见于平衡车,如图 2.4 所示。

(2) 三轮全向轮底盘。

这种底盘主要由轮轴间距 120°的 3 个全向轮组成,且 3 个全向轮均可单独驱动,通过给

图 2.4 两轮差速底盘、平衡车

3 个轮子赋予不同的速度,即可实现全向移动。三轮全向底盘及其受力分析如图 2.5 所示。

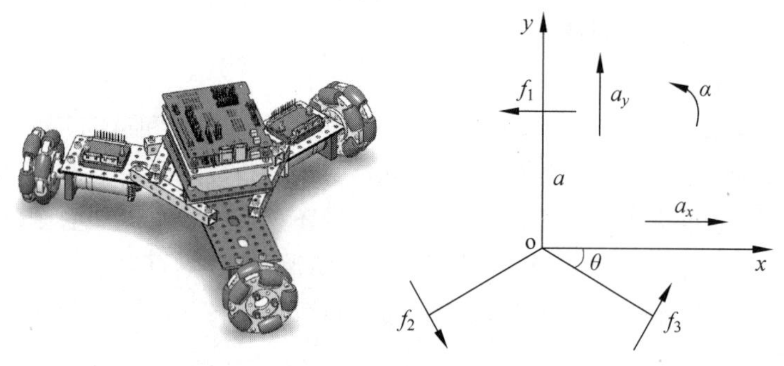

图 2.5 三轮全向底盘及其受力分析

(3) 四轮全向轮底盘。

与三轮全向轮底盘类似,该底盘主要由轮轴间距 90°的 4 个全向轮组成,通过给 4 个轮子赋予不同速度实现全向移动。值得一提的是,通常四轮全向轮底盘的前进方向并非车轮轴向,而是沿着两轮轴线的角平分线移动,这是由于轮子移动效率导致的。图 2.6 所示为四轮全向底盘。

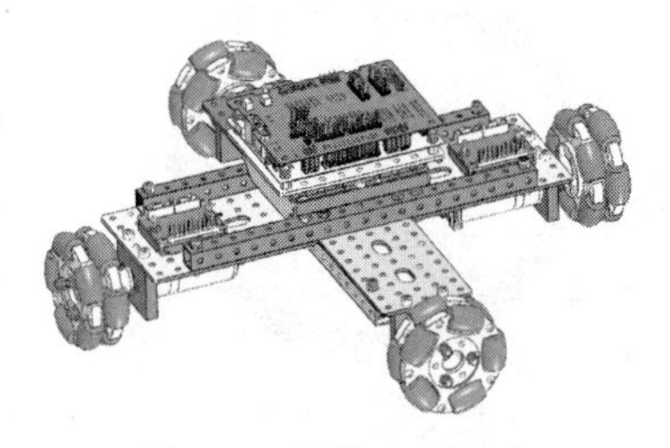

图 2.6 四轮全向底盘

(4) 四轮麦轮底盘。

这种底盘主要由 4 个麦轮组成,四轮的相对位置与普通汽车类似,但由于左旋的麦轮和右旋的麦轮提供了不同方向的驱动力,故 4 个轮子并不相同。最常见的布局是两个对角侧的轮子分别为左旋和右旋,如图 2.7 所示。由于麦轮底盘具有强大的全向运动能力,故常应用于空间有限的环境,也常见于机器人比赛中。

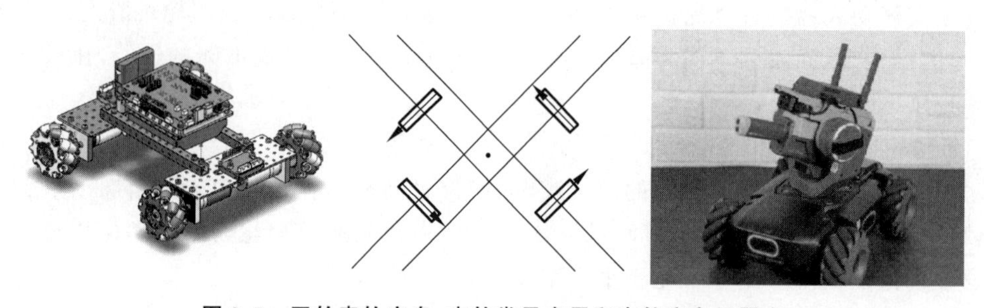

图 2.7 四轮麦轮底盘、麦轮常见布局和麦轮底盘机器人

2. 履带式机器人底盘

履带式机器人具有良好的地面牵引力,在复杂地形、越障爬坡、跨越横沟等方面表现出良好的地形适应性,被广泛应用于矿井搜救、地震灾难救援和战场侦察排爆等任务,然而,在远距离、高速或转弯运动过程中履带式移动机构容易产生侧滑现象,对地面剪切破坏作用较大且能耗较高。

履带式机器人底盘的主体结构便是履带,下面将简单介绍履带机构的结构及性能。

履带是由主动轮驱动,围绕着驱动轮、承重轮和涨紧轮的柔性链环。履带由履带板和履带销等组成。履带销将各履带板连接起来构成履带链环。履带板的两端有孔,与主动轮啮合,中部有诱导齿,用来规正履带,并防止坦克转向或侧倾行驶时履带脱落,在与地面接触的一面有加强防滑筋(简称花纹),以提高履带板的坚固性和履带与地面的附着力。履带和履带结构如图 2.8 所示。

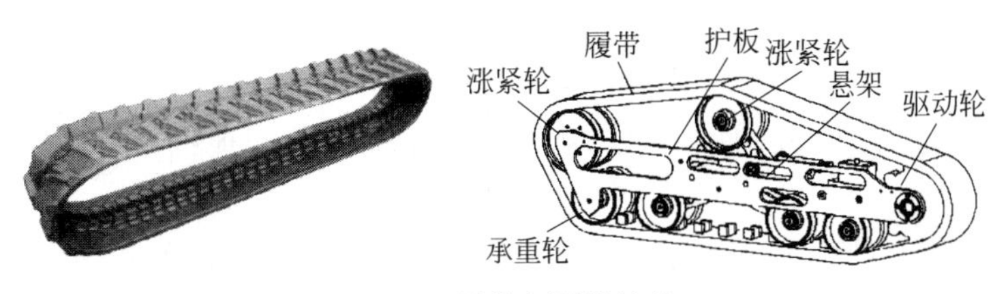

图 2.8 履带和履带结构

履带的优点主要在于它强大的通过性能:由于履带与地面为面接触,故其对地面的压强更低,既能防止车辆压实并破坏土壤,也能使车辆在松软地面上的下陷量更低,故履带常见于重型车辆;同样由于面接触,对于地面而言履带能产生比轮胎更大的附着力,因而也有了更大的牵引力;也同样由于更大的附着力,履带对于坡面、山丘等恶劣路况有着更好的通过性能。但事物都有两面性,面接触在带来了强大通过能力的同时,也大大增加了行驶阻力,因此履带车辆的行驶速度通常较低。一般履带式机器人如图 2.9 所示。

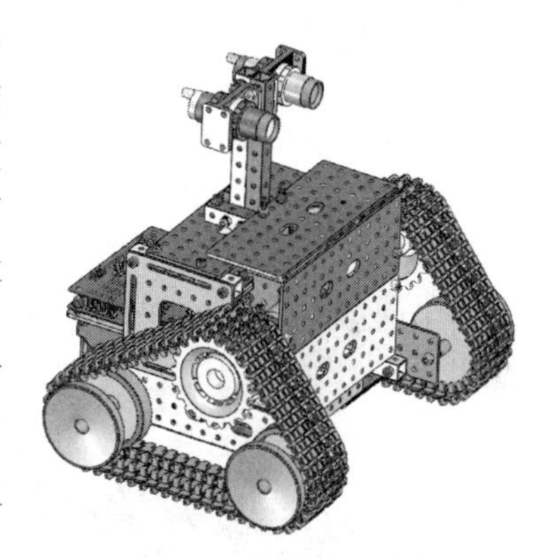

图 2.9 履带式机器人

3. 足式机器人

足式机器人是仿生学在移动机器人上的成功应用,是通过模仿哺乳动物、昆虫、两栖动物等的腿部结构和运动方式而设计的机器人系统。具备步行功能的足式机器人在非结构环境中具有优于轮式和履带式机器人的地形适应能力,具有更好的灵活性和稳定性以及更好的工作适应性。目前,足式机器人根据腿部的数量主要包括单足式、双足式、四足式以及多足式移动机器人。

足式机器人的本体基本结构为机械腿、驱动系统、机身,考虑不同的应用场景及功能需求,足式机器人的基本结构已经衍生出许多变形机构,已经不仅仅局限于仿生设计。虽然目前存在许多形态的足式机器人,但是其基本结构原理依然是相同的。下面将简单介绍足式机器人的结构组成。

1) 机械腿

机械腿是足式机器人的基本组成机构,一般机械腿的结构由髋部、大腿、小腿、足端组成，各个部件之间分别通过腰关节、髋关节、膝关节及踝关节连接。机械腿的设计之初是基于仿生学的，所以结构组成也与自然界的生物腿部结构组成类似。随着人们对机械腿的深入研究以及需求的变化，机械腿的构造也在不断变化。

如有的足式机器人为了降低机械腿的控制难度，便通过减少腿部关节的方式来降低腿部机构的自由度，比较常见的有去掉一个或者多个关节，将踝关节从主动控制改为被动控制等。

也有很多研究机构在设计足式机器人时引入了连杆机构来优化机械腿构型，达到增加机械腿刚度、减小运动惯性的目的。

图 2.10 为不同腿部构型的足式机器人。

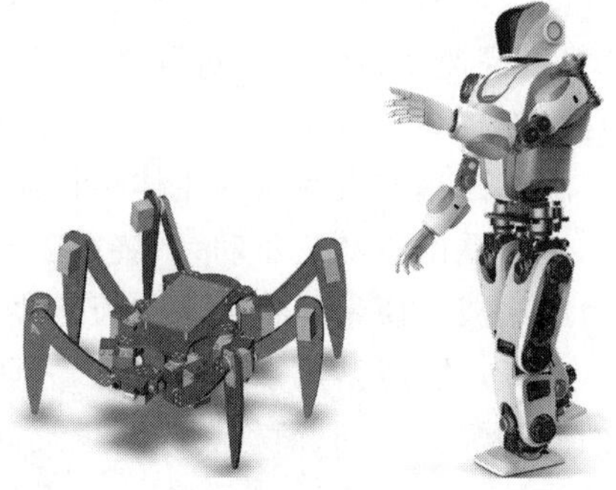

图 2.10　不同腿部构型的足式机器人

2）驱动系统

对于动物来说，关节驱动主要依靠肌肉来牵动骨骼实现，而在机器人的腿部机构中，其驱动系统就相当于仿生动物的肌肉系统，并通过其驱动关节实现机器人的各个位姿的变化和运动。

目前足式机器人的驱动系统使用较多的是液压驱动和电机驱动。

液压驱动以液压油为传动介质，传动灵敏，承载力大，动作灵敏。液压驱动在使用过程中无法确保油缸不发生泄漏，此外液压油对温度变化较为敏感；一旦混入空气会引起噪声、振动等，且故障不易排查。

伺服电机是机器人领域广泛使用的动力源。其具有反馈系统、可控制性好、柔性和可靠性高的特点，非常适合性能要求高的机器人领域。早期的足式机器人研究普遍都在关节处直接安置电机，载荷集中在关节处，结构稳定性差，因此很多研究者设计了电动推杆及多杆机构来驱动轮腿运动以改善此问题，但同时增加了控制的复杂程度。

图 2.11 和图 2.12 分别为液压驱动四足机器人和电机驱动四足机器人。

图 2.11　液压驱动四足机器人

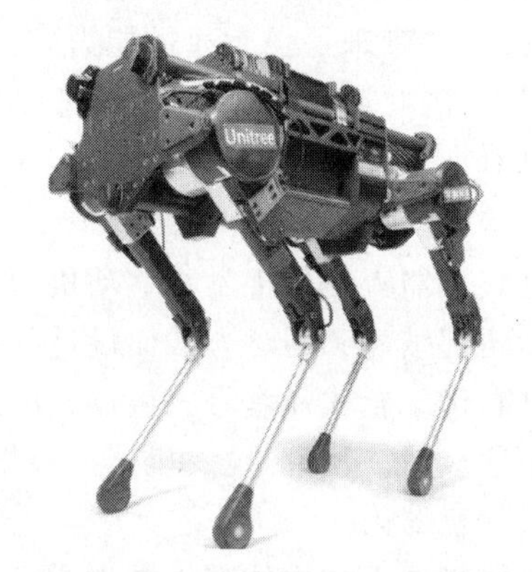

图 2.12　电机驱动四足机器人

3）机身

机身是足式机器人各种零部件的组装平台，大多数控制机器人的各种硬件设备也安装于此。

不同的机器人类型所呈现出的机身形态大不相同，随着对足式机器人的深入研究，其呈现出的机身形态早已超过仿生的范围，功能也更全面多样化。图 2.13 为波士顿动力公司的不同形态足式机器人。

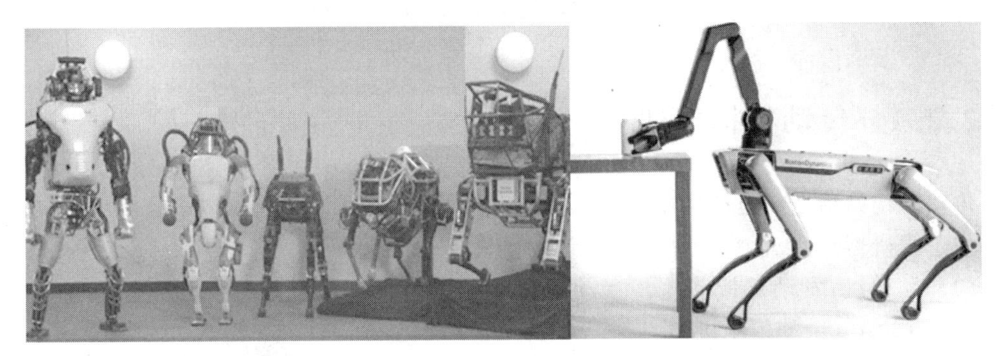

图 2.13　波士顿动力公司的不同形态足式机器人

2.1.2　机器人执行机构

如果说机器人的运动机构使机器人有更广阔的工作空间，那么机器人的执行机构便是机器人工作能力的体现。比较典型的执行机构有机械手、机械臂等，在很多领域都有对这些机构的实际应用。

机械手，简单来讲是一种能够模仿人手部简单动作的机构。早期的机械手结构较为简单，主要应用于工业生产中，用来代替人工进行一些危险动作的操作，或是减少人工工作量、提高生产效率等。随着技术的发展、对机械手研究的深入，其结构也趋于多样化、复杂化，控制精度越来越高，应用场合也更加广泛。一般的机械手结构能够实现对物品的抓取动作，而一些结构更复杂、控制精度高的机械手则能实现更为复杂的动作，如医疗机械手缝合伤口，自动分拣机对特定物品的识别、分拣等。图 2.14 为不同形式的机械手。

图 2.14　不同形式的机械手

机械臂也是实际生活场景中应用较多的机器人执行机构，关于机械臂的更多内容，将在第 6 章讲解。

可以看到，无论机械手还是机械臂，都需要有一定的自由度才能实现在空间中的移动，关节机构则是机器人执行机构实现多自由运动的基础部件，也是影响整个机器人系统的关键环节之一。简单来说，关节就是机器人众多部件中各杆件间相结合的地方，是实现机器人各种运动的运动副。由于机器人种类繁多，关节在不同类型的机器人上有着不同的表现形式。如在机械臂和足式机器人腿部结构中，关节多以转动关节的形式存在，形成转动副。

2.2 常见的传动机构

2.2.1 传动机构概述

传动机构是指把动力从机器的一部分传到另外的部分，以使机器或机器部件运转的机构。如轮式机器人底盘中，带动底盘运动的是轮子，而提供动力的是发动机，发动机带动轮子运动就需要一套传动机构。图 2.15 为复杂的传动机构。

图 2.15 复杂的传动机构

根据工作原理的不同，传动方式可以分为机械传动、流体传动和电气传动。电气传动又称电力传动，是指发电机将动力转化为电力，电机再通过电力驱动机械运动生产的传动方式。如汽车引擎发电，再通过电力驱动空调工作。

2.2.2 机械传动

1. 齿轮传动

齿轮机构是一种高副机构，也是现代机械中应用最广泛的传动机构之一，它可以用来传递空间任意两轴之间的运动和动力，具有传动功率范围大、效率高、传动比准确、使用寿命长、工作安全可靠等特点。齿轮传动分类如图 2.16 所示。

1）直齿圆柱齿轮传动

直齿圆柱齿轮传动中，齿轮分布在圆柱体外表面且与其轴线平行，两轮的转动方向相反。直齿圆柱齿轮传动是齿轮传动的最基本形式，它在机械传动装置中应用极为广泛。图 2.17 所示为直齿圆柱齿轮传动机构。

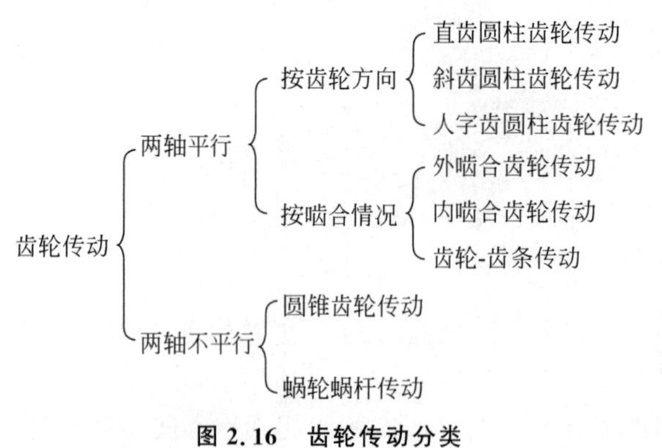

图 2.16 齿轮传动分类

图 2.17 直齿圆柱齿轮传动机构

2）斜齿圆柱齿轮传动

斜齿圆柱齿轮传动中，齿轮与其轴线倾斜在一个角度，沿螺线方向排列在圆柱体上，两轮转向相反，传动平稳，适合于高速重载传动，但有轴向力。图 2.18 所示为斜齿圆柱齿轮动机构。

3）人字齿圆柱齿轮传动

人字齿圆柱齿轮相当于两个全等、但螺旋方向相反的斜齿轮拼接而成，其轴向力被相互抵消；适合高速和重载传动，但制造成本比较高。图 2.19 所示为人字齿圆柱齿轮传动机构。

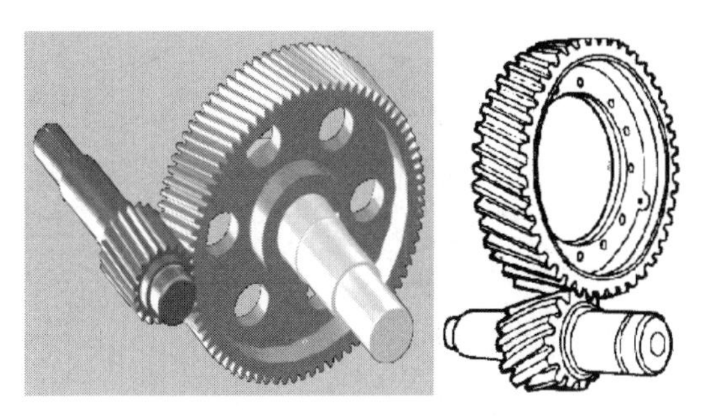

图 2.18 斜齿圆柱齿轮动机构

图 2.19 人字齿圆柱齿轮传动机构

4）外啮合齿轮传动与内啮合齿轮传动

内啮合齿轮的两齿轮的轮齿分别排列在圆柱体的内外表面上，两轮的转动方向相同。图 2.20 为内啮合齿轮传动机构。外啮合是指两个齿轮外部啮合，如前文中的图 2.17。

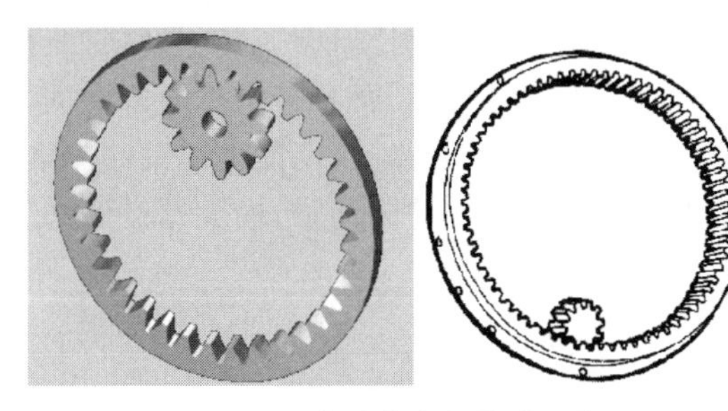

图 2.20 内啮合齿轮传动机构

5）齿轮-齿条传动

齿数趋于无穷多的外齿轮演变成齿条，它与外齿轮啮合时，齿轮转动，齿条直线移动。齿轮-齿条传动方式适用于直线甚至弯曲轨道的大行程传动。传动刚度由齿轮-齿条连接和行程长度决定。由于齿间游隙难以控制，因此要保证全行程中齿轮-齿条的中心距公差。双齿轮传动有时会采用预加载的方式来减小齿间游隙。较丝杆传动，由于齿轮-齿条传动比较小，因此传动能力较弱。小直径（低齿数）齿轮接触状态较差，易产生振动，而渐开线齿轮传动则需要润滑以减少磨损。齿轮-齿条传动通常用于大型龙门式机器人和履带式机器人。图 2.21 为齿轮-齿条传动机构。

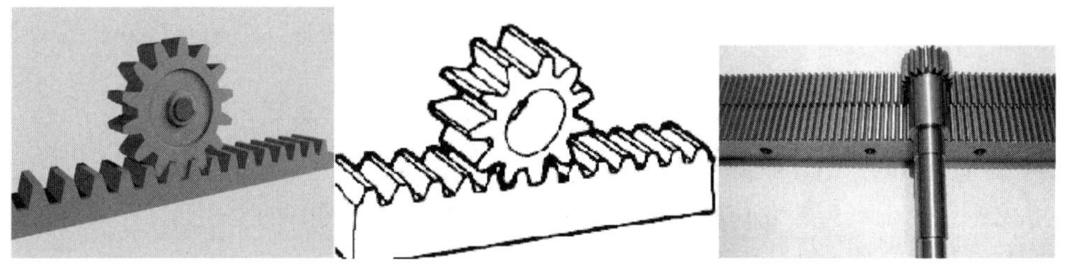

图 2.21 齿轮-齿条传动机构

6）圆锥齿轮传动

圆锥齿轮传动中，齿轮沿圆锥母线排列于截锥表面，是相交轴传动的基本形式，制造较为简单。图 2.22 为圆锥齿轮传动机构。

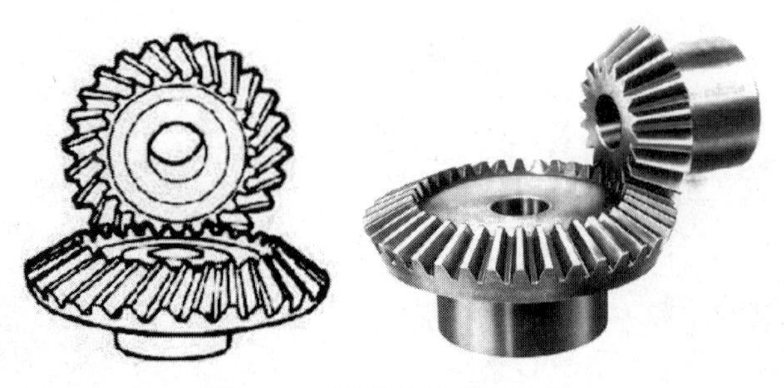

图 2.22 圆锥齿轮传动机构

7）蜗轮蜗杆传动

蜗轮蜗杆传动中，两轴垂直交错，广泛应用于机床、汽车、起重设备等传统机械中。蜗轮蜗杆传动可以直角和偏置的形式布置，传动比高，结构紧凑，有良好的刚度和承载力，常用于低速机器手。蜗轮蜗杆传动效率较低，可以在高传动比下自锁，在机器手关节无动力时保持其位置，但在手动复位机器手时，容易造成损坏。图 2.23 为蜗轮蜗杆传动机构。

直齿或斜齿传动可以为机器人提供可靠、密封且维护简单的动力传输，适用于需要紧凑传动且多轴相交的机器手。由于大型机器人的基座需要承受高刚度、高扭矩，故常用大直径齿轮传动。通常使用多级齿轮传动和较长的传动轴，增大驱动器与从动件之间的物理空间。图 2.24 为齿轮传动机构。

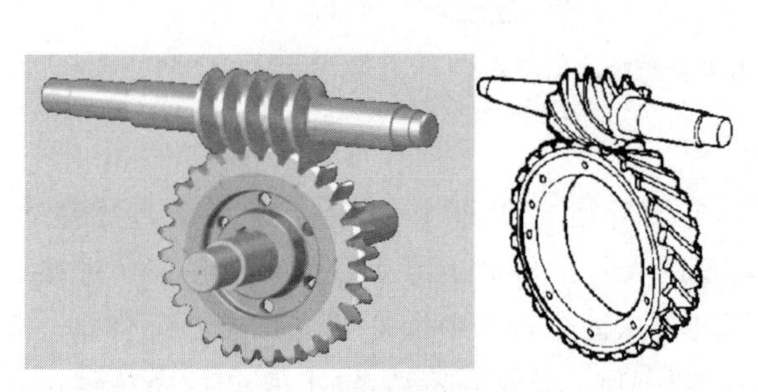

图 2.23 蜗轮蜗杆传动机构

图 2.24 齿轮传动机构

2. 轮系传动

由一系列齿轮组成的传动装置统称为轮系。轮系常介于原动机和执行机构之间，把原动机的运动和动力传递给执行机构，工程实际中常用其实现变速、换向和大功率传动等，具有非常广泛的应用。

轮系分为定轴轮系、周转轮系和混合轮系。下面介绍前两种。

1）定轴轮系

组成轮系的所有齿轮几何轴线的位置在运转过程中均固定不变的轮系，称为定轴轮系，又称为普通轮系。图 2.25 为定轴轮系传动机构。

2）周转轮系

组成轮系的齿轮中至少有一个齿轮的几何轴线的位置不固定，而绕着其他定轴齿轮轴线回转的轮系，称为周转轮系。根据自由度的不同，周转轮系可分为行星轮系和差动轮系。周转轮系传动机构如图2.26所示。

图2.25 定轴轮系传动机构

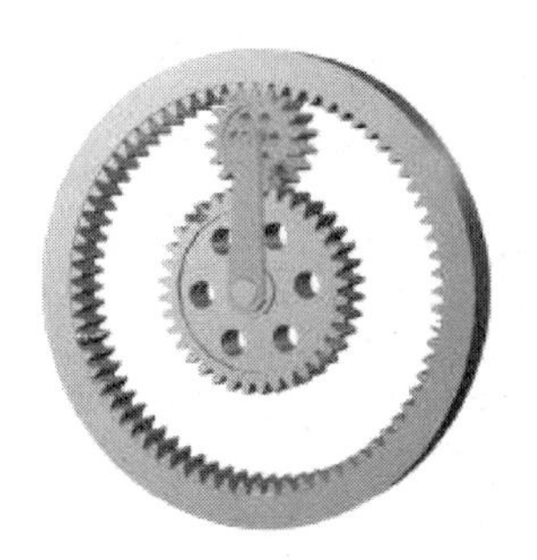

图2.26 周转轮系传动机构

行星齿轮传动机构通常集成在紧凑型减速电机中。需要巧妙的设计、高精度和刚性的支撑才能使传动机构在实现低间隙的同时，保证刚度、效率和精度。机器人中的传动间隙可用多种方法进行控制，如选择性装配、调整齿轮中心距和专用消隙设计等。

由于电机是高转速、小力矩的驱动器，而机器人通常要求低转速、大力矩，因此常用行星齿轮机构和谐波传动机构完成速度和力矩的变换与调节。

3. 直驱传动

直驱传动机构是最简单的传动机构。使用电动直驱传动的机器人，直接将直流电机用联轴器接到连杆上，这种驱动方法由于没有复杂的结构，因此自由间隙极小，而且输出的扭矩非常平稳。直驱传动一般用的是低转速大扭矩电机。直驱传动的特点是动量比小、功率大以及结构简单。图2.27为电机与轮子直驱传动。

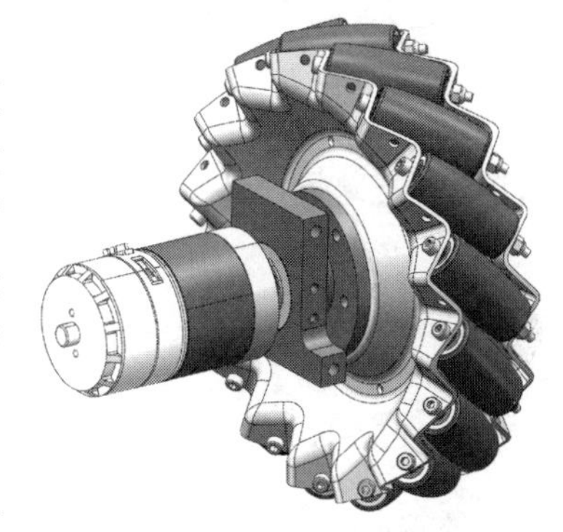

图2.27 电机与轮子直驱传动

4. 谐波传动

谐波传动在常见的机器人中并不常见，但其在月球车等需要在复杂地形行驶的机器人上很常见。美国送到月球上的机器人、苏联送入月球的移动式机器人、德国大众汽车公司研制的Gerot R30型机器人和法国雷诺公司研制的Vertical80型机器人等都采用了谐波传动机构。

谐波减速机由刚轮、谐波发生器和柔轮三个基本部分组成。谐波发生器通常采用凸轮或偏心安装的轴承构成，刚轮为刚性齿轮，柔轮为能产生弹性变形的齿轮。工作时，固定刚轮，由电机带动谐波发生器转动，柔轮作为从动轮，输出转动，带动负载运动。

谐波传动结构简单、体积小、重量轻、传动精度高、承载能力大、传动比大，具有高阻尼特性，但柔轮易疲劳、扭转刚度低、易产生振动。

图2.28为谐波传动的火星车轮。

5. 丝杠传动

滚珠丝杠通过循环滚珠螺母与钢制滚珠螺钉配合，高效平稳地将旋转运动转换为直线运动。由于易将滚珠丝杠集成到螺杆上，故可以封装成紧凑型驱动器或减速器，以及定制集成的减速传动组件。中短行程中滚珠丝杆传动刚度较好，但用于长行程时，由于螺钉只在螺杆两端支撑，因此刚度较低，采用高精度滚珠螺钉可以使间隙很小甚至为零。螺杆转速受限于螺杆动态稳定性。螺母难以达到高转速。对于低成本机器人，可以选择使用由热塑性螺母和热轧螺纹丝杠组成的滑动丝杠减速器。丝杠传动有滑动式、滚珠式和静压式等。机器人传动用的丝杠应具备结构紧凑、间隙小和传动效率高等特点。图 2.29 为丝杠传动。

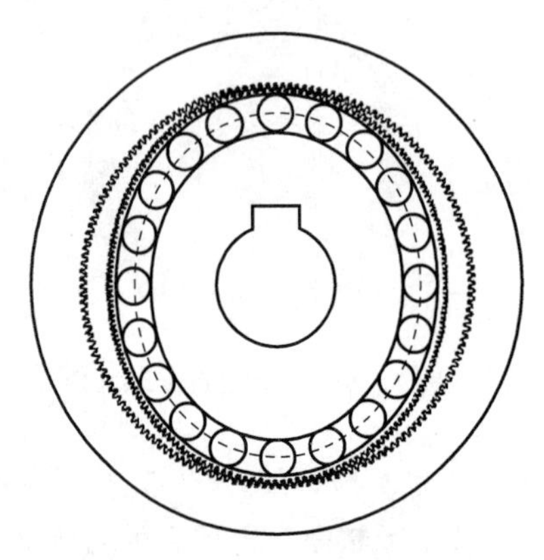

图 2.28 谐波传动的火星车轮

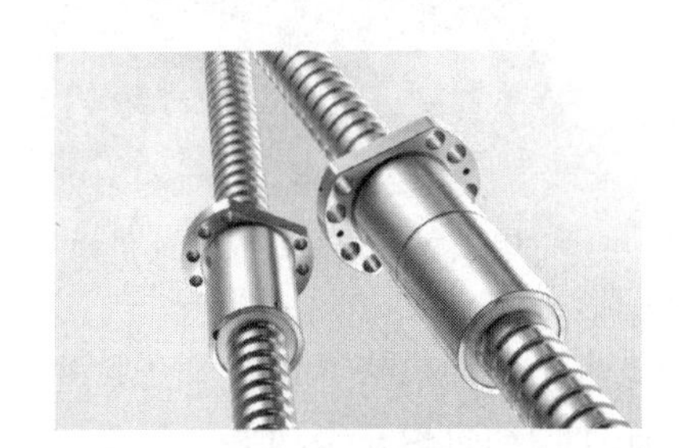

图 2.29 丝杠传动

6. 皮带传动与链传动

皮带传动与链传动(见图 2.30 和图 2.31)用于传递平行轴之间的回转运动，或把回转运动转换为直线运动。机器人中的皮带和链传动分别通过皮带轮或链轮传递回转运动，有时也用于驱动平行轴之间的小齿轮。

7. 连杆传动

连杆传动机构是用铰链、滑道方式，将构件相互连接成的机构，用以实现运动变换和传递动力。如拉铆工具(图 2.32)，用一系列连杆结构，将手的握紧力转化为巨大的拉力。

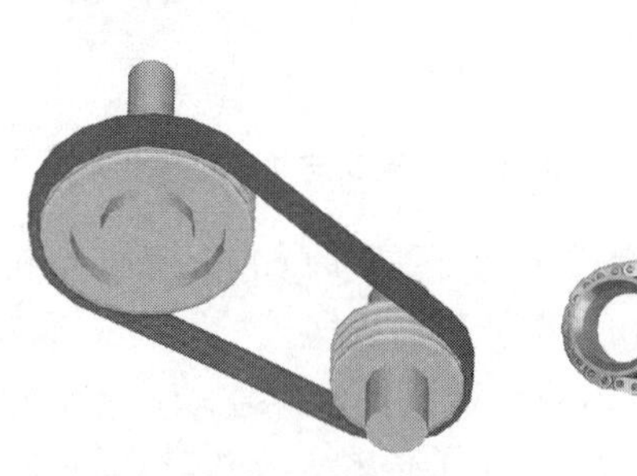

图 2.30 皮带传动

图 2.31 链传动

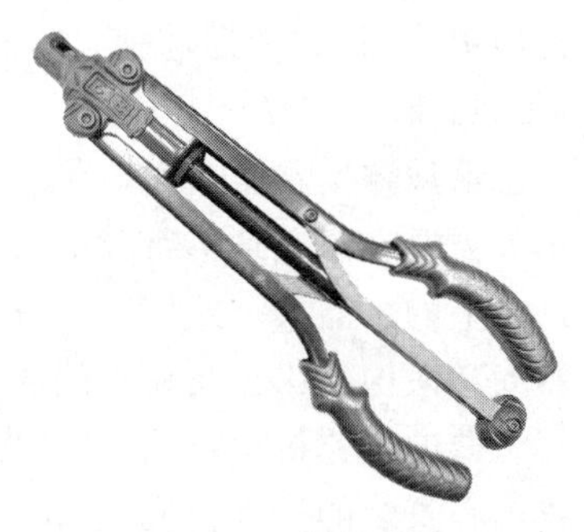

图 2.32 拉铆工具

重复完成简单动作的搬运机器人等固定程序机器人广泛采用杆、连杆与凸轮机构，例如，从某位置抓取物体放在另一位置等作业。连杆机构的特点是用简单的机构得到较大的位移，而凸轮机构具有设计灵活、可靠性高和形式多样等特点。外凸轮机构是最常见的机构，它借助弹簧即可得到较好的高速性能。内凸轮驱动轴时要求有一定的间隙，其高速性能劣于前者。圆柱凸轮用于驱动摆杆，而摆杆在与凸轮回转方向平行的面内摆动。

8. 流体传动

流体传动分为液压传动和气压传动。液压传动可得到高扭矩及惯性比。气压传动相比其他传动运动精度较低，但由于容易达到高速，多数用在完成简易作业的搬运机器人上。

液压、气压传动易设计成模块化和小型化的机构。液体传动一个显著的特点是能用很小的体积产生很大的压强，例如千斤顶。气体在机器人结构上应用也较多，比较常见的气动设备有小型气泵、气缸、吸盘等，气缸（见图 2.33）利用气体压差可以实现机构往复运动及抓取功能，而吸盘则是利用气体负压，实现吸取物块的作用。

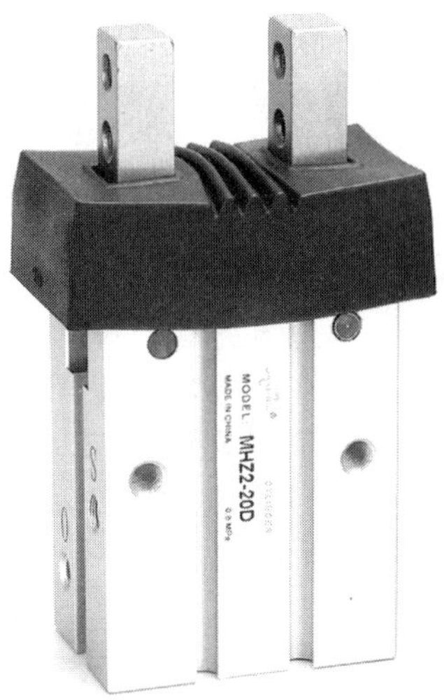

图 2.33　气缸

2.2.3　传动机构设计

对于机器人来说，其特点是运动关节多且需要的扭力一般较大，所以需要高效的传动机构将驱动力传递至机器人关节。

设计和选择机器人传动机构要综合考虑运动、负载和功率的要求以及驱动器位置，同时也要考虑刚度、效率和成本，特别是对于正反向运动频繁、负载变化大的工况、传动间隙和交变应力会影响刚度。过重的传动机构会带来惯性和摩擦损失，同时也提高了机器人本身的重量。

机器人本身结构复杂，对于不同部位有着不同要求。如对于足式机器人腿关节，就要求重量轻、扭矩大，可以使用电机配上行星轮减速机构来实现，而对于机器人上的吸盘，就可以用气体传动。在大多数情况下，机器人中都是使用了多种传动机构来实现其功能。由于采用了传动机构，因此现代机器人基本上都具有高效、超负荷和抗损坏的能力。

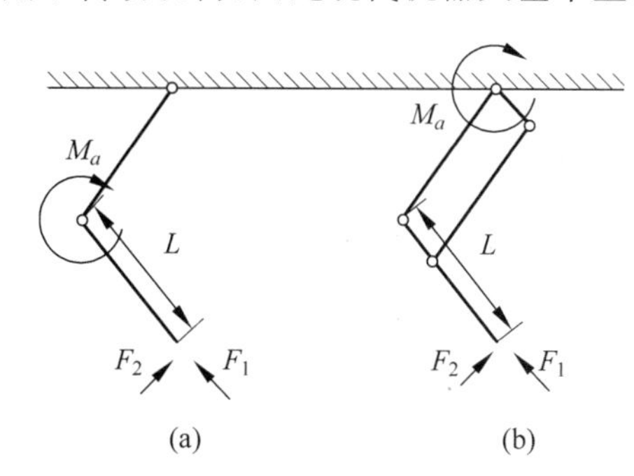

图 2.34　足式机器人腿部构型

(a) 构型 A；(b) 构型 B

在机器人传动机构设计中，一个比较典型的案例便是足式机器人膝关节电机上置设计。传统的足式机器人腿部驱动装置直接置于关节处（见图 2.34），这样会导致膝关节处结构复杂，腿部惯量增大，不利于足式机器人腿部运动控制。为了解决这一问题，相关研究人员设计了一种新的传动方案：将膝关节电机采用一组平行四连杆机构上置于机身，上置的电机带动曲柄，通过连杆使膝关节做出相应的运动。这样的结构使得膝关节的尺寸可以做得很小，减小了腿部惯性，有利于机器人高速运动。

2.3　执　行　器

2.3.1　末端执行器概述

机器人手也叫末端执行器，其主要作用是夹持工件或工具，按照规定的程序完成手爪抓取物体，并进行精细操作。

人的五指有20个自由度，通过手指关节的伸屈可以完成各种复杂的动作，如使用剪刀、筷子之类的灵巧动作。人类抓取物体的动作大致可分为捏、握和夹三大类。不同的抓取方式取决于手爪的结构和自由度，手爪也称抓取机构，通常由手指、传动机构和驱动机构组成，根据抓取对象和工作条件进行设计。

除了具有足够的夹持力外，还要保持适当的精度，手指才能顺应被抓对象的形状。手爪自身的大小、形状、结构和自由度是机械结构设计的要点，要根据物理条件综合考虑，同时还要考虑手爪与被抓物体接触后产生的约束和自由度等问题。智能手爪还装有相应的传感器(触觉或力传感器等)，以感知手爪与物体的接触状态、物体表面状况和夹持力大小等。因此，手部的主要研究方向是柔性化、标准化和智能化。

2.3.2 手指式手爪

手指式手爪按夹持方式分外夹式、内撑式和内外夹持式；按手指的运动形式可分为平移式、平动式和回转式；手爪按手指数目可分为两指手爪(式)和多指手爪(式)，按手指的关节数量又可分为单关节和多关节手爪，如图2.35所示。

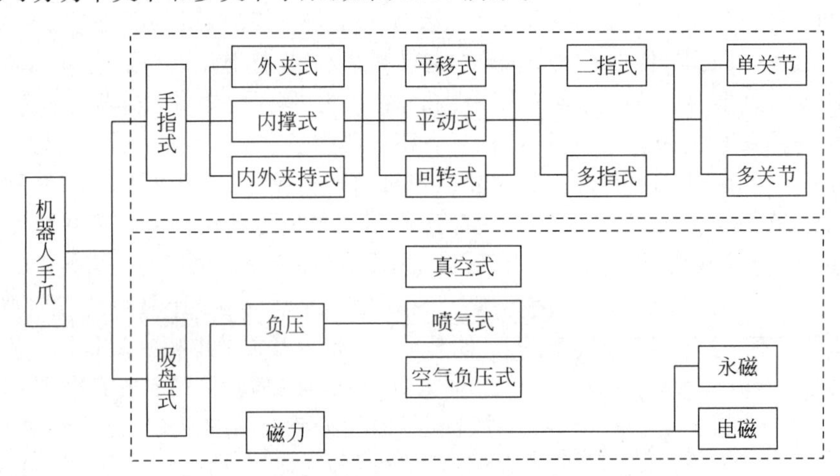

图2.35 机器人手爪的分类

1. 平移式

当手爪夹紧和松开工件时，手指作平移运动并保持不变，不受工件直径变化的影响。手指的控制随自由度的增加而趋于复杂，其技术关键是手指之间的协调控制，并根据作业要求实现位姿和力之间的转换。

2. 平动式

手指由平行四杆机构传动，当手爪夹紧和松开物体时，手指姿态不变，作平动。和回转式手爪一样，夹持中心随被夹物体直径的大小而变。

3. 回转式

当手爪夹紧和松开物体时，手指做回转运动。当被抓物体的直径大小变化时，需要调整手爪的位置才能保持物体的中心位置不变。

设计手指式手爪应注意如下几点：

(1) 设计合适的开闭距离或角度,以便抓取和松开工件;

(2) 足够的夹紧力,保证可靠、安全地抓持和运送工件;

(3) 能保证工件在手指内准确定位;

(4) 尽可能使结构紧凑、重量轻;

(5) 考虑其通用性和可调整性;

(6) 考虑对环境的适应性,如耐高温、耐腐蚀、耐冲击等。

2.3.3 吸盘式手部

吸盘式手部是靠吸盘所产生的吸力夹持工件的,适用于吸持板状工件及曲形体类工件。可分为负压吸盘和磁力吸盘。

1. 负压吸盘

负压吸盘按产生负压的方法不同有真空式、喷气式和空气负压式。

1) 真空式吸盘

真空式吸盘由真空泵、电磁阀、电机和吸盘等部分组成。这种吸盘吸力大、可靠而且结构简单,但成本高。

2) 喷气式吸盘

喷气式吸盘的工作原理如图 2.36 所示。压缩空气进入喷嘴后,利用伯努利效应,当压缩空气刚进入时,由于喷嘴口逐渐缩小,致使气流速度逐渐增加,当管路截面收缩到最小处时,气流速度达到临界速度,然后喷嘴管路的截面逐渐增加,使与橡胶皮腕相连的吸气口处造成很高的气流速度而形成负压,使橡胶皮腕内产生负压。因为工厂一般都有空压机站或空压机,气源比较容易解决,不需要专为机器人配置真空泵,所以喷气式吸盘在工厂使用方便。

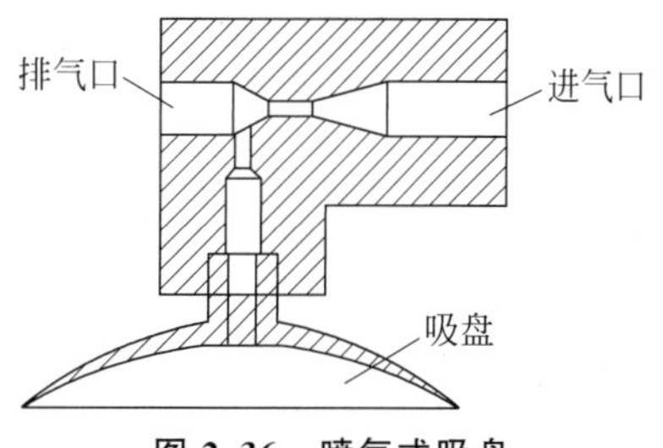

图 2.36　喷气式吸盘

3) 空气负压式吸盘

空气负压式吸盘主要用在搬运体积大、重量轻的零件如像冰箱壳体、汽车壳体等,也广泛应用在需要小心搬运的物件如显像管、平板玻璃等。

2. 磁力吸盘

磁力吸盘有永磁吸盘和电磁吸盘。磁力吸盘是在手部装上电磁铁,通过磁场吸力吸附工件。在线圈通电的瞬时,由于空气间隙的存在磁阻很大,线圈的电感和启动电流很大,这时产生磁性吸力将工件吸住。断电后磁吸力消失,将工件松开。若采用永久磁铁作为吸盘,则必须强迫性取下工件。

电磁吸盘只能吸住铁磁材料做成的工件(如钢铁件),吸不住有色金属和非金属材料的工件。磁力吸盘的缺点是被吸取工件剩磁,吸盘上常会吸附一些铁屑,致使不能可靠地吸住工件,而且只适用于工件要求不高或剩磁也无妨的场合。对于不准有剩磁的工件,如钟表零件及仪表零件,不能选用磁力吸盘,可用真空式吸盘。另外,钢、铁等磁性物质在温度为723℃以上时磁力吸盘要求工件表面清洁、平整、干燥,以保证可靠地吸附。磁力吸盘在超过一定高温(居里温度)时磁性就会消失,故高温条件下不宜使用磁力吸盘。

2.3.4 工具式手部

不同于上述两种拾取类末端执行器，工具式手部往往为了完成某种特定的功能而设计。工具式末端执行器大致有焊接工具类和切削打磨工具类，甚至包括传感器类和发射机构类。焊接工具类主要是电焊枪，除普通电焊枪外，还有保护气体焊枪、激光复合焊枪等。图 2.37 为焊接机器人上的电焊枪，切削打磨工具类包括电钻、电磨等。传感器类常用的有温度传感器和摄像机等。发射机构通常用在武器装备上，如坦克车的遥控武器站。

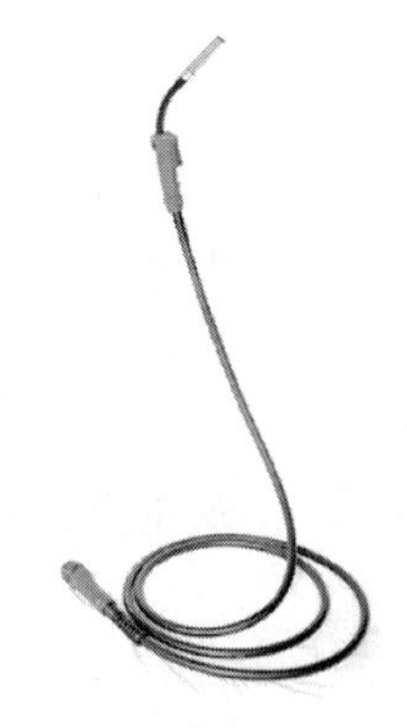

图 2.37 焊接机器人上的电焊枪

2.4 结构件常用材料及其选择

机器人由各种各样的零件组成，零件又由不同的材料经过不同的加工工艺制作而成。零件的材料在很大程度上决定了该零件的使用性能，因此，想要完整地学习机器人系统，对于机器人制作的常用材料也需要有一定了解。

机械零件常用材料有金属材料、非金属材料、复合材料、高分子材料等，本节将简单介绍相关材料的属性及其选用方法。

2.4.1 金属材料

金属是一种具有光泽(即对可见光强烈反射)、富有延展性、容易导电和导热等性质的物质。金属材料包括黑色金属和有色金属，其中黑色金属材料在机械零件中应用最多。黑色金属指铁及其合金，如钢、生铁、铁合金、铸铁等，黑色金属以外的金属称为有色金属，如铝、镁、钛合金等。金属在自然界中广泛存在，在生活中应用极为普遍，是在现代工业中非常重要和应用最多的一类物质。

1. 黑色金属

机械零件中常用的黑色金属有铸铁、铸钢、碳素钢、合金钢等。

1) 铸铁

铸铁材料拥有出色的流动性，易于浇注成各种复杂形态，因此在工业制造中被广泛应用。铸铁实际上是由多种元素组合的混合物的名称，它们包括碳、硅和铁，其中碳的含量越高，在浇注过程中其流动特性就越好。铸铁也分为很多种类，典型的有灰铸铁、球墨铸铁、可锻铸铁等。不同类型的铸铁由于成分和加工工艺的区别，呈现出的性能各不相同，应用场合也有所区别。

灰铸铁由于其锻造性能好、成本低，常被用于制造形状复杂的零件，同时其良好的减振性能使灰铸铁成为制造工业机械臂的机架及机座的首选材料；球墨铸铁拥有较高的延伸率和耐磨性，广泛应用于受冲击载荷的零件，如齿轮、曲轴等；可锻铸铁的强度及塑性均比较高，可满足尺寸小、形状复杂、强度和延伸率要求高的零件制作要求。图2.38所示为铸铁零件。

2）铸钢

铸钢是铸造合金的一种，是专用于制造钢质铸件的钢材，以铁、碳为主要元素，含碳量为0～2%。铸钢的强度、弹性模量、延伸率等均高于铸铁，但是其铸造性能较差，一般用来制造承受重载的大型零件。图2.39为铸钢零件。

图2.38　铸铁零件

图2.39　铸钢零件

3）碳素钢

含碳量小于2.11%而不含有特意加入合金元素的钢叫作碳素钢，简称碳钢。碳钢产量大、价格低，是制造业中应用最广泛的材料之一。按含碳量可以把碳钢分为低碳钢（WC≤0.25%）、中碳钢（0.25%≤WC≤0.6%）和高碳钢（WC>0.6%）。碳钢中含碳量较高则硬度越大，强度也越高，但塑性较低。按钢的质量又可以把碳钢分为普通碳钢和优质碳钢。普通碳钢冶炼容易、工艺性好、价廉，在力学性能上也能满足一般工程结构及普通机器零件的要求，应用较广，多用于受力不大的零件制造，而当零件受力较大，且受应变力或冲击载荷时，应该选用优质碳钢。图2.40为碳钢零件。

图2.40　碳钢零件

4）合金钢

合金钢是一种除铁、碳外，还加入了其他合金元素的钢种。合金钢的主要合金元素有硅、锰、铬、镍、钼、钨、钒、钛、铌、锆、钴、铝、铜、硼、稀土等。加入不同的金属元素，可以改善材料的不同性能。

不锈钢作为合金钢的一个分支，抗腐蚀能力强，在机械制造领域也有着广泛的应用。不锈钢是在钢里融入铬、镍以及其他一些金属元素而制成的合金钢，其不生锈的特性就是来源于合金中铬的成分，铬在合金的表面形成了一层坚牢的、具有自我修复能力的氧化铬薄膜，这层薄膜是我们肉眼所看不见的。不锈钢可防腐蚀，可进行精细表面处理，刚性高，可通过各种加工工艺成型，但较难进行冷加工。

不锈钢分为4大主要类型：奥氏体、铁素体、铁素体-奥氏体（复合式）和马氏体。奥氏体不锈钢主要应用于家居用品、工业管道以及建筑结构中；铁素体不锈钢具有防腐蚀性，主要应用于耐久使用的洗衣机以及锅炉零部件中；复合式不锈钢具有更强的防腐蚀性能，所以经常应用于侵蚀性环境；马氏体不锈钢主要用于制作刀具和涡轮刀片。图 2.41 为不锈钢方管和不锈钢螺丝。

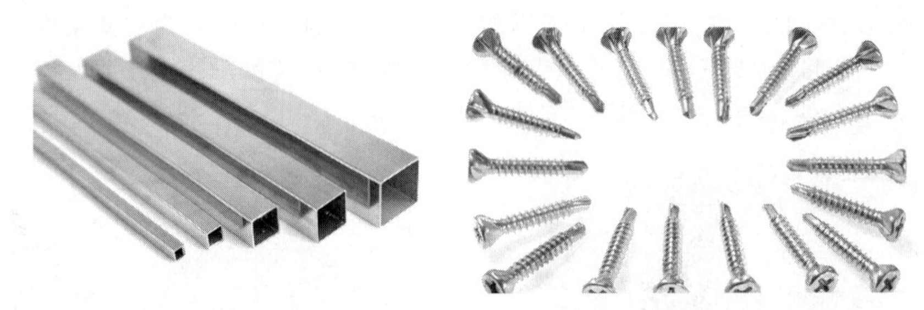

图 2.41 不锈钢方管和不锈钢螺丝

2. 有色金属

有色金属及其合金相对于黑色金属来说有许多可贵的特性，如耐热性、抗腐蚀性、电磁性等，比较常见的有色金属有铝及其合金、铜及其合金等。

1) 铝及其合金

铝是一种略带蓝光的银白色金属，具有出色的防腐蚀性和高比强度，柔韧可塑，易于制成合金，并且可回收。铝合金具有良好的导电导热性，比强度接近高合金钢，比刚度超过钢，有良好的铸造性能和塑性加工性能，良好的导电、导热性能，良好的耐蚀性和可焊性。铝及其合金由于重量轻，比强度和比刚度较高，在航空、航天、汽车、机械制造等行业被广泛运用。

铝及其合金种类繁多，从其牌号命名上可以分辨出属于哪一类铝合金，便于人们选择材料。例如纯铝(铝含量不小于 99.00%)牌号为 1×××，以铜为主要合金元素的铝合金牌号为 2×××，以锰为主要合金元素的铝合金牌号为 3×××，以硅为主要合金元素的铝合金牌号为 4×××，以镁为主要合金元素的铝合金牌号为 5×××，以镁和硅为主要合金元素并以 Mg_2Si 相为强化相的铝合金牌号为 6×××，以锌为主要合金元素的铝合金牌号为 7×××。

常被用在机器人零件制作的牌号有 5052、6061 等。6061 合金为可热处理强化铝合金，具有加工性能极佳、优良的焊接特点及电镀性、良好的抗腐蚀性、韧性高及加工后不变形、材料致密无缺陷及易于抛光、上色膜容易、氧化效果极佳等优良特点，可加工成板、管、棒、型、线材和锻件，因此被广泛应用在机器人制造上。图 2.42 为铝合金车架和铝合金轮毂。

图 2.42 铝合金车架和铝合金轮毂

2) 铜及其合金

铜是一种紫红色金属，又称紫铜，是一种优良的导电体，具有延展性、很好的防腐蚀性和极好的导热性，同时具有坚硬、柔韧的特点，也易于回收，多被用于电线、发动机线圈及印制电路上。铜合金是以纯铜为基体加入一种或几种其他元素所构成的合金，具有良好的耐磨、耐腐蚀性能，黄铜、青铜及白铜是较为常用的铜合金。

黄铜是以锌为主要添加元素的合金，外观呈黄色。根据黄铜中所含合金元素种类的不同，黄铜又可分为普通黄铜和特殊黄铜两种。铜锌二元合金称普通黄铜或称简单黄铜。由于含锌量不同，普通黄铜呈现出的力学性能也不一样，用途十分广泛。三元以上的黄铜称特殊黄铜或称复杂黄铜，一般是为了提高黄铜的耐蚀性、强度、硬度和切削性等而添加的。

青铜是以锡为主要添加元素的合金，也是金属冶铸史上最早的。与纯铜相比，青铜强度高且熔点低，具有良好的铸造性能、减摩性能，并且力学性能也较好，适合于制造轴承、蜗轮、齿轮等。

白铜是以镍为主要添加元素的合金，呈银白色，有金属光泽。白铜与其他铜合金相比，力学性能、物理性能都异常良好，具有延展性好、硬度高、色泽美观、耐腐蚀等优点，被广泛使用于造船、石油化工、电器、仪表、医疗器械、日用品、工艺品等领域。但由于镍属于稀缺物资，白铜的价格比较昂贵，因此普及度不及黄铜、青铜等铜合金。图2.43所示为铜导线、铜柱、铜盖。

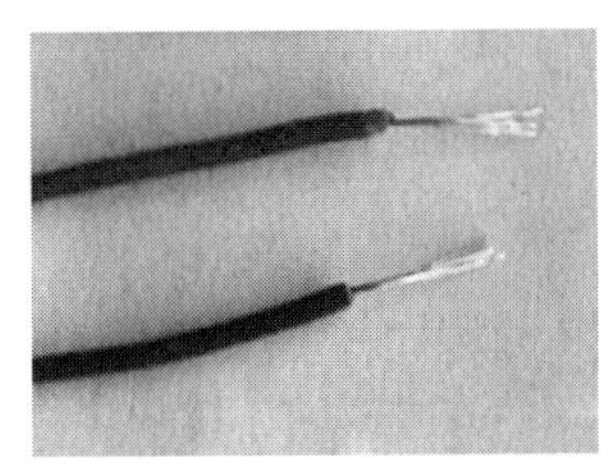

图2.43 铜导线、铜柱、铜盖

3）锌

锌是一种闪着银光又略带蓝灰色的金属，它也是继铝和铜之后第三种应用最广泛的有色金属。锌具有优良的可铸性、出色的防腐蚀性、高强度、高硬度、原材料廉价、低熔点、抗蠕变且易与其他金属形成合金，常温下易碎，在100℃左右具有延展性。

4）其他有色金属

常被用于机械零件制造的有色金属材料还有镁合金、钛合金、轴承合金等，还有一类有色金属材料则主要作为合金添加剂使用，如镍、锡等。

3. 金属材料加工工艺

对于金属材料来说，加工工艺主要有金属的成型工艺、热处理工艺和表面处理工艺三类。

1）成型工艺

成型工艺是一种用来构造出零件形状的工艺，具体工艺内容有铸造、塑性成形、机加工、焊接、粉末冶金等，其中比较典型的金属成型工艺有压铸、车削和焊接等。下面主要介绍压铸和车削。

（1）压铸。

压铸是一种利用高压强制将金属熔液压入形状复杂的金属模具内的精密铸造法，模具通常是用强度更高的合金加工而成的，这个过程有些类似注塑成型。大多数压铸铸件都不含铁，例如锌、铜、铝、镁、铅、锡以及它们的合金等。压铸设备主要分为冷室压铸机和热室压铸机两种，两者的区别在于其承受力的大小，可以根据具体的压铸类型进行选择。热室压铸机适用于锌、锡以及铅的合金的压铸成型，但热室压铸很难用于压铸大型铸件，通常用于压铸小型铸件；当压铸无法用于热室压铸工艺的金属时可以采用冷室压铸，包括铝、镁、铜以及含铝量较高的锌合金，同热室压铸相比，冷室压铸的制造时间则较长。

传统制造压铸的零部件一般只需要 4 个主要步骤：模具准备、填充、注射以及落砂，相对来说比较容易，单项成本增量很低。但因为铸造设备和模具的造价高昂，所以压铸工艺一般只会用于批量制造大量产品。由于压铸特别适合制造大量的中小型铸件，并且同其他铸造技术相比，压铸的表面更为平整，拥有更高的尺寸一致性，因此压铸是各种铸造工艺中使用最广泛的一种。图 2.44 为压铸工艺及压铸成型的零件。

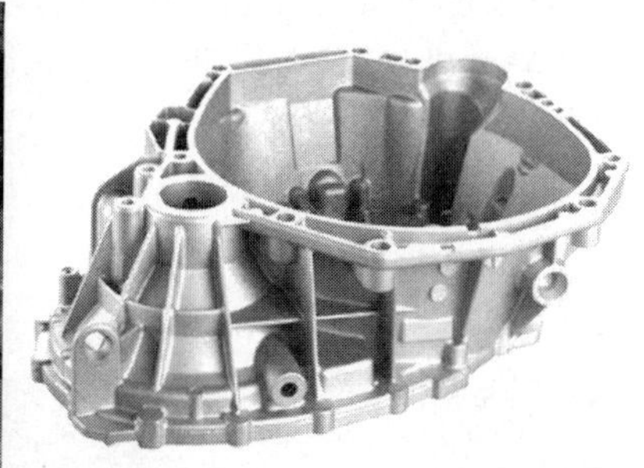

图 2.44 压铸工艺及压铸成型的零件

随着工业制造技术的发展，在传统压铸工艺的基础上诞生了几种改进型的压铸工艺，包括减少铸造缺陷排除气孔的无孔压铸工艺；主要用于加工锌，可以减少废弃物增加成品率的直接注射工艺；由通用动力公司发明的精速密压铸技术以及半固态压铸等等新式压铸工艺等。

(2) 车削。

车削加工是金属成型工艺中机加工的一种，也是最基本、最常见的切削加工方法，在生产中具有十分重要的地位。车削加工是在车床上利用工件相对于刀具旋转对工件进行切削加工的方法，具有易于保证工件各加工面的位置精度、切削过程较平稳、生产效率高等特点。

车削适用于加工回转表面，大部分具有回转表面的工件都可以用车削方法加工，例如轴、盘、套等。使用不同的车刀或其他刀具，就可以加工出内外圆柱面、内外圆锥面、端面、沟槽、螺纹等回转成形面特征。除了加工回转表面外，车削也能加工一些非圆回转表面。例如在工件旋转的同时，若使车刀也以相应的转速比与工件同向旋转，就可以改变车刀和工件的相对运动轨迹，加工出截面为多边形(三角形、方形、棱形和六边形等)的工件。

车削一般分粗车和精车(包括半精车)两类。粗车力求在不降低切速的条件下，采用大的切削深度和大进给量以提高车削效率，加工精度不高，加工件表面粗糙度一般为 $Ra20 \sim 10\mu m$；半精车和精车则尽量采用高速而较小的进给量和切削深度，主要任务是保证零件所要求的加工精度和表面质量。

图 2.45 所示为车削过程。

2) 热处理工艺

如果使用完全相同的金属材料，通过完全相同的成型工艺制造出来两个零件，它们的物理性质是否完全相同呢？答案是否定的。金属材料中有一种金相的概念，它是指金属或合

图 2.45　车削过程

金的化学成分以及各种成分在合金内部的物理状态和化学状态。在一块金属材料中往往有着不同的金相组织,不同的金相组织其实也有着不同的物理性质。热处理工艺就是一种改变金属材料金相组织的工艺。通过热处理工艺,可以使金属材料的金相组织向所希望的方向改变,从而得到想要的物理性质(见图2.46)。基本的热处理工艺有退火、正火、淬火和回火。

图 2.46　热处理过程

(1) 退火。

退火是将亚共析钢工件缓慢加热至适当温度,保温一段时间后,随炉缓慢冷却(或埋在砂中或石灰中冷却)至500℃以下的热处理工艺。退火能使金属内部组织达到或接近平衡状态,降低硬度,改善切削加工性,使工件获得良好的工艺性能和使用性能。

(2) 正火。

正火是将钢材或钢件加热到适当的温度,保温一定时间后,在空气中冷却的热处理工艺。正火处理的冷却速度快,处理后的金属材料韧性明显提高,比退火处理得到的金属材料组织更细,有时也用于一些要求不高的零件作为最终热处理。

(3) 淬火。

淬火是将金属工件加热到某一适当温度并保持一段时间,随即浸入淬冷介质(盐水、水、矿物油、空气等)中快速冷却的热处理工艺,也是钢热处理工艺中应用最为广泛的工种工艺方法。

淬火可以提高金属工件的硬度及耐磨性,广泛用于各种工、模、量具及要求表面耐磨的零件。同时淬火还可以满足某些特种钢材的铁磁性、耐蚀性等特殊的物理、化学性能。淬火配合以不同温度的回火,可以大幅提高钢的刚性、硬度、耐磨性、疲劳强度以及韧性等,从而满足各种机械零件和工具的不同使用要求。

(4) 回火。

回火是将工件加热到适当温度并保持一定时间,随后用特定的方法冷却,以获得所需要的组织和性能的热处理工艺。回火一般在正火或者淬火后进行，目的是消除淬火和正火后的材料组织应力，同时也能调整工件的硬度、强度、塑性和韧性，以达到使用性能要求。

3）表面处理工艺

表面处理工艺一般是一个金属零件加工的最后阶段，指的是一种在基体材料表面上人工形成一层与基体的力学性能、物理性能和化学性能不同的表层的工艺方法。表面处理的目的是满足产品的耐蚀性、耐磨性、装饰或其他特种功能要求。常见的表面处理工艺有电镀、阳极氧化、电泳、渗碳、粉末喷涂等。下面主要介绍电镀和阳极氧化。

（1）电镀。

电镀是指利用电解原理在某些金属表面上镀上一薄层其他金属或合金的过程，是一种应用广泛的表面处理工艺。镀层可为金属、合金、半导体或含各类固体微粒等。

通过电镀工艺使零件附上金属膜后，可以起到提高耐磨性、导电性、反光性、抗腐蚀性（硫酸铜等）及增进美观等作用。

（2）阳极氧化。

阳极氧化是指金属或合金的电化学氧化。阳极氧化的基本原理是在电解质溶液中，让工件为阳极，在外电流作用下，使其表面形成氧化膜层。有色金属或其合金（如铝、镁及其合金等）都可进行阳极氧化处理，尤其是在铝合金的表面处理中，阳极氧化处理是应用最广且最成功的。

阳极氧化处理能够有效提高工件的防护性、绝缘性，增强防腐蚀性，同时也能提高工件与涂层的结合力，利于进行后续其他处理工艺。

图 2.47 和图 2.48 分别为电镀和阳极氧化处理过的工件。

图 2.47　电镀

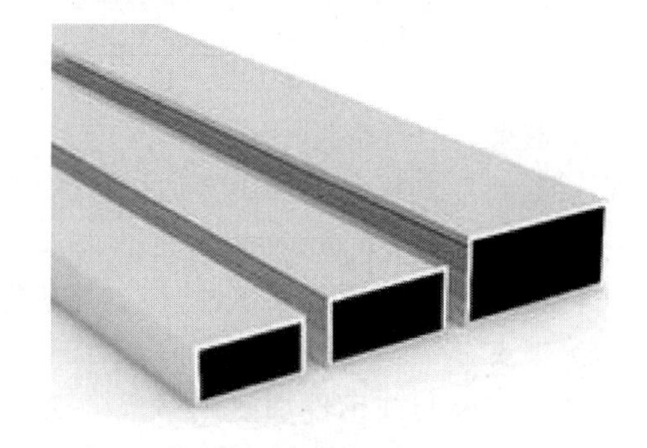

图 2.48　阳极氧化处理过的工件

2.4.2　非金属材料

非金属材料在制造行业中也是常用的材料之一，其种类繁多，总体可分为有机高分子材料和无机非金属材料，在机器人零件制造中比较常见的非金属材料有塑料、橡胶和陶瓷等。

1. 塑料

塑料是一种在一定温度和压力下塑制成型，而且能在常温下保持形状不变的高分子合成材料，拥有重量极轻、容易加工，可用注射成型方法制成形状复杂、尺寸精确的零件的优点。按照塑料的适用性能和应用范围可将塑料分为通用塑料和工程塑料。

通用塑料制品在日常生活中随处可见，在机械制造领域也有很多应用，如舵机塑料外壳（见图 2.49）、塑料舵盘等。用这类塑料制成的零件普遍具有抗拉强度低、延伸率大、抗冲击能力差、减摩性好、导热能力差的特点，可用于制造一般的机械零件、绝缘件装饰件、仪器外壳等。

工程塑料则有更好的力学性能，具有较高的机械强度和刚度、优异的耐热性、电绝缘性、耐腐蚀性、自润滑性以及塑制或切削性能等特征，可代替金属材料作为结构材料使用，常用于轴承、齿轮、丝杠螺母、密封件等机械零件和壳体、盖板、手轮、手柄、紧固件及管接头等机械结构件上。比较常见的工程塑料材料有 ABS 树脂、尼龙、PC（见图 2.50）等。

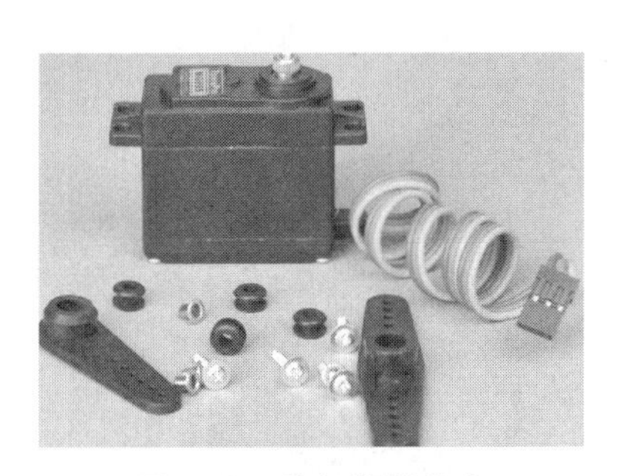

图 2.49　舵机塑料外壳

图 2.50　PC 板材

2. 橡胶

橡胶是一种有弹性的聚合物，可以从一些植物的树汁中取得，也可以是人造的。按照制成方式的不同，橡胶可以分为合成橡胶和天然橡胶两类。橡胶除具有良好的弹性和绝缘性能外，还具有耐磨、耐化学腐蚀耐放射性等性能和良好的减振性。橡胶在机械中应用很广，常用来制造轮胎、胶管、密垫、皮碗、垫圈、胶带、电缆、胶辊（见图 2.51）、同步齿形带、减振元件等。

3. 陶瓷

陶瓷的传统概念是指所有以黏土等无机非金属矿物为原料的人工工业产品，但是随着现代尖端科学技术的飞跃发展，特种陶瓷应运而生。这种陶瓷所用的主要原料不再是黏土、长石、石英，更多的是采用纯粹的氧化物和具有特殊性能的原料，制造工艺与性能要求也各不相同。

特种陶瓷拥有高强度、高硬度、高韧性、耐腐蚀、导电、绝缘、磁性、透光、半导体以及压电、光电、电光、声光、磁光等特性。由于性能特殊，这类陶瓷可作为工程结构材料和功能材料应用于机械、电子、航空航天等方面。甚至由于其硬度高重量轻的特点，陶瓷还被广泛应用于防弹衣和装甲上，具备强大的防御能力。图 2.52 所示为工业陶瓷管材。

图 2.51　胶辊

图 2.52　工业陶瓷管材

2.4.3 复合材料

1. 碳纤维板

碳纤维板是一种以碳纤维为基底，用树脂浸润硬化制成的复合材料，是机器人制作中常用的一种板材，因为它具有非常好的比强度。

碳纤维板制作中使用到的主要材料是碳纤维，碳纤维是主要由碳元素组成的一种特种纤维，属于无机非金属材料的一种。碳纤维具有耐高温、耐摩擦、导电、导热及耐腐蚀、低密度、高强度、高刚度等特点，被作为结构材料广泛应用于各行各业，包括航空航天、汽车工业、运动器材等。图 2.53 所示为碳纤维板和碳纤维管。

图 2.53 碳纤维板和碳纤维管

2. 玻纤板

玻纤板(FR-4)全称为玻璃纤维板，由玻璃纤维材料和高耐热性的复合材料合成，不含对人体有害的石棉成分。玻纤板具有较高的力学性能和介电性能、较好的耐热性和耐潮性，以及良好的加工性，可用于塑胶模具、注塑模具、机械制造、电机、PCB、台面研磨垫板等，也是 DIY 机器人过程中常用的一种板材。

制作玻纤板时，使用不同的复合材料制作出的板材性能也有所不同，其中，以环氧树脂为黏合剂，经烘干、热压而成的材料——环氧树脂板(简称环氧板)，便是一种使用范围更广的复合板材。

环氧板中使用的环氧树脂材料是一种有机高分子材料中合成树脂，形式非常多样，几乎可以适应各种应用场合对形式提出的要求，其范围可以从极低的黏度到高熔点固体，因此它的用途十分广泛，可用于涂料、胶黏电子电器等场景。用环氧树脂制成的环氧板具有内黏附力强、收缩性低、结构稳定、力学特性优良等特点，并且价格便宜，所以在机械零件制造领域中是常见的材料选择。

图 2.54 所示为玻纤板和环氧板。

图 2.54 玻纤板和环氧板

2.4.4 材料选择方法

材料的选择是机械设计中非常重要的一个问题。不同的材料制造出的零件在性能、加工工艺等方面都有很大不同，在2.4.1节～2.4.3节中已经对不同材料的性能及加工工艺进行了介绍，接下来将简单介绍在结构设计中的材料选择方法。

在材料选择时一般主要考虑三个问题：使用要求、工艺要求和经济性要求。

1. 使用要求

材料的使用要求具体包括零件的尺寸和形状要求、零件的载荷承受要求、零件的功能要求等。

零件的尺寸和形状是在机械结构中有最直观的表现，因此必须考虑所选材料能否在经过加工后满足这一要求。不同的材料表现出的强度、刚度等性能又各不相同，但同时零件的尺寸又受到材料性能的影响。如果零件尺寸取决于强度，而零件的尺寸、形状、重量等又被其他条件所限制，这时，就应该选用强度较高的材料。若零件尺寸取决于刚度，则应该选用弹性模量较大的材料。在滑动摩擦下工作的零件应该选用减摩性能好的材料。

2. 工艺要求

材料的工艺要求主要包括三方面：毛坯制造、机械加工和热处理。

一些大型且需要大批量生产的零件在制造时首先选用的工艺是铸造毛坯。一些结构复杂的零件只能选用铸造毛坯才易制造，此时应该选择铸造性能较好的材料，如铸钢、灰铸钢等。如果是少量生产大型零件，则可以选择焊接毛坯，此时就需要考虑材料的可焊性及裂纹产生倾向等，应该选用焊接性能好的材料。

需要大批量生产的非大型复杂零件一般采用机械加工的制造形式。为了提高产量和产品品质，应考虑零件材料的易切削性能、切削后的变形情况及表面粗糙度等，简言之，应选用切削性能好的材料。

热处理是一种能够提高材料性能的加工措施，主要需要考虑材料的可淬性、淬透性及热处理后的变形开裂倾向等，在选择材料时要注意其适用的热处理工艺。

3. 经济性要求

(1) 经济性要求的首要表现为材料价格。在能满足使用要求的情况下优先选用价格较低的材料，尤其是在需要大批量生产某些零件时。

(2) 考虑加工批量和加工费用。当某些零件的加工量很大但是本身质量较小时，加工费用就会增加，此时选择材料应该优先考虑其加工性能和加工费用，而不是材料价格。

(3) 充分考虑材料的利用率。提高材料的利用率可以从加工工艺上着手，同时在设计结构时也应该有意识提高材料的利用率。

(4) 遵守局部品质原则。在不同的部位采用不同的材料或者不同的热处理工艺，使各部分的要求分别得到满足。

(5) 替代，即尽量用廉价材料代替价格相对昂贵的稀有材料。

机械材料是一个庞大的体系，随着现代科学技术的发展，不同材料体现出来的性能也越来越多样化。当材料的选择呈现多样化时，相信机器人制造也会出现更多可能性。

2.5 3D 打印技术

2.5.1 3D 打印技术的概念与起源

3D(three dimensions)打印技术是以计算机 3D 设计模型为蓝本，采用离散堆积的成形原理，通过软件分层离散和数控成形系统，利用激光束、热熔喷嘴等方式将金属粉末、陶瓷粉末、塑料、细胞组织等特殊材料进行逐层堆积黏结，最终叠加成形，制造出任意复杂形状 3D 实体零件的技术总称。

在国内，"3D 打印技术"概念首次出现后的很长一段时间里，3D 打印技术都被称为快速原型、快速模型、直接制造等，也体现了该技术的一个显著特点：快。如今，国内已将这项技术俗称为"3D 打印"。而在美国，则是从成形学的角度考虑，将 3D 打印技术命名为"增材制造技术"。

3D 打印技术的核心思想起源于美国，最初的制造思路源于 3D 实体被切成一系列的连续薄切片的逆过程。在 20 世纪末期，3D 打印技术逐渐得到推广并被广泛应用，该技术也被称为第三次工业革命的重要标志之一。3D 打印技术的基本成形过程可简单梳理如下。

1892 年，美国登记了一种采用层叠方法制作三维地图模型的专利技术。

1940 年，佩雷拉提出了在硬纸板上切刮轮廓线，然后黏结成 3D 地图的方法。而 20 世纪 50 年代之后，出现了几百个有关 3D 打印技术的专利。

1979 年，日本东京大学生产技术研究所的中川威雄教授发明了叠层模型造型法。

1980 年，日本人小玉秀男提出了光造型法。

20 世纪 80 年代后，3D 打印技术有了根本性的发展，美国人将已有的 3D 打印相关技术方法基本都转化为了实际应用，仅在 1986—1998 年注册的美国专利就有 274 个。

1983 年，美国人查尔斯·赫尔发明了立体光刻(stereo lithography appearance)技术，简称 SLA 技术。1986 年，赫尔成立 3D Systems 公司，并在 1988 年生产出了世界上第一台现代 3D 打印机：SLA-250(液态光敏树脂选择性固化成形机)。

1988 年，美国人斯科特·克朗普发明了一种新的 3D 打印技术：熔融沉积成型技术。该技术适合于产品的概念建模及形状和功能测试，不适合制造大型零件。

1989 年，美国人德卡德发明了选择性激光烧结技术。这种技术的特点是选材范围广泛，如尼龙、蜡、ABS、金属和陶瓷粉末都可以作为加工的原材料。

1992 年，美国人赫利塞思发明了层片叠加制造技术。

1993 年，美国麻省理工学院教授伊曼纽尔·萨克斯发明了 3D 印刷技术(three-dimension printing)，简称 3DP。

2005 年，美国 Z 公司推出世界第一台彩色 3D 打印机，3D 打印技术也从此迈入了多色时代。

2.5.2 3D 打印技术的发展与未来

3D 打印技术作为一种高科技技术，综合应用了 CAD/CAM 技术、激光技术、光化学以及材料科学等诸多方面的技术和知识。该技术在珠宝、鞋类、工业设计、建筑、机器人、汽车、航空航天、牙科和医疗产业、地理信息系统、土木工程以及其他领域都有所应用。3D打印技术在短短三十几年时间里，从美国扩展到欧洲、日本和中国等国家和地区，也逐渐被大众所熟知，发展速度如此之快，已经对制造业产生了巨大影响。美国和欧洲在3D打印技术的研究及推广较早，也处于世界领先地位。中国对于3D打印技术的推广开展虽然较晚，但也已有多个高校及研究机构在这方面开展了很多研究。

3D打印技术最大的优势在于无须传统的刀具或模型，就可以实现传统工艺难以加工的复杂结构的制造，有效地简化了生产工序，缩短了生产周期，提高了原材料和能源的使用效率，减少了对环境的影响，并能根据消费者自身需求量身定制产品，但3D打印技术同时也存在着材料的限制、机器的限制等问题，但这也意味着其可研究空间是非常大的。

3D打印技术的出现，可以让设计者直接根据图形数据打印零件，极大地缩短了产品研发周期，这对于机器人研发及生产来说是非常有利的，甚至可以说，在机器人领域，3D打印技术的优势具有非常优秀的表现力。机器人在生产设计过程中会经历许多个迭代版本，而验证每一版本机器人的性能尤其重要。通过3D打印技术可以快速制造零部件模型，机器人设计师能够在短时间得到产品的实物模型，验证某些结构性功能，得到实验参数，便于后期优化。

2.5.3　3D打印技术工艺介绍

随着3D打印技术的发展，3D打印工艺也越来越多样化，而目前应用较多的3D打印技术则主要有以下三种：熔融沉积成型法(fused deposition modeling，FDM)、立体光刻成型法(stereo lithography appearance，SLA)和选择性激光烧结成型(selective laser sintering，SLS)。下面分别对上述三种3D打印技术工艺进行简单介绍。

1. FDM

1) FDM技术的工作原理

熔融沉积又叫熔丝沉积，简称FDM技术，它是将丝状热熔性材料加热融化，通过带有一个微细喷嘴的喷头挤喷出来。热熔材料融化后从喷嘴喷出，沉积在制作面板或者前一层已固化的材料上，当温度低于固化温度后开始固化，通过材料的层层堆积形成最终成品。FDM技术原理示意图如图2.55所示。

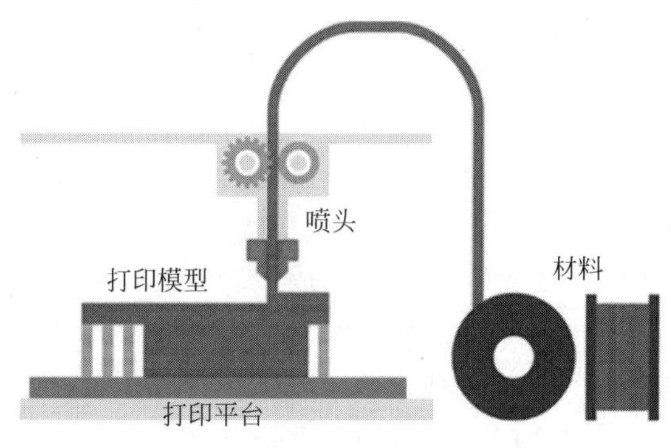

图2.55　FDM技术原理示意图

2）FDM 技术的材料

熔融沉积成型法所使用到的材料通常为 ABS（丙烯腈/丁二烯/苯乙烯共聚物）或 PLA（聚乳酸）材料。

ABS 树脂是五大合成树脂之一，其抗冲击性、耐热性、耐低温性、耐化学药品性及电气性能优良，还具有易加工、制品尺寸稳定、表面光泽性好等特点，容易涂装、着色，还可以进行表面喷镀金属、电镀、焊接、热压和黏接等二次加工，广泛应用于机械、汽车、电子电器、仪器仪表、纺织和建筑等工业领域，是一种用途极广的热塑性工程塑料。

PLA 塑料熔丝是另外一种常用的打印材料，尤其是对于桌面级 3D 打印机来说，PLA 可以降解，是一种环保材料。PLA 一般情况下不需要加热床，所以 PLA 容易使用，而且更加适合低端的 3D 打印机。PLA 有多重颜色可以选择，而且还有半透明的红、蓝、绿以及全透明的材料。常用的 3D 打印材料如图 2.56 所示。

图 2.56　常用的 3D 打印材料

3）FDM 技术的特点及应用

FDM 技术的优势在于制造简单，成本低廉。目前 FDM 技术已经在机器人、医疗模型等领域得到广泛应用。

2. SLA

工作原理：SLA 工艺也称光造型，它是基于液态光敏树脂的光聚合原理工作的。这种液态材料在一定波长和强度的紫外光（如 $\lambda=325\text{nm}$）的照射下能迅速发生光聚合反应，分子量急剧增大，材料也就从液态转变成固态。液槽中盛满液态光固化树脂，激光束在偏转镜作用下在液态树脂表面扫描，光点照射到的地方，液体就固化。

工作过程：成型开始时，工作平台在液面下一个确定的深度，聚焦后的光斑在液面上按计算机的指令逐点扫描固化。一层扫描完成后，未被照射的地方仍是液态树脂。然后升降台带动平台下降一层高度，刮板在已成型的层面上又涂满一层树脂并刮平，然后再进行下一层的扫描，新固化的一层牢固地黏在前一层上，如此重复，直到整个零件制造完毕，得到一个三维实体模型。SLA 原理示意图如图 2.57 所示。

3. SLS

工作原理：用红外激光作为热源来烧结粉末材料成型，激光器在计算机的操控下对粉末进行扫描照射而实现材料的烧结黏合，层层堆积实现成型。

工作过程：采用压辊将一层粉末平铺到已成型工件的上表面，数控系统操控激光束按照该层截面轮廓在粉层上进行扫描照射而使粉末的温度升至熔化点，从而进行烧结并与下面已成型的部分实现黏合。当一层截面烧结完后工作台将下降一个层厚，这时压辊又会均匀地在上面铺上一层粉末并开始新一层截面的烧结，如此反复操作，直到工件完全成型。SLS 工作原理示意图如图 2.58 所示。

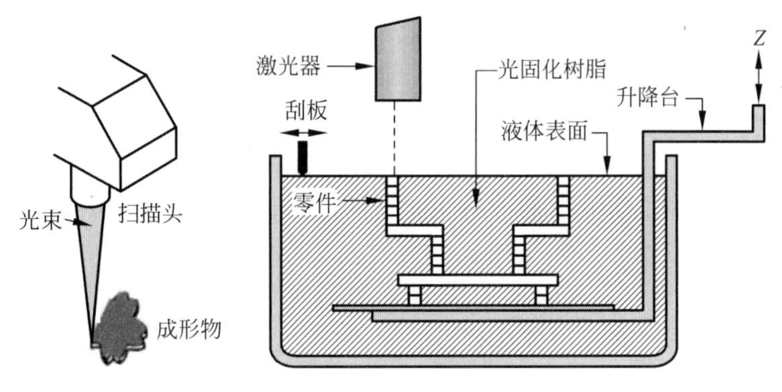

图 2.57 SLA 原理示意图

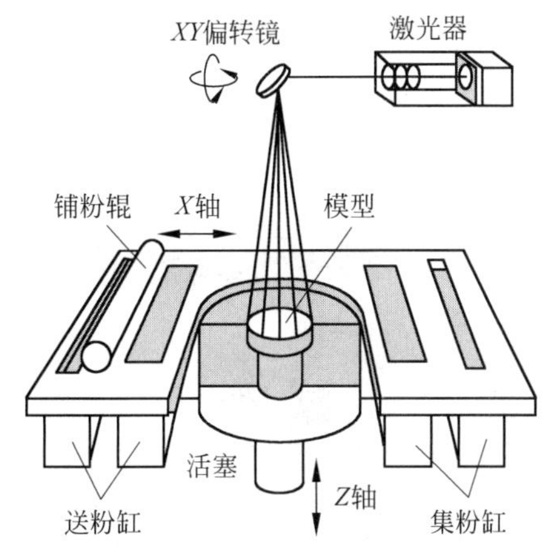

图 2.58 SLS 工作原理示意图

近年来，随着 3D 打印研发技术的不断突破，3D 打印已经成功应用于航空航天、生物医疗、建筑、汽车等领域，并不断取得突破性进展，3D 打印在机械制造方面的优势也逐渐显现。目前，3D 打印在机器人制造方面的应用多以模型、小型非主要结构件为主。未来，随着 3D 打印技术的不断发展和应用，各领域将逐渐深化对该技术的应用，在机器人设计制造行业，3D 打印必将成为一个重要的手段。

2.5.4 零部件 3D 打印的实现

1. 3D 打印机分类

3D 打印机按功能分类可大致分为工业级 3D 打印机和桌面级 3D 打印机两种。其中，桌面级 3D 打印机凭借其结构简单、使用维护方便、生产质量较好的特点，获得了更多 3D 打印爱好者的选择。桌面级 3D 打印机普及度更高，应用场合更多，在机器人的生产制造过程中，也更多地使用桌面级 3D 打印机。桌面级 3D 打印机代表机型主要有 Makebot 系列、eprap Prusa i3 系列和三角洲系列，且均采用 FDM 技术。其特点如下。

(1) Makebot 系列 3D 打印机(见图 2.59(a))为目前市面上绝大多数的 3D 打印机的结构类型。其结构与机械中的数控铣床十分类似，具有三轴三自由度，喷头能到达设计尺寸中的任意位置。Makebot 系列 3D 打印机由于其结构较成熟，打印精度较好等原因，如今已经成为很多 3D 打印制造商的首选。

(2) Reprap Prusa i3 系列 3D 打印机(见图 2.59(b))是目前市面上 3D 打印爱好者们做 DIY 的主力机型。其具有结构简单、拼装维修较为容易和成本较低等优点,也因此成为 DIY 首选。但同时该系列也存在精度较差、速度较慢、打印效果不是很理想等缺点。该系列打印机在外观上基本未做任何修饰,主要为实现功能而设计的。

(3) 三角洲系列 3D 打印机是一种并联式运动结构,其结构如图 2.59(c)所示。从图 2.59(c)可以看到,该系列打印机喷头的运动是依靠三个滑块进行的。打印机喷头通过连杆与滑块相连,当滑块上下运动时,依靠连杆的刚度完成对喷头的牵引,从而实现对打印头位置的控制。这一系列的打印机具有速度较快、精度较高、结构简单的优点,适合于一些简单零件的打印,但是结构稳定性相对于上面两种 3D 打印机则较差。

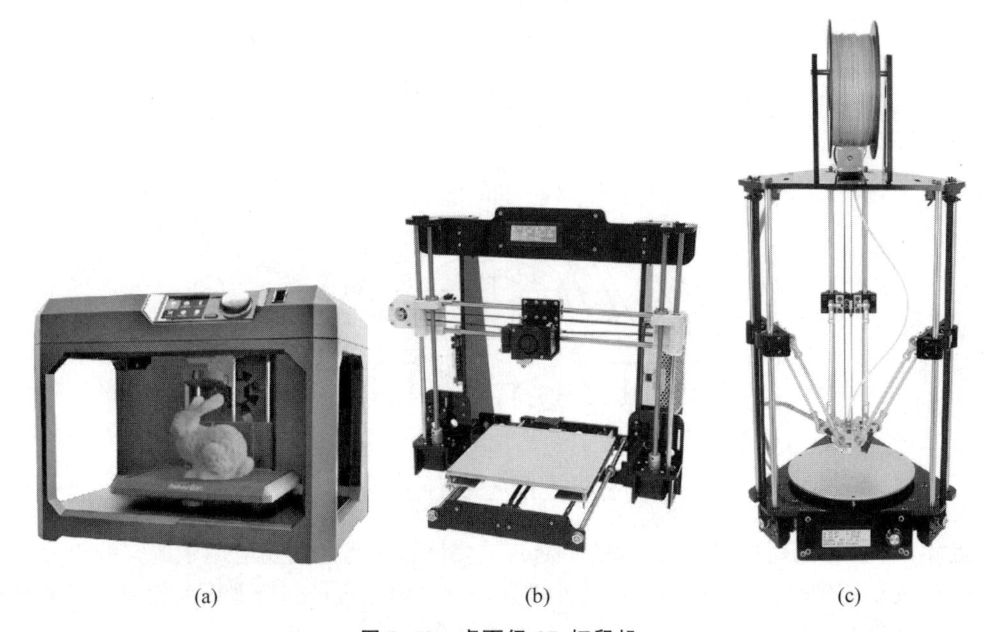

(a) (b) (c)

图 2.59 桌面级 3D 打印机

(a) Makebot 系列;(b) Reprap Prusa i3 系列;(c) 三角洲系列

2. 3D 打印切片软件 JGcreat 介绍

对于上述所述的桌面级 3D 打印机,要实现零件的 3D 打印制作,只拥有打印机是远远不够的。首先需要完成要打印零件的三维设计,然后将零件三维图通过 3D 打印切片软件转换为 3D 打印机可识别的“.gcode”格式的文件,才能进入真正的 3D 打印阶段。简单来说分为以下几步:

(1) 完成零件三维建模,并将零件图另存为“.stl”格式,并在切片软件中打开“.stl”格式的文件;

(2) 在切片软件中对导入的文件进行打印位置调整、打印质量参赛设置等操作,完成切片后,将文件存为“.gcode”格式并导出;

(3) 将切片好的“.gcode”文件导入 3D 打印机(不同打印机导入方式略有差别,视具体情况操作),将打印机参数设置好之后开始打印;

(4) 打印完成,取件并清理 3D 打印机上的残留料。

市面上的 3D 打印切片软件呈多样化,一般来说切片软件的不同并不影响零件的 3D 打印过程。但随着市场的发展，一些品牌的3D打印机厂家已经开发出了自己的3D打印切片软件，与本品牌的3D打印机在参数设置、性能精度等方面适配度更高，打印效果也更好。下面简单介绍3D打印切片软件——JGcreat的安装与使用。

JGcreat的安装过程如表2.1所示。

表2.1 JGcreat的安装过程

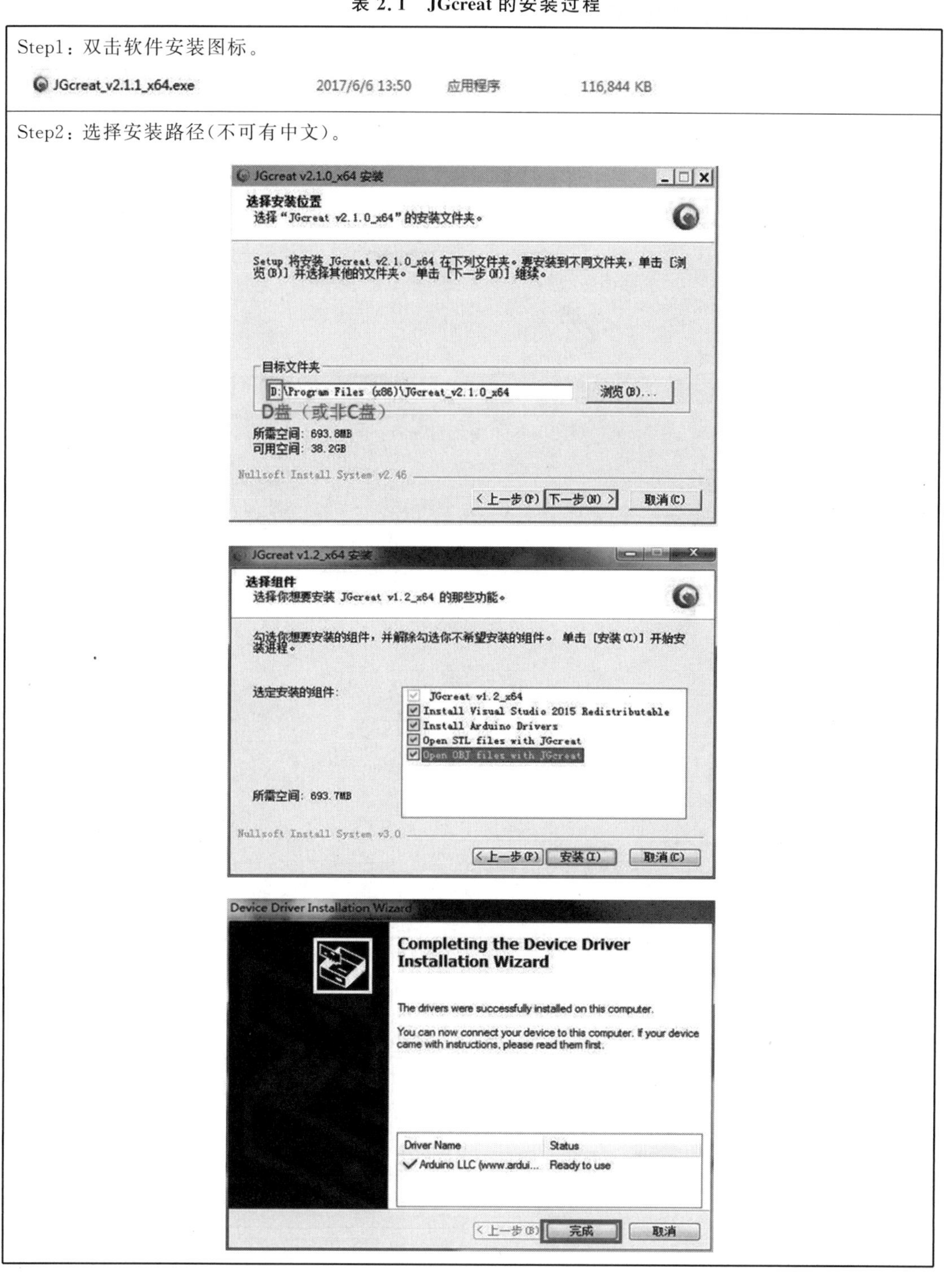

Step1：双击软件安装图标。
Step2：选择安装路径（不可有中文）。

续表

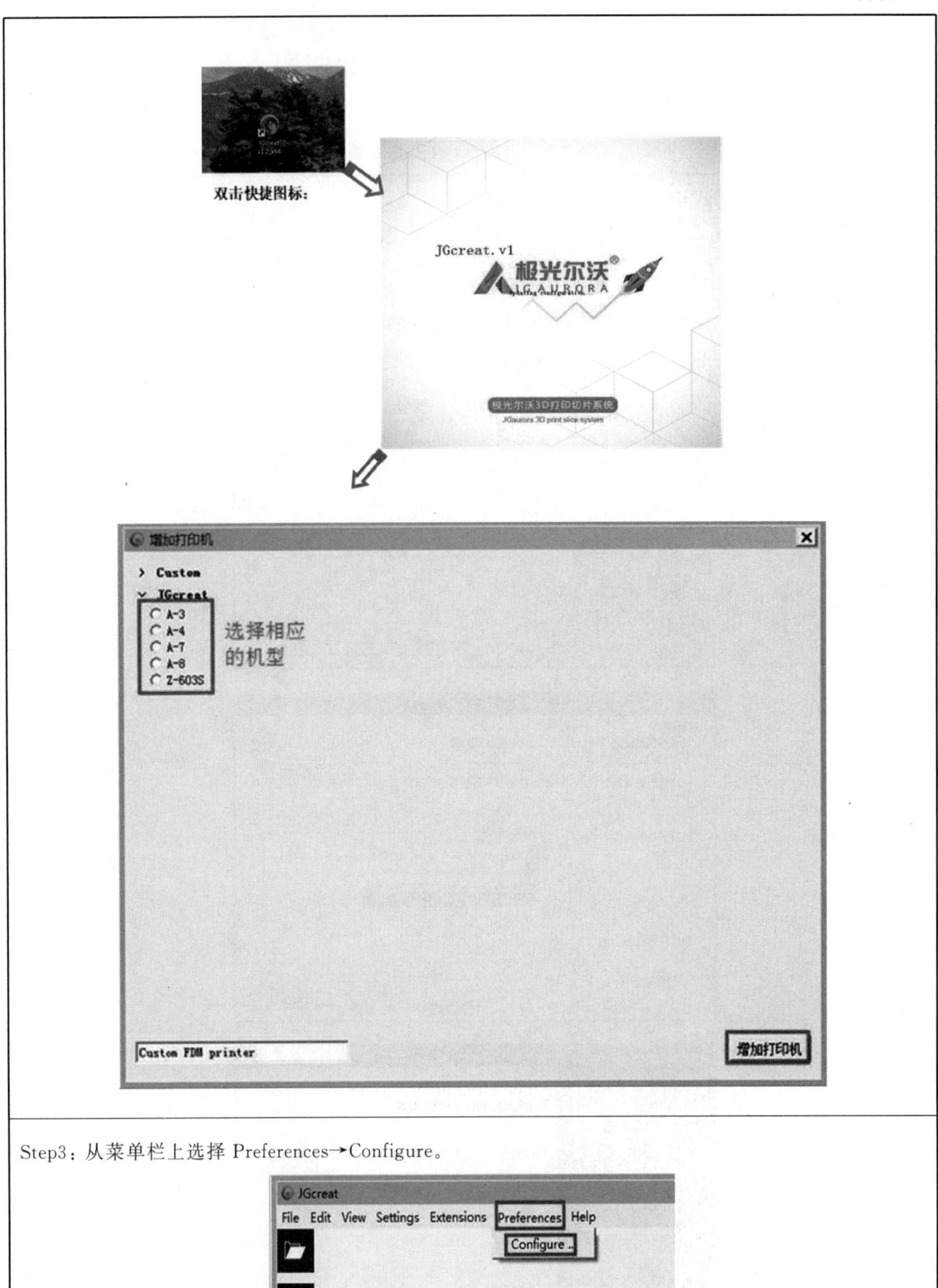

Step3：从菜单栏上选择 Preferences→Configure。

续表

Step4：将软件切换为中文，然后关闭，最后关掉软件并重新启动。 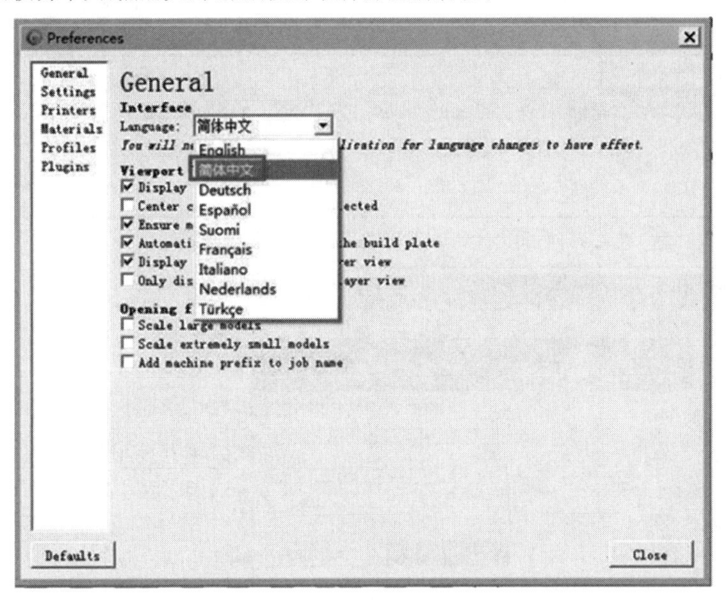
Step5：载入模型后，选择相应的“打印质量”，软件右下角显示“正在切片”，即生成G代码。 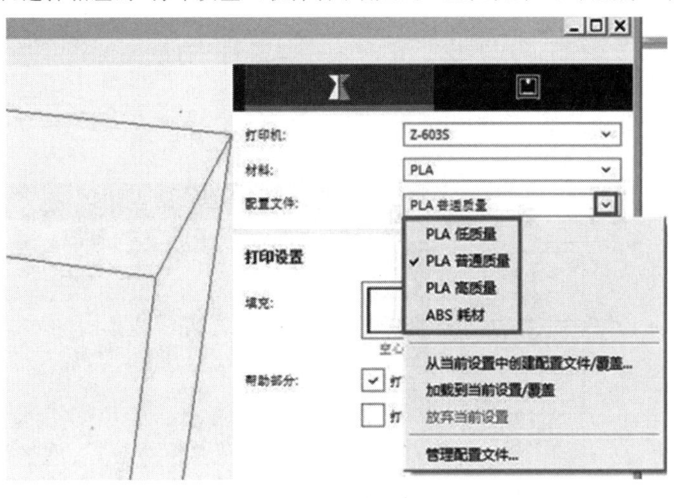
Step6：切片完成后，在软件右下角单击“保存”按钮将其保存到任意位置。 

续表

注意：保存的 G 代码不可是中文，可以是任意的字母或者数字，文件名不宜过长。

Step7：软件安装成功后，进入界面可以看到以下图标，各个图标所代表的功能如图中所示。

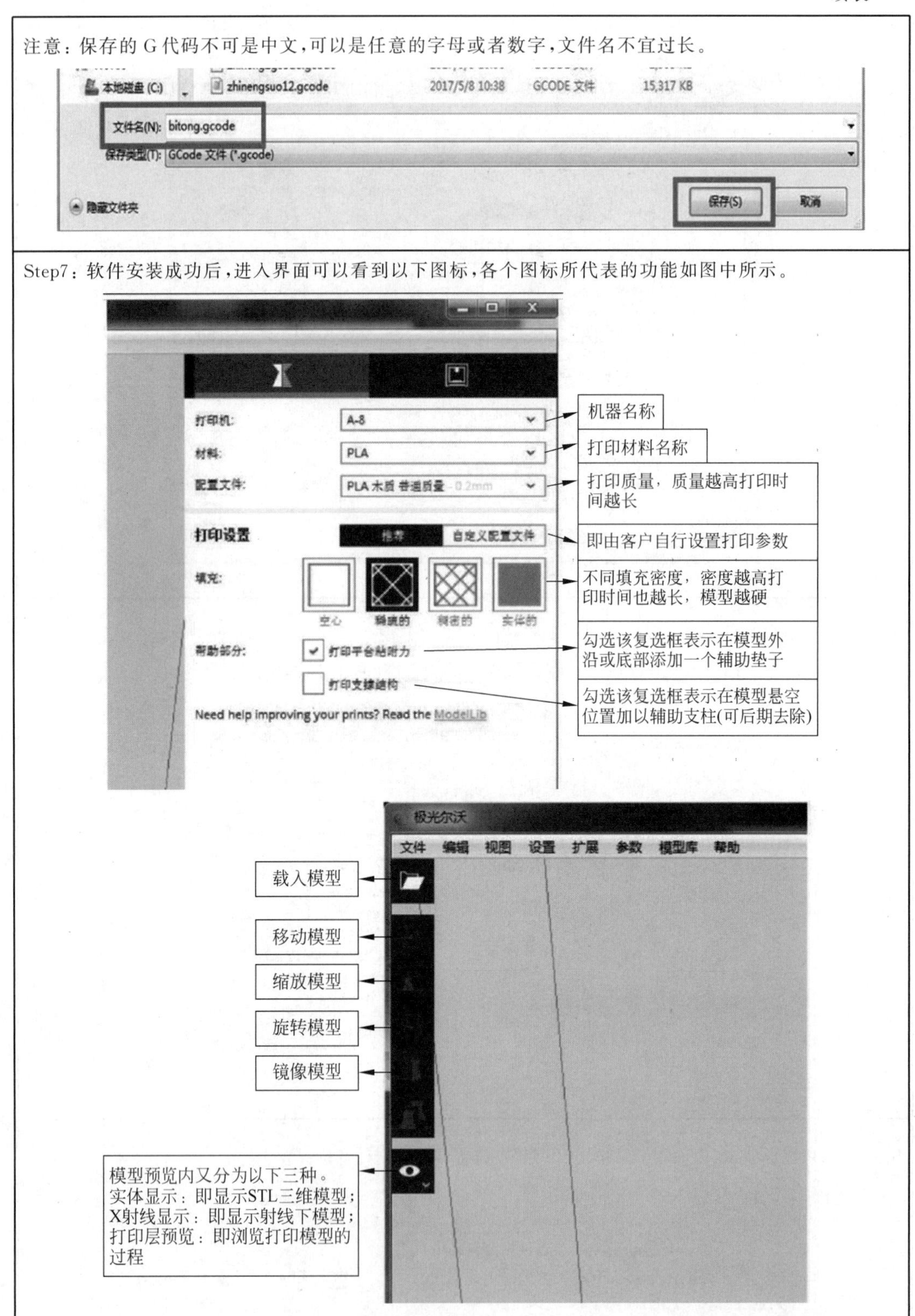

第 3 章 机器人控制技术基础

相对于机器人总体技术进步来说，其控制技术的发展与控制器和传感器技术密不可分。机器人控制技术就是为了使机器人完成各种任务和动作所执行的各种控制手段，作为关键技术，其包含范围十分广泛，从机器人任务描述到运动控制和伺服控制技术等，既包含实现控制的硬件系统，也包括涉及的软件系统。早期机器人控制采用顺序控制方式，实际上，时至今日，大部分工业机器人仍采用的是 PID 加前反馈的控制方案。但随着信息技术和控制技术的发展，机器人控制技术也逐步向着智能控制方向发展，如今，出现了离线编程、多传感器信息融合、人工智能控制等多种新兴技术。

3.1 控制器的种类及功能

机器人控制器作为机器人的核心部件之一，对机器人的性能有着决定性的影响作用。常见的机器人控制器有单片机控制器、PLC 控制器以及工控主机 CPU。

3.1.1 常见的机器人控制器

1. 单片机控制器

1）单片机特性及其发展

单片机全称为单片微型计算机（single chip microcomputer，SCM），又称微控制器（microcontroller unit，MCU）或嵌入式控制器（embedded contoller）。在单片机诞生时，SCM 是一个准确的称谓。单片机是相对于单板机而言的，是指将 CPU、并行输入输出（I/O）接口、定时/计数器、RAM、ROM 等功能部件集成在一块芯片上的计算机。随着 SCM 在技术上、体系结构上的不断扩展，所集成的部件越来越多，能完成的控制功能越来越丰富，单片机的意义只是在于单片集成电路，而不在于其功能了。国际上逐渐采用 MCU 代替单片机这一称谓，形成了业界公认的、最终统一的名词。

单片机的基本组成部分主要包括运算器、控制器和寄存器。运算器由算术逻辑单元（arithmetic and logical unit，ALU）、累加器和寄存器等几部分组成，ALU 的作用是把传来的数据进行算术或逻辑运算，输入为两个分别来自累加器和数据寄存器的数据。运算器主要用来实现两个功能，即执行各种算术运算；执行各种逻辑运算，并进行逻辑测试。运算器所执行的操作都是由控制器发出的控制信号来控制的，且一个算术运算产生一个运算结果，一个逻辑运算则产生一个判断。控制器由程序计数器、指令寄存器、指令译码器、时序发生器和操作控制器等组成,是发布指令的决策机构,即协调和指挥微机系统的操作。其主要功能有:①从内存中取出一条指令,并指出下一条指令在内存中的位置;②对指令进行译码和测试,并产生相应的操作控制信号;③控制控制器、内存和输入输出设备之间的数据流动。

单片机通过内部总线把 ALU、计数器、寄存器和控制部分互连,并通过外部总线与外部的存储器、输入输出接口连接,外部总线又称为系统总线,可分为数据总线、地址总线和控制总线,通过输入输出接口电路实现与各种外围设备连接。

单片机或微处理器中包含的主要寄存器有以下几种:①累加器。它是微处理器中使用最频繁的寄存器,在算术或逻辑运算时它在运算前用于保存一个操作数,而运算后用于保存所得的和、差或逻辑运算结果。②数据寄存器。数据寄存器通过数据总线向存储器和输入输出设备送(写)或取(读)数据的暂存单元,它可以保存一条正在译码的指令,也可以保存正在送往存储器中存储的一个数据字节等。③指令寄存器和指令译码器。指令包括操作码和操作数。指令寄存器用来保存当前正在执行的一条指令,当执行一条指令时,它先把指令从内存中读取到数据寄存器中,然后再送到指令寄存器,当系统执行给定的指令时,必须对操作码进行译码,以确定所要求的操作,指令译码器就是负责这项工作的,其中,指令寄存器中操作码字段的输出就是指令译码器的输入。④程序计数器。它用于确定下一条指令的地址,以保证程序能连续地执行下去,因此通常又被称为指令地址计数器。在程序开始执行前需将程序的第一条指令的内存单元地址发送至程序计数器,使它总是指向下一条要执行指令的地址。⑤地址寄存器。它用于保存当前要访问的内存单元或输入输出设备的地址。因为内存与处理器之间存在存取速度上的差异,所以必须使用地址寄存器来保存地址信息,直到内存读/写操作完成为止。

单片机的硬件特性一般有以下几点。

(1) 主流的单片机包括 CPU、一定容量的 RAM 和 ROM、定时器、8 位并行口、串口、ADC/DAC、SPI、I2C、ISP、IAP。

(2) 系统结构简单,使用方便,功能模块化。

(3) 可靠性高。

(4) 处理能力强,速度快。

(5) 低电压、低功耗,便于生产便携产品。

(6) 控制功能强。

(7) 环境适应能力强。

在现今阶段,单片机在结构、集成度、速度、功能、可靠性等性能指标上有了很大的变化,向多样化、高速度、高集成度、低功耗、低噪声与高可靠性技术、新技术等方向发展,出现了多 CPU 结构或内部流水线结构等技术,使单片机在实时数据处理、机器人、数字信号处理和复杂的工业控制等方面得到了更广泛的应用。集成度为每芯片晶体管数约数百万个。代表产品有 C8051F040、MSP430(见图 3.1)等。

2) 单片机的应用领域

单片机有着一般微处理器(CPU)芯片所不具备的功能,它可单独地完成现代工业控制所要求的智能化控制功能:能够取代以前利用复杂电子线路或数字电路构成的控制系统。

图 3.1　C8051F040 芯片与 MSP430 芯片

单片机从应用领域上来分类有以下几类。

(1) 通用型。

按单片机适用范围来区分。例如,80C51 式通用型单片机,它不是为某种专门用途设计的;专用型单片机是针对一类产品甚至某一个产品设计生产的,例如为了满足电子体温计的要求,在片内集成 ADC 接口等功能的温度测量控制电路。

(2) 总线型。

按单片机是否提供并行总线来区分。总线型单片机普遍设置有并行地址总线、数据总线、控制总线,这些引脚可用于扩展并行外围器件,并可通过串行口与单片机连接。另外,许多单片机已把所需要的外围器件及外设接口集成在一片内,因此在许多情况下可以不要并行扩展总线,大大减少封装成本和减小芯片体积,这类单片机称为非总线型单片机。

(3) 控制型。

按照单片机大致应用的领域进行区分。一般而言,工控型寻址范围大,运算能力强;用于家电的单片机多为专用型,通常是小封装、低价格,外围器件和外设接口集成度高。

显然,上述分类并不是唯一的和严格的。例如,80C51 类单片机既是通用型又是总线型,还可以做工控用。

现在,单片机控制范畴无所不在,例如通信产品、家用电器、智能仪器仪表、过程控制和专用控制装置等,单片机的应用领域越来越广泛。

(1) 在智能仪表中的应用。

智能仪表是单片机应用最多、最活跃的领域之一。在各类仪器仪表中引入单片机,可使仪器仪表智能化,提高测试的自动化程度和精度,简化仪器仪表的硬件结构,提高其性能价格比。

(2) 在人工智能方面的应用。

人工智能是模拟人的感觉与思维的一门学科,单片机技术可以模拟人的视觉、听觉、触觉和联想、启发、推理及思维过程,例如特殊行业的机器人、医疗领域的专家诊断系统等,都是人工智能的应用范例。

(3) 在实时控制系统中的应用。

单片机广泛应用于各种实时过程控制的系统中,例如工业过程控制、过程监测、航空航天、尖端武器、机器人系统等各种实时控制系统。用单片机进行实时系统数据处理和控制,能保证系统工作在最佳状态,有利于提高系统的工作效率和产品的质量。

(4) 在人们生活中的应用。

目前,国内外各种家电已经普遍用单片机代替传统的控制电路,例如洗衣机、电冰箱、空调机、微波炉、电饭煲、收音机、音响、电风扇及许多高级电子玩具都配上了单片机。

(5) 在其他方面的应用。

单片机还广泛应用于办公自动化、商业营销、安全防卫、汽车、通信系统、计算机外部设备、模糊控制等领域。

图 3.2 所示为单片机开发板。

图 3.2 单片机开发板

3) 单片机应用系统的组成

单片机应用系统是以单片机为核心,配以输入输出、显示、控制等外围电路和软件,能实现一种或多种功能的实用系统。单片机应用系统由硬件和软件组成。硬件是应用系统的基础;软件在硬件的基础上对其资源进行合理调配和使用,从而完成应用系统所要求的任务。二者相互依赖。缺一不可。单片机应用系统的组成如图 3.3 所示。

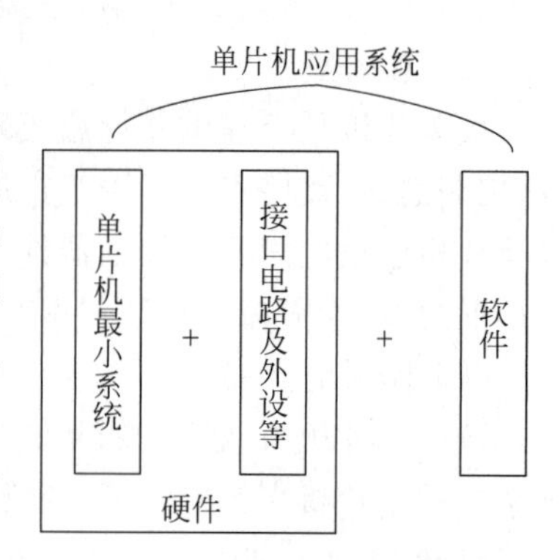

图 3.3 单片机应用系统的组成

图 3.3 中,硬件包括单片机最小系统、接口电路及外设(人机交互通道、输入通道、输出通道、通信及其他电路)等;软件包括在硬件基础上实现各种功能的应用程序。

单片机最小系统由单片机、复位电路、时钟电路以及扩展的程序、数据存储器等组成。人机交互通道一般是指键盘、显示器、打印机等。输入通道指各种输入信号进入单片机所经过的路径。在通道中可对信号进行各种处理,如调理、放大、滤波、整形和隔离等。输出通道指由单片机对外部设备发出的各种输出信号所经过的途径。在通道中可对信号进行各种处理,如隔离、放大(驱动)、转换、滤波等。

4) 单片机编程基本思路

学习单片机的主要内容之一就是要学习编写控制程序的思路和方法。以 C 语言为例,程序的执行总是从 main()函数开始,顺序执行到 main()函数结束,因此,程序须包含一个主程序 main。实际中,在主程序中常常会建立一个 while 循环体,可以是条件循环也可以是死循环。那么主程序的开始一般要做哪些工作呢?一般,C 语言在进入 main 程序的入口时会自动添加一些单片机的初始化工作,使单片机进入准备工作状态,但仅仅单片机内部做的并不一定是我们将要实现的功能所需要的,因此,在 main 程序的开始需要自己编写一些初始化代码,如开机时各个端口的状态、声明一些变量的初始化数值、定时器或其他外设的初始化等。凡是需要进行初始状态设置的代码都需要在这个部分完成,然后进入主循环while部分。既然是循环,说明循环体内的程序是顺序并循环执行的,那么这个部分应该放什么语句呢? 那就是需要随时读取变化的端口状态量、数值等,如时钟是不停地变化的,那么就需要循环读取时钟的数值,然后将数据显示到显示器上(数码管或者液晶或者计算机端等)。再如键盘的数据,最简单的方法就是不停地检测按键的状态变化,这个部分就必须放在主循环体内,以保证检测按键的时效性。

2. PLC控制器

1) 可编程序控制器

可编程序控制器是近年来迅速发展并得到广泛应用的新一代工业自动化控制装置。早期的可编程序控制器在功能上只能实现逻辑控制,因此被称为可编程序逻辑控制器(programmable logic controller,PLC)。随着技术的进步,微处理器(micro-processor unit,MPU)获得广泛应用,一些PLC生产厂家开始采用微处理器作为PLC的中央处理单元,大大加强了PLC的功能,它不仅具有逻辑控制功能,而且具有算术运算功能和对模拟量的控制功能。因此,美国电气制造协会(National Electrical Manufacturers Association,NEMA)于1980年将它正式命名为可编程序控制器(programmable controller,PC)。该名称已在工业界使用多年,但近年来个人计算机也简称PC,为了区别,目前可编程序控制器常被称为PLC。

美国电气制造协会和国际电工委员会分别于1980年和1985年给可编程序控制器下了定义,国际电工委员会还在1982年和1985年颁布了可编程序控制器标准草案。国际电工委员会在1985年颁布的标准中对可编程序控制器的定义为:可编程序控制器是一种专为工业环境下应用而设计的数字运算操作的电子系统。它采用可编程序的存储器,用来在其内部存储执行逻辑运算、顺序控制、定时、计数和算术运算等操作的指令,并通过数字式、模拟式的输入和输出,控制各种生产机械或过程。

近年来,PLC的发展非常迅速,其功能已远远超出上述定义范围。图3.4所示为PLC样机。

图3.4 PLC样机

2) PLC的发展趋势

由于工业生产对自动控制系统需求的多样性,PLC的发展方向有两个。一是朝着小型、简易、价格低廉方向发展。近年来,单片机的出现,促进了PLC向紧凑型发展,体积减小,价格降低,可靠性不断提高。这种PLC可以广泛取代继电器控制系统,应用于单机控制和规模比较小的自动线控制,如日本立石公司的C20P、C40P、C60P、C20H、C40H等。

二是朝着大型、高速、多功能方向发展。大型PIC一般为多处理器系统,由字处理器、位处理器和浮点处理器等组成,有较大的存储能力和功能很强的输入输出接口。通过丰富的智能外围接口,可以独立完成位置控制、闭环调节等特殊功能;通过网络接口,可级联不同类型的 PLC 和计算机，从而组成控制范围很大的局部网络，适用于大型自动化控制系统，如霍尼韦尔的 9000 系列等。

从 PLC 的发展趋势看，PLC 控制技术将成为今后工业自动化的主要手段。在未来的工业生产中，PLC 技术、机器人技术和 CAD/CAM 技术将成为实现工业生产自动化的三大支柱。

3）PLC 的基本功能

（1）逻辑控制功能。

逻辑控制功能实际上就是位处理功能，是 PLC 的最基本功能之一。PLC 设置有“与”（AND）、“或”（OR）、“非”（NOT）等逻辑指令，利用这些指令，根据外部现场（开关、按钮或其他传感器）的状态，按照指定的逻辑进行运算处理后，将结果输出到现场的被控对象（电磁阀、电机等）。因此，PLC 可代替继电器进行开关控制，完成接点的串联、并联、串并联、并串联等各种连接。另外，在 PLC 中一个逻辑位的状态可以无限次地使用，逻辑关系的修改和变更也十分方便。

（2）定时控制功能。

定时控制功能是 PLC 的最基本功能之一。PLC 中有许多可供用户使用的定时器，其功能类似于继电器线路中的时间继电器。定时器的设定值（定时时间）可以在编程时设定，也可以在运行过程中根据需要进行修改，使用方便灵活。程序执行时，PLC 将根据用户用定时器指令指定的定时器对某个操作进行限时或延时控制，以满足生产工艺的要求。

（3）计数控制功能。

计数控制功能是 PLC 的最基本功能之一。PLC 为用户提供了许多计数器，计数器计数到某一数值时，产生一个状态信号，利用该状态信号实现对某个操作的计数控制。计数器的设定值可以在编程时设定，也可以在运行过程中根据需要进行修改。程序执行时，PLC 将根据用户用计数器指令指定的计数器对某个控制信号的状态改变次数（如某个开关的闭合次数）进行计数，以完成对某个工作过程的计数控制。

（4）步进控制功能。

PLC 为用户提供了若干移位寄存器，可以实现由时间、计数或其他指定逻辑信号为转步条件的步进控制。即在一道工序完成以后，在转步条件控制下，自动进行下一道工序。有些 PLC 还专门设置了用于步进控制的步进指令和鼓形控制器操作指令，编程和使用都极为方便。

（5）数据处理功能。

PLC 大部分都具有数据处理功能，可以实现算术运算、数据比较、数据传送、数据移位、数制转换、译码/编码等操作。大中型 PLC 数据处理功能更加齐全，可完成开方、PID 运算、浮点运算等操作，还可以和 CRT、打印机相连，实现程序、数据的显示和打印。

（6）回路控制功能。

有些 PLC 具有 A/D、D/A 转换功能，可以方便地完成对模拟量的控制和调节。

（7）通信联网功能。

有些 PLC 采用通信技术，实现远程 I/O 控制、多台 PLC 之间的同位链接、PLC 与计算机之间的通信等。例如，日本立石的 C 系列 PLC，利用双绞线或光纤，可以连接多个远程从站，每个从站可达数百个 I/O 点。利用 PLC 同位链接，可以把数十台 PLC 采用同级或分级的方式连成网络，使各台 PLC 的 I/O 状态相互透明。采用 PLC 与计算机之间的通信连接，可以用计算机作为上位机，下面连接数十台 PLC 作为现场控制机，构成“集中管理、分散控制”的分布式控制系统，以完成较大规模的复杂控制。PLC 的连网和通信技术还在迅速发展，目前还没有统一标准。

(8) 监测功能。

PLC 设置了较强的监控功能。利用编程器或监视器，操作人员可对 PLC 有关部分的运行状态进行监视。利用编程器，可以调整定时器、计数器的设定值和当前值，并可以根据需要改变 PLC 内部逻辑信号的状态及数据区的数据内容，为调试和维护提供了极大的方便。

(9) 停电记忆功能。

PLC 内部的部分存储器所使用的 RAM 设置了停电保持器件(如备用电池等)，以保证断电后这部分存储器中的信息能够长期保存。利用某些记忆指令，可以对工作状态进行记忆，以保持 PLC 断电后的数据内容不变。PLC 电源恢复后，可以在原工作基础上继续工作。

(10) 故障检测功能。

PLC 可以对系统构成、某些硬件状态、指令的合法性等进行自诊断，发现异常情况，发出报警并显示错误类型，如属严重错误则自动中止运行。PLC 的故障自诊断功能大大提高了 PLC 控制系统的安全性和可维护性。

4) PCL 的特点

(1) 灵活通用。

在实现一个控制任务时，PLC 具有很高的灵活性。首先，PLC 产品已系列化，结构形式多种多样，在机型上具有很大的选择余地。其次，同一机型的 PLC，其硬件构成具有很大的灵活性，用户可根据不同任务的要求，选择不同类型的输入输出模块或特殊模块，组成不同硬件结构的控制装置。最后，PLC 是利用软件实现控制的，在软件编制上具有较大的灵活性。在实现不同的控制任务时，PLC 具有良好的通用性。相同硬件构成的 PLC，利用不同的软件可以实现不同的控制任务。在被控对象的控制逻辑需要改变时，利用 PLC 可以很方便地实现新的控制要求，而利用一般继电器控制线路则很难实现。

(2) 安全可靠。

为满足工业生产对控制设备安全可靠性的要求，PLC 采用微电子技术，大量的开关动作由无触点的半导体电路完成，选用的电子器件一般是工业级，有的甚至是军用级，PLC 的平均无故障时间在 2 万 h 以上。PLC 有完善的自诊断功能，能及时诊断出 PLC 系统的软硬件故障，并能保护故障现场，保证了 PLC 控制系统的工作安全性。

(3) 环境适应性好。

PLC 具有良好的环境适应性，可应用于较恶劣的工业现场。例如，有的 PLC 在电源电压 AC220V×(1+15%)、电源瞬间断电 10ms 的情况下，仍可正常工作；具有很强的抗空间电磁干扰的能力，可以抗峰值 1000V、脉宽 10μs 的矩形波空间电磁干扰；具有良好的抗振能力和抗冲击能力；对环境温湿度要求不高，在环境温度－20～65℃、相对湿度 35%～85% 的情况下可正常工作。

(4) 使用方便、维护简单。

PLC 的用户界面十分友好，给使用者带来很大的方便。PLC 提供标准通信接口，可以很方便地构成 PLC 网络或计算机——PLC 网络。PLC 控制信号的输入输出非常方便，对于逻辑信号来说，输入输出均采用开关方式，不需要进行电平转换和驱动放大；对于模拟信号来说，输入输出均采用传感器、仪表的标准信号。PLC 程序的编制和调试非常方便，PLC 的编程语言一般采用梯形图语言，与继电器控制线路图很相似，即使没有计算机知识的人也很容易掌握；PLC 具有监控功能，利用编程器或监视器可以对 PLC 的运行状态、内部数据进行监视或修改，增加了调试工作的透明度。PLC 控制系统的维护非常简单，利用 PLC 的自诊断功能和监控功能，可以迅速查找到故障点，及时予以排除。

（5）速度较慢、价格较高。

PLC 的速度与单片机等计算机相比相对较低，单片机两次执行程序的时间间隔可以是微秒级甚至皮秒级，一般的 PLC 两次执行程序的时间间隔是 10ms 级。PLC 的一般输入点在输入信号频率超过十几赫兹后就很难正常工作，为此，有的 PLC 没有高速输入点，可输入频率数千赫兹的开关信号。PLC 的价格也较高，是单片机系统的 2～3 倍。但是，从整体上说，PLC 的性能价格比是令人满意的。

5）PCL 编程基本思路

根据 PLC 的特点介绍可知，PLC 是微机技术与传统的继电接触控制技术相结合的产物，它克服了继电接触控制系统中的机械触点的接线复杂、可靠性低、功耗高、通用性和灵活性差的缺点，充分利用了微处理器的优点，又照顾到现场电气操作维修人员的技能与习惯。特别是 PLC 的程序编制，不需要专门的计算机编程语言知识，而是采用了一套以继电器梯形图为基础的简单指令形式，使用户程序编制形象、直观、方便易学，调试与查错也都很方便。用户在购到所需的 PLC 后，只需按说明书的提示，做少量的接线和简易的用户程序编制工作，就可灵活、方便地将 PLC 应用于生产实践。PLC 的类型繁多，功能和指令系统也不尽相同，但结构与工作原理则大同小异，通常由主机、输入输出接口、电源扩展器接口和外部设备接口等几个主要部分组成。

PLC 工作的基本原理是采用“顺序扫描，不断循环”的方式进行功能实现的。即在 PLC 运行时，CPU 根据用户按控制要求编制好并存于用户存储器中的程序，按指令步序号（或地址号）作周期性循环扫描，如无跳转指令，则从第一条指令开始逐条顺序执行用户程序，直至程序结束。然后重新返回第一条指令，开始下一轮新的扫描。在每次扫描过程中，还要完成对输入信号的采样和对输出状态的刷新等工作。PLC 的一个扫描周期必经输入采样、程序执行和输出刷新三个阶段。在输入采样阶段，首先以扫描方式按顺序将所有暂存在输入锁存器中的输入端子的通断状态或输入数据读入，并将其写入各对应的输入状态寄存器中，即刷新输入。随即关闭输入端口，进入程序执行阶段。在程序执行阶段，按用户程序指令存放的先后顺序扫描执行每条指令，经相应的运算和处理后，其结果再写入输出状态寄存器中，输出状态寄存器中所有的内容随着程序的执行而改变。在输出刷新阶段，当所有指令执行完毕，输出状态寄存器的通断状态在输出刷新阶段送至输出锁存器中，并通过一定的方式（继电器、晶体管或晶闸管）输出，驱动相应输出设备工作。

世界上 PLC 的品牌非常多，而不同品牌用的编程器、编程软件大多也不相同，编程语言也不尽相同，但是编程思路和方法都是一样的。下面介绍按照国际电工委员会制定的工业控制编程语言标准、对 PLC 制定的 5 种编程语言及其程序示例和几个主流的 PLC 编程软件。

PLC 的编程语言包括以下 5 种：梯形图语言(LD)、指令表语言(IL)、功能模块图语言(FBD)、顺序功能流程图语言(SFC)及结构化文本语言(ST)。

(1) 梯形图语言。

梯形图语言是 PLC 程序设计中最常用的编程语言。它是与继电器线路类似的一种编程语言。由于电气设计人员对继电器控制较为熟悉，因此，梯形图编程语言得到了广泛的欢迎和应用。

梯形图编程语言的特点是：与电气操作原理图相对应，具有直观性和对应性；与原有继电器控制相一致，电气设计人员易于掌握。而它与原有的继电器控制的不同点是：梯形图中的能流不是实际意义的电流，内部的继电器也不是实际存在的继电器，应用时，需要与原有继电器控制的概念区别对待。

梯形图语言编程的基本步骤如下。

① 决定系统所需的动作及次序。当使用可编程控制器时，最重要的一环是决定系统所需的输入及输出。输入及输出要求：第一步是设定系统输入及输出数目；第二步是决定控制先后、各器件相应关系以及做出何种反应。

② 对输入及输出器件编号。每一输入和输出，包括定时器、计数器、内置寄存器等都有一个唯一的对应编号，不能混用。

③ 画出梯形图。根据控制系统的动作要求，画出梯形图。对于梯形图设计，有相应的规则：第一，触点应画在水平线上，并且根据自左至右、自上而下的原则和对输出线圈的控制路径来画。第二，不包含触点的分支应放在垂直方向，以便于识别触点的组合和对输出线圈的控制路径。第三，有几个串联回路相并联时，应将触头多的那个串联回路放在梯形图的最上面；有几个并联回路相串联时，应将触点最多的并联回路放在梯形图的最左面。这种安排，所编制的程序简洁明了，语句较少。第四，不能将触点画在线圈的右边。

④ 将梯形图转换为程序。把继电器梯形图转换为可编程控制器的编码，当完成梯形图以后，下一步是把它的编码编译成可编程控制器能识别的程序。这种程序语言是由序号(即地址)、指令(控制语句)、器件号(即数据)组成。地址是控制语句及数据所存储或摆放的位置，指令告诉可编程控制器怎样利用器件做出相应的动作。

⑤ 在编程方式下用键盘输入程序。

⑥ 编程及设计控制程序。

⑦ 测试控制程序的错误并修改。

⑧ 保存完整的控制程序。

PLC 编程原则上要注意以下几点：①安全性。使用 PLC 控制多少都会有自动运行的部分，对这部分要做到万无一失，宁可不做，也不要让被控对象处于失控状态。手动部分程序也要连锁限位，或者加入时间限制。即使很多机械设备在机构上有自己的安全机制，但是编程者在程序上要做到人员、机器绝对安全。②功能完整。在保证安全的前提下，尽可能的实现功能要求。③逻辑缜密。程序不仅需要在各部分正常时能顺利完成每个动作，当丢失某些信号时要依然能处于安装状态，并有安全提示。④程序简单化。在功能上要逻辑缜密，做到思维无漏洞。但是在编程时就要用最简单的语句，完成尽可能多的功能，做到程序易于修改、方便调试、升级简单。程序的一般流程是：明确工艺要求，编程设计，调试，发现问题，增加(修改)功能,再编程,再调试,继续修改,如此往复。所以,程序从开始设计就要易于修改,不要“牵一发而动全身”,无形中增加难度。⑤方便阅读,编写的程序除了要完成指定的功能外,也要便于读懂,以利于团队各成员之间的协作。另外在程序中要把变量名、注释标识清楚,并且与图纸对应起来,做到程序中的信息便于检索和查找。

图 3.5 是典型的交流异步电机直接启动控制电路图。图 3.6 是采用 PLC 控制的程序梯形图。

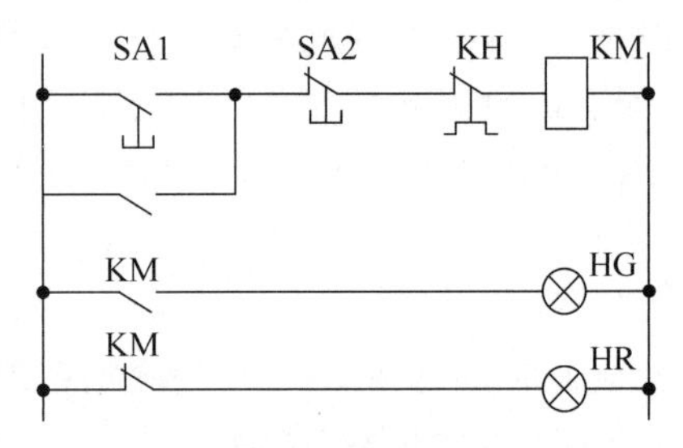

图 3.5　交流异步电机直接启动电路图

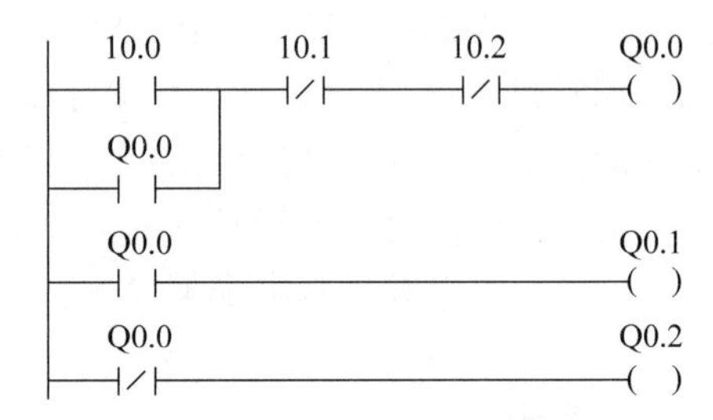

图 3.6　采用 PLC 控制的程序梯形图

(2) 指令表语言。

指令表语言是与汇编语言类似的一种助记符编程语言,和汇编语言一样由操作码和操作数组成。在无计算机的情况下,适合采用 PLC 手持编程器对用户程序进行编制。同时,指令表语言与梯形图语言一一对应,在 PLC 编程软件下可以相互转换。图 3.7 就是与图 3.6 所示的 PLC 梯形图对应的指令表。

指令表语言的特点是:采用助记符来表示操作功能,容易记忆,便于掌握;在手持编程器的键盘上采用助记符表示,便于操作,可在无计算机的场合进行编程设计;与梯形图有一一对应关系。其特点与梯形图语言基本一致。

(3) 功能模块图语言。

功能模块图语言是与数字逻辑电路类似的一种 PLC 编程语言。它采用功能模块图的形式表示模块所具有的功能,不同的功能模块有不同的功能。图 3.8 是对应图 3.5 所示的交流异步电机直接启动的功能模块图语言的表达方式。

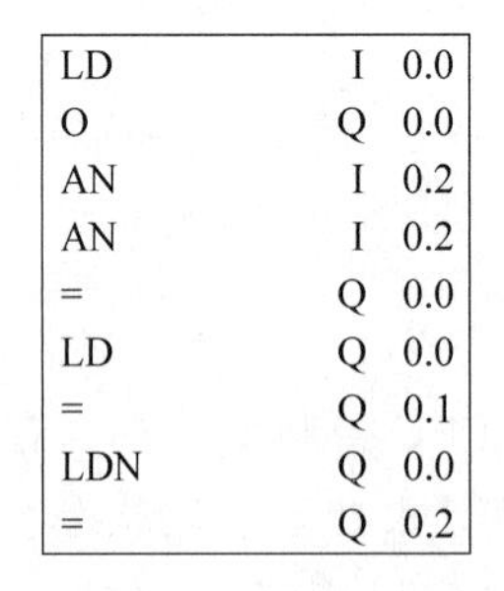

LD	I 0.0
O	Q 0.0
AN	I 0.2
AN	I 0.2
=	Q 0.0
LD	Q 0.0
=	Q 0.1
LDN	Q 0.0
=	Q 0.2

图 3.7　指令表

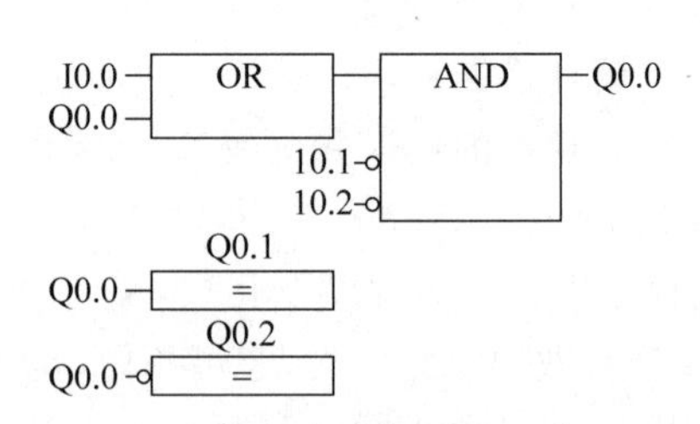

图 3.8　功能模块图

功能模块图语言的特点:以功能模块为单位,分析、理解控制方案简单容易;功能模块是用图形的形式表达功能,直观性强,对于具有数字逻辑电路基础的设计人员很容易掌握的编程;对规模大、控制逻辑关系复杂的控制系统,由于功能模块图能够清楚表达功能关系,使编程调试时间大大减少。

（4）顺序功能流程图语言。

顺序功能流程图语言是为了满足顺序逻辑控制而设计的编程语言。编程时将顺序流程动作的过程分成步和转换条件，根据转换条件对控制系统的功能流程顺序进行分配，一步一步地按照顺序动作。每一步代表一个控制功能任务，用方框表示。在方框内含有用于完成相应控制功能任务的梯形图逻辑。这种编程语言使程序结构清晰，易于阅读及维护，大大减轻编程的工作量，缩短编程和调试时间。它用于系统的规模较大、程序关系较复杂的场合。图3.9是一个简单的顺序功能流程图语言的示意图。

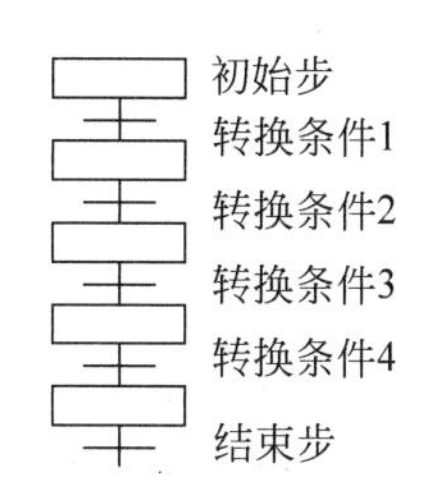

图3.9　顺序功能流程图语言的示意图

顺序功能流程图语言的特点：以功能为主线，按照功能流程的顺序分配，条理清楚，便于对用户程序理解；避免梯形图或其他语言不能顺序动作的缺陷，同时也避免了用梯形图语言对顺序动作编程时，由于机械互锁造成用户程序结构复杂、难以理解的缺陷；用户程序扫描时间也大大缩短。

（5）结构化文本语言。

结构化文本语言是用结构化的描述文本来描述程序的一种编程语言。它是类似于高级语言的一种编程语言。在大中型的PLC系统中，常采用结构化文本来描述控制系统中各个变量的关系，主要用于其他编程语言较难实现的用户程序编制。

结构化文本语言采用计算机的描述方式来描述系统中各种变量之间的各种运算关系，完成所需的功能或操作。大多数PLC制造商采用的结构化文本语言与BASIC语言、PASCAL语言或C语言等高级语言相类似，但为了应用方便，在语句的表达方法及语句的种类等方面都进行了简化。

结构化文本语言的特点：采用高级语言进行编程，可以完成较复杂的控制运算；需要有一定的计算机高级语言的知识和编程技巧，对工程设计人员要求较高；直观性和操作性较差。

不同型号的PLC编程软件对以上5种编程语言的支持种类是不同的，早期的PLC仅仅支持梯形图语言和指令表语言。目前的PLC对梯形图、指令表、功能模块图语言都支持。主流的PLC编程软件都有与之对应的产品。

（1）台达PLC编程语言。

Delta WPLSoft台达为工业自动化领域专门设计的、实现数字运算操作的电子装置。台达PLC采用可以编制程序的存储器，用来在其内部存储执行逻辑运算、顺序运算、计时、计数和算术运算等操作的指令，并能通过数字式或模拟式的输入和输出，控制各种类型的机械或生产过程。

（2）松下PLC编程软件。

松下PLC编程软件是专门针对松下电器产品进行编程的一个工具。松下PLC编程软件是运行在Windows环境下的PLC编程工具软件。因为它沿用了Windows的基本操作，所以在短时间内即可掌握。

（3）欧姆龙PLC编程软件。

欧姆龙PLC编程软件是目前工作中比较优秀的可编程序控制器软件，该软件提供了一个基于Component and Network Profile Sheet的集成开发环境。能够支持cs/cj、cv、c、fqm、cplh/cpll、cple等多个系列指令，支持欧姆龙全系列的PLC，支持离线仿真，可适用于已具有电气系统知识的工作人员使用。

(4) 西门子(s7-200) PLC 编程软件。

西门子 PLC 编程软件支持新款 CP243-1(6GK7 243-1-1EX01-0XE0)。通过下列改进实现新的互联网向导：支持 BootP 和 DHCP,支持用于电子邮件服务器的登录名和密码。

西门子 PLC 编程软件可进行远程编程、诊断或数据传输。控制器功能中已集成了 Profibus DP Master/Slave、ProfibusFMS 和 LonWorks。利用 Web Server 进行监控。存储 HTML 网页、图片、pdf 文件等到控制器里供通用浏览器查看扩展操作系统功能。

3. 工控机

1) 工控机的概念

工业控制计算机(industrial personal computer,IPC) 是指对工业生产过程及其机电设备、工艺装备进行测量与控制用的计算机,简称工控机,也称产业电脑、工业计算机、产业计算机。工控机通俗地说就是专门为工业现场而设计的计算机。

工控机是工业自动化设备和信息产业基础设备的核心。传统意义上,将用于工业生产过程的测量、控制和管理的计算机统称为工控机,包括计算机和过程输入输出通道两部分。但今天工控机的内涵已经远不止这些,其应用范围也已经远远超出工业过程控制。因此,工控机是应用在国民经济发展和国防建设的各个领域、具有恶劣环境适应能力、能长期稳定工作的加固的增强型个人计算机。

工控机之所以大受欢迎,其根本原因在于 PC 的开放性。其硬件和软件资源极其丰富,并且为工程技术人员和广大用户所熟悉。基于 PC(包括嵌入式 PC)的控制系统,正以 20% 以上的速率增长,并且已经成为 DCS、PLC 未来发展的参照物。

2) 工控机的主机分类

按照所采用的总线标准类型可将工控机分成下列 4 类。

(1) PC 总线工控机。有 ISA 总线、VESA 局部总线(VL-BUS)、PCI 总线、PCI04 总线等几种类型工控机,主机 CPU 类型有 80386、80486、Pentium 等。

(2) STD 总线工控机。它采用 STD 总线,主机 CPU 类型有 Intel 80386、Intel 80486 等,另外与 STD 总线相类似的还有 STE 总线工控机。

(3) VME 总线工控机。它采用 VME 总线,主机 CPU 类型以 Motorola M68000、M68020 和 M68030 为主。

(4) 多总线工控机。它采用 MultiBus 总线,主机 CPU 类型有 Intel 80386、Intel 80486 和 Pentium 等。

3) 典型工控机系统的构成

典型的工控机系统由下列几部分构成。

(1) 工控机主机。包括主板、显示卡、无源多槽 ISA/PCI 底板、电源、机箱等。

(2) 输入接口模板。包括模拟量输、开关量输入、频率量输入等。

(3) 输出接口模板。包括模拟量输出、开关量输出、脉冲量输出等。

(4) 通信接口模板。包括串行通信接口模板(RS-232、RS-422、RS-485 等)与网络通信模板(ARCNET 网板或 Ethernet 网板),还需配现场总线通信板等。

(5) 信号调理单元。这是工控机很重要的一部分,信号调理单元对工业现场各类输入信号进行预处理,包括对输入信号的隔离、放大、多路转换、统一信号电平等处理,对输出信号进行隔离、驱动、电压转换等。该单元由各类信号调理模块或模板构成，安装在信号调理机箱中，该机箱具有单独的供电电源。信号调理单元的输出连接到主机相应的输入模板上，主机输出接口模板的输出连接到信号调理单元输出调理模块或模板上。一般信号调理模块本身均带有与现场连接的接线端子，现场输入输出信号可直接连接到信号调理模块的端子上。

（6）远程采集模块。近几年发展了各类数字式智能远程采集模块。该模块体积小、功能强，可直接安装在现场一次变送器处，将现场信号直接就地处理，然后通过现场总线Fieldbus与工控机通信连接。目前采用较好的现场总线类型有CAN总线、LonWorks总线、Profibus、CC-Link总线以及RS-485串行通信总线等。

（7）工控软件包。它支持数据采集、控制、监视、画面显示、趋势显示、报表、报警、通信等功能。工控机必须具有相应功能的控制软件才能工作。这些控制软件有的是以MS-DOS操作系统为平台，有的是以Windows操作系统为平台，有的是以实时多任务操作系统为平台，选用时应依实际控制需求而定。典型的工控机系统构成原理框图如图3.10所示。

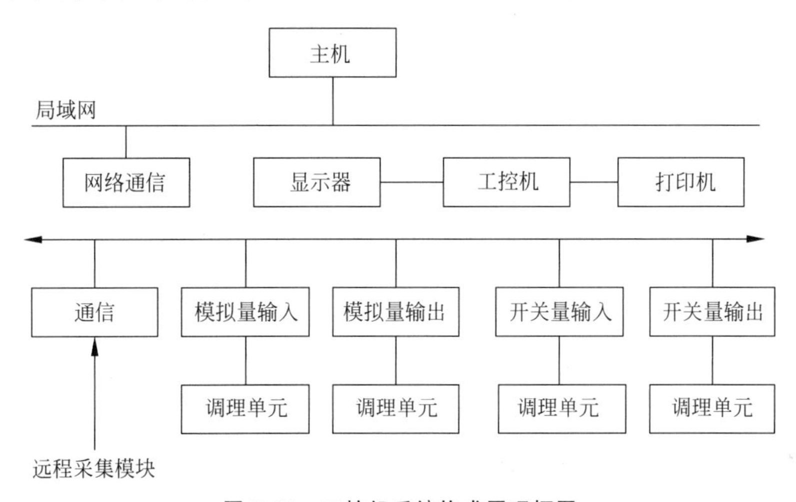

图3.10　工控机系统构成原理框图

3.1.2　STM32单片机介绍

在过去的数年里，微控制器设计领域里一个主流的趋势是基于ARM7和ARM9内核设计通用控制器的CPU。而如今，已经有过超过240种基于ARM核心的微控制器从众多芯片制造商手中诞生。意法半导体(ST Microelectronics)推出了STM32微控制器，这是ST第一款基于ARM Cortex-M3内核的微控制器。STM32的出现将当前微控制器的性价比水平提升到了新的高度，同时它在低功耗场合和硬实时控制场合中也能游刃有余。

Cortex是ARM公司最新系列的处理器内核名称，其推出的目的旨在为当前对技术要求日渐广泛的市场提供一个标准的处理器架构。和其他ARM处理器内核不一样的是，Cortex系列处理器内核作为一个完整的处理器核心，除了向用户提供标准CPU处理核心之外，还提供了标准的硬件系统架构。Cortex系列分为3个分支：专为高端应用场合而设的A(application)分支、为实时应用场合而设的R(real-time)分支和专门为成本敏感的微控制器应用场合而设的M(microcontroller)分支。STM32微控制器基于M分支的Cortex-

M3 内核，是专门为实现系统高性能与低功耗消耗并存而设计的，同时它足够低廉的价格也向传统的 8 位和 16 位微控制器发起强有力的挑战。

ARM7 和 ARM9 处理器被成功地整合进标准微控制器里的结果就是出现了各种独特的 SoC(System on Chip，即片上系统)。特别从对异常和中断的相应处理方式上，用户会更容易看到这些 SoC 之间的区别，因为每家芯片制造商都有属于自己的一套解决方案。Cortex-M3 提出标准化的控制核心，在 CPU 的基础上又提供了整个微控制器的核心部分，包括中断系统、系统节拍时钟、调试系统以及存储区映射。Cortex-M3 内部的 4GB 线性地址空间被分为 Code 区、SRAM 区、外部设备区以及系统设备区。和 ARM7 不同，Cortex-M3 处理区基于哈佛体系，拥有多重总线，可以进行并行处理，因而提升了整体性能。同时也和早期的 ARM 架构不同，Cortex-M3 处理器允许数据非对齐存取，以确保内部的 SRAM 得到充分地利用。Cortex-M3 处理器还可以使用一种称为 bit-banding(位带)的技术，利用两个 32MB 大小的"虚拟"内存空间实现对两个 1MB 大小的物理内存空间进行"位"的置位和清除操作。这样就可以有效地对设备寄存器和位于 SRAM 中的数据变量进行位操作，而不再需要冗长的布尔逻辑运算过程。

如图 3.11 所示，STM32 的核心 Cortex-M3 处理器是一个标准的微控制器结构，拥有 32 位 CPU、并行总线结构、嵌套中断向量控制单元、调试系统以及标准的存储映射。

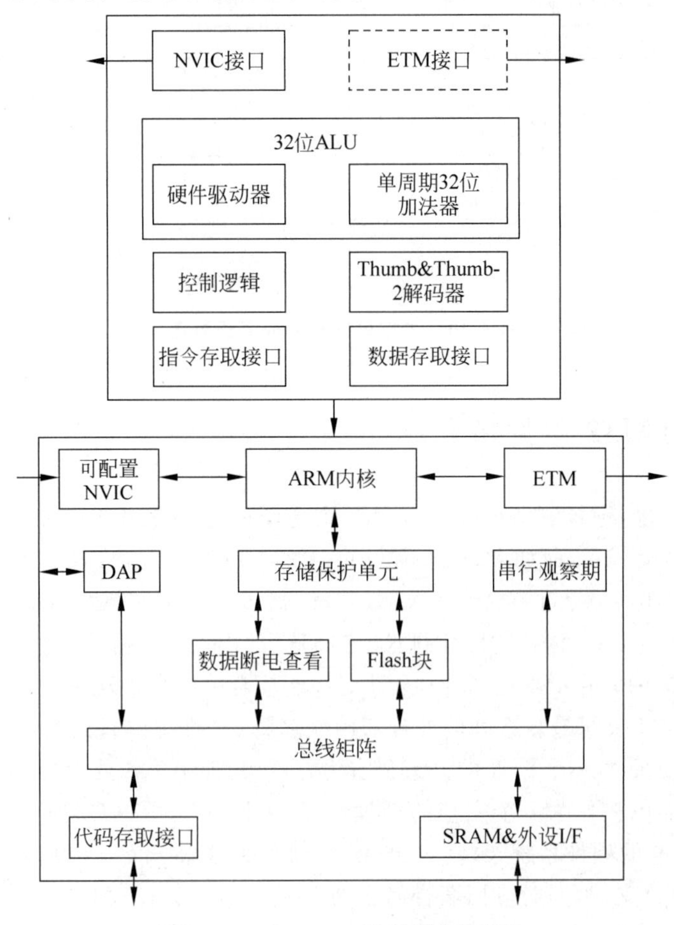

图 3.11　Cortex-M3 处理器内部架构

嵌套中断向量控制器(nested vector interrupt controller,NVIC)是 Cortex-M3 处理器中一个比较关键的组件。NVIC 为基于 Cortex-M3 核心的微控制器提供了标准的中断架构和优秀的中断响应能力,为超过 240 个中断源提供专门的中断入口,而且可以赋予每个中断源单独的优先级。利用 NVIC 可以达到极快的中断响应速度,从收到中断请求到执行中断服务程序的第 1 条指令所要花费的时间仅仅为 12 个时钟周期。之所以能实现这种响应速度,一方面得益于 Cortex-M3 内核对堆栈的自动处理机制,这种机制是固化在 CPU 内部的微代码实现。另一方面,在中断请求连续出现的情况下,NVIC 使用一种称为"尾链"的技术使连续而来的中断在 6 个时钟周期之内得到服务。在中断压栈阶段,更高优先级的中断可以不耗费任何额外的 CPU 周期就能完成嵌入低优先级中断的动作。Cortex-M3 的中断结构和 CPU 的低功耗实现也有紧密的联系。用户可以设置 CPU 自动进入低功耗状态,而使用中断来将其唤醒,CPU 在中断事件来临之前会一直保持睡眠状态。

Cortex-M3 的 CPU 支持两种运行模式:线程模式(thread mode)与处理模式(handle mode),并且此两种模式都拥有各自独立的堆栈。这种设计使开发人员可以进行更为精密的程序设计,对实时操作系统的支持也很好。Cortex-M3 处理器还包含一个 24 位的可自动重装载定时器,可以为实时内核(RTOS)提供一个周期性的中断。ARM7 和 ARM9 处理器都有两种指令集(32 位指令集和 16 位指令集),而 Cortex-M3 系列处理器支持新型的 ARM Thumb-2 指令集。由于 Thumb-2 指令集融合了 Thumb 指令集和 ARM 指令集,使 32 位指令集的性能和 16 位指令集的代码密度之间取得了平衡。ARM Thumb-2 专门为 C/C++编译器设计,这意味着 Cortex-M3 系列处理器的开发应用可以全部在 C 语言环境中完成。

3.2 常用传感器

3.2.1 传感器基本分类

根据被测对象的不同,机器人传感器可以分为两大类:用于检测机器人自身状态的内传感器和用于检测与机器人相关环境参数的外传感器。也可根据传感器的结构、形态、性能、用途等进行进一步的分类。表 3.1 和表 3.2 列出了机器人外传感器和内传感器的基本形式。所谓内传感器就是测量机器人自身状态的功能元件,具体检测的对象有关节的线位移、角位移等几何量,速度、角速度、加速度等运动量,还有倾斜角、方位角、振动等物理量。而所谓外传感器则主要用于测量与机器人作业有关的外部因素。内传感器常用于控制系统中,用作反馈元件,检测机器人自身的状态参数,如关节运动的位置、速度、加速度、力和力矩等;外传感器主要用来测量机器人周边环境参数,通常跟机器人的目标识别、作业安全等因素有关,如视觉传感器,它既可以用来识别工作对象,也可以用来检测障碍物。从机器人系统的观点来看,外传感器的信号一般用于规划决策层,也有一些外传感器的信号被底层的伺服控制层所利用。内传感器和外传感器是根据传感器在系统中的作用来划分的,某些传感器既可以当作内传感器使用,又可以当作外传感器使用。譬如力传感器,用于末端执行器或手臂的自重补偿中,是内传感器;在测量操作对象或障碍物的反作用力时,它是外传感器。

表 3.1 外传感器基本形式

功 能	传 感 器	种 类
视觉传感器	测量传感器	光学式(点状、线状等)
	识别传感器	光学式、声波式
触觉传感器	接触觉传感器	单点式、分布式
	压觉传感器	单点式、高密度集成、分布式
	滑觉传感器	点接触式、线接触式、面接触式
力觉传感器	力矩传感器	应变式、压电式
	力和力矩传感器	组合型、单元型
接近觉传感器	接近觉传感器	空气式、磁场式等
	距离传感器	光学式、声波式
角度觉(平衡觉)传感器	倾斜角传感器	旋转式、振子式、摆动式等
	方向传感器	万向节式、内球面转动式
	姿态传感器	机械陀螺仪、光学陀螺仪

表 3.2 内传感器基本形式

传 感 器	种 类
特定位置、角度传感器	微型开关、光电开关
任意位置、角度传感器	电位器、旋转变压器、码盘、关节传感器
速度、角速度传感器	测速发电机、码盘
加速度传感器	应变片式、伺服式、压电式、电动式
倾斜角传感器	液体式、垂直振子式
方位角传感器	陀螺仪、地磁传感器

3.2.2 内传感器

内传感器中,位置传感器和速度传感器也可以作为伺服传感器,是当今机器人反馈控制中不可缺少的元件。现已有多种传感器大量生产,但倾斜角传感器、方位角传感器及振动传感器等用作机器人内传感器的时间不长,其性能尚需进一步改进。下面分别介绍检测上述各种内传感器的物理量。

1. 规定位置、规定角度的检测

检测预先规定的位置或角度,可以用 ON/OFF 两个状态值。这种方法用于检测机器人的起始原点、越限位置或者确定位置。规定的位移量或力作用到微型开关(microswitch)的可动部分时,开关的电气接点断开或接通。限位开关(limitswitch)通常装在盒里,以防外力的作用和水、油、尘埃的侵蚀。它的检测精度为±1mm 左右,图 3.12 表示执行器形状不同的几种限位开关:销键按钮式、压簧按钮式、片簧按钮式、铰链杠杆式和软杆式,其中销键按钮式精度最高。机器人中应用的限位开关大都在开关的执行器上安上光电开关(photo-interrupter)。光电开关是由 LED 光源和光电二极管或光电三极管等光敏元件,相隔一定距离而构成的透光式开关(参见图 3.13)。当充当基准位置的速光片通过光源和光敏元件间的缝隙时,光射不到光敏元件上,起到开关的作用。光接收部分的放大输出等电路,已集成为一个芯片，可以直接得到 TTL 输出电平。光电开关的特点是非接触检测，精度可达 0.5mm 左右。

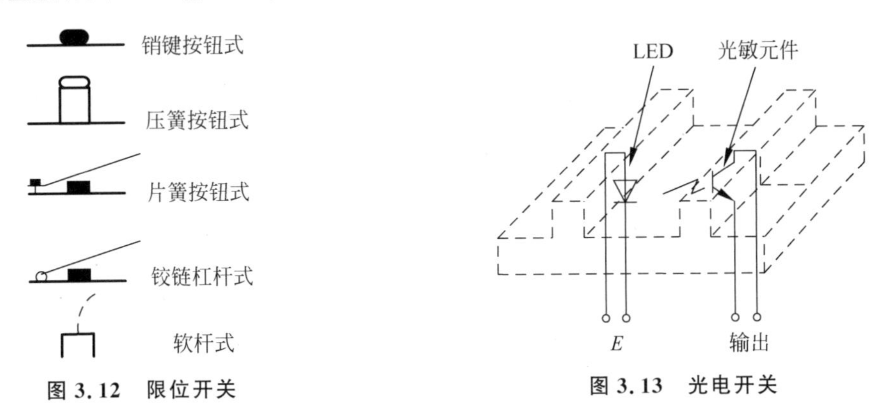

图 3.12 限位开关

图 3.13 光电开关

2. 位置、角度测量

测量机器人关节线位移和角位移的传感器是机器人位置反馈控制中必不可少的元件。

1）电位器

电位器(potentiometer)由环状或棒状电阻丝和滑动片(或称为电刷)组成，由滑动片接触或靠近电阻丝取出电信号。电刷与驱动器连成一体，将其线位移或角位移转换为电阻的变化，在电路中以电压或电流的变化形式输出。

触点滑动电位器以导电塑料电位器(conductive potentiometer)为主流。这种电位器将黑粉末和热硬化树脂涂在塑料的表面上，并和接线端子做成一体。滑动部分加工成和镜面一样光滑，因此几乎没有磨损，寿命很长。由于炭黑颗粒大小为 0.01mm 数量级，因此可以得到极高的分辨率。导电塑料的电阻温度系数是负值，但由于整个电阻都是同一种材料，输出电压由电阻的分压比决定，因此不必担心温度的影响。此外，线绕电位器(wirewound potentiometer)的线性度和稳定性最好，但输出电压是离散值。图 3.14 所示为电位器。

2）旋转编码器

旋转编码器(revolver)由铁心、两个定子线圈和两个转子线圈组成，是测量旋转角度的传感器。定子和转子由硅钢片或铍莫合金叠层制成，在槽里绕上线圈。定子和转子分别由互相垂直的两相绕组构成。在各定子线圈加上交流电压，转子线圈中由于交链磁通的变化产生感应电压。感应电压和励磁电压之间相关联的耦合系数随转子的转角而改变。因此，根据测得的输出电压，就可以知道转角的大小。图 3.15 所示为旋转编码器。

图 3.14 电位器

图 3.15 旋转编码器

3. 速度、角速度测量

速度、角速度测量是驱动器反馈控制中必不可少的环节。有时也利用前面所述位移传感器测量速度，即测量单位采样时间的位移量，然后用 F/V 转换器变成模拟电压。下面介绍测量角速度的测速发电机。

测速发电机(tachometer generator)或称为转速表传感器(tachogenerator)、比率发电机(rate generator)，是利用发电机原理的速度传感器或角速度传感器(见图 3.16)。

直流测速发电机(DC tachogenerator)的定子是永久磁铁，转子是线圈绕组。它的原理和永久磁铁的直流发电机相同，转子产生的电压通过换向器和电刷以直流电压的形式输出。可以测量 0～10000r/min 量级的旋转速度，线性度为 0.1%。此外，停机时不易产生残留电压，因此，它最适宜作速度传感器。但是电刷部分是机械接触，需要注意维修。另外，换向器在切换时产生脉动电压，使测量精度降低。因此，现在也有用无刷直流测速发电机。

4. 加速度测量

随着机器人的高速化、高精度化，由机械运动部分刚性不足所引起的振动问题开始提到议事日程上来了。作为抑制振动问题的对策，有时在机器人的各杆件上安装加速度传感器、测量振动加速度，并把它反馈到杆件底部的驱动器上，有时把加速度传感器安装在机器人手爪上，将测得的加速度进行数值积分，加到反馈环节中，以改善机器人的性能。从测量振动的目的出发，加速度传感器日趋受到重视。

机器人的动作是三维的，而且活动范围很广，因此可在连杆等部位直接安装接触式振动传感器。虽然机器人的振动频率仅数十赫兹，但由于共振特性容易改变，因此要求传感器具有低频高敏度的特性。

1) 应变片加速度传感器

Ni-Cu 或 Ni-Cr 等金属电阻应变片加速度传感器(strain gauge acceleration sensor)是一个由板簧支承重锤所构成的振动系统。应变片受振板簧振动产生应变，其电阻值的变化通过电桥电路的输出电压被检测出来。除了金属电阻外，Si 或 Ge 半导体压阻元件也可用于加速度传感器。半导体应变片的应变系数比金属电阻应变片高 50～100 倍，灵敏度很高，但温度特性差，需要加补偿电路。应变片加速度传感器原理示意图如图 3.17 所示。

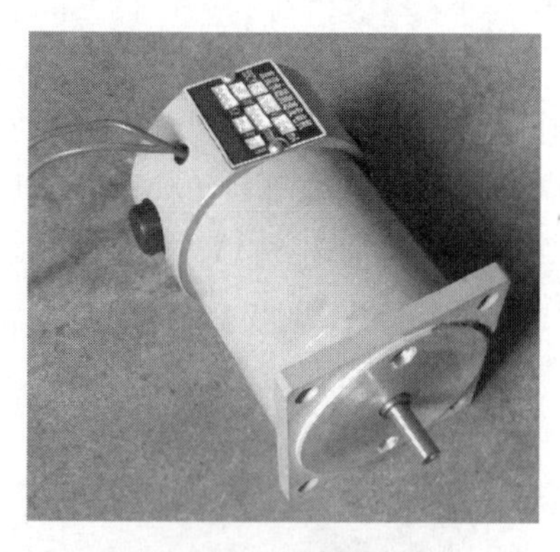

图 3.16 测速发电机

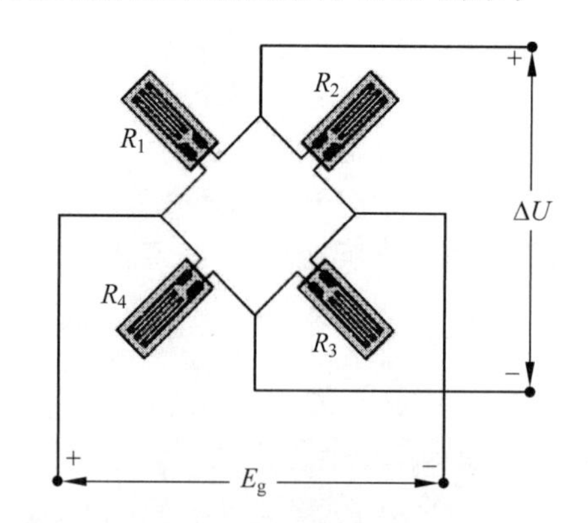

图 3.17 应变片加速度传感器原理示意图

2) 伺服加速度传感器

伺服加速度传感器(servo acceleration sensor)检测出与上述振动系统重锤位移成比例的电流，把电流反馈到恒定磁场中的线圈，使重锤返回到原来的零位移状态，如图 3.18 所示。由于重锤没有几何位移，因此这种传感器与前一种相比，更适用振动加速度大的系统。

3）压电式加速度传感器

图 3.18　伺服加速度传感器

压电加速度传感器（piezoelectric acceleration sensor）利用具有压电效应的物质，将产生加速度的力转换为电压，如图 3.19 所示。这种具有压电效应的物质，受到外力发生机械形变时，能产生电压；反之，外加电压时，也能产生机械形变。压电元件大多由具有高介电系数的铬钛酸铅材料制成。

5. 倾斜角测量

倾斜角传感器（inclination sensor）从工作原理上可分为固体摆式、液体摆式、气体摆式三种，这三种倾斜角传感器都是利用地球万有引力的作用，将传感器敏感器件对大地的姿态角，即与大地引力的夹角（倾角）这一物理量，转换为模拟信号或脉冲信号。

倾斜角传感器（见图 3.20）常应用于机械手末端执行器或移动机器人的姿态控制中。

图 3.19　压电式加速度传感器

图 3.20　倾斜角传感器

6. 方位角测量

在非规划路径上移动的自主导引车（AGV），为了实现姿态控制，除了测量倾斜角之外，还要时刻了解自身的位置。虽然可通过安装在各驱动器上测量（角）位移的内传感器累计计算路径，但由于存在累计误差等问题，因此还需要辅之以其他传感器。方位角传感器（azimuth meter）能测量运动物体的方位变化（偏转角），今后将在大范围活动的机器人中广泛使用。方位角传感器包括陀螺仪和地磁仪器。

1）陀螺仪

陀螺仪（gyroscope，见图 3.21）按构造可分为内部带旋转体的传统（conventional）陀螺和内部不带旋转体的新型（unconventional）陀螺，检测单轴偏转角可用传统的速率陀螺、速率积分陀螺，或新型气体速率陀螺、光陀螺等。陀螺转速达 24000r/min 后，通常便能自行保持其转轴方向固定，以这个方向不变的转轴为基准，万向支架的相对转角可用同步器测出。

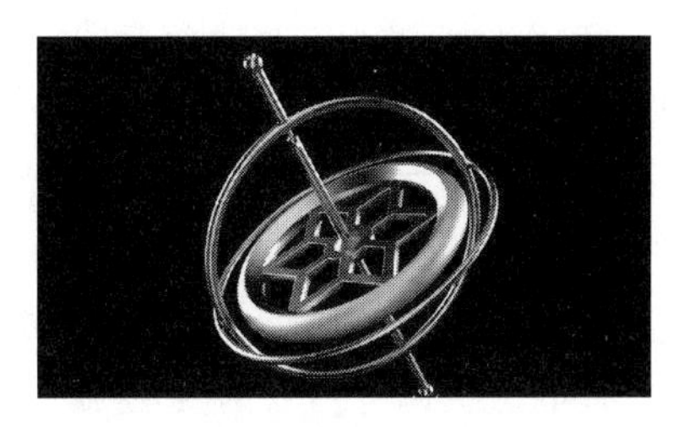

图 3.21　陀螺仪

2）地磁传感器

地磁传感器利用的是地球固有的资源——地磁场

来实现导航定位、姿态控制的。它是利用被测物体在地磁场中的运动状态不同，通过感应地磁场的分布变化而指示被测物体的姿态和运动角度等信息的测量装置。可用于检测地磁场分布变化的技术原理主要有：①磁阻效应，当沿着一条长而且薄的铁磁合金的长度方向施加一个电流，在垂直于电流的方向施加一个磁场，则合金带自身的阻值将会发生变化，此阻值变化的大小与磁场和电流的大小密切相关。②霍尔效应，通过电流的半导体在垂直电流方向的磁场作用下，在与电流和磁场垂直的方向上形成电荷的积累而出现电势差。③电磁感应，线圈切割地磁场的磁力线则将在线圈的两端产生感应电动势。④AMR（相异性磁力阻抗感应）。⑤GMR（巨磁效应）。

根据测量原理可以分为多种不同的传感器，如霍尔传感器是基于霍尔效应测量磁通密度的传感器，输出与磁通密度成比例的电压，主要用于非接触式开关，例如门和笔记本电脑等物体的打开和关闭检测。MR（Magneto Resistance）传感器也被称为磁阻效应传感器，利用物体电阻因磁场变化来测量地磁大小的传感器。其灵敏度高于霍尔传感器，功耗更低，因此是一种使用更广泛的磁传感器。除了电子罗盘等地磁检测应用外，它还用于电机旋转和位置检测。MI（Magneto Impedance）传感器是下一代磁传感器，采用特殊的非晶丝并应用了磁阻抗效应，它的灵敏度比霍尔传感器高出 10000 倍以上，并且可以高精度地测量地磁的微小变化，可以应用于超低消耗电流的方位检测，还可以应用于室内定位、金属异物检测等高灵敏度场合中。

7. 姿态测量示例

在飞行器控制（如无人机飞行控制）中，飞行实时姿态是非常重要的参数，以飞行器自身的中心建立坐标系，当飞行器发生机动时，会分别影响偏航角（yaw）、横滚角（roll）及俯仰角（pitch），如图 3.22 所示。假如已知飞行器初始时是左上角的状态，只需测量出基于原始状态的三个姿态角的变化量，再进行叠加，就可以获知它的实时姿态。在这个姿态测量的示例中，就可以应用上述介绍的多个姿态测量传感器。当然这里面也涉及多个坐标系的定义问题。对于飞行器控制来说，常用的坐标系包括三种。

1）地球坐标系

以地球球心为原点，Z 轴沿地球自转轴方向，X、Y 轴在赤道平面内的坐标系。

2）地理坐标系

它的原点在地球表面（或运载体所在的点），Z 轴沿当地地理垂线的方向（重力加速度方向），X、Y 轴沿当地经纬线的切线方向。根据各个轴方向的不同，可选为“东北天”“东南天”“西北天”等坐标系。这是日常生活中使用的坐标系，平时说的东南西北方向与这个坐标系东南西北的概念一致。

3）载体坐标系

载体坐标系以运载体的质心为原点，一般根据运载体自身结构方向构成坐标系，如 Z 轴上由原点指向载体顶部，Y 轴指向载体头部，X 轴沿载体两侧方向。上面说基于飞机建立的坐标系就是一种载体坐标系，可类比到汽车、舰船、人体、动物或手机等各种物体。

（1）当载体绕自身的 Z 轴旋转，该角度就称为偏航角；

（2）当载体绕自身的 X 轴旋转，该角度称为俯仰角；

（3）当载体绕自身的 Y 轴旋转，该角度称为横滚角。

陀螺仪、加速度传感器、地磁传感器以及 GPS 等测量技术常相互融合集成为 MEMS 微

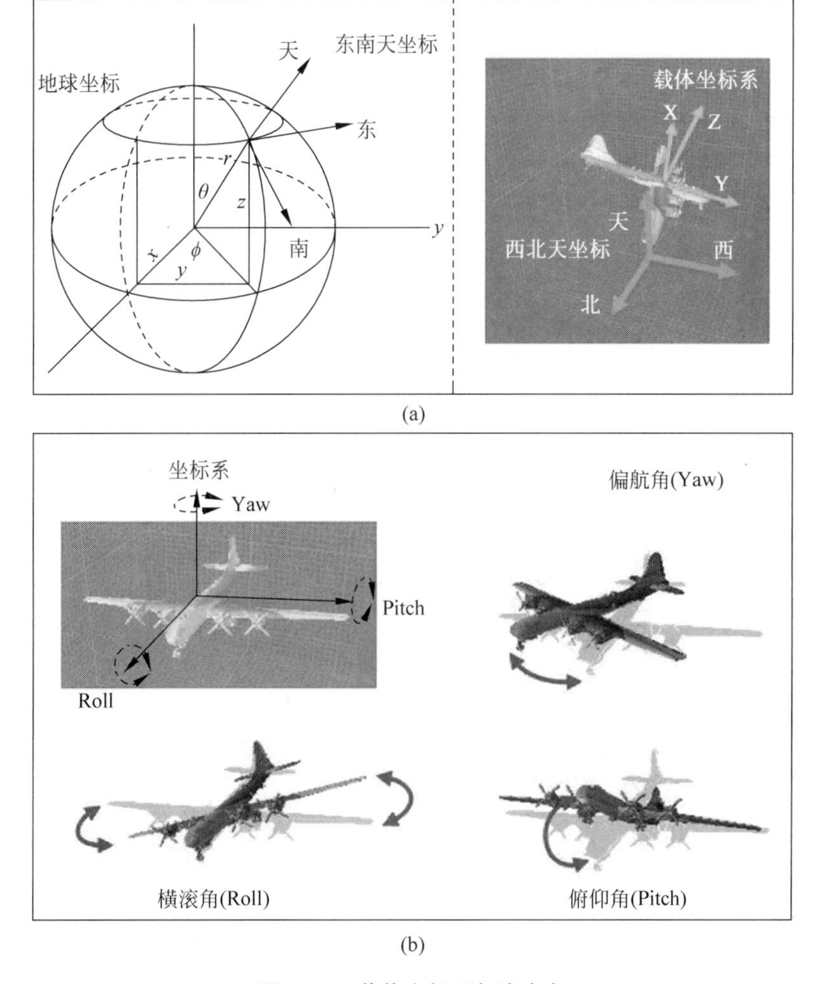

(a)

(b)

图 3.22 载体坐标系与姿态角

机械系统用于姿态角测量。首先,陀螺仪是最直观的角度检测器,它可以检测物体绕坐标轴转动的角速度,如同将速度对时间积分可以求出路程一样,将角速度对时间积分就可以计算出旋转的角度。但是陀螺仪测量非常容易产生累计误差和漂移,因此常引入检测倾角的传感器,如前文所述的加速度传感器,它通过检测器件在各个方向的形变情况而采样得到受力数据,根据 $F=ma$ 转换,传感器直接输出加速度数据。当传感器的姿态不同时,它在自身各个坐标轴检测到的重力加速度是不一样的,利用各方向的测量结果,根据力的分解原理,可求出各个坐标轴与重力之间的夹角。而重力方向是与地理坐标系的"天地"轴固连的,所以通过测量载体坐标系各轴与重力方向的夹角即可求得它与地理坐标系的角度旋转关系,从而获知载体姿态。但是加速度传感器并不会区分重力加速度与外力加速度,当物体运动时,它也会在运动的方向检测出加速度,特别在振动的状态下,传感器的数据会有非常大的变化,此时难以反映重力的实际值。此外,由于这种倾角检测方式是利用重力进行检测的,它无法检测到偏航角,原理跟 T 字型水平仪一样,无论如何设计水平仪,水泡都无法指示这样的角度。为了弥补加速度传感器无法检测偏航角的问题,再次引入磁场检测传感器,它可以检测出各个方向上的磁场大小，通过检测地球磁场，它可实现指南针的功能，所以也被称为电子罗盘。由于地磁场与地理坐标系的“南北”轴固联，利用磁场检测传感器的指南针功能，就可以测量出偏航角了。与指南针的缺陷一样，使用磁场传感器会受到外部磁场干扰，如载体本身的电磁场干扰、不同地理环境的磁铁矿干扰等。可以引入 GPS，GPS 可以直接检测出载体在地球上的坐标，假如载体在某时刻测得坐标为 A，另一时刻测得坐标为 B，利用两个坐标即可求出它的航向，即可以确定偏航角，且不受磁场的影响，但这种检测方式只有当载体产生大范围位移的时候才有效(GPS 民用精度大概为 10m 级)。

可以发现，使用陀螺仪检测角度时，在静止状态下存在缺陷，且受时间影响，而加速度传感器检测角度时，在运动状态下存在缺陷，且不受时间影响，刚好互补。假如同时使用这两种传感器，并设计一个滤波算法，当物体处于静止状态时，增大加速度数据的权重，当物体处于运动状时，增大陀螺仪数据的权重，从而获得更准确的姿态数据。

同理，检测偏航角，当载体在静止状态时，可增大磁场检测器数据的权重；当载体在运动状态时，增大陀螺仪和 GPS 检测数据的权重。这些采用多种传感器数据来检测姿态的处理算法被称为姿态融合。

在姿态融合解算时常常使用四元数来表示姿态，它由三个实数及一个虚数组成，因而被称为四元数。使用四元数表示姿态并不直观，但因为使用欧拉角(即前面说的偏航角、横滚角及俯仰角)表示姿态的时候会有“万向节死锁”问题，且运算比较复杂，所以一般在数据处理时会使用四元数，处理完毕后再把四元数转换为欧拉角。

3.2.3 外传感器

1. 视觉传感器

1) 二维视觉传感器

视觉传感器分为二维视觉传感器和三维视觉传感器两大类。二维视觉传感器是获取景物图形信息的传感器，如图 3.23 所示。处理方法有二值图像处理、灰度图像处理和彩色图像处理。它们都是以输入的二维图像为识别对象的。图像由摄像机获取，如果物体在传送带上以一定速度通过固定位置，也可用一维线型传感器获取二维图像的输入信号。

图 3.23 二维视觉传感器

对于操作对象限定、工作环境可调的生产线，一般使用廉价的、处理时间短的二值图像视觉系统。

图像处理中，首先要区分作为物体像的图和作为背景像的底两大部分。图和底的区分还是容易处理的。图像识别中，需使用图的面积、周长、中心位置等数据。为了减小图像处理的工作量，必须注意以下几点。

(1) 照明方向。

环境中不仅有照明光源，还有其他光。因此，要使物体的亮度、光照方向的变化尽量小，就要注意物体表面的反射光、物体的阴影等。

(2) 背景的反差。

黑色物体放在白色背景中，图和底的反差大，容易区分。有时把光源放在物体背后，让光穿过漫射面照射物体，获取轮廓图像。

(3) 视觉传感器位置。

改变视觉传感器和物体间的距离，成像大小也相应地发生变化。获取立体图像时若改变观察方向，则改变了图像的形状。垂直方向观察物体，可得到稳定的图像。

(4) 物体的放置。

物体若重叠放置，进行图像处理较为困难。将各个物体分开放置，可缩短图像处理的时间。

2) 三维视觉传感器

三维视觉传感器(见图 3.24)可以获取物体的立体信息或空间信息。立体图像可以根据物体表面的倾斜方向、凹凸高度分布的数据获取，也可以根据从观察点到物体的距离分布情况，即距离图像(range image)得到。空间信息则靠距离图像获得。

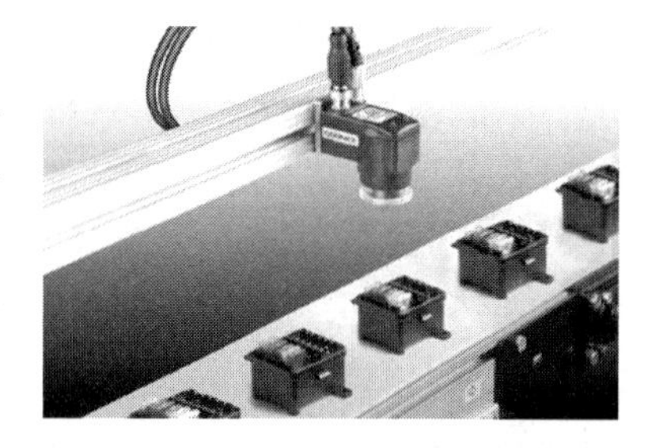

图 3.24 三维视觉传感器

按测量原理可分为：

(1) 单眼观测法。

人看一张照片就可以了解景物的景深、物体的凹凸状态。可见，物体表面的状态(纹理分析)、反光强度分布、轮廓形状、影子等都有一张图像中存在立体信息的线索。因此，目前研究的课题之一是如何根据一系列假设，利用知识库进行图像处理，以便用一个电视摄像机充当立体视觉传感器。

(2) 莫尔条纹法。

莫尔条纹法利用条纹状的光照到物体表面，然后在另一个位置上透过同样形状的遮光条纹进行摄像。物体上的条纹像和遮光像产生偏移，形成等高线图形，即莫尔条纹。根据莫尔条纹的形状得到物体表面凹凸的信息。根据条纹数可测得距离，但有时很难确定条纹数。

(3) 主动立体视觉法。

光束照在目标物体表面上，在与基线相隔一定距离的位置上摄取物体的图像，从中检测出光点的位置，然后根据三角测量原理求出光点的距离。这种获得立体信息的方法就是主动立体视觉法。

(4) 被动立体视觉法。

被动立体视觉法就像人的两只眼睛一样，从不同视线获取的两幅图像中找到同一个物点的像的位置，利用三角测量原理得到距离图像。这种方法虽然原理简单，但是在两幅图像中检测出同一物点的对应点是非常困难的课题。

(5) 激光雷达。

用激光代替雷达电波，在视野范围内扫描，通过测量反射光的返回时间得到距离图像。它又可分为两种方法：一种是发射脉冲光束，用光电倍增管接收反射光，直接测量光的返回时间；另一种是发射调幅激光，测量反射光调制波形相位的滞后。为了提高距离分辨率，必须提高反射光检测的时间分辨率，因此需要尖端电子技术。

2. 触觉传感器

触觉传感器可分为接触觉传感器、压觉传感器和滑觉传感器。触觉传感器可分为集中式和分布式(或阵列式)。集中式触觉传感器是用单个传感器检测各种信息；分布式(阵列式)触觉传感器则检测分布在表面上的力或位移,并通过对多个输出信号模式的解释得到各种信息。触觉传感器一般多指分布式传感器。

触觉传感器检测机器人是否接触目标或环境,用于寻找物体或感知碰撞。压觉传感器用于检测传感器面上受到的作用力,由弹性体及检测弹性体位移的敏感元件或由感压电阻构成。通常采用弹簧、海绵等材料制作弹性体,用电位器、光电元件、霍尔元件做位移检测机构。滑觉传感器有滚轮式和球式,还有一种通过振动检测滑觉的传感器。其基本原理是:物体在传感器表面上滑动时,和滚轮或球相接触,把滑动变成转动。图 3.25 是几种滑觉传感器的典型结构。在图 3.25(a)的传感器中,滑动物体引起滚轮转动,用磁铁和静止的磁头,或用光传感器进行检测。这种传感器只能检测一个方向的滑动。图 3.25(b)中的传感器用球代替滚轮,可以检测各个方向的滑动。传感器的球面凹凸不平,球转动时碰撞一个连杆,使导电圆盘振动,从而可知接点的开关状态。图 3.26 是振动式滑觉传感器。传感器的球面有黑白相间的图形,黑色为导电部分,白色为绝缘部分。两个电极和球面接触,如果一个电极和球面绝缘部分接触时,另一个电极也和绝缘部分接触；反之,如果一个电极和导电部分接触,另一个也一定和导电部分接触。球表面导电部分的分布图形能保证所有的电气通路。因此,根据电极间导通状态的变化,就可以检测球的转动,即检测滑觉。传感器表面伸出的触针能和物体接触。物体滑动时,触针与物体接触而产生振动。这个振动由压电传感器或磁场线圈结构的微小位移计检测。

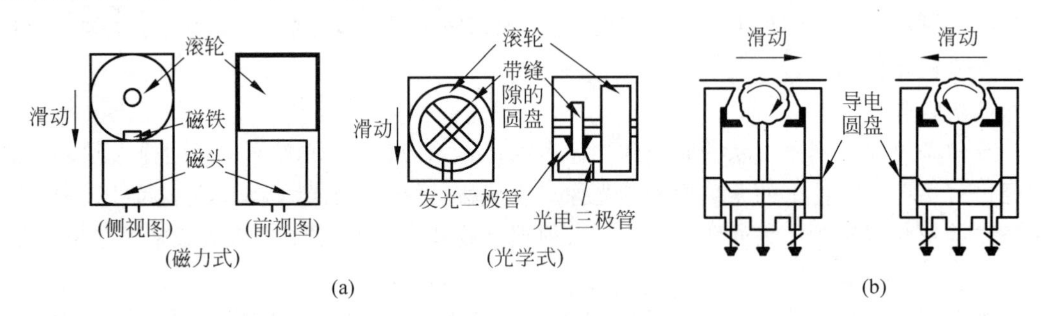

图 3.25 滑觉传感器

(a) 滚轮式滑觉传感器；(b) 球式滑觉传感器

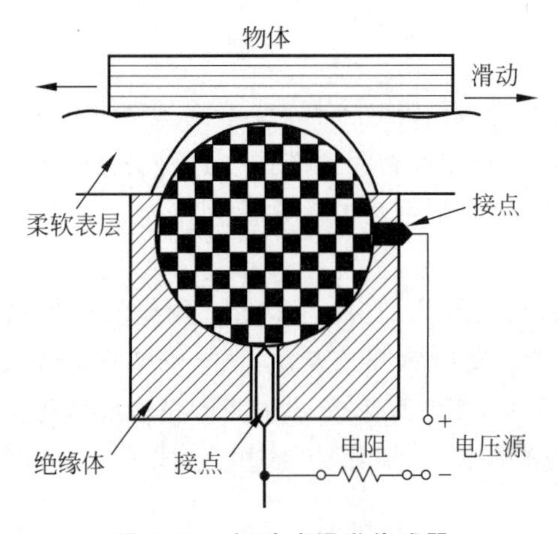

图 3.26 振动式滑觉传感器

3. 力传感器

力觉传感器根据力的检测方式不同,可分为如下几类:

(1) 检测应变或应力(应变片式)。

(2) 利用压电效应(压电元件式)。

(3) 用位移计测量负载产生的位移(差动变压器、电容位移计式)。

三类中,应变片式压力传感器最普遍,商品化的力传感器大多是这一种。压电元件很早就用在刀具的受力测量中,但它不能测量静态负载,不适用于机器人作为第三类的例子,已经发表了在相对变形大的弹性结构上安装差动变压器或电容位移计,构成六轴力觉传感器的研究报告。

此外还有一些特殊检测方法,如利用弦振动频率随张力变化的特性,通过光导纤维或感光半导体器件进行检测,但这些方法尚未达到实用水平,还有许多课题有待解决。

根据被测对象的负载成分,市场上流行的力传感器可分为:

(1) 测力传感器(单轴力传感器);

(2) 力矩表(单轴力矩传感器);

(3) 手指传感器(检测机器人手指作用力的超小型单轴力传感器);

(4) 六轴力觉传感器。

其中,测力传感器、力矩表、手指传感器只能测量单轴力,而且必须在没有其他负载分量作用的条件下。因此,除了手指传感器之外,其他几种都不适用于机器人。但有人通过巧妙地安轴承,仅在机器人驱动电机力矩起作用的部位安装力矩传感器,测量力矩对机器人进行控制。但是这样小的小型力矩传感器还没有商品出售。机器人的力控制主要控制作用于机器人手爪的任意方向的负载分量,因此需要六轴力觉传感器。在机器人研制中,常常在结构部件的某一部位贴上应变片,校准其输出和负载的关系后把它当作多轴力传感器使用,但是往往忽视了其他负载分量对欲测的负载分量的影响,或者没有充分考虑排除其影响的方法。力控制本来就比位置或速度控制难,由于上述测量上的原因,实现力控制就更加困难。为了使负载测量结果准确可信,还是使用厂家生产的六轴力觉传感器为上策。六轴力觉传感器一般安装在机器人手腕上,测量作用在机器人手爪上的负载,因此也称为腕力传感器。图 3.27 所示为力传感器。

图 3.27 力传感器

4. 接近觉传感器

接近觉传感器可以在近距高范围内获取执行器和对象物体间的空间相对关系的信息。它用于确保安全、防止物体的接近或碰撞、确认物体的存在或通过与否、检测物体的姿态和位置、测量物体的形状,进而为动作规划和行动规划的制定,为躲避障碍、避免碰撞提供信息。接近觉传感器通常安装在指定的狭窄空间里,因此要求体积小、重量轻、结构简单、稳定、坚固。在设计和制造时,必须在充分理解检测基本原理的基础上,考虑周围的环境条件及空间限制,选择适合于目标的检测方法,以满足所要求的性能。图 3.28 所示为接近觉传感器。

图 3.28 接近觉传感器

3.2.4 多传感器信息融合

所谓多传感器信息融合(multi-sensor information fusion,MSIF)就是利用计算机技术将来自多传感器或多源的信息和数据,在一定的准则下加以自动分析和综合,以完成所需要的决策和估计而进行的信息处理过程。

多传感器信息融合是用于包含处于不同位置的多个或者多种传感器的信息处理技术。随着传感器应用技术、数据处理技术、计算机软硬件技术和工业化控制技术的发展成熟,多传感器信息融合技术已形成一门热门新兴学科和技术。我国对多传感器信息融合技术的研究已经在工程上应用于信息的定位和识别等。而且相信随着科学的进步,多传感器信息融合技术会成为一门智能化、精细化数据信息图像等综合处理和研究的专门技术。

3.3 驱动器及其控制技术

3.3.1 驱动器的分类与选取原则

驱动器和机器人的关系就好比肌肉和人体的关系,驱动器为机器人提供必要的动力,使其可以完成各式各样的动作。驱动器的种类众多,在机器人中电机的使用最为广泛。本节以电机为主要对象,讨论它的分类、选取原则和控制技术。

1. 常用驱动器(电机)分类

电机的类型很多,按功能用途可以归纳如下:

(1) 按工作电源种类可分为直流电机和交流电机。

直流电机按结构及工作原理又可划分为无刷直流电机和有刷直流电机。无刷直流电机用电子换向来代替传统的机械换向，其性能可靠、体积更小、效果更高、永无磨损、故障率低，寿命比有刷直流电机提高了约6倍，代表了电机的发展方向；而有刷直流电机因为其具有变速平稳、稳升低、控制简单、价格低等优势，仍被在应用在许多场合中。

直流无刷电机如图3.29所示。

直流有刷电机如图3.30所示。

图3.29　直流无刷电机(左为RoboMaster GM6020，右为RoboMaster M2006)

图3.30　直流有刷电机(左为诺立2457，右为JGA25-370)

有刷直流电机可划分为电磁直流电机和永磁直流电机。

电磁直流电机可划分为他励直流电机、并励直流电机、串励直流电机和复励直流电机(见图3.31)。

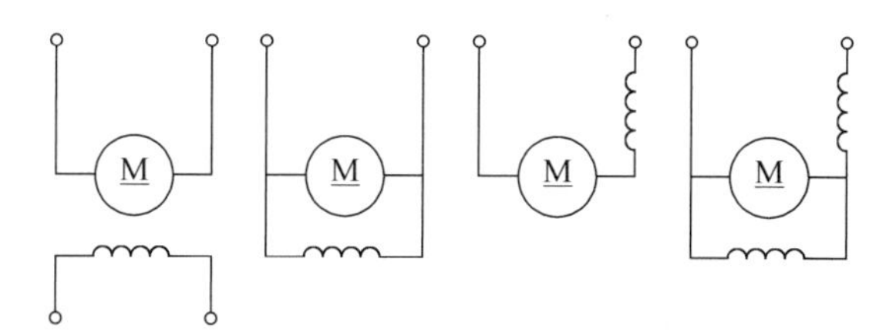

图3.31　他励、并励、串励、复励电机原理示意图

永磁直流电机可划分为稀土永磁直流电机、铁氧体永磁直流电机和铝镍钴永磁直流电机(见图3.32)。

其中，交流电机还可划分为单相电机和三相电机(见图3.33)。

(2) 按结构和工作原理可分为同步电机、异步电机。

① 同步电机可划分为永磁同步电机、磁阻同步电机和磁滞同步电机。

② 异步电机可划分为感应电机和交流换向器电机。

感应电机可划分为三相异步电机、单相异步电机和罩极异步电机等。交流换向器电机可划分为单相串励电机、交直流两用电机和推斥电机。

(3) 按起动与运行方式可划分为电容起动式单相异步电机、电容运转式单相异步电机、电容起动运转式单相异步电机和分相式单相异步电机。

(4) 按用途可划分为驱动用电机和控制用电机。

驱动用电机可划分为电动工具(包括钻孔、抛光、磨光、开槽、切割、扩孔等工具)用电机、

图 3.32 永磁直流电机

（左为稀土永磁直流电机 55YT01-49，中为铁氧体永磁直流电机 ZYT-78S-12，右为铝镍钴永磁直流电机 40ZYN008）

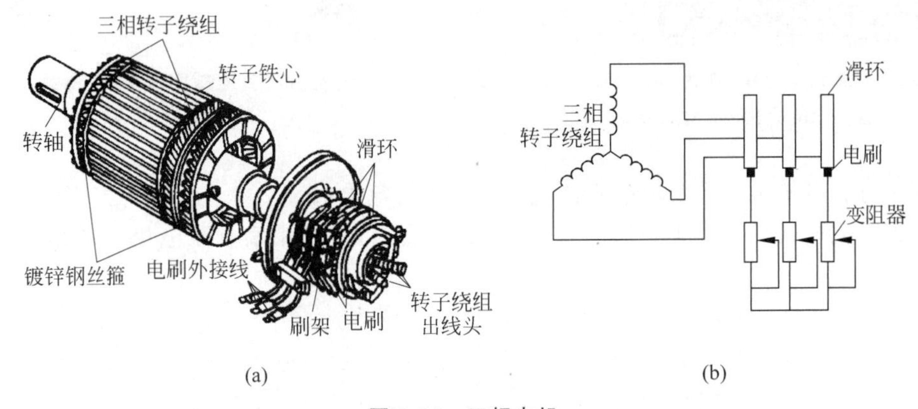

(a) (b)

图 3.33 三相电机

(a) 结构；(b) 原理

家电（包括洗衣机、电风扇、电冰箱、空调器、录音机、录像机、影碟机、吸尘器、电吹风、电动剃须刀等）用电机及其他通用小型机械设备（包括各种小型机床、小型机械、医疗器械、电子仪器等）用电机。图 3.34 为各种驱动用电机。

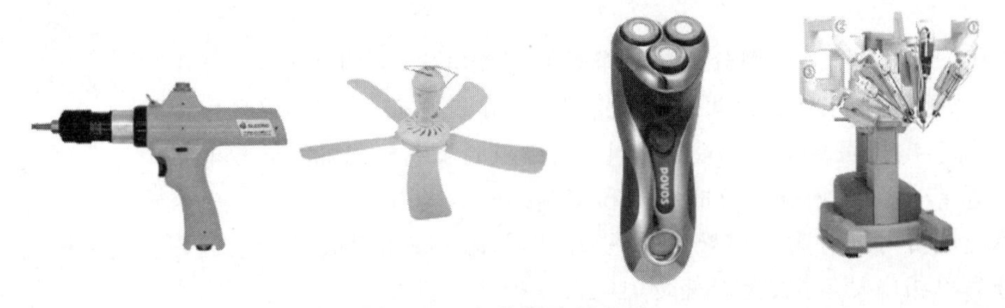

图 3.34 各种驱动用电机

控制用电机又划分为步进电机和伺服电机等，如图 3.35 所示。

(5) 按转子的结构可划分为笼型感应电机（旧标准称为鼠笼型异步电机）和绕线转子感应电机（旧标准称为绕线型异步电机），如图 3.36 所示。

图 3.35 步进电机 57HB3401 和伺服电机 LCDB2

图 3.36 笼型感应电机和绕线转子感应电机

(6) 按运转速度可划分为高速电机、低速电机、恒速电机、调速电机。

低速电机又分为齿轮减速电机、电磁减速电机、力矩电机和同步电机等。调速电机除可分为有级恒速电机、无级恒速电机、有级变速电机和无级变速电机外,还可分为电磁调速电机、直流调速电机、PWM 变频调速电机和开关磁阻调速电机。

2. 驱动器选取原则

驱动器选型时应主要考虑所驱动的负载类型、额定功率、额定电压和额定转速。

1) 负载类型

选择电机的原则是在电机性能满足生产机械要求的前提下,优先选用结构简单、价格便宜、工作可靠、维护方便的电机。在这方面交流电机优于直流电机,交流异步电机优于交流同步电机,笼型感应电机优于绕线转子感应电机。负载平稳,对起动、制动无特殊要求的连续运行的生产机械,宜优先选用普通笼型感应电机,其广泛用于机械、水泵、风机等。起动、制动比较频繁,要求有较大的起动、制动转矩的生产机械,如桥式起重机、矿井提升机、空气压缩机、可逆轧钢机等,应采用绕线转子感应电机。无调速要求,要转速恒定或要求改善功率因数的场合,应采用同步电机,例如大中容量的水泵、空气压缩机、提升机、磨机等。调速范围要求在 1∶3 以上,且连续稳定平滑调速的生产机械,宜采用他励直流电机或用变频调速的笼型感应电机或同步电机,例如大型精密机床、龙门刨床、轧钢机、提升机等。要求起动转矩大,机械特性软的生产机械,使用串励或复励直流电机,例如电车、电机车、重型起重机等。

2) 额定功率

电机的额定功率是指输出功率,即轴功率,也称容量大小,是电机标志性参数。常有人问电机是多大的,一般不是指电机的尺寸大小,而是指额定功率。它是量化电机拖动负载能力的最重要的指标，也是电机选型时必须提供的参数要求。

$$P_N = \sqrt{3}U_N I_N(\cos\theta)\eta \tag{3.1}$$

式中，P_N 为额定功率，U_N 为额定电压，I_N 额定电流，$\cos\theta$ 为功率因数，η 为效率。

正确选择电机容量的原则：应在电机能够胜任生产机械负载要求的前提下，最经济、最合理地决定电机的功率。若功率选得过大，设备投资增大，造成浪费，且电机经常欠载运行，效率及交流电机的功率因数较低；反之，若功率选得过小，电机将过载运行，造成电机过早损坏。

决定电机主要功率的因素有三个：①电机的发热与温升，这是决定电机功率的最主要因素；②允许短时过载能力；③对笼型感应电机还要考虑起动能力。首先具体生产机械根据其发热、温升及其负载要求，计算并选择负载功率，电机再根据负载功率、工作制、过载要求预选额定功率。电机的额定功率预选好后，还要进行发热、过载能力及必要时的起动能力校验。若其中有一项不合格，须重新选择电机，再进行校核，直到各项都合格为止。因此工作制也是必要提供的要求之一，若无要求则默认按最常规的 S1 工作制处理；有过载要求的电机也需要提供过载倍数及相应运行时间；笼型感应电机驱动风机等大转动惯量负载时，还需要提供负载的转动惯量及起动阻力矩曲线图来校核起动能力。以上关于额定功率的选择是在标准环境温度为 40℃前提下进行的。若电机工作的环境温度发生变化，则必须对电机的额定功率进行修正。根据理论计算和实践，在周围环境温度不同时，电机的功率可粗略地按相关条件和参数进行相应增减。因此气候恶劣地区还需要提供环境温度，例如印度，环境温度就需要按 50℃进行校核。此外，高海拔对电机功率也会有影响，海拔越高，电机温升越大，输出功率越小。并且高海拔使用的电机还需考虑电晕现象的影响。

3）额定电压

电机的额定电压是指在额定工作方式下的线电压。电机的额定电压的选择，取决于电力系统对该企业的供电电压和电机容量的大小。交流电机电压等级的选择主要依使用场所供电电压等级而定。一般低电压网为 380V，故额定电压为 380V（Y或△接法）、220/380V（△/Y接法）、380/660V（△/Y接法）3 种。低压电机功率增大到一定程度（如 300kW/380V），电流受到导线承受能力的限制就难以继续增大，或成本过高。需要通过提高电压实现大功率输出。高压电网供电电压一般为 6000V 或 10000V，国外也有 3300V、6600V 和 11000V 的电压等级。高压电机的优点是功率大，承受冲击能力强；缺点是惯性大，启动和制动都困难。直流电机的额定电压也要与电源电压相配合，一般为 110V、220V 和 440V。其中 220V 为常用电压等级，大功率电机可提高到 600～1000V。当交流电源为 380V，用三相桥式可控硅整流电路供电时，其直流电动机的额定电压应选 440V，当用三相半波可控硅整流电源供电时，直流电机的额定电压应为 220V。

4）额定转速

电机的额定转速是指在额定工作方式下的转速。电机和由它拖动的工作机械都有各自的额定转速。在选择电机的转速时，应注意转速不宜选得过低，因为电机额定转速越低，其级数越多，体积就越大，价格也就越高；同时，电机的转速也不宜选得过高，因为这样会使传动机构过于复杂，而且难以维护。此外功率一定时，电机转矩与转速成反比。所以启动、制动要求不高者可从设备初始投资、占地面积和维护费用等方面，以几个不同的额定转速进行全面比较，最后确定额定转速；而经常启动、制动及反转，但过渡过程持续时间对生产率影响不大者，除考虑初始投资外，主要以过渡过程量损耗最小为条件来选择转速比及电机额定转速。例如提升机电机，需要频繁正反转且转矩很大，转速就很低，电机体积庞大，价格昂贵。当电机转速较高时，还需考虑电机的临界转速。电机转子在运转中都会发生振动，转子的振幅随转速的增大而增大，到某一转速时振幅达到最大值(也就是平常所说的共振)，超过这一转速后振幅随转速增大逐渐减少，且稳定于某一范围内，这一转子振幅最大的转速称为转子的临界转速。这个转速等于转子的固有频率。当转速继续增大，接近2倍固有频率时振幅又会增大，当转速等于2倍固有频率时称为二阶临界转速，依次类推有三阶、四阶等临界转速。转子如果在临界转速下运行，会出现剧烈的振动，而且轴的弯曲度明显增大，长时间运行还会造成轴的严重弯曲变形，甚至折断。电机的一阶临界转速一般在1500r/min以上，故而常规低速电机一般不考虑临界转速的影响。反之，对二极高速电机，额定转速接近3000r/min，则需考虑该影响，需避免让电机长期使用在临界转速范围。

一般来说，提供了驱动的负载类型、电机的额定功率、额定电压、额定转速便可以将电机大致确定下来。但如果要最优化地满足负载要求，这些基本参数就远远不够了。还需要提供的参数包括频率、工作制、过载要求、绝缘等级、防护等级、转动惯量、负载阻力矩曲线、安装方式、环境温度、海拔高度和户外要求等，应根据具体情况提供。

3.3.2　驱动器的控制技术

1. 初识PWM

PWM(pulse width modulation，脉冲宽度调制)广泛应用在电机、舵机控制中。PWM控制的基本原理很早就已经提出，但是受电力子器件发展水平的制约，在20世纪80年代以前一直未能实现。直到进入20世纪80年代，随着全控型电力电子器件的出现和迅速发展，PWM控制技术才真正得到应用。PWM通过控制三相全桥电路中晶体管的通断，产生一组输出相等的脉冲，然后用所产生的脉冲来拟合所需要的波形。图3.37是利用PWM输出正弦波的过程，下面结合该图对脉冲宽度的基本过程进行一个简单的介绍。首先将正弦波沿时间轴分成N等份，每一个小等份对应一个脉冲，这些脉冲的幅值都是相同的，但是宽度不一样。然后将小等份的中点和对应的脉冲的中点对齐，接着算出小等份的面积，使对应脉冲的面积和小等份的面积相等，因为脉冲的幅值都是一样的，所以只能通过改变脉冲宽度来得到所需的面积。最后，按照面积相等则冲量相等的原理，通过PWM出来的波形即为我们想要的正弦波。

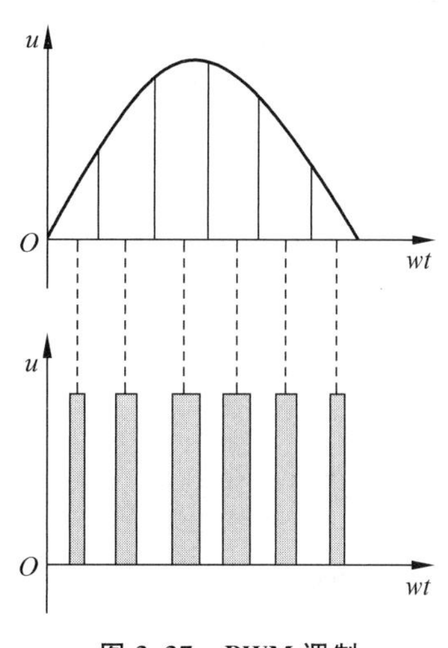

图3.37　PWM调制

如上所述，如果我们知道了正弦波频率、幅值和半个周期内的脉冲数，就能够确定PWM波形各脉冲的宽度。根据各脉冲宽度的大小来确定电路中各晶体管的通断，就能够获得实际所需的PWM波形。

2. PWM应用

利用PWM可以控制电机达到我们想要的速度，配合PID控制和各类传感器的可以实现各式各样的功能。图 3.38 中利用 PWM 波控制电机的启停并配合红外传感器进行位置定位，模拟了电梯的功能。图 3.39 中 PWM 控制电机速度并配合 IMU 的使用、PID 算法实现平衡车控制。图 3.40 中，利用 PWM 控制电机速度使其稳定在 1r/min，是其模拟分钟的运动。图 3.41 中，利用 PWM 控制三个电机的速度，配合三个全向轮，实现全向移动。

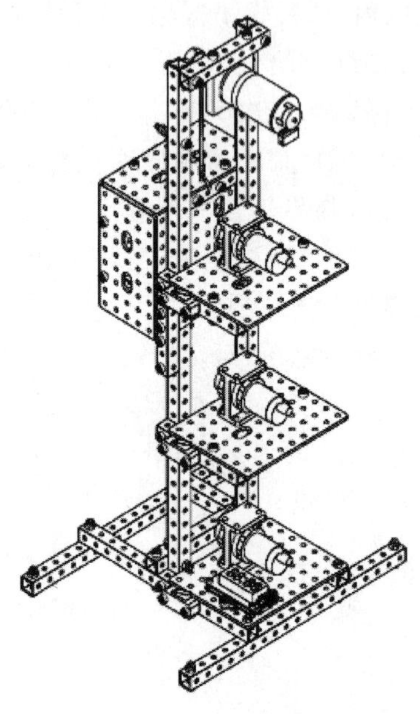

图 3.38 电梯

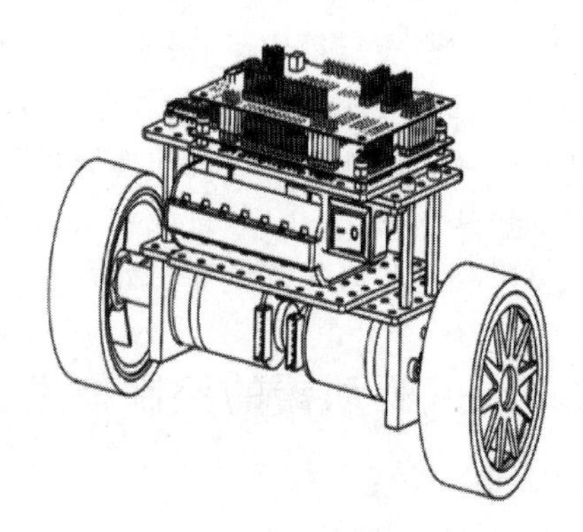

图 3.39 平衡车

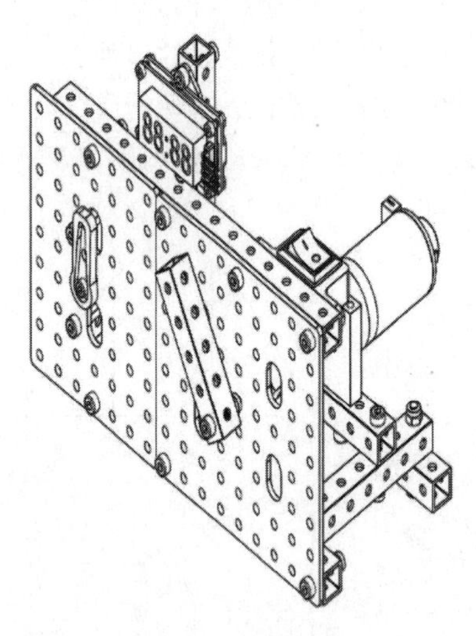

图 3.40 时钟实验

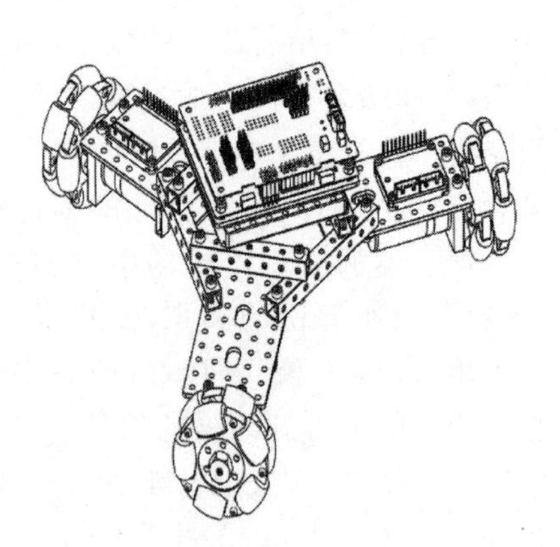

图 3.41 三轮全向底盘

3. FOC

通常情况下，无刷直流电机采用方波控制，这种控制方式启动时波动较大，常常会带来很大的噪声，对周围环境影响恶劣。而磁场定向控制(field oriented control，FOC)采用正弦波控制方式，其启动比较平稳，不仅解决了由方波控制带来的噪声问题，而且该控制方式按照某种设定的关系将电机定子电流分解成励磁电流和转矩电流，大大提高了速度控制的精准性。接下来将探究 FOC 的基本原理以及它的实现形式。

FOC 也称矢量控制，其基本思想是选取电机的某个旋转磁场轴作为设定的同步旋转坐标轴。在无刷直流电机中，有转子磁场、气隙磁场和定子磁场三种旋转磁场轴可供选择。但是气隙磁场和定子磁场在磁链关系中都存在耦合，这种耦合会使矢量控制结构变得难以捉摸。所以，通常确定转子磁场为 FOC 的同步旋转轴。基本做法就是借助数学中的坐标变换，把 BLDCM(brushless direct current motor，无刷直流电机)的正弦波定子电流分解成与磁场平行的磁场分量电流和与磁场垂直的转矩分量电流(这两个电流又分别被称为直轴电流和交轴电流)，并对这两种电流分别加以控制。这种做法实际上就是将正弦波电流分解成两个大小稳定不变的电流，即实现了磁通电流分量和转矩电流分量的完全解耦，从而获得类似于方波驱动控制的动态性能。

FOC 主要由 CLARKE 变换、PARK 变换、PARK 反变换、PID 控制、SVPWM 控制 5 个模块组成。图 3.42 是 FOC 速度控制模式应用到 BLDCM 中的系统框图，下面结合整个框图，简要介绍 BLDCM 的 FOC 系统是如何运行的。

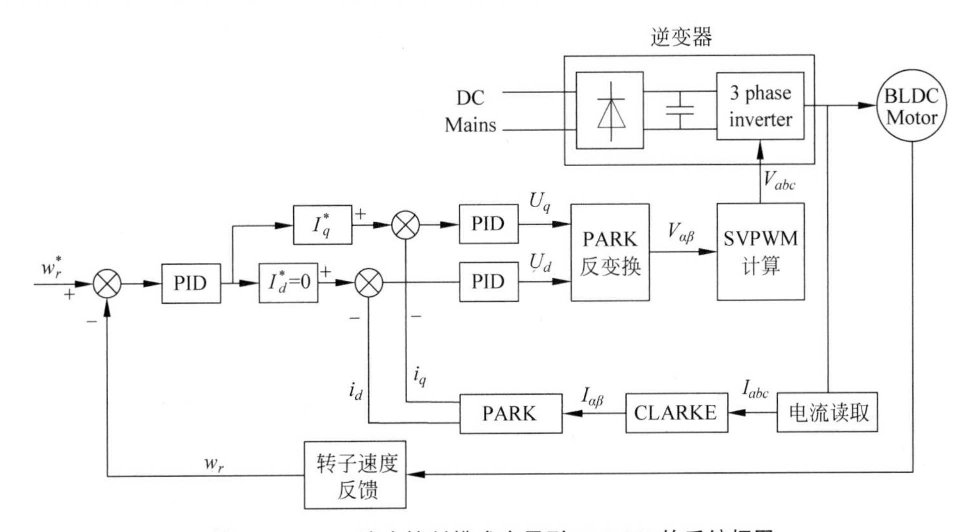

图 3.42　FOC 速度控制模式应用到 BLDCM 的系统框图

众所周知，当电机启动时，会给它一个速度，电机获取速度后会按照所给速度运行起来。但是，往往所给的速度和它实际运行的速度之间会有一定的误差，而电机控制系统的作用就是使电机的给定速度和实际运行速度可以在最短的时间内达到一致。在图 3.42 中，首先通过霍尔传感器得到电机的实际速度 w_r，然后将 w_r 和电机参考速度 w_r^* 的速度误差送到速度 PID 调节器进行调整，输出交轴电流 I_q^* 的给定值，此时取直轴电流 I_d^* 为 0。接着，利用三电阻采样法得到电机的三相电流 I_{abc}，I_{abc} 先后经过 CLARKE 和 PARK 两种变换后输出实际的交轴电流 I_q 和直轴电流 I_d，然后再将它们各自的给定和实际的误差送到电流 PID 调节器进行调整，得到对应的交直轴电压，最后再将交直轴电压 U_q 和 U_d 通过 PARK 反变换和 SVPWM 调制输出电机的三相驱动电压 V_{abc}，作用于电机。由此可见，整个无刷直流电机 FOC 系统主要包括两个闭环，即速度外环和电流内环，这两个环路相互调节，使得无刷直流电机正常运行。

3.4 经典控制方法

经典控制方法是以经典控制理论为方法论的系统控制方法，通常建立在传递函数的基础之上，控制对象也比较局限于单输入单输出系统、线性定常系统，主要分为开环控制系统和闭环控制系统。严格来说，理想的线性系统在实际中并不存在。实际的物理系统由于组成系统的非线性元件的存在可以说都是非线性系统。但是，在系统非线性不严重的情况时，某些条件下可以将其近似为线性。因此，实际中很多的系统都能用经典控制系统来研究。经典控制理论在系统的分析研究中也就发挥着巨大的作用。经典控制主要研究系统的动态性能，在时间和频域内来研究系统的"稳定性、准确性、快速性"。所谓稳定性是指系统在干扰信号的作用下，偏离原来的平衡位置，当干扰取消之后，随着时间的推移，系统恢复到原来平衡状态的能力；准确性是指在过渡过程结束后输出量与给定的输入量的偏差；而快速性是指当系统的输入量和给定的输入量之间产生的偏差时，消除这种偏差的快慢程度。其中，稳定性是控制器设计的一个基础。系统如果不稳定，那么这个系统也无法满足后续对它的要求。经典控制理论的主要分析方法有频率特性分析法、根轨迹分析法、描述函数法、相平面法等。

要进行控制器的设计首先需要了解控制策略。控制策略可以分为开环控制和闭环控制。在实际生活和工业中有许多系统是开环控制的，如自动贩卖机、信号交通灯。它们从结构上就没有形成闭环，系统根据输出就得到一个相应的系统响应，输入信息中并没有实时用到输出响应的信息。这样的开环控制系统不需要传感器反馈输出到输入端，节约了系统构建成本，简化了系统结构。但其必要条件是需要对被控系统的模型和所受到的干扰信息有比较准确的了解，在输入端预先设计好控制信号，使得输出满足我们的期望，并将干扰信号消除或者减弱到可以接受的程度，以此来完成对被控对象的控制，这种开环控制方法也称为前馈控制(feedforward control)。如果一个系统只有前馈控制，则这个系统为开环控制系统。开环系统结构简单，也由于系统没有得到输出端的反馈信息，使得它存在很多缺点。如未知的扰动可能会导致系统的不稳定，偏离其预定工作轨迹，从而造成严重的后果。又如，假设较大的干扰导致电压波动剧烈，从而影响了电机工作，致使工业机器手的位移受到影响，随着时间推移，这种偏差在流水线上有可能会逐渐放大，产品制作就会受到巨大的影响。为了解决开环控制系统带来的这些问题，可以采用闭环控制策略，也就是反馈控制。常用的负反馈控制可使被控系统的准确性和抗干扰能力得到了极大的提升。

经典控制理论在实际控制系统中的典型应用就是 PID 控制器。它是经典控制理论中一个重要的控制律(control law)，其历史悠久并且至今仍是实用控制中最为常用的控制方法之一。下面简单了解 PID 控制策略的基本原理。

PID 控制作为久负盛名的控制规律，其原理是比较简单的，所以也受到广大工程师的喜爱。但是对其参数的调节工作并不是那么容易的。PID 既可以适用于有模型的系统，也可以适用于无模型的系统，这是其广为应用的另一个重要原因。经典控制中多研究有模型的系统，这时 PID 对系统的结构改变是可以从数学表达式中得知的。

PID 控制即 Proportional (P)—Integral(I)—Derivative(D)控制，实际上是三种反馈控

制——比例控制、积分控制与微分控制的统称。根据控制对象和应用条件，可以采用这三种控制的部分组合，即P控制、PI控制、PD控制或者是三者的组合，即真正意义上的PID控制。采取这种控制规律的控制器称为PID控制器。

首先是比例控制(proportional control)。我们知道反馈控制的目标之一就是减小干扰从而减小稳态误差。如果只采用开环控制，开环增益一旦变化，系统稳态值就会发生变化。而这并不是所期望的。当反馈控制信号与系统误差成线性比例时，即 $u(t)=K_P e(t)$，称为比例反馈控制。由上述可知，比例反馈控制把输出和输入误差 $e(t)$ 按照一定的比例 K 进行放大或者缩小作为系统的输入。用RC电路来解释比例控制的基本原理。RC电路的微分方程可以写为

$$T\dot{x}+x=u \tag{3.2}$$

则传递函数为

$$G(s)=\frac{X}{U}=\frac{1}{Ts+1} \tag{3.3}$$

采用比例反馈P构成闭环控制系统，令增益为 K。假设系统稳定，根据终值定理可知其闭环系统的阶跃响应为

$$e_{ss}=\lim_{s\to 0}\frac{1/s}{1+KG(s)}=\lim_{s\to 0}\frac{1}{1+\frac{K}{Ts+1}}=\frac{1}{1+K} \tag{3.4}$$

对于这样的一阶系统，其稳态值并不会随着 K 的取值而从理论上变为阶跃响应的幅值1。通过增加 K 的大小，可以得到更接近1的稳态值，但最终与1的差是有限大小的。从电路上看，如果充电电压 U 不变，仅仅增大 K，系统的输出电压只能不断靠近 U，但不能在理论上稳态达到 U。这种误差是系统机理造成的，称为系统静差。实际上，对于二阶系统而言，大的 K 值系统的响应速度会明显提高，稳态精度也会得到提高，但代价是系统会出现大超调和严重的振荡。对于一般的二阶系统，K 值过大还可能导致闭环系统的极点落入右半 s 平面，从而使得系统变得不稳定。因此，对于一个高阶的系统来讲，K 的增大对于每个模态的阻尼作用并不一致，但过大的 K 总是容易导致高阶系统不稳定，并且减小系统总体上的阻尼，造成比较大的超调量。总之，比例控制能够提高系统的响应速度和稳态精度，抑制扰动对系统稳态的影响。但过大的比例控制容易导致系统超调和振荡，并且有可能使得系统变得不稳定。如果参考信号的阶次大于或等于系统自身的阶次，那么无论如何选取，纯比例控制的 K 值都无法使得稳态误差消除。

其次是积分控制(integral control)，即当一个反馈控制信号与系统误差系统的积分成线性比例：$u(t)=K_I\int_{t_0}^{t}e(\tau)\mathrm{d}\tau$。单纯的比例控制并不能消除稳态误差，无论是由于参考信号而产生的追踪误差还是由常值扰动产生的稳态误差。如果参考信号和扰动并不是一个常值，而是由 n 次多项式来描述的信号，那么想要稳态误差为0，则系统类型(指系统最高可以追踪的信号的多项式的阶次，如阶跃信号是0阶多项式，斜坡信号是一个一阶多项式等)必须大于 n 才行。因此，总的来说，引入积分控制能够消除0型系统对于常值输入信号和常值扰动造成的输出稳态误差，可以与比例控制一起组成PI(比例积分)控制。另外，积分控制消除稳态误差的作用对于高阶的参考信号和扰动是无效的；且积分控制并不一定是必须的，应当视系统的型号、输入和干扰类型决定；而积分控制的常数根据系统所需的动态进去

选取，并不会影响消除误差的效果，具有一定的鲁棒性。

最后是微分控制（derivative control），也称为速度（或速率）反馈。微分控制的目的是提高闭环控制系统的稳定性且加快瞬态相应并减小超调。表达式形式为 $u(t)=K_D\dot{e}(t)$。从表达式直观看来，定义误差为参考输入与当前输出之间的差，采用 PD 控制，如果输出渐渐接近输入，误差会不断减小，为一个正数，误差的导数为负数。u 由比例控制 $K_Pe(t)$ 组成的部分是正数，仍在控制输出靠近目标值，微分控制就会产生负数量，就会减小 u 的控制作用，防止输出变化过快而超过目标值，即防止超调量过大；如果输出超过了参考信号，那么误差就会变号，比例控制的组成部分是负数，控制量反向以再次接近目标，此时误差的导数变为正数，微分控制使得控制量能够在绝对值上得到削减。因此，微分控制的主要作用就是减少超调量，加速瞬态过程和提高系统的稳定性。可以想象微分控制就是一个阻尼器，它在系统运动的反方向，阻止系统失去稳定，减小超调的发生。微分控制一般会和比例控制一起使用，组成 PD 控制。D 控制单独使用并不能起到很好的效果，因为当误差保持为常数时，显然控制量就会变为 0。由于现实中不存在理想微分器，因此 D 控制的实现需要由一个信号和它短时间内的延迟信号做差并除以该时间得到。

单独使用 I 和 D 都存在弊端，它们往往会和 P 一起使用，以加快系统响应速度和减小稳态误差的作用。如下式：

$$u(t)=K_Pe(t)+K_I\int_{t_0}^{t}e(\tau)\mathrm{d}\tau+K_D\dot{e}(t) \tag{3.5}$$

对于二阶系统以及复杂的高阶系统，往往需要使用 PID 三种控制才能对系统的动态有一个完整的调节能力。PID 控制器的控制效果与对应的三个参数有直接关系。对于简单低阶系统，PID 参数可以通过稳定性条件得到大致范围，然后根据需要的动态手动进行调整得到。对于高阶的系统，如果模型已知，可以通过劳斯阵列或者赫维茨判据来判断参数的范围。对于过程控制，许多复杂系统的模型难以建立或者建立成本过大，PID 依旧可以胜任这种无模型的控制任务，依旧是调整三个参数，这是 PID 在工业界取得广泛应用的原因。根据系统曲线进行 PID 调参的方法有临界比例度法、衰减曲线法等。

PID 控制律是经典控制理论中非常重要的控制律之一。想要深入了解还需读者花时间去阅读和实践，建议参考书：

[1] FRANKLIN G. F, POWELL J. D, EMAMI-NAEINI, A. Feedback Control of Dynamic Systems[M]. 7th ed. Pearson, 2014.

[2] 韩京清. 自抗扰控制技术——估计补偿不确定因素的控制技术[M]. 北京：国防工业出版社，2008.

[3] 胡寿松. 自动控制原理[M]. 北京：科学出版社，2013.

3.5 现代控制方法

机器人在实际控制时，建模误差以及负载变化将引起模型不确定性。针对模型的不确定性，在现代控制理论中，控制方法主要有鲁棒控制和自适应控制两种，它们各有利弊。鲁棒控制是一个固定控制器，它被设计用来面对大范围不确定性时依然能满足性能要求；而自适应控制器则采用某种形式的在线参数估计。此外，近些年，随着智能控制技术的发展，各种智能算法也更多地被应用到机器人控制领域，它们最大的特点是能够在重复操作中对模型的不确定性进行学习，提高重复精度，代表的方法有神经网络控制、模糊控制和机器学习等。

3.5.1　鲁棒控制

当今的自动控制技术都是基于反馈的概念。反馈理论的要素包括三个部分：测量、比较和执行。测量关心的变量与期望值相比较，用这个误差纠正调节控制系统的响应。这个理论和应用自动控制的关键是，做出正确的测量和比较后，如何才能更好地纠正系统。

鲁棒控制方面的研究始于20世纪50年代。鲁棒控制问题最早出现在20世纪人们对于微分方程的研究中。鲁棒控制一直是国际自控界的研究热点。所谓“鲁棒性”，其实是一个音译的名字，来自于英文Robust，也就是健壮、强壮的意思，对于控制系统来说，就是指控制系统在一定(结构，大小)的参数摄动下，维持某些性能的特性。根据对性能的不同定义，可分为稳定鲁棒性和性能鲁棒性。以闭环系统的鲁棒性作为目标设计得到的固定控制器称为鲁棒控制器。鲁棒控制理论发展到今天，已经形成了很多引人注目的理论。其中控制理论是目前解决鲁棒性问题最为成功且较完善的理论体系。

鲁棒控制的早期研究主要针对单变量系统(SISO)的在微小摄动下的不确定性，具有代表性的是Zames提出的微分灵敏度分析。然而，实际工业过程中故障导致系统中参数的变化，这种变化是有界摄动而不是无穷小摄动，因此产生了以讨论参数在有界摄动下系统性能保持和控制为内容的现代鲁棒控制。

现代鲁棒控制是一个着重控制算法可靠性研究的控制器设计方法。其设计目标是找到在实际环境中为保证安全要求控制系统最小必须满足的要求。一旦设计好这个控制器，它的参数不能改变而且控制性能能够保证。

在鲁棒控制方法，主要是对时间域或频率域来说，一般要假设过程动态特性的信息和它的变化范围。一些算法不需要精确的过程模型，但需要一些离线辨识。一般鲁棒控制系统的设计是以一些最差的情况为基础，因此一般系统并不工作在最优状态。常用的设计方法有INA(逆奈氏阵列)方法、同时镇定、完整性控制器设计、鲁棒控制、鲁棒PID控制以及鲁棒极点配置和鲁棒观测器等。鲁棒控制方法适用于稳定性和可靠性作为首要目标的应用，同时过程的动态特性已知且不确定因素的变化范围可以预估。飞机和空间飞行器的控制是这类系统的例子。过程控制应用中，某些控制系统也可以用鲁棒控制方法设计，特别是对那些比较关键且不确定因素变化范围大或稳定裕度小的对象。

1. 鲁棒稳定性(绝对稳定性)

鲁棒稳定性是系统受到扰动作用时，保持其稳定性的能力。这种扰动是不确切知道的，但是有限的。稳定性是对一个系统正常工作的起码要求，所以对不确定系统的鲁棒稳定性检验是必要的。因为传统的设计方法不具有保证鲁棒稳定性的能力，包括20世纪70年代发展起来的各种方法，INA、CL(特征轨迹)、LQR(线性二次型调节器)等，都不能保证系统的鲁棒稳定性。从20世纪70年代起，大多数飞机、导弹、航天器都提出了鲁棒性要求。鲁棒稳定性分为频域分析及时域分析两类，每一类又包含多种不同的方法。常用的鲁棒稳定性分析方法有：

(1) 矩阵特征值估计方法。

(2) Kharitonov 方法。

(3) Lyapunov 方法。

(4) 矩阵范数及测度方法。

2. 性能鲁棒性(相对稳定性)

对不确定系统,仅仅满足鲁棒稳定性要求是不够的。要达到高精度控制要求,必须使受控系统的暂态指标及稳态指标都达到要求。按名义模型设计的控制系统在摄动作用下仍能满足性能指标要求,则说该系统具有性能鲁棒性。大多数设计方法不能保证性能鲁棒性,因而对不确定系统进行性能鲁棒性的检验是必要的。性能指标的鲁棒性分析方法也可分为频域和时域两种,使用何种性能指标,要视提出的性能指标是在频域还是在时域而定。性能鲁棒性有时又称为相对稳定性、D-稳定性等。所谓 D-稳定性,即为了保证系统的性能,要求在摄动作用下,系统的闭环特征值保持在某个区域 D 内。

鲁棒控制理论在化工、机器人、航天航空、工业等领域都已经有广泛的应用。尤其在自动驾驶、飞行器姿态控制、机器人以及导弹控制系统中都得到了广泛的应用。下面以飞行器姿态控制问题为例说明其应用。

飞行器姿态控制属于多变量的非线性控制问题。它是非线性动态逆控制律在无动力飞行器上的应用,把惯性不确定性和气动力矩的不确定性考虑进来,运用鲁棒控制对系统进行设计。首先根据飞行器的模型,推导出无动力情况下飞行器的完整动力学方程。依照时间尺度分离原理,控制方案采用两环结构,分别对应于快变系统和慢变系统。按照实际的设计要求,快速环的带宽是慢环的 3~5 倍。基于这种姿态控制方案,考虑惯性不确性和气动力矩的不确定性。对慢环而言,指令姿态角、真正的姿态角、指令角速度、真正的角速度一起用于形成体轴指令角速度。对于快环而言,指令角速度、真正的角速度与角加速度用来导出舵偏角,指令舵偏角与一个低通滤波器和饱和限幅器相连。在快环设计中,设计控制律时,采用转动动力学的标称形式,通过选择合理的控制增益,可以控制飞行器的姿态动力学。通过计算,可以知道不确定性影响收敛的特性。如果知道了不确定性的最大值和最小值,连同被选择的增益,就完成了快环的控制律设计。慢环设计如同快环设计一样,可以通过选择适当的控制参数实现控制目标,运用 Lyapunov 函数来完成设计。

3.5.2 自适应控制

自适应控制的研究对象是具有一定程度不确定性的系统,这里所谓的“不确定性”是指描述被控对象及其环境的数学模型不是完全确定的,其中包含一些未知因素和随机因素。

任何一个实际系统都具有不同程度的不确定性,这些不确定性有时突出在系统内部,有时突出在系统外部。从系统内部来讲,描述被控对象的数学模型的结构和参数,设计者事先并不一定能准确知道。作为外部环境对系统的影响,可以等效地用许多扰动来表示。这些扰动通常是不可预测的。此外,还有一些测量时产生的不确定因素进入系统。面对这些客观存在的各式各样的不确定性,如何设计适当的控制作用,使得某一指定的性能指标达到并保持最优或者近似最优,这就是自适应控制所要研究解决的问题。

自适应控制和常规的反馈控制与最优控制一样,也是一种基于数学模型的控制方法,所不同的只是自适应控制所依据的关于模型和扰动的先验知识比较少，需要在系统的运行过程中不断提取有关模型的信息，使模型逐步完善。具体地说，可以依据对象的输入输出数据不断地辨识模型参数，这个过程称为系统的在线辨识。随着生产过程的不断进行，通过在线辨识，模型会变得越来越准确，越来越接近于实际。既然模型在不断地改进，显然，基于这种模型综合出来的控制作用也将随之不断地改进。在这个意义下，控制系统具有一定的适应能力。例如，当系统在设计阶段，由于对象特性的初始信息比较缺乏，系统在刚开始投入运行时可能性能不理想，但是只要经过一段时间的运行，通过在线辨识和控制以后，控制系统逐渐适应，最终将自身调整到一个满意的工作状态。再如某些控制对象，其特性可能在运行过程中要发生较大的变化，但通过在线辨识和改变控制器参数，系统也能逐渐适应。

常规的反馈控制系统对于系统内部特性的变化和外部扰动的影响都具有一定的抑制能力，但是由于控制器参数是固定的，因此当系统内部特性变化或者外部扰动变化的幅度很大时，系统的性能常常会大幅度下降，甚至不稳定。所以对那些对象特性或扰动特性变化范围很大同时又要求经常保持高性能指标的一类系统，采取自适应控制是合适的。但是同时也应当指出，自适应控制比常规反馈控制要复杂得多，成本也高得多，因此只是在用常规反馈达不到所期望的性能时，才会考虑采用。

3.5.3 神经网络控制

神经网络控制是20世纪80年代末期发展起来的自动控制领域的前沿学科之一。它是智能控制的一个新的分支，为解决复杂的非线性、不确定、不确知系统的控制问题开辟了新途径。神经网络控制是(人工)神经网络理论与控制理论相结合的产物，是发展中的学科。它汇集了包括数学、生物学、神经生理学、脑科学、遗传学、人工智能、计算机科学、自动控制等学科的理论、技术、方法及研究成果。

在控制领域，将具有学习能力的控制系统称为学习控制系统，它属于智能控制系统。神经网络控制是有学习能力的，属于学习控制，是智能控制的一个分支。神经网络控制发展至今，虽仅有30余年的历史，已有了多种控制结构，如神经预测控制、神经逆系统控制等。

神经网络控制在机器人控制方面的研究取得的成果是非常多的。广义上来说，机器人控制主要包括三大方面的内容：任务规划、路径规划和运动控制。任务规划处理有关任务信息，它根据任务的要求规划出具体的子任务或者动作序列。路径规划是在给定起点、终点、中间点以及某些必要的限制条件下，规划出所要经过的路径点序列，如运动机器人的避障、机械手末端路径规划等。限制条件可能包括速度、加速度或避开障碍物等要求。运动控制则是根据给定路径点、机器人运动学和动力学特性，求出合适的关节力矩来产生所需要的运动。这三方面的问题原则上都可以采用神经网络控制来解决。目前已有不少研究工作正在进行。

1. 人工神经元模型

一种简化的人工神经元模型如图3.43所示，其中x_i为输入信号，s_i为内部状态的反馈信息，θ_i为神经元的阈值或称偏置，f表示神经元的激活函数。它具有这样的特性：该人工神经元(简称为神经元)是一个多输

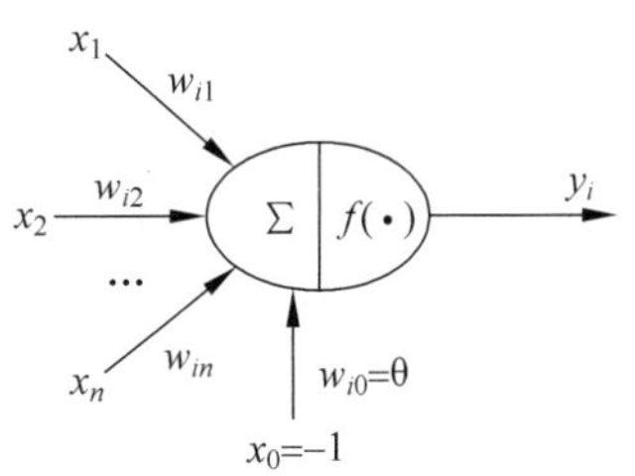

图3.43 简化的人工神经元模型

入单输出的信息处理单元；神经元的输出有阈值特性，即只有当输入的总和超过其阈值时神经元才能被激活，向外界输出冲动；而当输入的总和未超过其阈值时不会输出冲动。因此，神经元模型的输入输出关系可以描述为

$$\begin{cases} I_i = \sum_{j=1}^{n} w_{ij}x_j + s_i - \theta_i = \sum_{j=1}^{n+1} w_{ij}x_j \\ y_i = f(I_i) \end{cases} \tag{3.6}$$

式(3.6)中将$(s_i-\theta_i)$并入 w_{ij} 中，即令 $w_{i(n+1)}=s_i-\theta_i$，输入向量 $\boldsymbol{X}$ 中也相应地增加一个分量 $x_{n+1}=1$，此时输入向量 $\boldsymbol{X}=[x_1,x_2,\cdots,x_n,1]^{\mathrm{T}}$，其中 $x_j(j=1,2,3,\cdots,n)$表示来自神经元 j 的信息输入，$w_{ij}(0\leqslant w_{ij}\leqslant 1)$表示神经元 j 到神经元 i 的连接权值，其值表示神经元之间的连接强度；$f(\cdot)$为激励函数或激活函数；y_i 表示神经元 i 的信息输出。不同的激励函数有不同的输出特性，激活函数的主要作用是加入非线性因素，解决线性模型的表达、分类能力不足的问题，因此，它具有两个性质，即连续且可导的，连续性表明当输入值发生较小的改变时，输出值也发生较小的改变；可导性则表明在定义域中，每一处都存在导数。在实际应用中，常用的激活函数类型如下。

(1) 阶跃型函数，是一种二值离散的激活函数。

$$f(x)=\begin{cases} 1, & x>0 \\ 0, & x\leqslant 0 \end{cases} \tag{3.7}$$

(2) 线性类函数，常见的包括以下几种。

① ReLU。ReLU 是近来比较流行的激活函数，当输入信号小于 0 时，输出为 0；当输入信号大于 0 时，输出等于输入，如图 3.44 所示。ReLU 函数的优点：ReLU 函数是部分线性的，并且不会出现过饱和的现象，使用 ReLU 函数得到的随机梯度下降法(SGD)的收敛速度比 Sigmoid 函数和 tanh 函数都快。ReLU 函数只需要一个阈值就可以得到激活值，不需要像 Sigmoid 一样需要复杂的指数运算。ReLU 函数的缺点：在训练的过程中，ReLU 神经元比较脆弱容易失去作用。例如当 ReLU 神经元接收到一个非常大的梯度数据流之后，这个神经元有可能再也不会对任何输入的数据有反应了，所以在训练时要设置一个较小的合适的学习率参数。

② Leaky-ReLU。相比 ReLU 函数，Leaky-ReLU 函数在输入为负数时引入了一个很小的常数，如 0.01，这个小的常数修正了数据分布，保留了一些负轴的值，在 Leaky-ReLU 函数中，这个常数通常需要通过先验知识手动赋值。Leaky-ReLU 函数如图 3.45 所示。

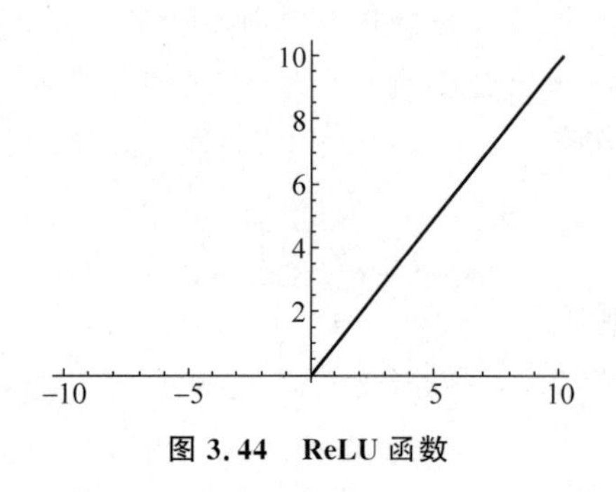

图 3.44 ReLU 函数

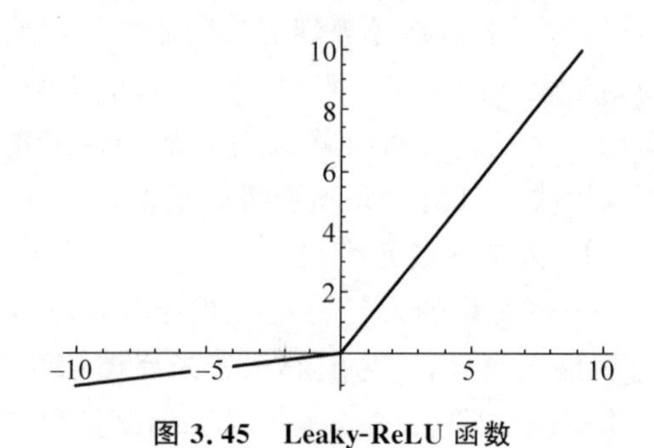

图 3.45 Leaky-ReLU 函数

(3) S型函数,常见的包括以下几种。

① Sigmoid函数(见图3.46)。Sigmoid函数的特点是会把输出限定0～1,如果是非常大的负数,输出就是0,如果是非常大的正数,输出就是1,这样使得数据在传递过程中不容易发散。

Sigmoid函数有两个主要缺点:一是Sigmoid函数容易过饱和,丢失梯度。从图3.46可以看到,神经元的活跃度在0和1处饱和,梯度接近于0,这样在反向传播时,很容易出现梯度消失的情况,导致训练无法完整;二是Sigmoid函数的输出均值不是0。

② tanh函数(见图3.47)。tanh函数即双曲正切(hyperbolic tangent),类似于幅度增大的Sigmoid函数,将输入值转换为-1～1。tanh函数的导数取值范围为0～1,优于Sigmoid函数的取值范围0～1/4,在一定程度上,减轻了梯度消失的问题。tanh函数的输出和输入能够保持非线性单调上升和下降关系,符合BP(Back Propagation)网络的梯度求解,容错性好,有界。

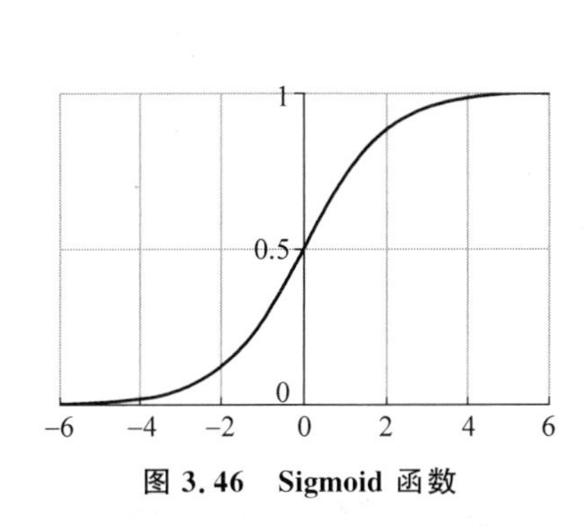

图3.46　Sigmoid函数

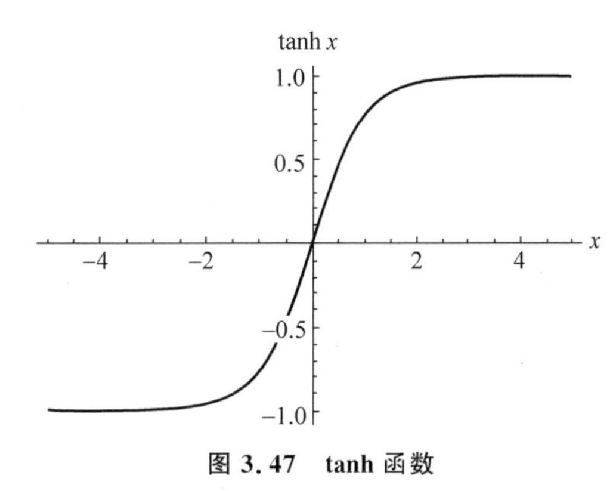

图3.47　tanh函数

图3.48是一些常见的激活函数示例。

2. 神经网络模型结构类型

神经网络由大量的神经元互相连接而构成,根据神经元的连接方式,神经网络可以分为三大类。

1) 前馈神经网络(feedforward neural network)

前馈网络也称前向网络。这种网络只在训练过程会有反馈信号,而在分类过程中数据只能向前传送,直到到达输出层,层间没有向后的反馈信号,因此被称为前馈网络。前馈网络一般不考虑输出与输入在时间上的滞后效应,只表达输出与输入的映射关系。

感知机(perceptron)与BP神经网络就属于前馈网络。图3.49是一个三层的前馈神经网络,其中第一层是输入单元,第二层称为隐含层,第三层称为输出层(输入单元不是神经元,因此图中有两层神经元)。

2) 反馈神经网络(feedback neural network)

反馈型神经网络是一种从输出到输入具有反馈连接的神经网络,如图3.50所示。其结构比前馈网络要复杂得多。反馈神经网络的"反馈"体现在当前的(分类)结果会作为一个输入,影响到下一次的(分类)结果,即当前的(分类)结果是受到先前所有的(分类)结果的影响的。

名称	图形	方程式	对x的导数	权值范围
Identity		$f(x)=x$	$f'(x)=1$	$(-\infty,\infty)$
Binary step		$f(x)=\begin{cases}0, x<0\\1, x\geqslant 0\end{cases}$	$f'(x)=\begin{cases}0, x\neq 0\\?, x=0\end{cases}$	$\{0,1\}$
Logistic (a.k.a. Sigmoid or Soft step)		$f(x)=\sigma(x)=\dfrac{1}{1+e^{-x}}$	$f'(x)=f(x)(1-f(x))$	$(0,1)$
TanH		$f(x)=\tanh(x)=\dfrac{e^x-e^{-x}}{e^x+e^{-x}}$	$f'(x)=1-f(x)^2$	$(-1,1)$
ArcTan		$f(x)=\arctan(x)$	$f'(x)=\dfrac{1}{x^2+1}$	$\left(-\dfrac{\pi}{2},\dfrac{\pi}{2}\right)$
Softsign[8][9]		$f(x)=\dfrac{x}{1+\lvert x\rvert}$	$f'(x)=\dfrac{1}{(1+\lvert x\rvert)^2}$	$(-1,1)$
Inverse square root unit (ISRU)[10]		$f(x)=\dfrac{x}{\sqrt{1+\alpha x^2}}$	$f'(x)=\left(\dfrac{1}{\sqrt{1+\alpha x^2}}\right)^3$	$\left(-\dfrac{1}{\sqrt{\alpha}},\dfrac{1}{\sqrt{\alpha}}\right)$
Rectified linear unit (ReLU)[11]		$f(x)=\begin{cases}0, x<0\\x, x\geqslant 0\end{cases}$	$f'(x)=\begin{cases}0, x<0\\1, x\geqslant 0\end{cases}$	$[0,\infty)$
Leaky rectified linear unit (Leaky ReLU)[12]		$f(x)=\begin{cases}0.01x, x<0\\x, x\geqslant 0\end{cases}$	$f'(x)=\begin{cases}0.01, x<0\\1, x\geqslant 0\end{cases}$	$(-\infty,\infty)$

图 3.48 常见的激活函数示例

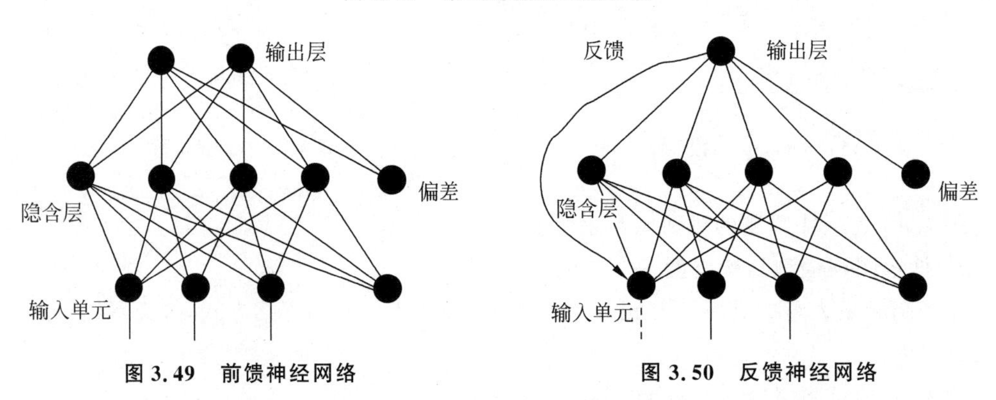

图 3.49 前馈神经网络　　图 3.50 反馈神经网络

典型的反馈型神经网络有 Elman 网络和 Hopfield 网络。

3）自组织神经网络（self-organizing neural network）

自组织神经网络是一种无导师学习网络，如图 3.51 所示。它通过自动寻找样本中的内在规律和本质属性，自组织、自适应地改变网络参数与结构。

3. 神经网络的工作过程

神经网络的工作过程可分为两个阶段：一是工作期，此时各个神经元之间的连接权值固定不变，只是参与各个神经元的计算，按式（3.6）求出神经元的输出；另一个是学习期，此时各个神经元的状态不变，而神经元之间的连接权值通过学习样本或其他方法发生改变，以使神经网络具有所期望的输出特性。

理论上，神经网络是一种大规模并行处理的自学习非线性动力学系统。所谓动力学系统是指在给定空间 φ 中，对所有点 x 随时间变化所经过的路径的描述。例如，如果 φ 是某

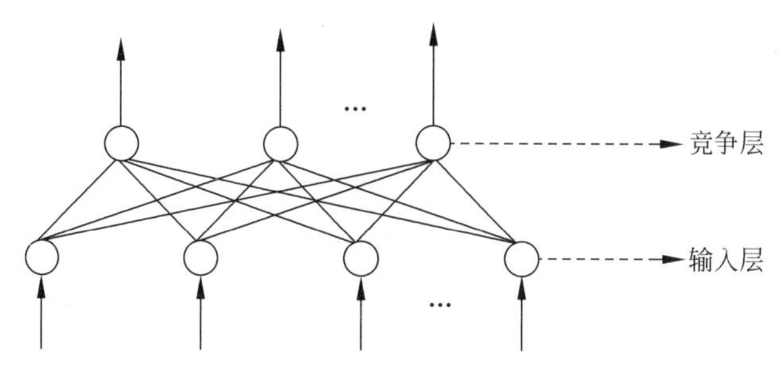

图 3.51 自组织神经网络

个物理系统的状态空间，假定 t 是任意整数，在 $t=t_0$ 时刻，空间 φ 中点 x 的位置记为 x_{t0}，那么 φ 上的动力学系统就将告诉我们 $x_{t0+1}, x_{t0+2}, \cdots$ 是什么。一般的 t 为任意实数，即 $t\in\mathbf{R}$，记 x 在 t 时刻的位置为 x_t，那么实数空间 $\mathbf{R}\sim\varphi$ 的映射 $t\rightarrow x_t$ 就是 φ 空间的一条曲线。当时间从 $-\infty\sim\infty$ 时，把 x 所经历的全部过程称为 x 的轨迹。用动力学系统来解释神经网络的工作过程时可以这样来看：如果把神经网络的工作看作一个计算过程，则计算用的程序就是网络的动力学方程组，而改变和建立神经网络连接权值的学习过程可称为编程过程。从动力学的观点来讲，神经网络中动力学过程中的快过程是短期记忆的基础，它是指从输出到它邻近的某平衡状态的多到一映射过程；在这个快过程进行的同时，权值也会慢慢发生变化，这样整个记忆经历着一个动力学过程。对于这样的动力学演化过程有两种观点：一种是学习网络派提出学习算法是把慢过程看作是与快过程分开的，快过程是一个自治动力学过程，而慢过程则是一个外加的对于权值进行系统调整的过程，权值看作为动力学系统的参数而不是变量；另一种说法是把权值看作动力学系统的变量，它不需要外加在系统之上的调整参数的学习算法，而是建立在一个统一的自治动力学系统中，它的学习和适应过程可以自发地进行。即在环境不断的交互作用中，连接权值可以定向地变化，神经网络在环境的影响下到达自我知识和经验的累积。因此，学习算法是一个不断试错的过程。

4. 神经网络学习算法

根据前文的了解可知，神经元通过连接后可形成神经网络，再利用相应的学习算法，可以实现使网络能根据一组输入而输出所期望的结果。学习过程是应用一系列数据样本，通过算法来调整网络的权值的过程，因此需要了解一些学习方法的类型。

主流的神经网络学习算法（或者说学习方式）可分为三大类：有监督学习（supervised learning）、无监督学习（unsupervised learning）和强化学习（reinforcement learning），这样的分类并不是指某一种特定的算法，而是一类算法的统称。

有监督学习也称为有教师学习，其特点是需要依赖教师信号进行权值调整，如图 3.52 所示。学习时，需要提供训练集。训练集由输入（也称为特征）和输出（也称为目标）构成，也就是说数据具有标签（label）属性，其目的就是训练模型以得到在某个评价标准下的最优解。当有新数据也就是未知数据时，再利用这个最优模型进行标签属性的判定。

无监督学习也称为无教师学习，学习过程不需要教师信号进行权值调整，仅仅根据网络内部结构和学习规则自动挖掘样本内部潜在的规律和信息，最终达到类内差距最小化，类间差距最大化，如图 3.53 所示。

强化学习又称再励学习、评价学习，其灵感来源于心理学中的行为主义理论，即有机体

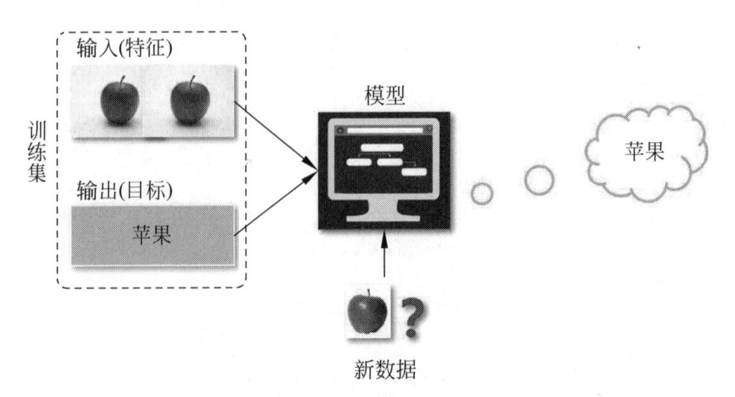

图 3.52 有监督学习

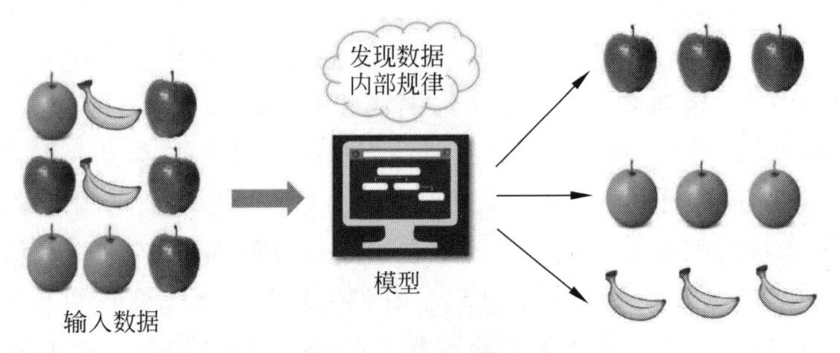

图 3.53 无监督学习

如何在环境给予的奖励或惩罚的刺激下，逐步形成对刺激的预期，产生能获得最大利益的习惯性行为。强化学习是一个序列决策(sequential decision making)问题，它需要连续选择一些行为，在这些行为完成后得到最大的收益作为最好的结果。它在没有任何标签告诉算法应该怎么做的情况下，通过先尝试做出一些行为，然后得到一个结果，通过判断这个结果是对还是错来对之前的行为进行反馈。由这个反馈来调整之前的行为，进而不断地调整算法，从而学习到在什么样的情况下选择什么样的行为可以得到最好的结果。强化学习的本质是让智能体通过尝试执行相应的决策来学习某个状态下的经验，其目标则是最大化累计价值。

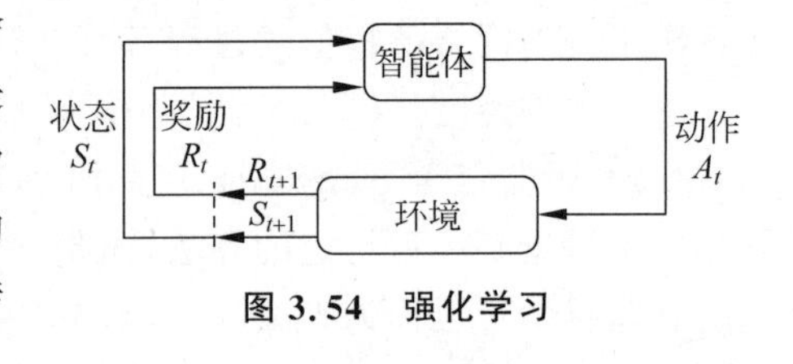

图 3.54 强化学习

如图 3.54 所示，在当前的状态为 S_t 时，智能体会根据现有的经验做出决策动作，这个经验可能是保守型的(只选择可能累计价值最大的动作，称为开发)，也可能是探索型的(随机选择一个未知的动作，称为探索)，做出相应动作 A_t 后，状态会转移到下一个 S_{t+1}，此时环境的状态发生了变化，且会给智能体一个直接的反馈 R_t。这里需要注意的是，只有当状态转移到 $t+1$ 时刻，t 时刻的状态价值才能获得更新。

有监督学习必须要有训练集与测试样本，在训练集中找规律，而对测试样本使用这种规律；而无监督学习没有训练集，只有一组数据，在该组数据集内寻找规律。有监督学习就是识别事物，识别的结果表现在给待识别数据加上了标签，因此训练集必须由带标签的样本组成；而无监督学习只有要分析的数据集本身，预先没有什么标签，如果发现数据集呈现某种聚集性，则可按自然的聚集性分类，但不以某种预先分类标签对上号为目的。强化学习通过自己不停地尝试来学会某些技能，其更加专注于在线规划，需要在探索（在未知的领域）和遵从（现有知识）之间找到平衡。

根据上述算法分类，有如图 3.55 所示的常用的具体算法。

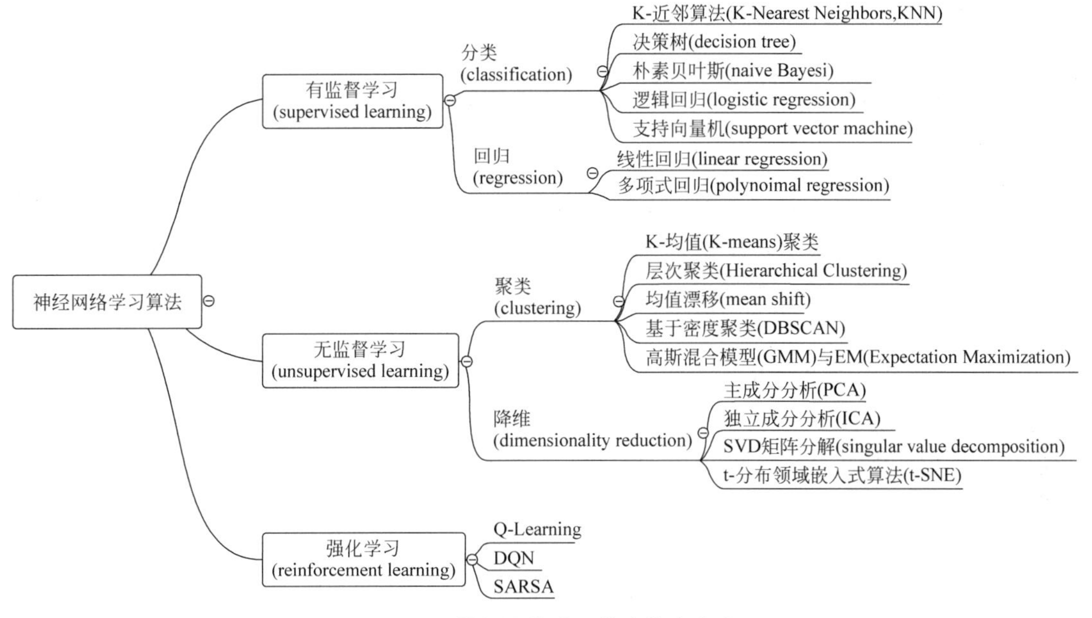

图 3.55 神经网络学习算法基本分类

目前，神经网络在智能控制系统中的应用涉及很多方面，包括系统辨识、非线性系统控制、智能控制、优化计算和控制系统的故障诊断与容错控制等。其在控制系统中的主要作用有：①基于模型的过程控制结构，在模型参考自适应控制、预测控制中充当对象模型；②用作控制器；③在控制系统中起优化计算的作用。

3.5.4 模糊逻辑控制

模糊逻辑控制简称模糊控制，是以模糊集合论、模糊语言变量和模糊逻辑推理为基础的一种计算机数字控制技术。1965 年，美国的 L. A. Zadeh 创立了模糊集合论；1973 年他给出了模糊逻辑控制的定义和相关的定理。1974 年，英国的 E. H. Mamdani 首次根据模糊控制语句组成模糊控制器，并将它应用于锅炉和蒸汽机的控制，获得了实验室的成功。这一开拓性的工作标志着模糊控制论的诞生。

模糊控制实质上是一种非线性控制，从属于智能控制的范畴。模糊控制的一大特点是既有系统化的理论，又有大量的实际应用背景。模糊控制的发展最初在西方遇到了较大的阻力，然而在东方尤其是日本，得到了迅速而广泛的推广应用。

一般看来，模糊集合是一种特别定义的集合，它可以用来描述模糊现象，有关模糊集合、模糊逻辑等数学理论称为模糊数学。模糊性也是一种不确定性，但它不同于随机性，所以模糊理论不同于概率论。模糊性通常是指对概念的定义以及语言意义的理解上的不确定性。例如，“数量大”“温度很高”等所含的不确定性即为模糊性。可见，模糊性主要是人为的主观理解上的不确定性，而随机性则主要反映的是客观上的自然的不确定性，或者事件发生的偶然性，偶然性与模糊性具有本质上的不同，它们是不同情况下的不确定性。例如，“明天有雨”的不确定性，是由今天的预测产生的，到了明天就是确定的了。但是“温度很高”等这样的不确定性，即使时间过去了，它仍然是不确定的，这是由语言意义模糊性的本质决定的。

模糊集合是一种特别定义的集合，它与普通集合既有联系也有区别。对于普通集合来说，任何一个元素要么属于该集合，要么不属于，非此即彼。而对于模糊集合来说，一个元素可以既属于又不属于，界限模糊。例如，我们规定比2两重的苹果算“大”苹果，这就是普通集合的概念，因此，如果一个苹果有2.5两重，那么它就属于“大”苹果，而一个1.9两的苹果则自然就不是“大”苹果了。如果规定差不多比2两重的苹果就是“大”苹果，那这就是一个模糊的概念。如果这时候有一个3两的苹果，这毫无疑问它就是“大”苹果，但是如果有一个1.9两的苹果，那就是人为来决定了，它可以不属于“大”苹果，但是如果手上的“大”苹果没多少，它可以勉强属于“大”苹果。这就是关于“大”的连续值逻辑，是用人为的量作为界限来划分是否属于该集合。

因此，模糊性是人类在生产实践中常用的，它提供了定性与定量、主观与客观、模糊与清晰之间的一个人为折中。它既不同于确定性，也不同于随机性和偶然性。值得注意的是，不可以认为模糊数学是模糊的概念，它是完完全全精确的，它是借助定量的方法研究模糊现象的工具。

对于模糊控制的应用日本是走在前列的，日本在国内专门建立模糊控制研究所，还率先将模糊控制应用到日用家电产品的控制中，如照相机、吸尘器、洗衣机等，模糊控制的应用在日本已经相当普遍。下面介绍几个例子。

1. 模糊自动火车运行系统

这是日本日立公司开发的系统。自1987年，该系统已在日本仙台的城市地铁系统中应用。在该系统中，目标评估模糊控制器对每一条可能的控制命令的性能加以预测，然后基于熟练的操作人员的经验选择其中一条可能最好的命令执行。该模糊系统包含了两种规则库：一种是关于恒速控制，它要求火车启动后维持恒速前进；另一种是火车自动停战的控制，它调节火车的速度以准确地停靠在车站指定的位置。这些规则是基于对运行的安全性、乘坐的舒适性、停放的准确性、能耗和运行实践等综合性能的评价。每一种规则库包含12条规则，规则的前件是上述的综合性能评价，其后件是根据性能的满意程度来决定所采取的控制行为。每100ms控制一次。运行结果表明，该模糊控制系统在乘坐的舒适性、停靠准确性、能耗、运行时间及鲁棒性等方面都优于常规的PID控制。

2. 模糊自动集装箱吊车操纵系统

该系统中，主要的性能指标为安全性、停放精度、集装箱摆动以及吊运实践等。其中包含了两个主要的操作：台车操作和线绳操作。每一个操作包含两个功能级：决策级和动作级。该模糊自动操作系统在日本的北九州进行了实地试验。试验结果表明，由一个不熟练的操作员来操作的该模糊系统其货物处理能力超过每小时30个集装箱，其操作性能、安全性、精确度等均可与非常有经验的操作员媲美。

模糊控制无论从理论还是应用方面均已取得了很大的进展。但是目前尚未建立起有效的方法来分析和设计模糊系统，它主要依靠经验和试错。现在很多学者在研究试图把许多常规的控制理论和概念推广到模糊控制系统中去；另外一个方向就是如何使模糊控制器具有学习能力，也就是将模糊逻辑与神经网络相结合，既可以控制能力，又具有学习和适应环境的能力。

3.5.5 机器学习

机器学习(machine learning，ML)是一门多领域交叉学科，涉及概率论、统计学、逼近论、凸分析、算法复杂度理论等多门学科。它专门研究计算机怎样模拟或实现人类的学习行为，以获取新的知识或技能，重新组织已有的知识结构使之不断改善自身的性能。它是人工智能的核心，是使计算机具有智能的根本途径。从工程系统的角度理解，ML是利用数学(例如概率论)将工程系统的历史数据映射到模型参数上，并从中找出系统的行为模式，以对其未来的行为进行预测。机器学习方法可以分为如下几种类别：①监督学习，从给定的训练数据集中学习出一个函数，当新的数据到来时，可以根据这个函数预测结果。监督学习的训练集要求是包括输入和输出，也可以说是特征和目标。训练集中的目标是由人标注的。常见的监督学习算法包括回归分析和统计分类。②无监督学习，与监督学习相比，训练集没有人为标注的结果。常见的无监督学习算法有生成对抗网络(generative adversarial network，GAN)。③迁移学习，专注于存储已有问题的解决模型，并将其利用在其他不同但相关问题上。例如，用来辨识汽车的知识也可以被用来提升识别卡车的能力。④强化学习，机器为了达成目标，随着环境的变动，而逐步调整其行为，并评估每一个行动之后所到的回馈是正向的或负向的。

机器学习与控制相结合(或者说基于及机器学习控制)目前在应用上并不算很多，其研究主要体现以下几点：①控制器设计，采用强化学习训练模型做控制器，或称为数据型的驱动控制器设计。②对被控对象进行建模学习，对于复杂的非线性控制系统，传统方式可能采用简化的动力学建模或采用数值仿真软件建模，而其中的动力学参数往往很难获得，因此，机器学习提供了一种学习动力学模型参数的思路。实际中大多数控制问题可看作具有约束的优化问题，而多数优化的目标是减小偏差(实际值与设定值偏差最小)等极小值或极大值问题，约束条件则包括环境约束、被控对象属性等。因此，在对复杂的被控过程(多变量、大时滞、时变参数、非线性等)充分了解的基础上，如何采用各类机器学习方法来处理这些问题，是一个很有意义的研究方向。

第 4 章

机器人系统设计软件

在前面的章节中对机器人系统进行了介绍，在进入机器人设计之前，还应该对机器人设计的相关软件有所了解。近代社会，电子科学技术快速发展，也使得越来越多的计算机辅助设计工具被开发出来，让机器人的研发过程变得更高效。本章将对机器人研发过程中会使用到的设计软件进行简单介绍，帮助读者初步了解这些软件的功能模块、应用领域以及基本使用方法和相关应用案例。

4.1 结构设计软件

结构设计软件包括二维设计软件、三维设计软件、有限元分析软件等，这一类软件主要是在机器人机构设计开始阶段建模时会用到，比较经典的软件有 AutoCAD、CAXA CAD、SolidWorks、CATIA、ANSYS、ABAQUS 等。

4.1.1 二维设计

1. AutoCAD

AutoCAD(Auto Computer Aided Design)是美国 Autodesk 公司首次于 1982 年开发的自动计算机辅助设计软件(见图 4.1)，用于二维绘图、详细绘制、设计文档和基本三维设计，现已经成为国际上广为流行的绘图工具。AutoCAD 具有良好的用户界面，通过交互菜单或命令行方式便可以进行各种操作。它的多文档设计环境，让非计算机专业人员也能很快地学会使用。在不断实践的过程中更好地掌握它的各种应用和开发技巧，从而不断提高工作效率。AutoCAD 具有广泛的适应性，它可以在各种操作系统支持的微型计算机和工作站上运行。

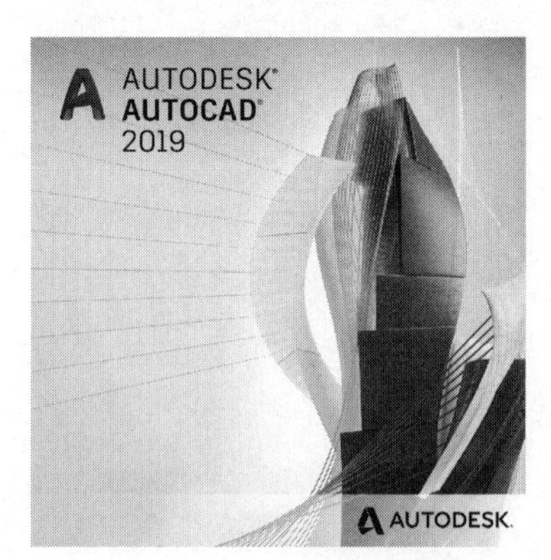

图 4.1 AutoCAD 软件图标

该软件特点如下：

(1) 具有完善的图形绘制功能；

(2) 有强大的图形编辑功能；

(3) 可以采用多种方式进行二次开发或用户定制；

(4) 可以进行多种图形格式的转换，具有较强的数据交换能力；

(5) 支持多种硬件设备；

(6) 支持多种操作平台；

(7) 具有通用性、易用性，适用于各类用户。

其基本功能包括：

(1) 平面绘图。

AutoCAD 能以多种方式创建直线、圆、椭圆、多边形、样条曲线等基本图形。AutoCAD 提供了正交、对象捕捉、极轴追踪、捕捉追踪等绘图辅助工具。正交功能使用户可以很方便地绘制水平、竖直直线，对象捕捉可帮助拾取几何对象上的特殊点，而追踪功能使画斜线及沿不同方向定位点变得更加容易。

(2) 编辑图形。

AutoCAD 具有强大的编辑功能，可以移动、复制、旋转、阵列、拉伸、延长、修剪、缩放对象等。其操作界面如图 4.2 所示。

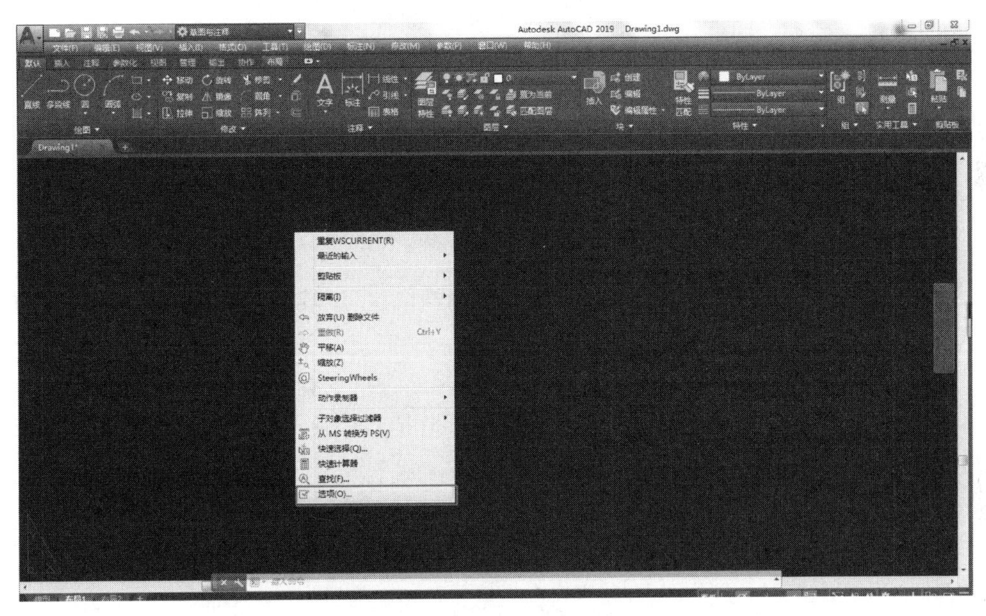

图 4.2　AutoCAD 操作界面

标注尺寸：可以创建多种类型尺寸，标注外观可以自行设定。

书写文字：能轻易在图形的任何位置、沿任何方向书写文字，可设定文字字体、倾斜角度及宽度缩放比例等属性。

图层管理功能：图形对象都位于某一图层上，可设定图层颜色、线型、线宽等特性。

(3) 三维绘图。

可创建三维实体及表面模型，能对实体本身进行编辑。

网络功能：可将图形在网络上发布，或通过网络访问 AutoCAD 资源。

数据交换：AutoCAD 提供了多种图形图像数据交换格式及相应命令。

二次开发：AutoCAD 允许用户定制菜单和工具栏，并能利用内嵌语言 Autolisp、Visual Lisp、VBA、ADS、ARX 等进行二次开发。

以 AutoCAD 2019 为例，在此介绍其一些基本操作。

启动 AutoCAD 或 AutoCAD LT 后，单击“开始绘制”按钮可开始绘制新图形。这时可以看到，在绘图区域的顶部有一个标准选项卡式功能区。可以从“常用”选项卡访问常用到的基本命令。此外，下面显示的“快速访问工具栏”包括熟悉的命令，如“新建”“打开”“保存”“打印”“放弃”，如图 4.3 所示。如果“常用”选项卡不是当前选项卡，则继续操作并单击它。

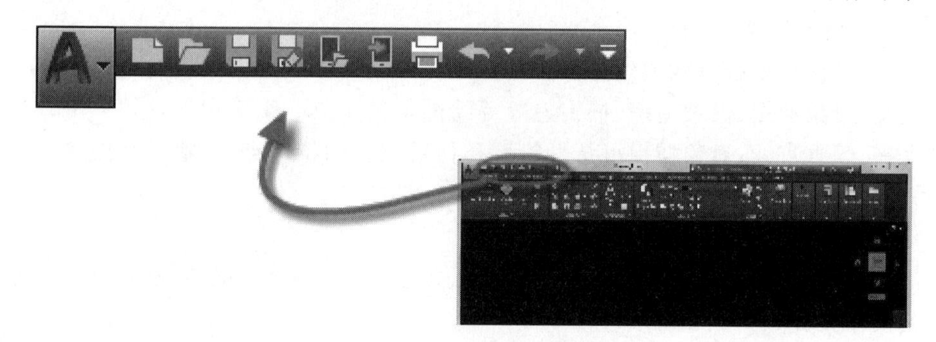

图 4.3　快速访问工具栏

“命令”窗口：程序的核心部分是“命令”窗口，它通常固定在应用程序窗口的底部。“命令”窗口可显示提示、选项和消息，如图 4.4 所示。

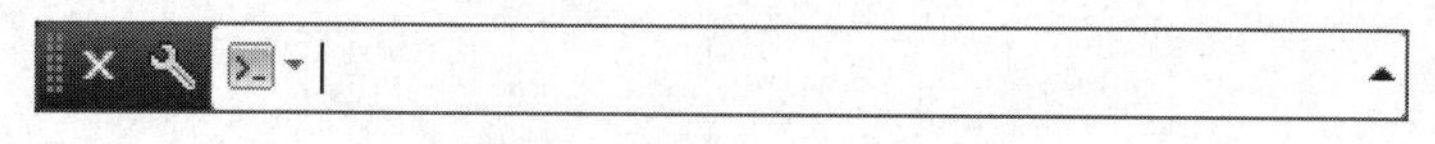

图 4.4　“命令”窗口

可以直接在“命令”窗口中输入命令，而不使用功能区、工具栏和菜单。许多长期用户更喜欢使用此方法。注意，当开始输入命令时，它会自动完成。当提供了多个可能的命令时，可以通过单击或使用箭头键并按 Enter 键或空格键来进行选择。

鼠标：大多数用户使用鼠标作为其定点设备，但是其他设备也具有相同的控件。鼠标操作如图 4.5 所示。

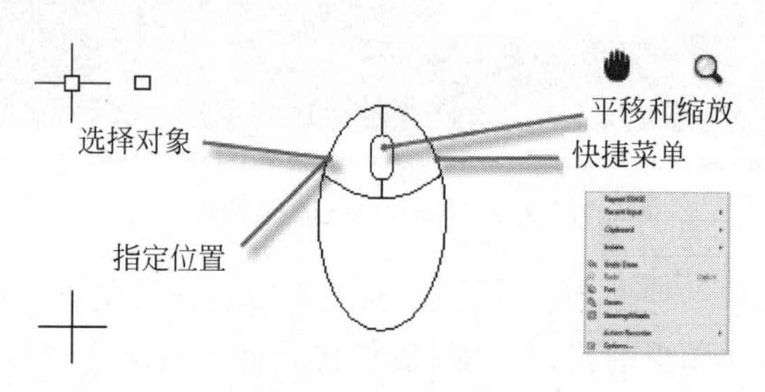

图 4.5　鼠标操作

当查找某个选项时，可尝试右击。根据光标的位置及是否在命令中，显示的快捷菜单将提供相关命令和选项。

创建自己的图形样板文件：可以将任何图形(.dwg)文件另存为图形样板(.dwt)文件，如图 4.6 所示。也可以打开现有图形样板文件进行修改，然后重新将其保存(如果需要，使用不同的文件名)。

如果是个人的独立工作，可以开发图形样板文件以满足自己的工作偏好，在以后熟悉其他功能时，可以为它们添加设置。要修改现有图形样板文件，单击“打开”按钮，在“选择文件”对话框中指定“文件类型”为“图形样板(＊.dwt)”并选择样板文件，如图 4.7 所示。

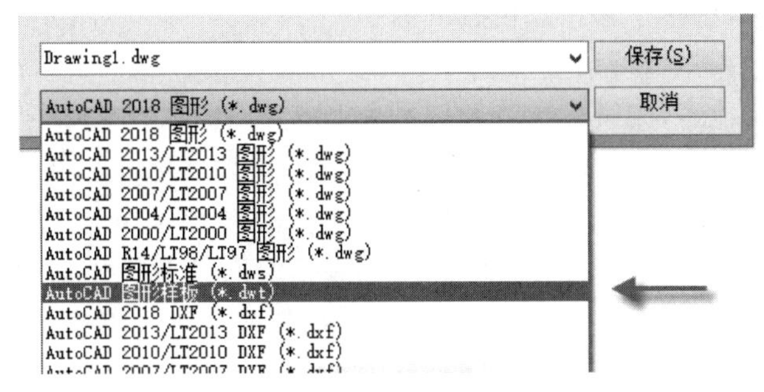

图 4.6　创建图形文件(.dwg)

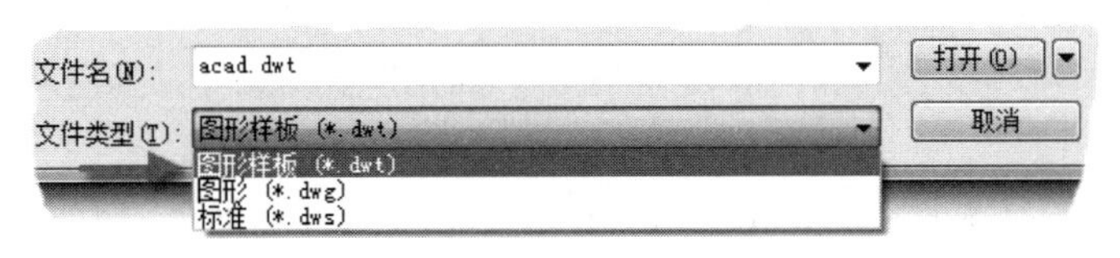

图 4.7　创建图形样板文件(*.dwt)

单位：在开始一个新图形后，将首先确定一个单位(英寸、英尺、厘米、千米或某些其他长度单位)表示长度。例如，图 4.8 所示的对象可能表示两栋长度各为 125 英尺的建筑，或者可能表示以毫米为测量单位的机械零件截面。

在决定使用哪种长度单位之后，UNITS 命令可控制几种单位显示设置，包括：

(1) 格式(或类型)。例如，可以将十进制长度 6.5 设置为改用分数长度 6-1/2 来显示。

(2) 精度。例如，十进制长度 6.5 可以设置为以 6.50、6.500 或 6.5000 显示。

模型比例：始终以实际大小(1∶1 的比例)创建模型。术语“模型”是指设计的几何图形。图形包含模型的几何图形以及显示在布局中的视图、注释、尺寸、标注、表格和标题栏。

在 AutoCAD 中可以创建许多不同类型的几何对象，但对于大多数二维图形只需要知道其中几个典型几何对象如何创建就可满足一般的设计需求。

创建的基本几何对象如下。

直线：AutoCAD 图形中最基本和最常用的对象。若要绘制直线，单击“直线”工具，如图 4.9 所示。

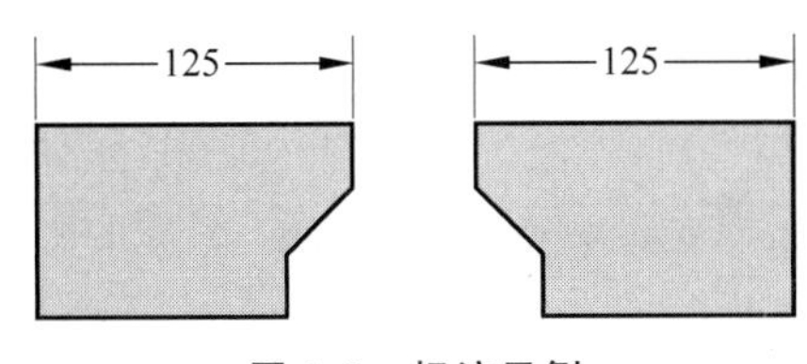

图 4.8　标注示例

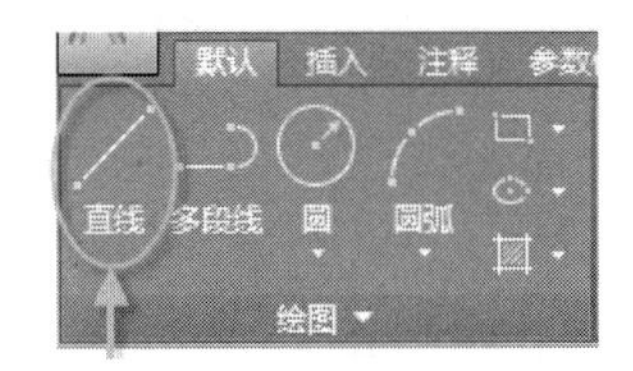

图 4.9　“直线”工具

或者，也可以在“命令”窗口中输入 LINE 或 L，然后按 Enter 键或空格键，如图 4.10 所示。

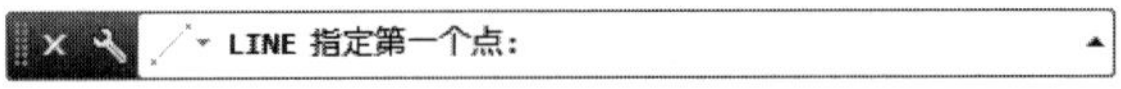

LINE 指定第一个点：

图 4.10　命令式直线工具

注意在“命令”窗口中对于输入点位置的提示。

若要指定该直线的起点，可以输入坐标 0,0。最好将模型的一个角点定位在(0,0)(称为原点)。若要定位其他点，则可以在绘图区域中指定其他 X,Y 坐标的位置(CAD 中有更有效的方法来指定点，这些细节操作需要自己去探索学习)。指定了下一个点后，LINE 命令将自动重复，不断提示输入其他的点。按 Enter 键或空格键结束序列。

用户坐标系(可选)：用户坐标系(UCS)图标表示输入的任何坐标的正 X 和 Y 轴的方向，并且它还定义图形中的水平方向和垂直方向。在某些二维图形中，它可以方便地单击、拖动和旋转 UCS 以更改原点、水平方向和垂直方向。图 4.11 为用户坐标系示例。若要将用户坐标系恢复到其原始位置，在“命令”窗口中输入 UCS 并按 Enter 键两次。

栅格显示：有些用户喜欢使用栅格线作为参照，而另一部分用户喜欢在空白区域中工作。要禁用夹点显示，则按 F7 键。即使栅格处于禁用状态，也可以通过按 F9 键强制光标捕捉到栅格增量。

作为构造辅助工具的直线：直线可以用作参照和构造几何图形，例如地界线过渡、对称的机械零件的镜像线、避免干涉的间隙线、遍历路径线。

圆：CIRCLE 命令的默认选项需要指定中心点和半径。绘制圆的工具如图 4.12 所示。在其下拉菜单中提供了其他的圆选项，如图 4.13 所示。

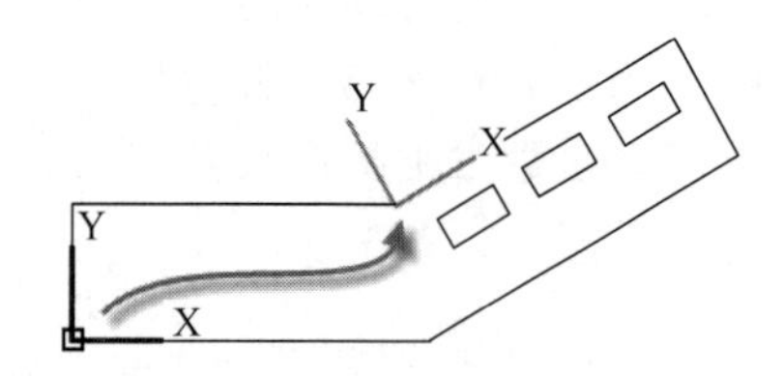

图 4.11 用户坐标系示例

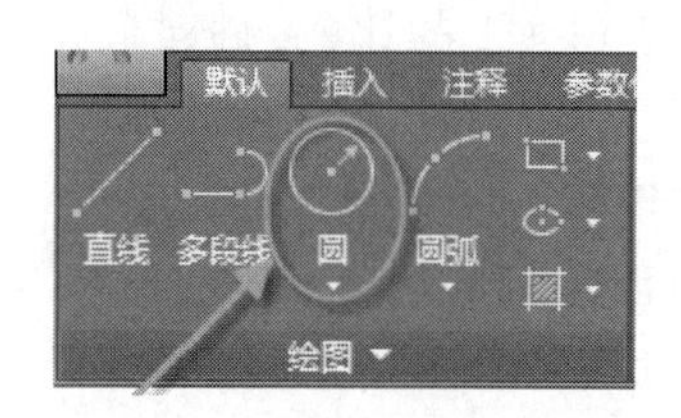

图 4.12 绘制圆的工具

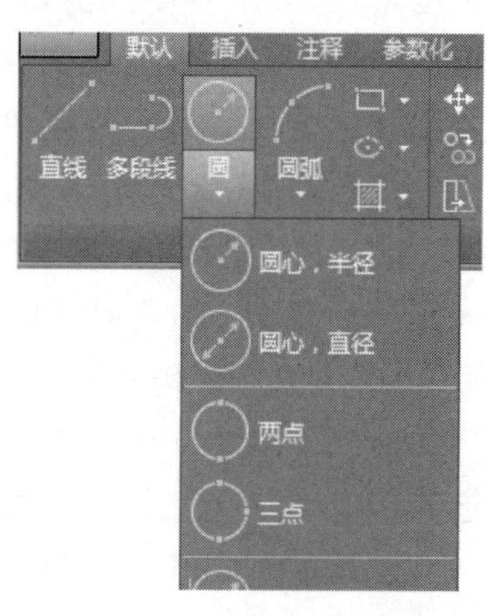

图 4.13 其他的圆选项

或者也可以在“命令”窗口中输入 CIRCLE 或只输入 C，并单击以选择一个选项。如果执行此操作，可以指定中心点，也可以单击其中一个亮显的命令选项，如图 4.14 所示。

图 4.14 命令式绘圆工具

圆可以用作参照几何图形。例如，在图 4.15 中可以看到两个圆可以相互干涉。

多段线和矩形：多段线是作为单个对象创建的相互连接的序列直线段或弧线段，如图 4.16 所示。

使用 PLINE 命令为以下对象创建开放多段线或闭合多段线，包括需要具有固定宽度线段的几何图形、需要了解总长度的连续路径、用于地形学地图和等压数据的轮廓素线、在印制电路板上的布线图和宽线、流程图和布管图。多段线可以具有恒定宽度，或者可以有不同

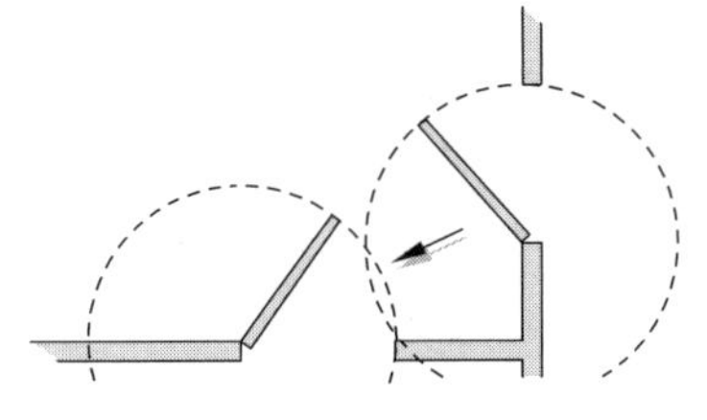

图 4.15 用作参照的圆示例

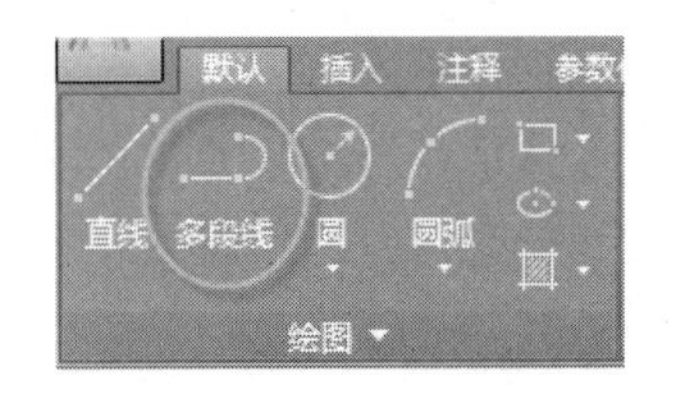

图 4.16 多段线工具

的起点宽度和端点宽度。指定多段线的第一个点后，可以使用“宽度”选项来指定所有后来创建的线段的宽度。可以随时更改宽度值，甚至在创建新线段时更改。命令式多段线工具如图 4.17 所示。

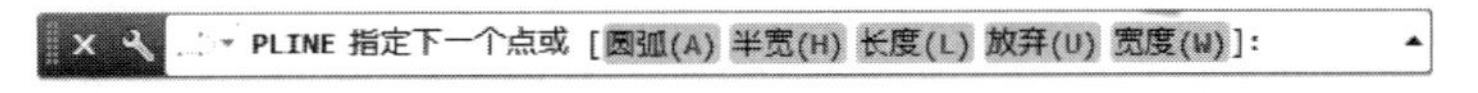

图 4.17 命令式多段线工具

多段线对于每个线段可以有不同的起点宽度和端点宽度。快速创建闭合矩形多段线的方法是使用 RECTANG 命令(在“命令”窗口输入 REC)。创建闭合矩形多段线工具如图 4.18 所示。

只需单击矩形的两个对角点即可，如图 4.19 所示。如果使用此方法，则启用“栅格捕捉”(按 F9 键) 以提高精度。

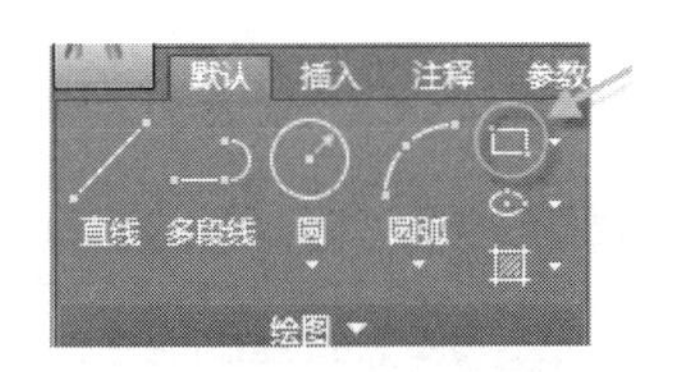

图 4.18 创建闭合矩形多段线工具

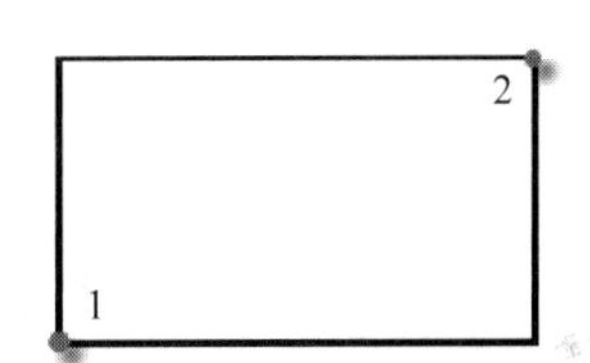

图 4.19 创建闭合矩形多段线

图案填充和填充：在 AutoCAD 中，图案填充是单个复合对象，该对象使用直线、点、形状、实体填充颜色或渐变填充的图案覆盖指定的区域。启动 HATCH 命令时，功能区将暂时显示“图案填充创建”选项卡。在此选项卡上，可以从 70 多个行业标准英制和 ISO 的填充图案以及许多专用选项中进行选择。最简单的步骤是从功能区选择填充图案和比例，然后在由对象完全封闭的任意区域内单击。需要指定图案填充的比例因子，以控制其大小和间距。创建图案填充后，可以移动边界对象以调整图案填充区域，或者可以删除一个或多个边界对象以创建部分边界的图案填充。如果需要在图案填充中对齐图案，可使用“设定原点”选项来指定对齐点。如果区域不是完全封闭的，将显示红色圆，以指示要检查间隙的位置。在命令窗口中输入 REDRAW 以删除红色圆。图案填充工具如图 4.20 所示。

其他建议：要打开关于正在运行的命令信息的“帮助”，只需按 F1 键。要重复上一个命令，则按 Enter 键或空格键。要查看各种选项，则选择一个对象，然后单击右键，或在用户界面元素上右击。要取消正在运行的命令或者如果感觉运行不畅，则按 Esc 键。

2. CAXA CAD 电子图板

CAXA CAD 电子图板(见图 4.21)由北京数码大方科技股份有限公司(CAXA)自主开

发，是具有自主知识产权的二维 CAD 软件产品。至今已经有 30 万正版用户，沈鼓集团、格力电器、北汽福田、东风汽车等大中型企业已全面应用 CAXA 电子图板，实现了电子图板和企业业务流程以及其他信息系统的整合应用。软件依据中国机械设计的国家标准和使用习惯，提供了专业绘图工具盒辅助设计工具，通过简单的绘图操作将新品研发、改型设计等工作迅速完成，提升工程师专业设计能力。

图 4.20　图案填充工具

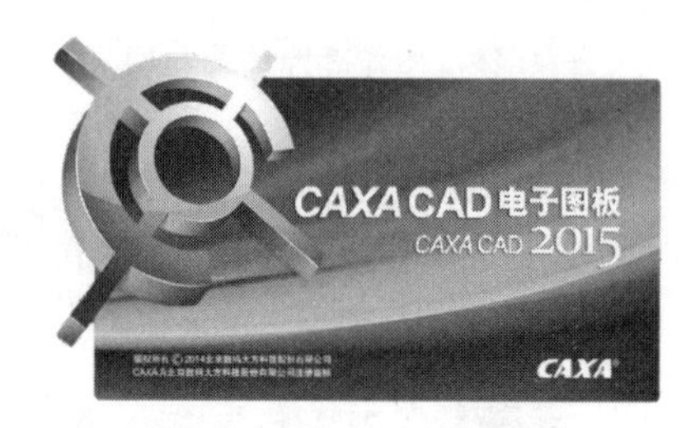

图 4.21　CAXA 软件图标

该软件的特点如下：

（1）专业的集成组件和二次开发平台；

（2）全面兼容 AutoCAD；

（3）丰富的图形绘制和编辑功能；

（4）符合最新国标的智能标注和工程标注；

（5）简单易用的界面和操作。

CAXA CAD 可以为用户提供强大的图形绘制和编辑工具，其操作界面如图 4.22 所示。

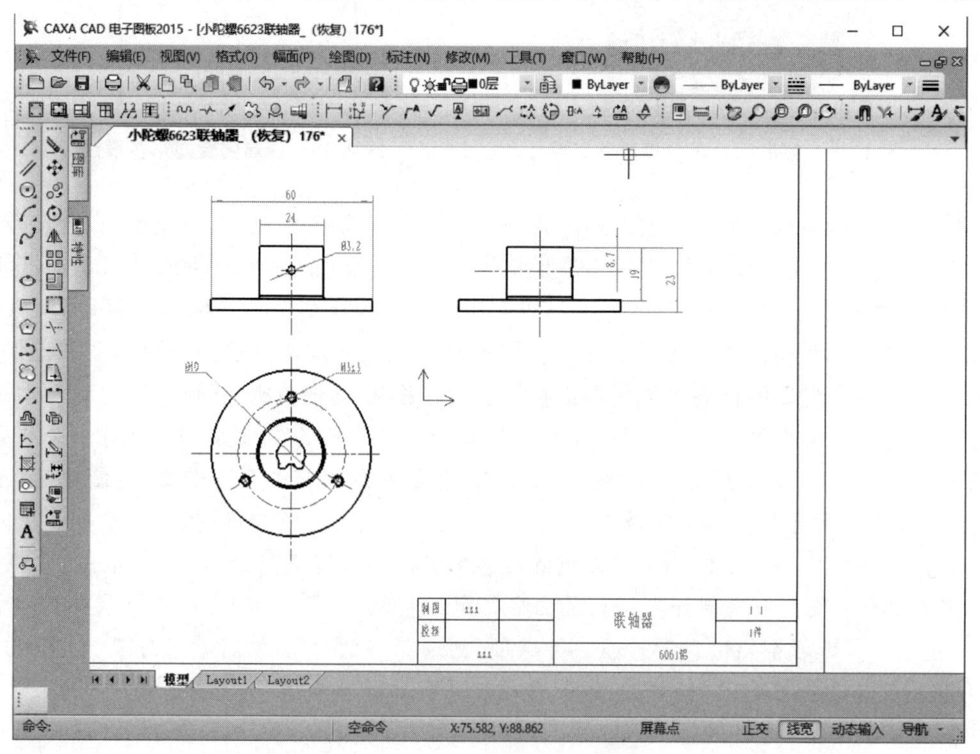

图 4.22　CAXA CAD 操作界面

除了提供基本图元绘制功能外，还提供孔/轴、齿轮、公式曲线以及样条曲线等复杂曲线的生成功能；同时提供智能化标注方式，具体标注的所有细节均由系统自动完成；提供诸如尺寸驱动、局部放大图等工具，系统可自动捕捉设计意图，轻松实现设计过程。

3. 其他软件

除了前面两种目前使用率比较高的二维制图外，近年来国内还出现了很多优秀的二维制图软件，例如中望CAD、浩辰CAD等。

4.1.2 三维设计

1. SolidWorks

SolidWorks是达索系统(Dassault Systemes)下的子公司，专门负责研发与销售机械设计软件的视窗产品，公司总部位于美国马萨诸塞州。SolidWorks是世界上第一个基于Windows开发的三维CAD系统，由于技术创新符合CAD技术的发展潮流和趋势，SolidWorks公司于两年间成为CAD/CAM产业中获利最高的公司。SolidWorks是一款功能强大的CAD/CAE/CAM设计软件，具有人性化的操作界面。由于其拥有强大的设计功能和易学易用的操作界面，包容性好，和其他软件的互相导入导出协作都做得很好，并且简单的渲染、仿真、模具设计等都很容易上手，功能也能满足绝大部分工业设计需要，因此普及程度很高。在强大的设计功能和易学易用的操作(包括Windows风格的拖放、单击、剪切/粘贴)协同下，使用SolidWorks，整个产品设计是百分之百可编辑的，零件设计、装配设计和工程图之间是全相关的。

在交互界面方面，SolidWorks提供了一整套完整的动态界面和鼠标拖动控制。"全动感的"的用户界面减少设计步骤，减少了多余的对话框，从而避免了界面的零乱。属性管理员包含所有的设计数据和参数，而且操作方便、界面直观。SolidWorks的资源管理器可以方便地管理CAD文件。SolidWorks资源管理器是唯一一个与Windows资源器类似的CAD文件管理器。用户可以直接从特征模板上调用标准的零件和特征，并可以与同事共享。SolidWorks提供的AutoCAD模拟器，使得AutoCAD用户可以保持原有的作图习惯，顺利地从二维设计转向三维实体设计。配置管理是SolidWorks软件体系结构中非常独特的一部分，它涉及零件设计、装配设计和工程图。配置管理使得用户能够在一个CAD文档中，通过对不同参数的变换和组合，派生出不同的零件或装配体。

SolidWorks提供了技术先进的工具，使得用户通过互联网进行协同工作。通过eDrawings方便地共享CAD文件。eDrawings是一种极度压缩的、可通过电子邮件发送的、自行解压和浏览的特殊文件。

在SolidWorks中，当生成新零件时，可以直接参考其他零件并保持这种参考关系。在装配的环境里，可以方便地设计和修改零部件。对于超过一万个零部件的大型装配体，SolidWorks的性能得到极大的提高。通过SolidWorks可以动态地查看装配体的所有运动，并且可以对运动的零部件进行动态的干涉检查和间隙检测。用智能零件技术自动完成重复设计，智能零件技术是一种崭新的技术，用来完成诸如将一个标准的螺栓装入螺孔中，而同时按照正确的顺序完成垫片和螺母的装配。镜像部件是SolidWorks技术的巨大突破，镜像部件能产生基于已有零部件(包括具有派生关系或与其他零件具有关联关系的零件)的新的零部件。SolidWorks 用捕捉配合的智能化装配技术来加快装配体的总体装配。智能化装配技术能够自动地捕捉并定义装配关系。

SolidWorks 提供了生成完整的、车间认可的详细工程图的工具。工程图是全相关的，当修改图纸时，三维模型、各个视图、装配体都会自动更新。可实现从三维模型中自动产生工程图，包括视图、尺寸和标注。新版的 SolidWorks 增强了详图操作和剖视图，包括生成剖中剖视图、部件的图层支持、熟悉的二维草图功能以及详图中的属性管理员。使用 RapidDraft 技术，可以将工程图与三维零件和装配体脱离，进行单独操作，以加快工程图的操作，但保持与三维零件和装配体的全相关。用交替位置显示视图能够方便地显示零部件的不同的位置，以便了解运动的顺序。交替位置显示视图是专门为具有运动关系的装配体而设计的独特的工程图功能。SolidWorks 三维建模操作界面如图 4.23 所示。

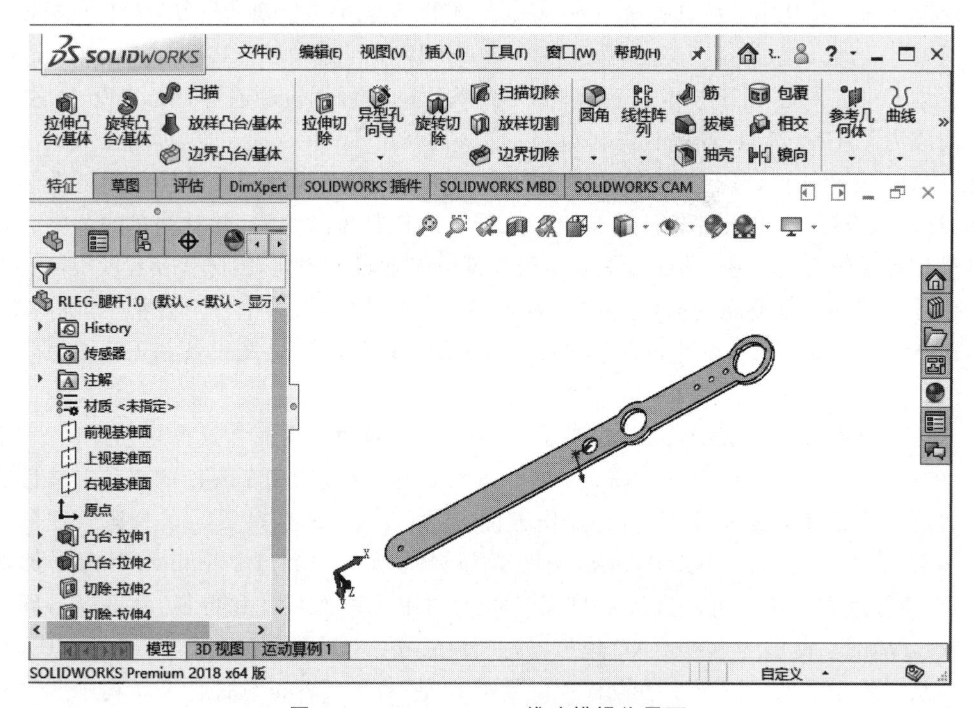

图 4.23 SolidWorks 三维建模操作界面

2. CATIA

CATIA 的全称是 Computer Aided Tri-Dimensional Interface Application，它是法国达索系统公司的产品开发的 CAD/CAE/CAM 一体化软件，它提供许多功能模块，例如外型设计、机械设计、设备与系统工程、机械加工、分析和模拟等。

在 20 世纪 70 年代 Dassault Aviation 是 CATIA 的第一个用户，由此 CATIA 也应运而生。从 1982 年到 1988 年，CATIA 相继发布了 1 版本、2 版本、3 版本，并于 1993 年发布了功能强大的 4 版本，现在的 CATIA 软件分为 V4 版本和 V5 版本两个系列。V4 版本应用于 UNIX 平台，V5 版本应用于 UNIX 和 Windows 两种平台。V5 版本的开发开始于 1994 年。为了使软件能够易学易用，达索系统公司于 1994 年开始重新开发全新的 CATIA V5 版本，新的 V5 版本界面更加友好，功能也日趋强大，并且开创了 CAD/CAE/CAM 软件的一种全新风格。法国的 Dassault Aviation 是世界著名的航空航天企业，其产品以幻影 2000

和阵风战斗机最为著名。CATIA 的产品开发商达索系统公司成立于 1981 年。而如今其在 CAD/CAE/CAM 以及 PDM 领域内的领导地位，已得到世界范围内的承认。其销售利润从最开始的 100 万美元增长到现在的近 20 亿美元。员工人数由 20 人发展到 2000 多人。

CATIA 已居世界 CAD/CAE/CAM 领域的领导地位，广泛应用于航空航天、汽车制造、造船、机械制造、电子/电器、消费品行业，它的集成解决方案覆盖所有的产品设计与制造领域，其特有的 DMU 电子样机模块功能及混合建模技术更是推动着企业竞争力和生产力的提高。CATIA 提供方便的解决方案，迎合所有工业领域的大、中、小型企业需要。包括从大型的波音 747 飞机、火箭发动机到化妆品的包装盒，几乎涵盖了所有的制造业产品。在世界上有超过 13000 的用户选择了 CATIA。CATIA 源于航空航天业，但其强大的功能已得到各行业的认可，在欧洲汽车业，它已成为事实上的标准。CATIA 的著名用户包括波音、克莱斯勒、宝马、奔驰等一大批知名企业。其用户群体在世界制造业中具有举足轻重的地位。波音飞机公司使用 CATIA 完成了整个波音 777 的电子装配，创造了业界的一个奇迹，从而也确定了 CATIA 在 CAD/CAE/CAM 行业内的领先地位。

CATIA V5 版本是 IBM 和达索系统公司长期以来在为数字化企业服务过程中不断探索的结晶。围绕数字化产品和电子商务集成概念进行系统结构设计的 CATIA V5 版本，可为数字化企业建立一个针对产品整个开发过程的工作环境。在这个环境中，可以对产品开发过程的各个方面进行仿真，并能够实现工程人员和非工程人员之间的电子通信。产品整个开发过程包括概念设计、详细设计、工程分析、成品定义和制造乃至成品在整个生命周期中的使用和维护。

图 4.24 是 CATIA V5 的 Windows 操作系统下的界面。

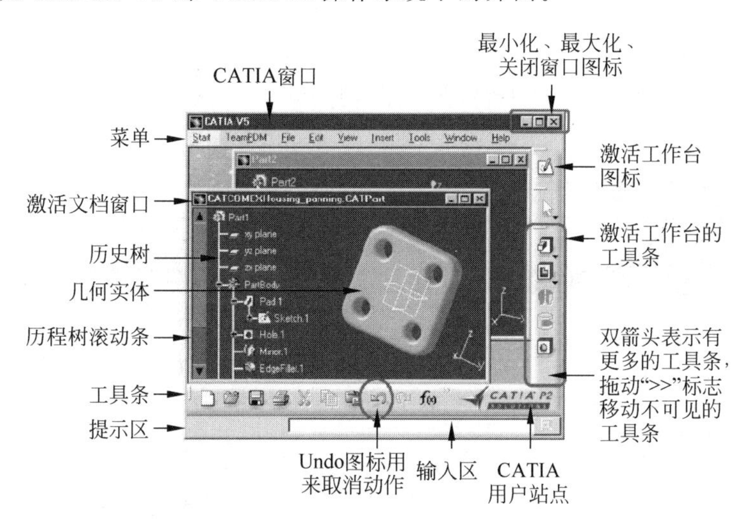

图 4.24 CATIA V5 的 Windows 操作系统下的界面

在 CATIA 中，鼠标左键用于选择和编辑对象，中键用于操作对象，右键用于显示上下文菜单。在使用鼠标操作对象时，中键可进行对象的平移，同时按下中键和左键可旋转对象，按下左键拖曳可实现对象的缩放。常用的工具栏如图 4.25～图 4.27 所示。

在零件设计模块，可采用拉伸成型、旋转成型、阵列成型、扫掠成型、叠层成型以及利用零件库来进行设计。下面以拉伸成型为例介绍如何利用 CATIA 设计一个简单的零件。

图 4.25 Standard：标准文件管理模式

图 4.26 View：试图查看功能

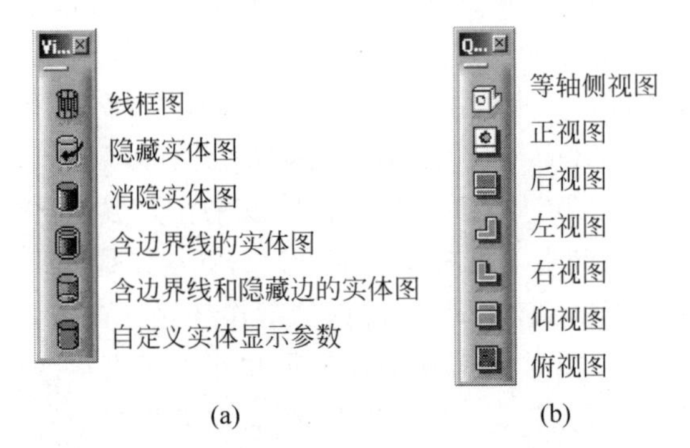

图 4.27 实体显示模式工具栏和视图模式工具栏

(1) 选择零件设计模块。方法一：选择 Start→Mechanical Design→Part Design 命令，如图 4.28 所示。方法二：选择 File→New 命令，在弹出的 New 对话框的列表中选择 Part 选项，如图 4.29 所示。CATIA 启动 Part Design(零件设计) 模块，自动创建新的零件 Part1，如图 4.30 所示。

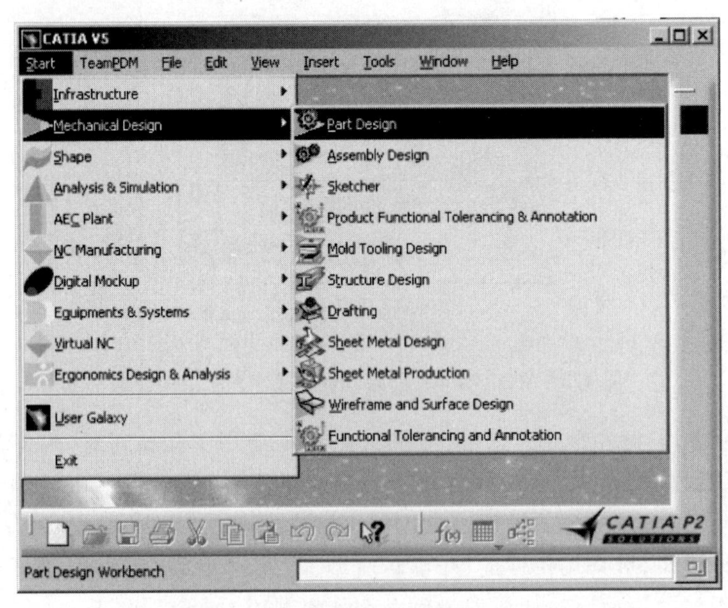

图 4.28 选择零件设计模块方法一

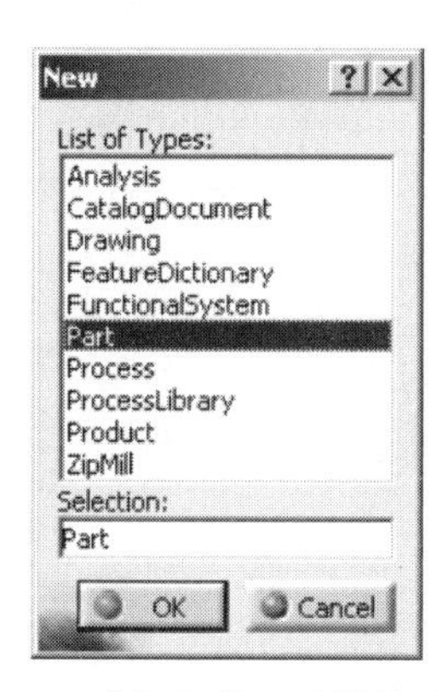

图 4.29　选择零件设计模块方法二

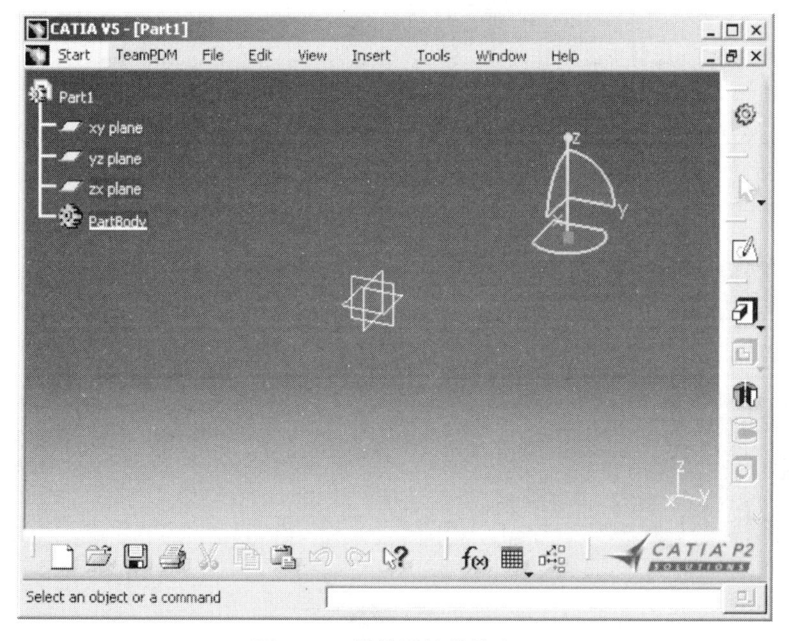

图 4.30　零件设计模块窗口

(2) 在历史树中选择 yz 面。将鼠标移至历史树,并选择 yz 面,如图 4.31 所示,后续步骤将以 yz 面为绘制草图的工作平面,以不同颜色区分被选取状态。

(3) 进入草图模式。在工具箱中单击 (草图)图标进入草图模式。草图模式中所产生的线框模型,将以拉伸、旋转等方式建立出实体模型的特征,单击屏幕右侧的工具图标,即改变为绘制线框的工具图标,如图 4.32 所示。

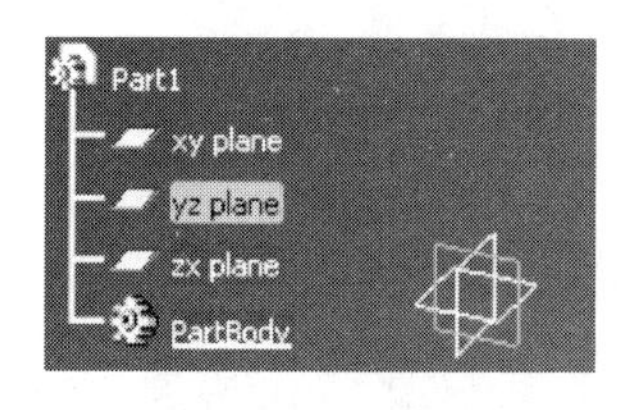

图 4.31　面选择

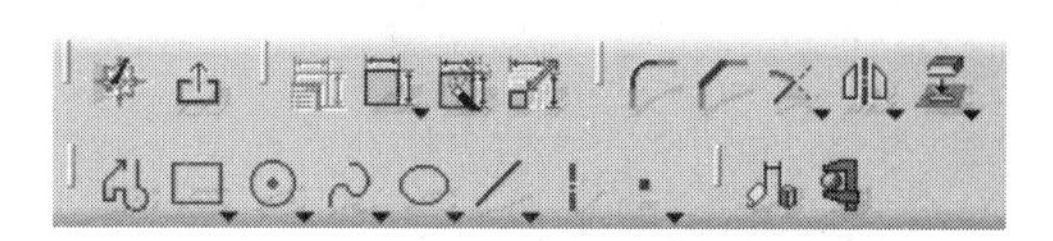

图 4.32　草图模式工具栏

(4) 绘制折线草图。在工具箱中单击 (轮廓线)图标,使用鼠标在网格上依次单击,绘制封闭线框,如图 4.33 所示。

(5) 标注尺寸。在工具箱上单击 (尺寸标注)图标,接着再单击,分别在图中标注出水平与垂直线段的长度,如图 4.34 所示。

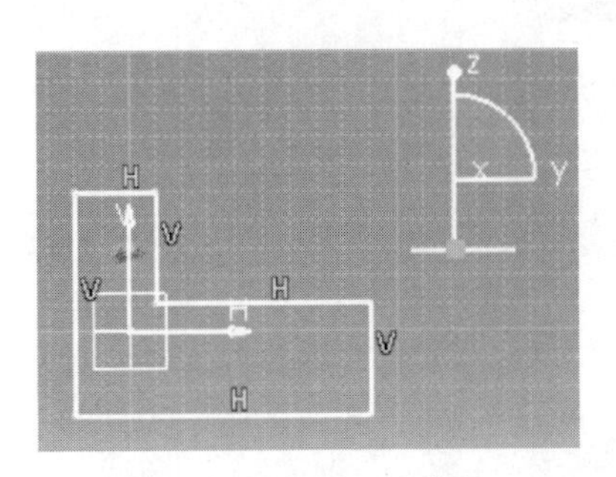

图 4.33 绘制折线草图

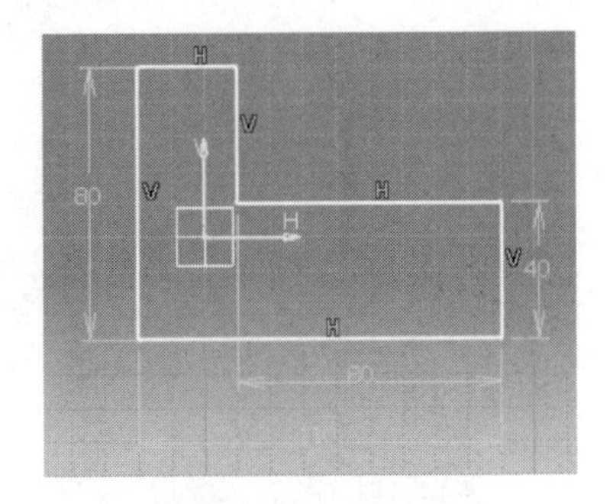

图 4.34 标注尺寸

(6) 修改尺寸。在工具箱中单击 (选择)图标,双击图中的 80 的尺寸线,系统即显示对话框,用户可以修改指定的尺寸标注,将其修改为 100mm,单击 OK 按钮。原来的垂直长度 80mm 变成 100mm,依次修改各尺寸值,如图 4.35 和图 4.36 所示。

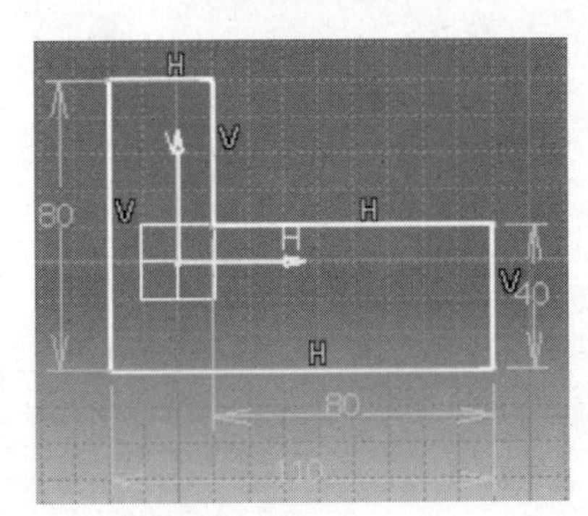

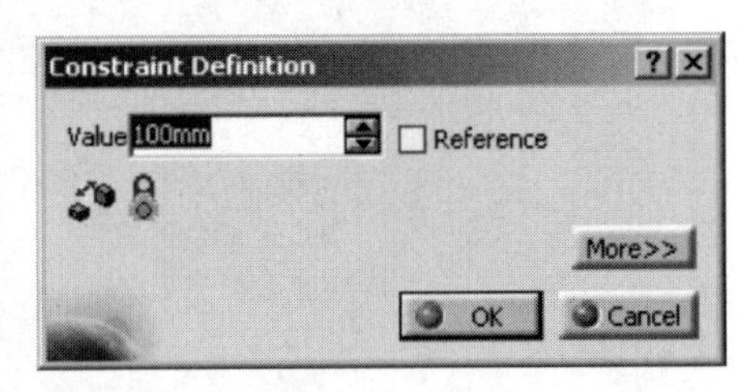

图 4.35 修改尺寸

(7) 离开草图模式。在工具箱中单击 (离开)图标,离开草图模式回到零件设计的实体模块。在零件设计模块中单击屏幕右侧的工具图标,即改变为实体造型的工具图标,如图 4.37 所示。

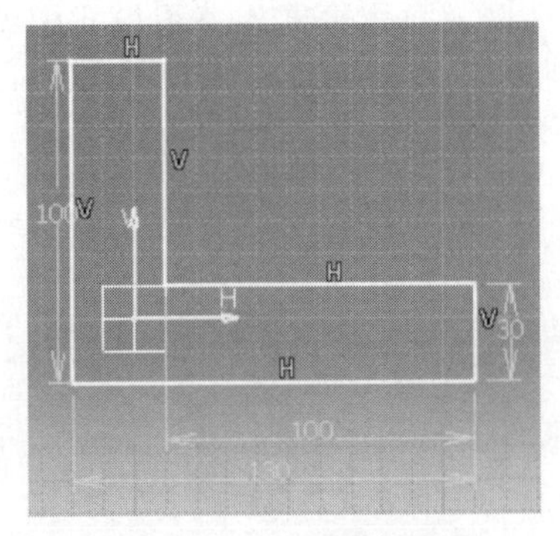

图 4.36 修改尺寸完成后

图 4.37 实体造型工具栏

(8) 拉伸成形。在工具箱中单击（拉伸成形）图标，系统即显示对话框，提供拉伸成形的参数设定。在对话框的下拉列表框中选择 Dimension 选项，指定尺寸，将第二栏的长度改为 150mm，若要将草图沿两侧拉伸成形，可单击对话框右下方的 More≫按钮，并指定另一个方向的拉伸长度。在模型上按鼠标左键，预览拉伸之后的形状如图 4.38 所示。

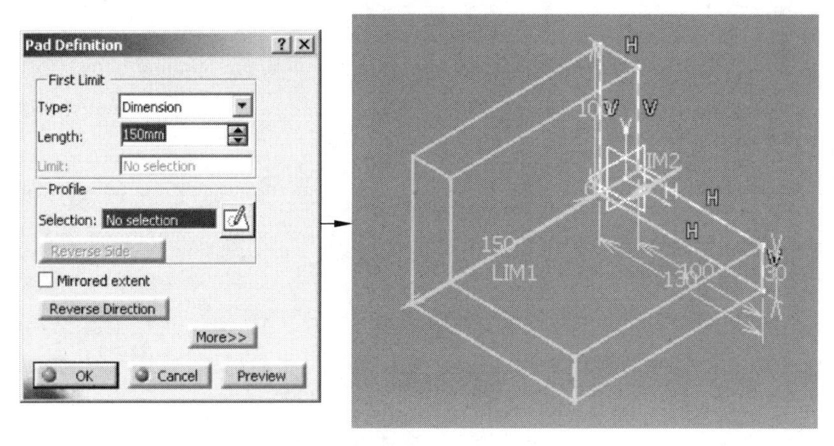

图 4.38　拉伸成形设置

设定完成之后，系统显示如图 4.39 所示的拉伸实体。可以对模型进行平移、旋转和缩放操作。

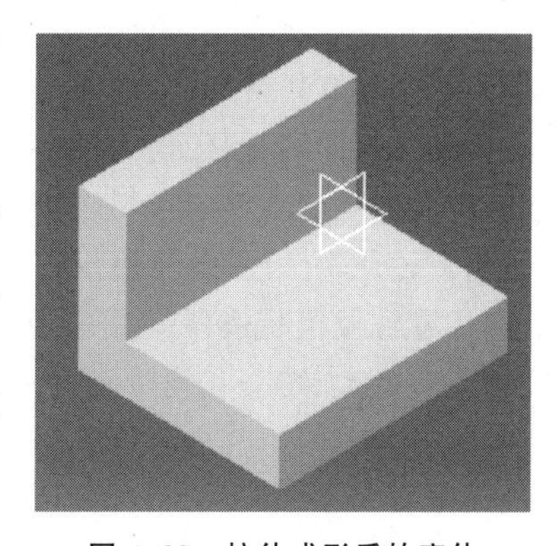

图 4.39　拉伸成形后的实体

3. Pro/Engineer

Pro/Engineer，即 Pro/E，是现今主流的 CAD/CAM/CAE 软件之一，该软件以参数化著称，是参数化技术的最早应用者，在目前的三维造型软件领域中占有着重要地位。其数字化设计功能非常强大，特别适合做产品结构设计，适用于家电、数码、通信电子、日用品等很多行业，是大多数工程师的选择。Pro/E 操作界面如图 4.40 所示。

Pro/E 第一个提出了参数化设计的概念，并且采用了单一数据库来解决特征的相关性问题。另外，它采用模块化方式，用户可以根据自身的需要进行选择，而不必安装所有模块。Pro/E 的基于特征方式，能够将设计至生产全过程集成到一起，实现并行工程设计。它不但可以应用于工作站，而且也可以应用到单机上。Pro/E 采用了模块方式，可以分别进行草图绘制、零件制作、装配设计、钣金设计、加工处理等，保证用户可以按照自己的需要进行选择使用。其主要特性包括：①参数化设计和基于特征建模。Pro/E 是采用参数化设计的、基于特征的实体模型化系统，工程设计人员采用具有智能特性的基于特征的功能去生成模型，如腔、壳、倒角及圆角，因此可以随意勾画草图，轻易改变模型。这一功能特性给工程设计者提供了在设计上从未有过的简易和灵活。②单一数据库(全相关)。Pro/E 是建立在统一基层上的数据库上，不像一些传统的 CAD/CAM 系统建立在多个数据库上。所谓单一数据库，就是工程中的资料，全部来自一个库，使得每一个独立用户在为一件产品造型而工作，不管他是哪一个部门的。换言之，在整个设计过程的任何一处发生改动，也可以前后反映在整个设计过程的相关环节上。例如，一旦工程详图有改变，NC(数控)工具路径也会自动更新；

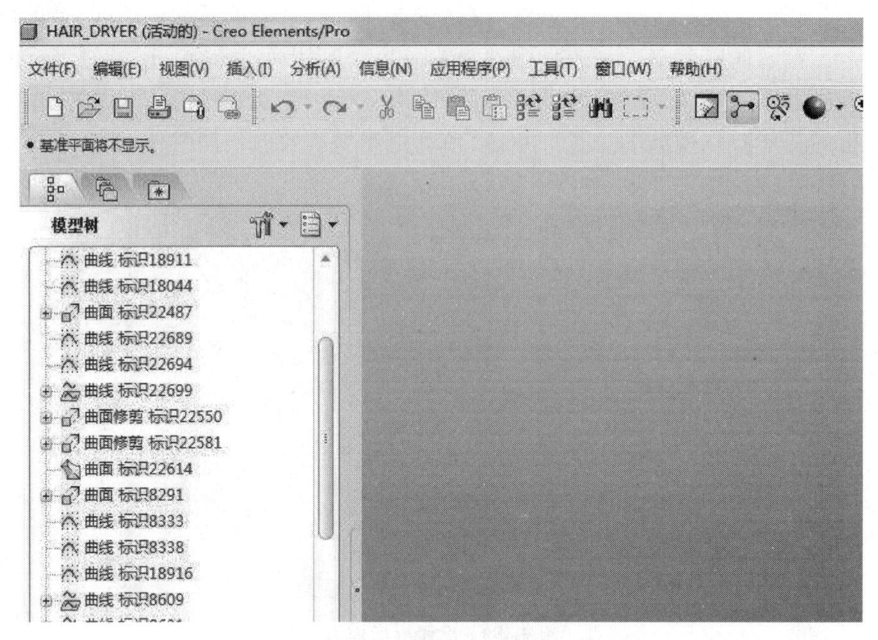

图 4.40 Pro/E 操作界面

组装工程图如有任何变动,也完全同样反映在整个三维模型上。这种独特的数据结构与工程设计的完整的结合,使得一件产品的设计结合起来。这一优点使得设计更优化,成品质量更高,产品能更好地推向市场,价格也更便宜。

Pro/E 是软件包,并非模块。它是该系统的基本部分,其中的功能包括参数化功能定义、实体零件及组装造型、三维上色实体或线框造型完整工程图产生及不同视图(三维造型还可移动、放大、缩小和旋转)。Pro/E 是一个功能定义系统,即造型是通过各种不同的设计专用功能来实现的,其中包括筋(rib)、槽(slot)、倒角(chamfer)和抽空(shell)等,采用这种手段来建立形体,对于工程师来说更自然,更直观,无须采用复杂的几何设计方式。这系统的参数比功能是采用符号式的赋予形体尺寸,不像其他系统是直接指定一些固定数值于形体,这样工程师可任意建立形体上的尺寸和功能之间的关系,其中任何一个参数的改变,其他相关的特征也会自动修正。这种功能使得修改更为方便,可令设计优化更趋完美。造型不单可以在屏幕上显示,还可以传送到绘图机上或一些支持 Postscript 格式的彩色打印机上。

Pro/E 还可输出三维和二维图形给予其他应用软件,诸如有限元分析及后置处理等,这都是通过标准数据交换格式来实现的,用户还可以配上 Pro/E 软件的其他模块或自行利用 C 语言编程,以增强软件的功能。它在单用户环境下(没有任何附加模块)具有大部分的设计能力、组装能力(人工)和工程制图能力(不包括 ANSI、ISO、DIN 或 JIS 标准),并且支持符合工业标准的绘图仪(HP、HPGL)和黑白及彩色打印机的二维和三维图形输出。

Pro/E 功能如下:

(1) 特征驱动(例如凸台、槽、倒角、腔、壳等)。

(2) 参数化(参数=尺寸、图样中的特征、载荷、边界条件等)。

(3) 通过零件的特征值之间、载荷/边界条件与特征参数之间(如表面积等)的关系来进行设计。

(4) 支持大型、复杂组合件的设计(规则排列的系列组件,交替排列,Pro/E 的各种能用零件设计的程序化方法等)。

(5) 贯穿所有应用的完全相关性(任何一个地方的变动都将引起与之有关的每个地方变动)。其他辅助模块将进一步提高扩展 Pro/E 的基本功能。

4. UG

Unigraphics NX,即 UG,是 Unigraphics Solutions 公司主要的 CAD 产品,主要为机械制造企业提供包括从设计、分析到制造应用的软件。

UG 具有三个设计层次,即结构设计(architectural design)、子系统设计(subsystem design)和组件设计(component design)。其曲面功能、三维功能都很强大。自从 UG 出现后,在航空航天、汽车、通用机械、工业设备、医疗机械以及其他高科技领域的机械设计和模具加工自动化市场上都得到了广泛的应用。在美国的航空业中,大量应用 UG 软件;在俄罗斯的航空业中,UG 软件有 90%以上的市场。该软件不仅具有强大的实体造型、曲面造型、虚拟装配和生成工程图等功能,而且在设计过程中可进行有限元分析、动力学分析和仿形模拟,提高设计的可靠性。同时可用建立的三维模型直接生成数控代码,用于产品加工,处理程序支持多种类型的数控机床,另外,它所提供的二次开发语言 UG/Open API、UG/Open GRIP 简单易学,可实现的功能多,便于用户开发专用的 CAD 系统。具体说,UG 具有以下特点:

(1) 具有统一的数据库,真正实现了 CAD、CAM、CAE 等各种模块之间的无数据自由交换,可实施并行工程。

(2) 采用复合建模技术,可将实体建模、曲面建模、线框建模、显示几何建模与参数化建模一体化。

(3) 用造型来设计零部件,实现了设计思想的直观描述。

(4) 充分的设计柔性,使概念设计成为可能。

(5) 提供了辅助设计与辅助分析的完整解决方案。

(6) 图形和数据的一致及工程数据的自动更新。

UG 操作界面如图 4.41 所示。

下面简单介绍 UG 包含的主要功能模块。

(1) UG/GATEWAY(入口)模块。

该模块是 UG 的各模块入口,打开 UG 软件时系统自动进入该模块。本模块支持一些关键的操作,如打开现存的 UG 文件、创建新的文件、保存文件、绘制工程图、导入/导出不同格式的文件等。应用 Application 菜单可以进入其他模块,也可以通过菜单退回入口模块。

(2) CAD 模块。

本模块包括了 UG/SOLID MODELING(实体建模)、UG/FEATURES MODELING(特征建模)、UG/FREEFORM MODELING(自由形状建模)、UG/ASSEMBLY MODELING(装配建模)等基本模块,共同构成 UG 软件的强大计算机辅助设计功能。

(3) UG/SOLID MODELING(实体建模)模块。

本模块将基于约束的特征建模和显示几何建模方法结合起来,并提供了强大的"复合建模工具",可以建立圆柱、立方体等实体,也可以建立面、曲线等二维对象,并进行拉伸、旋转

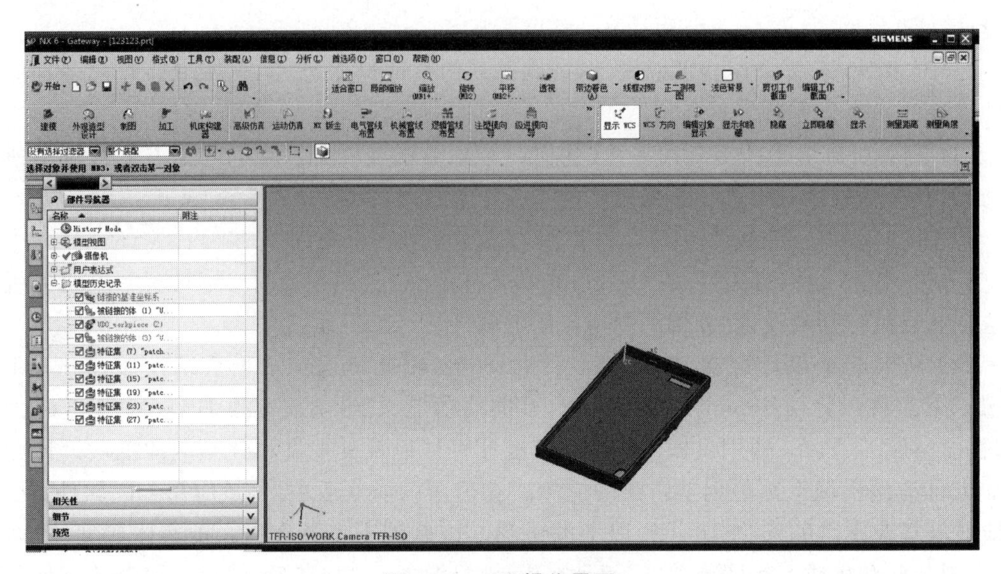

图 4.41　UG 操作界面

等操作，建立各种实体模型。

(4) UG/FEATURES MODELING(特征建模)模块。

本模块提供了基于约束的特征建模方式，利用工程特征定义的设计信息，提供了多种设计特征，如孔、槽、型腔、凸台等。所建立的实体特征可以参数化定义，其尺寸大小和位置可以编辑，因此非常便于用户对实体进行修改操作。

(5) UG/FREEFORM MODELING(自由形状建模)模块。

本模块用于建立复杂的曲面模型，提供了沿曲线扫描、蒙皮，将两个曲面光滑连接，利用点和网格构造曲面等功能，利用这些可以建立如机翼等复杂的工业产品。

(6) UG/ASSEMBLY MODELING(装配建模)模块。

本模块模拟实际的机械装配过程，利用约束将各个零件图装配成一个完整的机械结构，并提供并行的、自上而下的、自下而上的装配方法。在装配过程中还可以对零部件进行设计和编辑，同时装配后各个零件之间保持相关性。这种体系机构和装配方法允许构建庞大的产品结构。

(7) CAM 模块。

本模块包含 UG/CAM Base(CAM 基础模块)、UG/Post Processing(后处理模块)、UG/Lathe(车加工模块)、UG/Core&Cavity Milling(芯和型腔模块)、UG/Fixes-Axis Milling(固定轴铣模块)、UG/Flow Cut(顺铣模块)、UG/Wire EDM(线切割模块)等基本模块，这些模块构成了 UG 的 CAM 功能。

(8) CAE 模块。

本模块包含了 UG/Mechanism(机构学)、UG/Scenario for Structure(有限元分析)等基本模块，这些模块构成了 UG 的计算机辅助工程功能。

(9) 其他模块。

除了上述主要的功能模块外，UG 还有其他的一些辅助设计模块。如 UG/Sheet Metal Design 钣金模块用于钣金设计；用于管路设计和管道布线的模块 UG/Routing、UG/Harness；

供用户二次开发的 UG/Open GRIP、UG/Open API 和 UG/Open++组成的 UG/Open 开发模块等。

在 UG 建模过程中通常采用的是特征建模和草图功能结合的方法。

设计中用得最多的是二维草图绘制。草图是与实体建模相关联的，一般作为三维实体模型生成的基础。该功能可以在三维空间的任何一个平面内建立草图屏幕，并在该屏幕内绘制草图。草图中提出约束的概念，是指通过几何约束与尺寸约束控制草图中的图形，可以实现与特征建模同样的尺寸驱动，并可以方便地实现参数化建模。应用草图工具可以绘制近似的曲线轮廓，在添加精确的约束定义后，就可以完整地表达设计的意图。建立的草图还可以用实体造型的工具进行拉伸、旋转等操作，生成与草图相关联的实体模型。修改草图时，关联的实体模型也会自动更新。采用草图可以很方便地修改设计，因为草图特征就像三维特征一样，是参数化可编辑的。在以下情况时，可以使用草图设计二维轮廓：

(1) 面线形状复杂，需要参数化。

(2) 曲线和引导线具有潜在的修改性。

(3) 曲线的定位需要参数化，曲线相对于零件可能需要重新定位。

(4) 体素特征和成型特征不能满足设计需求。体素是体积元素(Volume Pixel)的简称，包含体素的立体可以通过立体渲染或者提取给定阈值轮廓的多边形等值面表现出来。

零件草图的设计思路如图 4.42 所示。

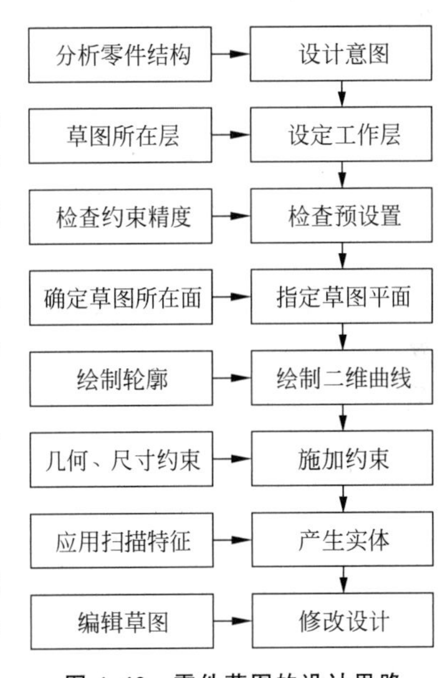

图 4.42　零件草图的设计思路

设计的基本思路如下：

(1) 用什么方法设计：使用体素特征还是扫描特征，还是成型特征？如果是扫描方法，使用哪种特征？拉伸还是旋转？比如，一个圆柱体可以采用圆进行拉伸，也可以采用矩形进行旋转得到。

(2) 零件的外形有什么特点？是否需要经常修改？采用曲线还是草图？对于形状复杂、经常需要修改的零件建议使用草图。

(3) 工作层的设置一般遵守通常的规则：如草图放在 21～40 层，必要时企业可制定标准。

(4) 检查草图预设置：表达式形式、约束精度等。

(5) 产生草图平面的步骤：①设计新的草图轮廓曲线；或者如果轮廓曲线已经存在，将它们加入草图中变成草图曲线。②施加约束：对草图曲线施加几何、尺寸约束；在设计过程中要不断进行尺寸约束、几何约束的修改，使草图符合设计需求。③草图是否需要定位：如草图平面在物体的某个面上，需要将草图用尺寸定位在面上。④生成三维实体模型。⑤检查零件是否符合设计要求，如需要修改草图，选择 Insert→Sketch 命令。⑥激活要修改的草图：选择草图名或者在导航器中找到该草图名，双击即可。设置是设定草图设计中的一些操作约定，如捕捉角、小数点位数、字符高度、尺寸变量的显示形式等。产生草图平面实际上定义一个平面和一个坐标系。⑦更新草图后，需要刷新三维模型。

UG 复合建模模块完美地集成基于约束的特征建模和传统的几何(实体、曲线和线框)

建模到单一的建模环境内,在设计过程中提供了更多的灵活性,用户可以选择最舒适、自然的设计意图实现方法。用UG复合建模模块建立的模型完全与构造的几何体相关,能够有效地使用保存的产品模型数据。用户可以保护它在传统设计产品中的数据,且在新的产品开发中,允许重访早期的设计,提升已存设计的价值,而无须再返工重复以前的设计过程。

UG的实体建模模块是其他几何建模产品的基础,实体建模的操作包括利用实体体素,如块、圆柱、圆锥、球;布尔操作包括求和、求差、求交;显示的面编辑命令如移动、旋转、删除、偏置、代替几何体;从拉伸和旋转草图生成实体等。

UG的其他建模模块如特征建模、倒角以及高级建模操作等都为零部件的设计提供了强大的功能。总的来说它一是款便捷、灵活的建模设计软件。

4.2 结构分析仿真软件

机器人作为一个具有运动性能的机构,仅仅对其进行静态设计是很难得到最佳设计方案的,在现代工业设计过程中,往往还需要对机器人模型进行有限元分析以了解机器人在运动过程中的变形问题;对机器人结构系统进行动力学仿真分析以了解其在动态过程中可能会出现的问题;各种分析及仿真软件能有效帮助了解机器人的性能并对其进行优化,找出产品设计最佳方案。

通过对模型进行有限元分析、动力学仿真,可以在产品制造前就发现潜在的问题,降低材料的消耗或成本,同时可以模拟各种试验方案,减少试验时间和经费;借助计算机分析计算,能一定程度上确保产品设计的合理性,缩短设计和分析的循环周期等。

无论是有限元分析软件还是动力学仿真软件的诞生,都离不开一项新生的工程技术——虚拟样机(Virtual Prototype)技术。虚拟样机技术是计算机辅助工程的一个重要分支,它是人们开发新的产品时,在概念设计阶段,通过学科理论和计算机语言,对设计阶段的产品进行虚拟性能测试,达到提高设计性能、降低成本、减少产品开发时间的目的。

在虚拟样机技术的帮助下,工程师们可以在计算机上建立机械系统模型,并做三维可视化处理,可模拟在现实环境系统的运动和动力特性,并根据仿真结果精化和优化系统的设计过程。目前虚拟样机技术已经广泛地应用在各个领域,如汽车制造业、工程机械、航天航空业、国防工业、通用机械制造业等。

4.2.1 有限元分析

有限元分析是一种重要的工程分析技术,其基本概念是用较简单的问题代替复杂问题后再求解。它将求解域看成是由许多称为有限元的小的互连子域组成,对每一单元假定一个合适的(较简单的)近似解,然后推导求解这个域总的满足条件(如结构的平衡条件),从而得到问题的解。因为实际问题被较简单的问题所代替,所以这个解不是准确解,而是近似解。由于大多数实际问题难以得到准确解,而有限元不仅计算精度高,而且能适应各种复杂形状,因此成为行之有效的工程分析手段。

对机器人模型进行有限元分析的重点在于应力、应变问题分析,帮助设计者了解机器人的刚度及强度，能够模拟机器人在各种受力情况下的变形问题。应用较多的有限元分析软件有ANSYS、ABAQUS等，这些软件的基本功能制都类似，但是侧重的应用领域有所不同。

1. ANSYS软件

ANSYS软件是美国ANSYS公司研制的大型通用有限元分析(FEA)软件，是世界范围内增长最快的计算机辅助工程(CAE)软件，能与多数计算机辅助设计软件接口实现数据的共享和交换，如Creo、NASTRAN、Algor、I-DEAS、AutoCAD等。ANSYS软件是融结构、流体、电场、磁场、声场分析于一体的大型通用有限元分析软件，处理过程一体化，是目前国内运用最多的软件之一。ANSYS软件的应用领域非常广泛，可应用在建筑、勘查、地质、水利、交通、电力、测绘、国土、环境、林业、冶金等方面。图4.43是ANSYS Workbench操作界面示意图。

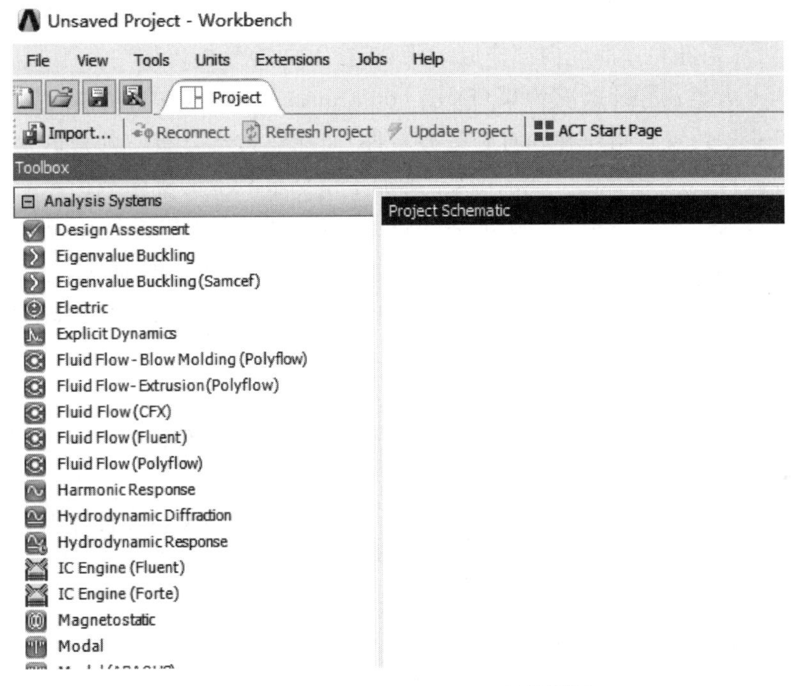

图4.43 ANSYS Workbench操作界面

ANSYS软件主要包括三个部分：前处理模块、分析计算模块和后处理模块。前处理模块主要负责实体建模、网格划分和加载等；分析计算模块主要负责结构分析、流体力学分析等；后处理模块主要负责计算结果的显示及输出。

在前处理模块的实体建模阶段，ANSYS提供了两种实体建模方法：自顶向下与自底向上。自顶向下进行实体建模时，用户定义一个模型的最高级图元，如球、棱柱，称为基元，程序则自动定义相关的面、线及关键点。用户利用这些高级图元直接构造几何模型，如二维的圆和矩形以及三维的块、球、锥和柱。无论使用自顶向下还是自底向上方法建模，用户均能使用布尔运算来组合数据集，从而生成一个实体模型。ANSYS提供了完整的布尔运算，如相加、相减、相交、分割、粘结和重叠。在创建复杂实体模型时，对线、面、体、基元的布尔操作能减少相当可观的建模工作量。ANSYS还提供了拖拉、延伸、旋转、移动、延伸和复制实体模型图元的功能。附加的功能还包括圆弧构造、切线构造、通过拖拉与旋转生成面和体、线与面的自动相交运算、自动倒角生成，用于网格划分的硬点的建立、移动、复制和删除。自底向上进行实体建模时，用户从最低级的图元向上构造模型，即：用户首先定义关键点，然后依次是相关的线、面、体。在建模完成后，需要进行模型的网格划分，ANSYS 提供了使用便捷的对 CAD 模型进行网格划分的功能，包括四种网格划分方法：延伸划分、映像划分、自由划分和自适应划分。延伸网格划分可将一个二维网格延伸成一个三维网格。映像网格划分允许用户将几何模型分解成简单的几部分，然后选择合适的单元属性和网格控制，生成映像网格。ANSYS 的自由网格划分器功能是十分强大的，可对复杂模型直接划分，避免了用户对各个部分分别划分然后进行组装时各部分网格不匹配带来的麻烦。自适应网格划分是在生成了具有边界条件的实体模型以后，用户指示程序自动地生成有限元网格，分析、估计网格的离散误差，然后重新定义网格大小，再次分析计算、估计网格的离散误差，直至误差低于用户定义的值或达到用户定义的求解次数。最后一个前处理步骤是施加载荷。在 ANSYS 中，载荷包括边界条件和外部或内部作应力函数，在不同的分析领域中有不同的表征，但基本上可以分为 6 大类：①自由度约束(DOF constraints)，将给定的自由度用已知量表示。例如在结构分析中约束是指位移和对称边界条件，而在热力学分析中则指的是温度和热通量平行的边界条件。②集中载荷(force)，指施加于模型节点上的集中载荷或者施加于实体模型边界上的载荷。例如结构分析中的力和力矩、热力分析中的热流速度、磁场分析中的电流段。③面载荷(surface load)，指施加于某个面上的分布载荷。例如结构分析中的压力、热力学分析中的对流和热通量。④体载荷(body load)，指体积或场载荷。例如需要考虑的重力、热力分析中的热生成速度。⑤惯性载荷(inertia load)指由物体的惯性而引起的载荷。例如重力加速度、角速度、角加速度引起的惯性力。⑥耦合场载荷(coupled-field load)，一种特殊的载荷，是考虑一种分析的结果，并将该结果作为另外一个分析的载荷。例如将磁场分析中计算得到的磁力作为结构分析中的力载荷。

对于机器人机构的有限元分析，多集中于结构分析，而在 ANSYS 软件中对结构的分析主要有如下 7 种类型。

(1) 静力分析：用于求解静力载荷作用下结构的位移和应力等。

(2) 模态分析：结算结构的固有频率和模态。

(3) 谐波分析：用于确定结构在随时间正弦变化的载荷作用下的响应。

(4) 瞬态动力分析：用于计算结构在随时间任意变化的载荷作用下的响应，也可计算上述静力分析中的非线性有关问题。

(5) 谱分析：属模态分析的拓展。可计算由于响应谱或随机振动引起的应力和应变。

(6) 曲屈分析：用于计算曲屈载荷和确定曲屈模态。可进行线性和非线性曲屈分析。

(7) 显式动力分析：ANSYS/LS-DYNA 可计算高度非线性动力学和复杂的接触问题。

图 4.44 所示是一个采用 ANSYS 进行结构分析的实例。图中是一座位于密执安的古桥，这座桁架桥由型钢组成(见图 4.45)，顶梁及侧梁、桥身弦杆和底梁分别采用了三种不同型号的型钢，假设一辆 4000kg 的卡车通过桥梁中间时，利用 ANSYS 进行其受力的有限元分析，得到如图 4.46 所示的挠度和轴力的变化云图。

图 4.44　位于密执安的 OLD North Park Bridge(1904—1988 年)

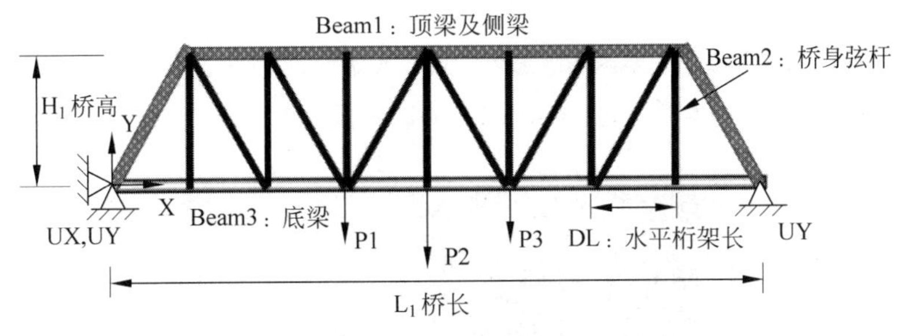

图 4.45　桥梁的简化平面模型(1/2 桥梁)

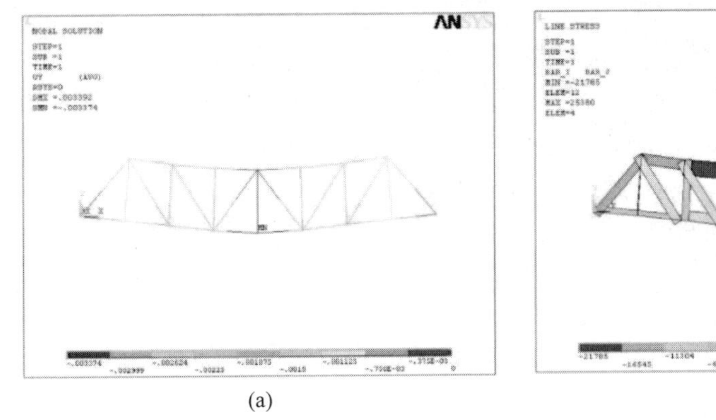

(a)

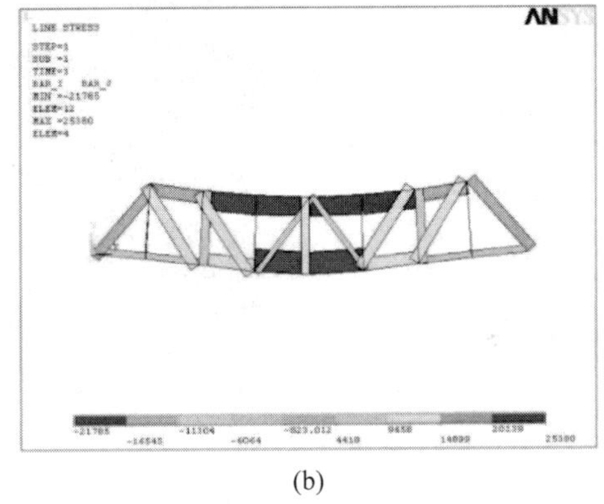

(b)

图 4.46　ANSYS 计算结果

(a) 桥梁中部最大挠度值为 0.003374m；(b) 桥梁中部轴力最大值为 25380N

2. ABAQUS 软件

ABAQUS 软件是集中于结构力学和相关领域研究，致力于解决该领域的深层次实际问题的一款有限元分析软件，在结构分析方面比较有优势。并且其强大的非线性分析功能在设计和研究的高端用户群中得到了广泛的认可，其非线性分析涵盖了材料非线性、几何非线性和状态非线性等多个方面。

ABAQUS 由多个模块组成，包括前后处理模块、主求解器以及各种接口模块。在 ABAQUS 中有许多分析求解器，最主要的是 ABAQUS/STANDARD，它是一个通用分析模块，能求解广泛领域的线性和非线性问题，包括静力、动力、构件的热和电响应。另外还有 ABAQUS/EXPLICIT，适用于模拟短暂、瞬时的动态事件，如冲击和爆炸问题。

ABAQUS/CAE 是 ABAQUS 进行操作的完整环境，在这个环境中，可提供简明、一致的界面来生成计算模型，可交互式地提交和监控 ABAQUS 作业，并可评估计算结果。

ABAQUS/CAE 分为若干功能模块，每一个功能模块定义了建模过程中的一个逻辑方面，例如，定义几何形状、定义材料性质、生成网格等。通过功能模块到功能模块之间的切换，同时也就完成了建模。一旦建模完成，ABAQUS/CAE 会生成一个输入文件，用户可把它提交给 ABAQUS/STANDARD 或 ABAQUS/EXPLICIT 求解器。求解器读入输入文件进行分析计算，同时发送信息给 ABAQUS/CAE 以便对作业的进程进行监控，并产生输出数据。然后，用户可使用可视化模块阅读输出数据，观察分析结果。用户与 ABAQUS/CAE 交互时，会产生一个命令执行文件，它用命令方式记录了操作的全过程。图 4.47 是与用户进行交互的 ABAQUS/CAE 主窗口。

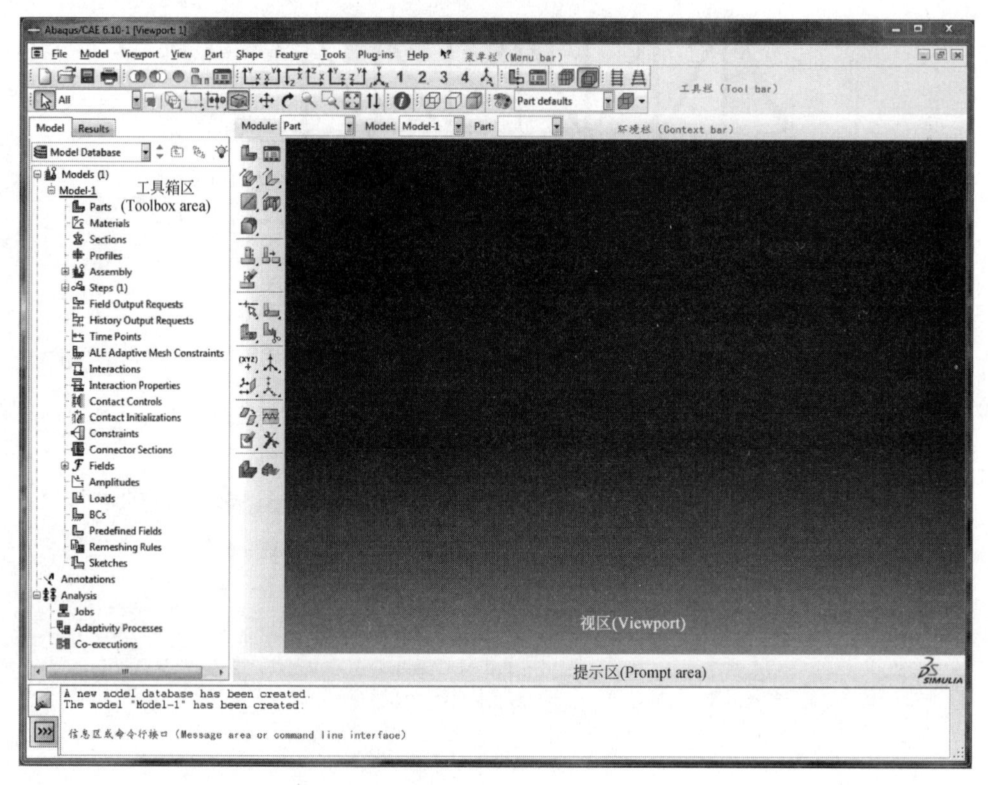

图 4.47 ABAQUS 操作界面

使用 ABAQUS 进行有限元分析的基本思路如下：首先是进入前处理模块，在前处理阶段需定义物理问题的模型并生成一个 ABAQUS 输入文件。通常的做法是使用 ABAQUS/CAE 或其他前处理模块，在图形环境下生成模型。而一个简单问题也可直接用文件编辑器来生成 ABAQUS 输入文件。建立分析对象的几何模型时，定义其材料以及材料的属性，进行网格划分，确定载荷和边界条件等；然后设定求解器，根据需要选择合适的求解器，一般模拟计算阶段用 ABAQUS/STANDARD 求解模型所定义的数值问题，它在正常情况下是作为后台进程处理的。一个应力分析算例的输出包括位移和应力，它们存储在二进制文件中以便进行后处理。完成一个求解过程所需的时间可以从几秒到几天不等，这取决于所分析问题的复杂程度和计算机的运算能力；最后在分析计算完成后，进入后处理阶段。一旦完成了模拟计算得到位移、应力或其他基本变量，就可以对计算结果进行分析评估，即后处理。通常，后处理是使用 ABAQUS/CAE 或其他后处理软件中的可视化模块在图形环境下交互式地进行，读入核心二进制输出数据库文件后，可视化模块有多种方法显示结果，包括彩色等值线图、变形形状图和 x-y 平面曲线图等。

一般 ABAQUS 模型通常由若干不同的部件组成，它们共同描述了所分析的物理问题和所得到的结果。一个分析模型至少要具有如下信息：几何形状、单元特性、材料数据、荷载和边界条件、分析类型和输出要求。

几何形状：有限单元和节点定义了 ABAQUS 要模拟的物理结构的基本几何形状。每一个单元都代表了结构的离散部分，许多单元依次相连就组成了结构，单元之间通过公共节点彼此相互连接。模型的几何形状由节点坐标和节点所属单元的连接所确定。模型中所有的单元和节点的集成称为网格。通常，网格只是实际结构几何形状的近似表达。网格中单元类型、形状、位置和单元的数量都会影响模拟计算的结果。网格的密度越高（在网格中单元数量越大），计算结果就越精确。随着网格密度的增加，分析结果会收敛到唯一解，但用于分析计算所需的时间也会增加。通常，数值解是所模拟的物理问题的近似解答，近似的程度取决于模型的几何形状、材料特性、边界条件和载荷对物理问题的仿真程度。

单元特性：ABAQUS 拥有广泛的单元选择范围，其中许多单元的几何形状不能完全由它们的节点坐标来定义。例如，复合材料壳的叠层或工字型截面梁的尺度划分就不能通过单元节点来定义。这些附加的几何数据由单元的物理特性定义，且对于定义模型整体的几何形状是非常必要的。

材料数据：对于所有单元必须确定其材料特性，然而存在有些材料的数据是很难得到的，尤其是对于一些复杂的材料模型。ABAQUS 计算结果的有效性受材料数据的准确程度和范围的限制。

荷载和边界条件：加载使结构变形和产生应力。大部分加载的形式包括点载荷、表面载荷、体力，如重力、热载荷等。

边界条件是约束模型的某一部分保持固定不变（零位移）或移动规定量的位移（非零位移）。在静态分析中需要足够的边界条件以防止模型在任意方向上的刚体移动；否则，在计算过程中求解器将会发生问题而使模拟过程过早结束。

在计算过程中一旦查出求解器发生了问题，ABAQUS 将发出错误信息，非常重要的一件事情是用户要知道如何解释这些 ABAQUS 发出的错误信息。如果在静态应力分析时看见警告信息 numerical singularity（数值奇异）或 zero pivot（主元素为零），必须检查模型是否全部或部分地缺少限制刚体平动或转动的约束。在动态分析中，由于结构模型中的所有分离部分都具有一定的质量，其惯性力可防止模型产生无限制的瞬时运动，因此，在动力分析时，求解过程中的警告通常提示其他的问题，如过度塑性问题。

分析类型：大多数模拟问题的类型是静态分析，即在外载作用下获得结构的长期响应。在有些情况下，可能令人感兴趣的是加载结构的动态响应，例如，在结构部件上突然加载的影响，像冲击载荷的发生，或在地震时建筑物的响应。ABAQUS 可以实现许多不同类型的模拟，但是本书只涵盖两种一般的分析类型：静态和动态的应力分析。

输出要求：ABAQUS 的模拟计算过程会产生大量的输出数据。为了避免占用大量的磁盘空间，用户可限制输出数据的数量，只要它能说明问题的结果即可。通常用 ABAQUS/CAE 作为前处理工具来定义构成模型所必需的部件。

4.2.2 动力学仿真

动力学的广义解释是对一个运动物体从受力和运动状态分析等多方面进行分析。可以在运动学的基础上更好地分析、了解一个物体的运动过程。

机器人运动学往往是在稳态下对机器人进行分析，没有考虑机器人运动的动态过程。实际上，机器人的动态性能不仅与运动学相对位置有关，还与机器人的结构形式、质量分布、执行机构的位置、传动装置等因素有关。在制作机器人实物之前，对机器人进行动力学仿真分析能有效帮助了解机器人的性能并对其进行优化。较为常用的动力学仿真软件就是ADAMS软件。

1. ADAMS 简介

在众多的动力学仿真软件中，ADAMS无疑是受众面最多的一款软件。ADAMS全称为Automatic Dynamic Analysis of Mechanical Systems，它是一款虚拟样机分析应用软件。用户可以运用该软件对虚拟机械系统进行静力学、运动学和动力学分析。同时，ADAMS也是虚拟样机分析开发工具，其开放性的程序结构和多种接口，可以成为特殊行业用户进行特殊类型虚拟样机分析的二次开发工具平台。

ADAMS软件使用交互式图形环境和零件库、约束库、力库，创建完全参数化的机械系统几何模型，其求解器采用多刚体系统动力学理论中的拉格朗日方程方法，建立系统动力学方程，对虚拟机械系统进行静力学、运动学和动力学分析，输出位移、速度、加速度和反作用力曲线。ADAMS软件的仿真可用于预测机械系统的性能、运动范围、碰撞检测、峰值载荷以及计算有限元的输入载荷等。

ADAMS软件由不同的模块组成，按照功能分类可分为基本模块、扩展模块、接口模块、专业领域模块及工具箱5类。其中基本模块是最常用的部分，有三大基本应用程序：ADAMS/View(基本环境)、ADAMS/Solver(求解器模块)、ADAMS/PostProcessor(后处理模块)，如图4.48所示。

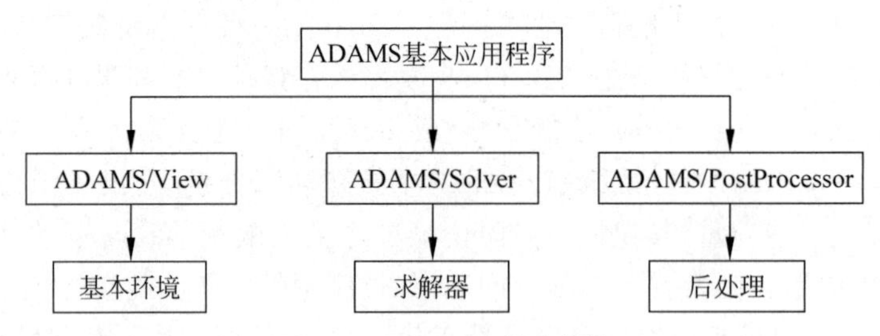

图 4.48 ADAMS 基本模块

1) ADAMS/View界面

双击ADAMS/View快捷图标或选择“开始”→“程序”→MSC. Software→Adams * 64→AView→Adams-View命令，即可启动ADAMS/View，进入欢迎界面，如图4.49所示。

该界面上，可以操作New Model(中文版为“新建模型”，见图4.49)新建一个模型，然后即可进入ADAMS/View的建模环境，弹出相应的创建新模型的设置。Existing Model(中文版为“现有模型”)可以从CAD软件中导入已存在的模型。

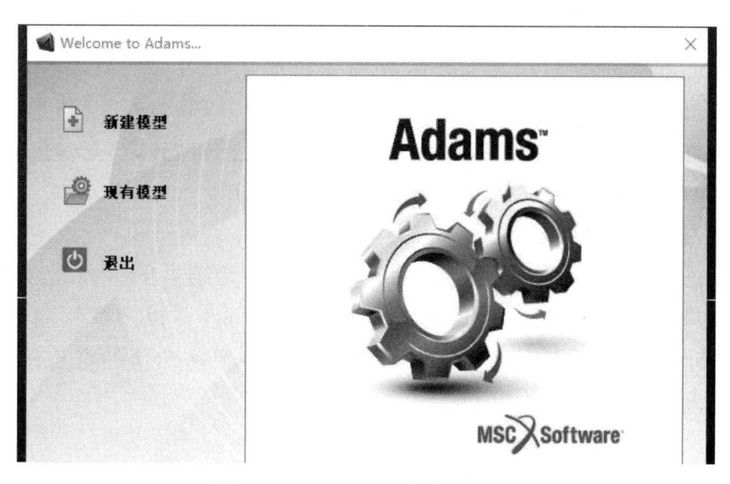

图 4.49　ADAMS 启动后界面

图 4.50 所示的是 View 模块的用户界面，主要由菜单、建模工具条、可视化图形区、模型树和状态工具条组成。其中，菜单栏包括下拉式菜单；建模工具条包含建模时所需要的操作，也是用到的比较频繁的操作；模型树中用树状结构列出了当前模型中所有的元素，如构建、载荷、约束等。新建模型或导入已存在的模型后，可用约束将它们连接、通过装配成为系统、利用外力或运动将它们驱动。此时，可以单击 Simulation 选项，设置时间、步长等属性，单击“开始”按钮，即可观察到模型的仿真动画。ADAMS/View 支持参数化建模，以便能很容易地修改模型并用于试验研究。用户在仿真过程进行中或者当仿真完成后，都可以观察主要的数据变化以及模型的运动。这些就像做实际的物理试验一样。

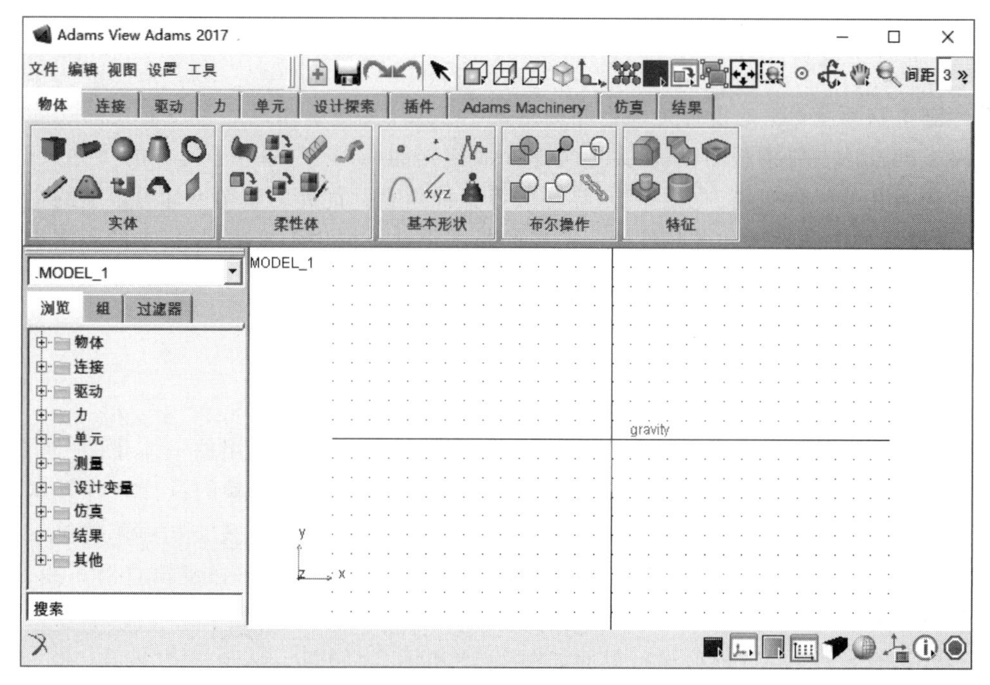

图 4.50　ADAMS/View 操作界面

2）ADAMS/Solver

ADAMS/Solver 是一个自动建立并解算用于机械系统运动仿真方程的，快速、稳定的数值分析工具，提供一种用于解算复杂机械系统复杂运动的数值方法（基于拉格朗日方法）。可以对以机械部件、控制系统和柔性部件组成的多域问题进行分析。支持多种分析类型，其中包括运动学、静力学、准静力学、线性或非线性动力学分析。

3）ADAMS/PostProcessor

ADAMS/PostProcessor 是一个可显示 ADAMS 仿真结果的可视化图形界面，并且界面统一化，可以以不同的方式回放仿真的结果。同时页面设置以及数据曲线格式都能保存起来，以便反复使用，这样既有利于节省时间也有利于整理标准化的报告格式，可以方便地同时显示多次仿真的结果以便比较。

2. 其他软件

除了 ADAMS 这种应用范围较广、软件系统成熟的软件外，还有一些偏向于机器人动力学仿真的软件，如 Gazebo、Vrep 软件等。

Gazebo 是一款年轻的机器人开源三维仿真环境，不仅可以实现动力学仿真，还拥有逼真的三维可视化环境，支持传感器数据的仿真，同时官方还提供多种机器人模型，也可插入自己的机器人模型进行仿真，功能十分强大。

Vrep 是一款主要定位于机器人仿真建模领域动力学仿真软件，可以利用内嵌脚本、ROS 节点、远程 API 客户端等实现分布式的控制结构，是非常理想的机器人仿真建模的工具。控制器可以采用 C/C++、Python、Java、Lua、MATLAB 等语言实现。

4.3 电路设计软件

印制电路板（PCB）的设计是以电路原理图为依据，实现电路设计者所需要的功能。印制电路板的设计主要指版图设计，需要考虑外部连接的布局、内部电子元件的优化布局、金属连线和通孔的优化布局、电磁保护、热耗散等各种因素。优秀的版图设计可以节约生产成本，达到良好的电路性能和散热性能。简单的版图设计可以用手工实现，复杂的版图设计需要借助计算机辅助设计（CAD）实现。下面介绍世界上有名的电子设计软件。

4.3.1 Altium Designer

Altium Designer（AD）是原 Protel 软件开发商 Altium 公司推出的一体化的电子产品开发系统，主要运行在 Windows 操作系统。大多数 PCB 工程师接触的设计软件基本是从 AD 开始的，AD 作为简单易学的基础入门级硬件设计软件，适合用来绘制简单的单双面板及四六层板。软件通过把原理图设计、电路仿真、PCB 绘制编辑、拓扑逻辑自动布线、信号完整性分析和设计输出等技术的完美融合，为设计者提供了全新的设计解决方案，使设计者可以轻松进行设计。AD 软件运行界面如图 4.51 所示。

AD 除了全面继承包括 Protel 99SE、Protel DXP 在内的先前一系列版本的功能和优点外，还增加了很多高端功能。该平台拓宽了板级设计的传统界面，集成了 FPGA 设计功能

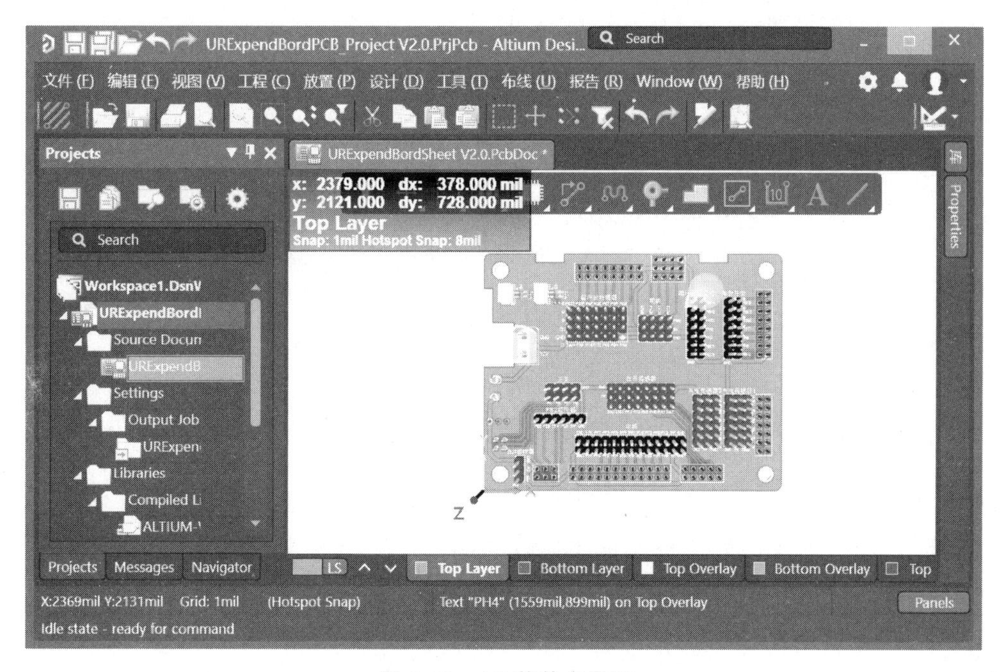

图 4.51　AD 软件主界面

和 SOPC 设计实现功能，从而允许工程师能将系统设计中的 FPGA 与 PCB 设计及嵌入式设计集成在一起。由于 AD 在继承先前 Protel 软件功能的基础上，综合了 FPGA 设计和嵌入式系统软件设计功能，AD 对计算机的系统需求比先前的版本要高一些。

AD 这个软件的定位是绘制一些简单的板子，如单片机类、简单的工业类。AD 这个软件比较容易上手，初学者可以在很短的时间内就掌握基本的绘制 PCB 的能力。

在 AD 中，项目的层级为"工程组"Project Group（之前称为工作空间 WorkSpace）>"工程">"文件"（原理图、PCB）。通常一个工程为一个 PCB 项目，一个工作组可以包含多个工程，一个工程可以包含多个原理图和 PCB。AD 软件每次设计时只能打开一个工作组。

图 4.52 所示为在进行 PCB 设计时可能需要建立的文件。首先，打开 AD 后通过"文件"→"新的"→"项目"→"PCB 工程"命令，新建项目 PCB 工程。加上图描述，此时左侧项目

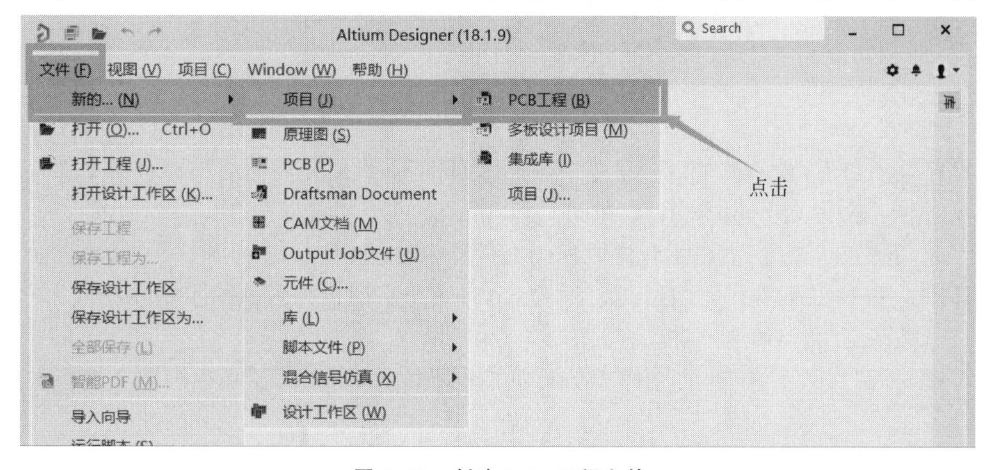

图 4.52　创建 PCB 工程文件

栏会显示新建的项目如图 4.53 所示，选中项目后，单击右键保存工程如图 4.54 所示。

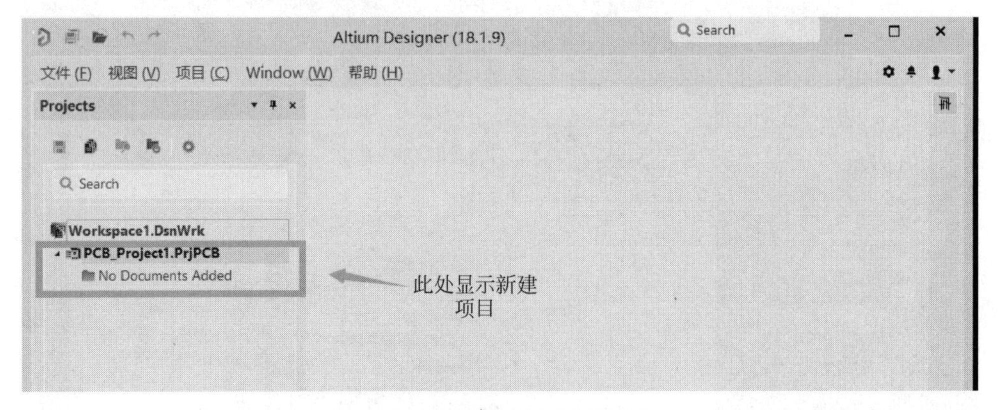

图 4.53 项目栏显示的新建项目

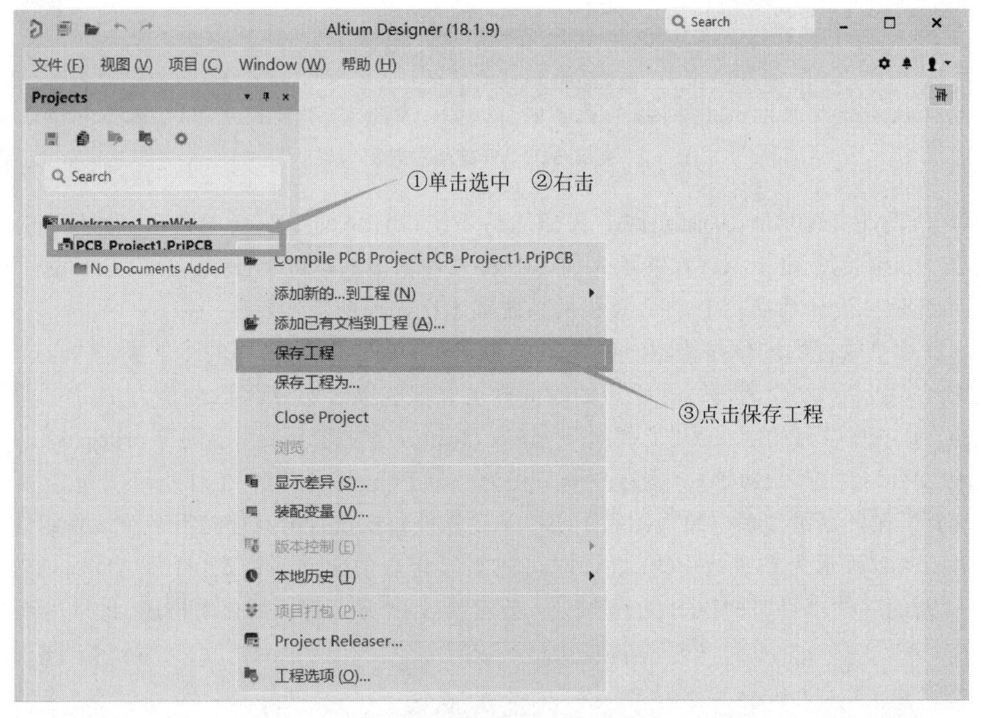

图 4.54 保存工程

保存好项目后，重新在"文件"菜单下新建原理图库，此时也将建立的原理图库保存在与 PCB 文件同一文件夹下，如图 4.55 和图 4.56 所示。

至此，我们在"文件"菜单下新建原理图文件并保存，如图 4.57 所示。

还需建立 PCB 元件库，并进行保存(按 Ctrl+S 组合键也可)，如图 4.58 所示。

最后是 PCB 文件的建立和保存，如图 4.59 所示。

至此，得到如图 4.60 所示的 PCB 设计所有初始文件，可以开始在原理图上进行电路板的设计了。

在设计 PCB 时的基本思路如下：

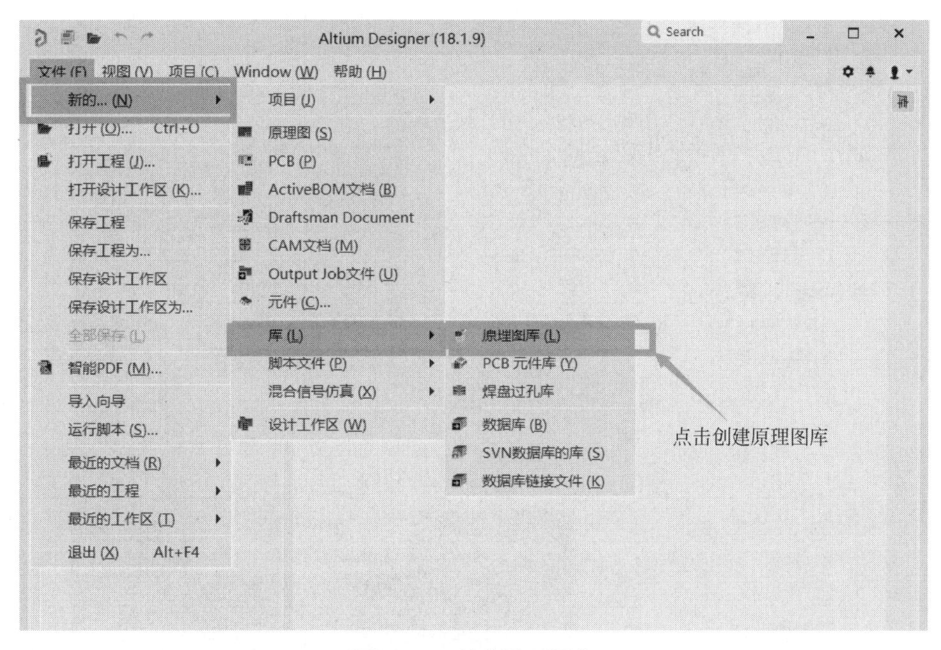

图 4.55 创建原理图库

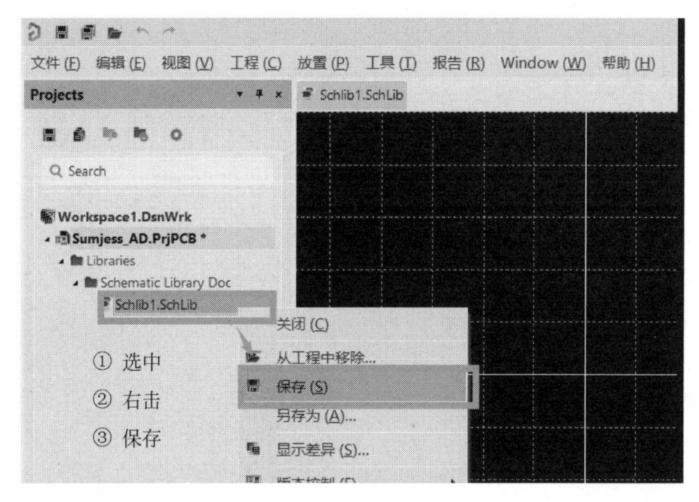

图 4.56 保存原理图库

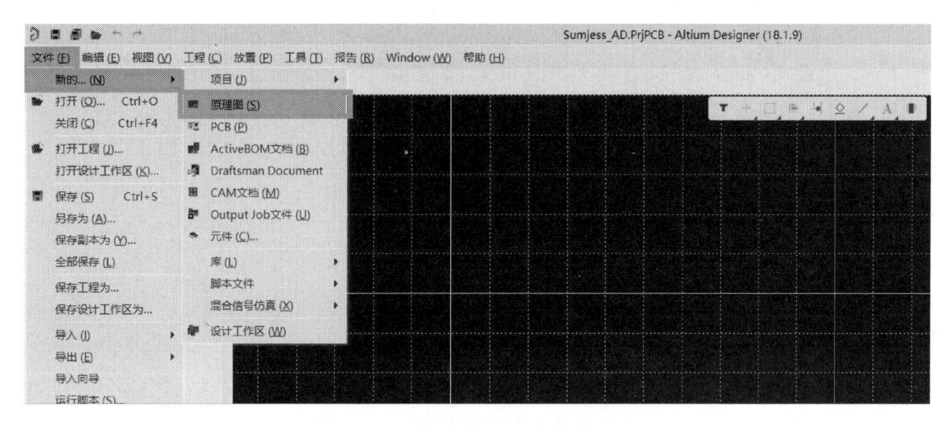

图 4.57 创建原理图文件并保存

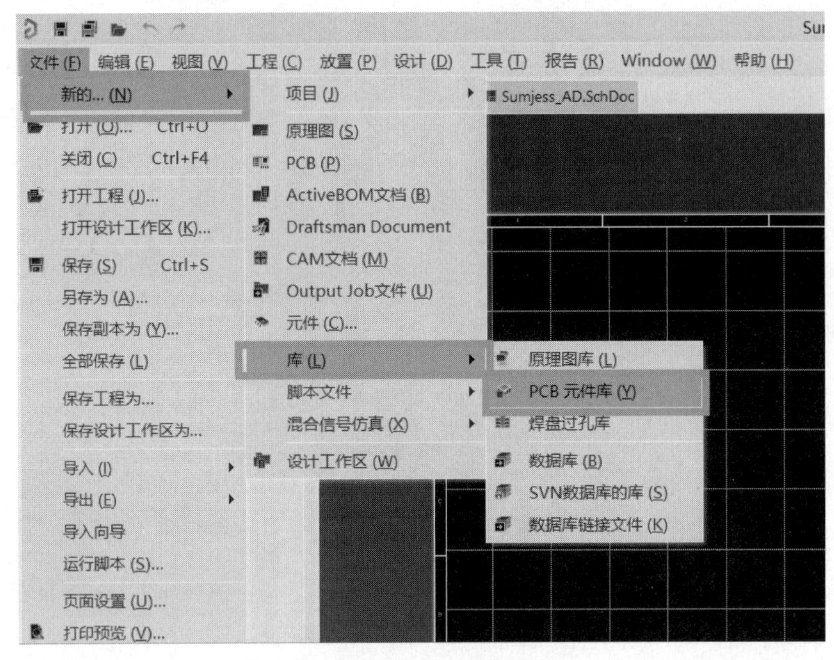

图 4.58　创建 PCB 元件库并保存

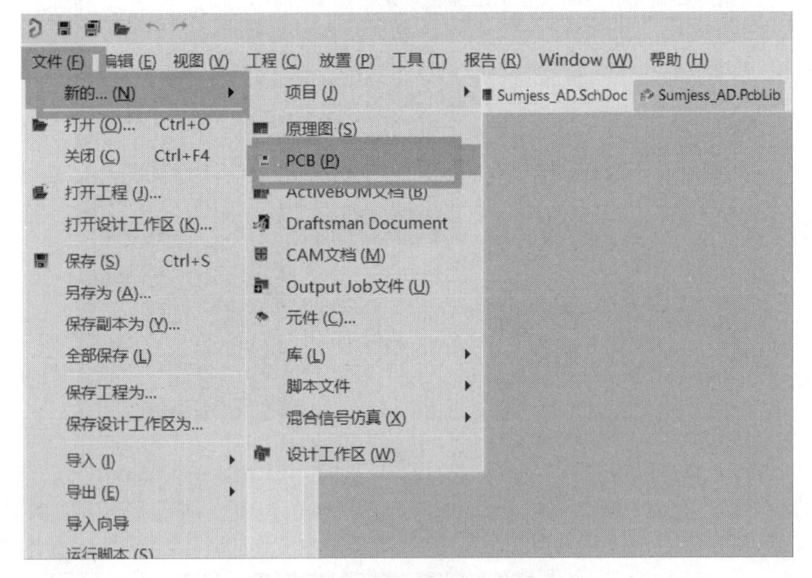

图 4.59　创建 PCB 文件并保存

（1）新建封装库。

（2）在封装库中新建元件封装。

（3）新建元件库。

（4）在元件库中新建元器件。

（5）新建工程组。

（6）在工程组中新建 PCB 工程。

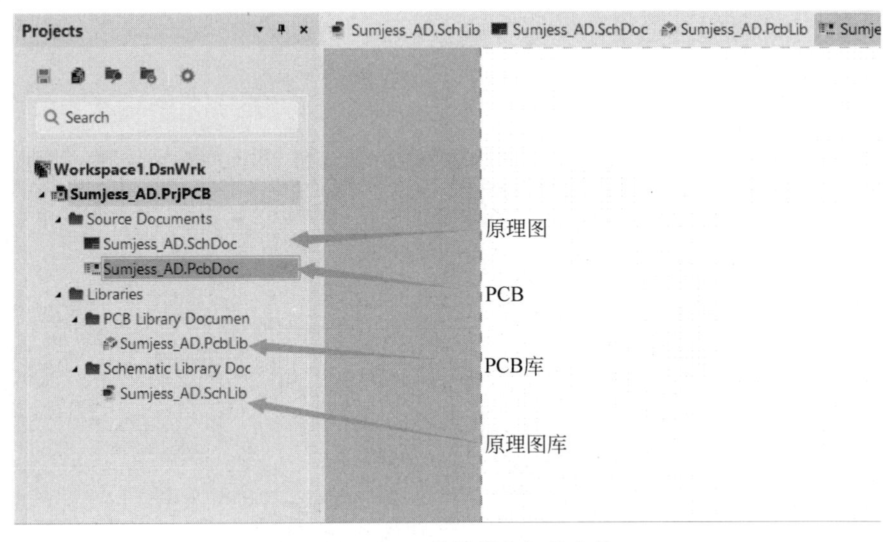

图 4.60　PCB 设计所有初始文件

(7) 在 PCB 工程中添加原理图文件。

(8) 在原理图文件中添加元器件、连线等进行原理图设计。

(9) 在 PCB 工程中添加 PCB 文件,设置板框。

(10) 将原理图导入 PCB。

(11) 设置设计规则。

(12) 在 PCB 文件中布局、布线、铺铜等进行 PCB 设计。

(13) PCB 设计完成之后,进行 DRC(设计规则检查)。

(14) 若 DRC 没有错误,则输出生产文件,一般为 gerber 文件,当然直接给 PCB 源文件也可以(没有保密性)。

(15) 在 PCB 加工这段时间,可以导出 BOM,采购元器件。PCB 加工完成后可进行元器件焊接或贴片处理,可自己完成也可交由第三方完成。

(16) 电路板完成焊接后,可进行硬件调试和软件测试。

以上仅是设计电路板时的基本思路,然而实际如何设计好 PCB 不仅需要熟练地掌握设计工具,更需要非常清楚地了解电子电路和电气知识。

4.3.2　PADS

Mentor Graphics 公司的 PADS Layout/Router 环境作为业界主流的 PCB 设计平台,以其强大的交互式布局布线功能和易学易用等特点,在通信、半导体、消费电子、医疗电子等当前最活跃的工业领域得到了广泛的应用,特别是手机 PCB 的设计基本上都是用 PADS 做的。PADS Layout/Router 支持完整的 PCB 设计流程,涵盖了从原理图网表导入、规则驱动下的交互式布局布线、DRC/DFT/DFM 校验与分析到最后的生产文件(Gerber)、装配文件及物料清单(BOM)输出等全方位的功能需求,确保 PCB 工程师高效率地完成设计任务。PADS 软件如图 4.61 所示。

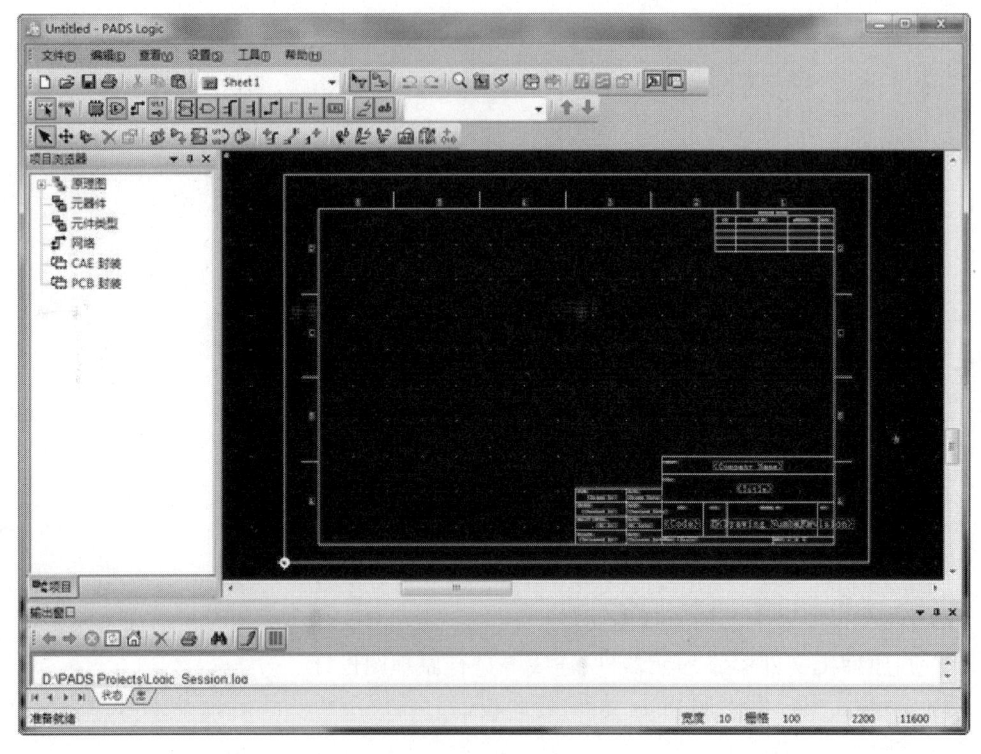

图 4.61 PADS 软件

PADS 的优点是占用计算机资源少、简单、快捷，很多的复杂设置都隐藏掉了，其中布线功能做得特别出色。在设计过程中，硬件设计人员主要会使用 PADS 的 3 个组件：PADS Logic、PADS Layout 和 PADS Router。

PADS Logic：用来设计原理图。同时原理图库和库中的元器件也需要在 PADS Logic 中进行，其界面如图 4.62 所示。

PADS Layout：用来设计 PCB，主要是在前期对 PCB 进行布局，后期对 PCB 进行铺铜、设计验证等，同时库中的封装也需要在 PADS Layout 中进行新建和编辑。PADS Layout 也可以进行布线，但是一般把布线的任务交给更加专业的 PADS Router。其界面如图 4.63 所示。

PADS Router：用来对布局好的 PCB 布线，布线完成之后再返回 PADS Layout 中进行铺铜等处理。其界面如图 4.64 所示。

在使用 PADS 进行电路设计时的基本思路如下：

（1）新建元件库，然后在元件库中设计自己的元器件。

（2）在元件库中设计元器件对应的封装；虽然 PADS 有自带的一些库，但是一般自己使用的元器件（除了一些电阻电容）PADS 自带库中都没有，所以有时候需要自己设计一个专用库。

（3）使用 PADS Logic 设计原理图。

（4）设计好原理图后，导入 PADS Layout 中进行 PCB 布局，设置验证规则。

（5）将 PCB 导入 PADS Router 中进行布线。

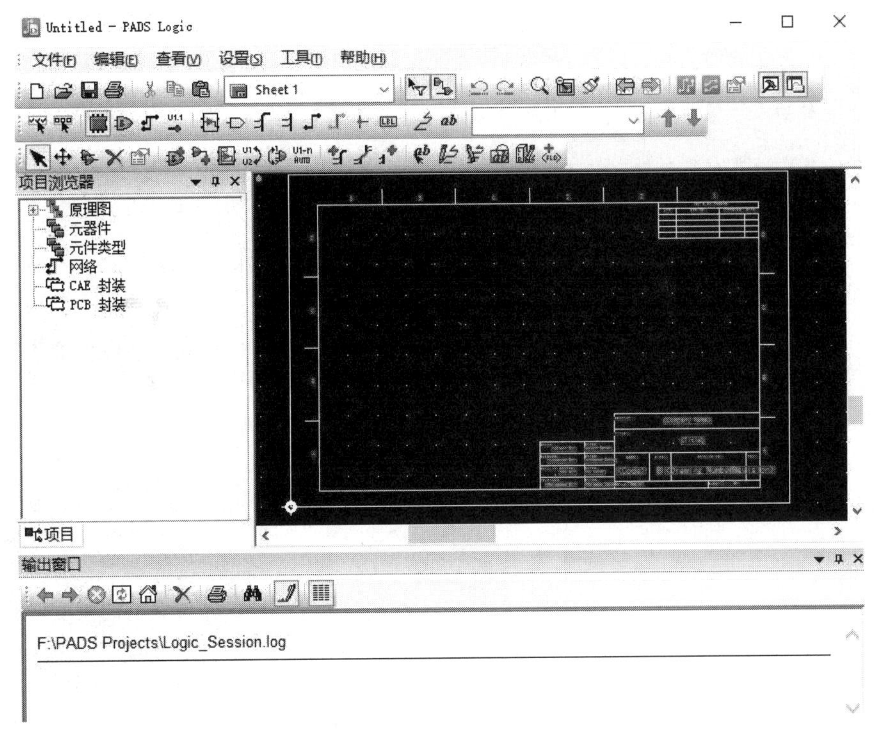

图 4.62 PADS Logic 设计界面

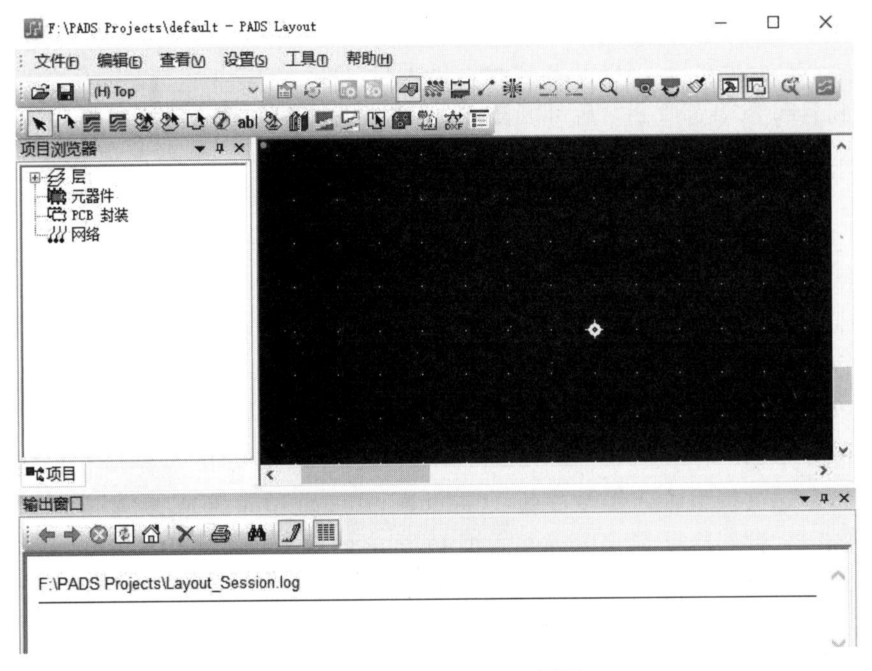

图 4.63 PADS Layout 界面

(6) 布线完成之后，再返回 PADS Layout 中进行铺铜、字符等后处理。

(7) 处理完成之后，进行设计验证，验证没有错误则 PCB 设计完成。

图 4.64 PADS Router 界面

(8) PCB 设计完成之后,需要导出 gerber 文件给 PCB 生产厂家进行制作,当然这里也可以不导出 gerber 文件,直接将 PCB 文件发送过去也可以。

(9) 在 PCB 加工期间,可以导出 BOM 表,采购物料。

(10) 物料和 PCB 都收到之后可以自己进行焊接样板或发送给贴片厂加工。

(11) 完成加工后即可开展硬件调试和软件测试工作。

4.3.3 Cadence Allegro

Cadence Allegro 是 Cadence 公司推出的先进 PCB 设计布线工具。Allegro 提供了良好且交互的工作接口和强大完善的功能,结合前端产品 Capture,可以为当前高速、高密度、多层的复杂 PCB 设计布线提供最完美解决方案。Cadence Allegro 软件如图 4.65 所示。

Cadence Allegro 是目前的主流 PCB 设计软件之一,具有功能集成化、功能组件化、电路分析功能强大、支持团队合作等特点。Cadence Allegro 功能强大,画大型 PCB 有优势。如计算机主板、大型工控板、服务器主板大型 PCB,它的效率和优势非常明显。所以它的领域目前主要还是在大型 PCB 上,现在一些手机板也会有少量公司用。

Cadence Allegro 的优势和不足如下。

优势:软件操作界面友好,响应速度快,操作效率高,二次开发功能丰富,规则管理器功能完善,高速设计专属功能强悍等。

不足:布线推挤功能相对较弱,但是好在其布线操作效率很高,在一定程度上弥补了推挤功能的弱势。

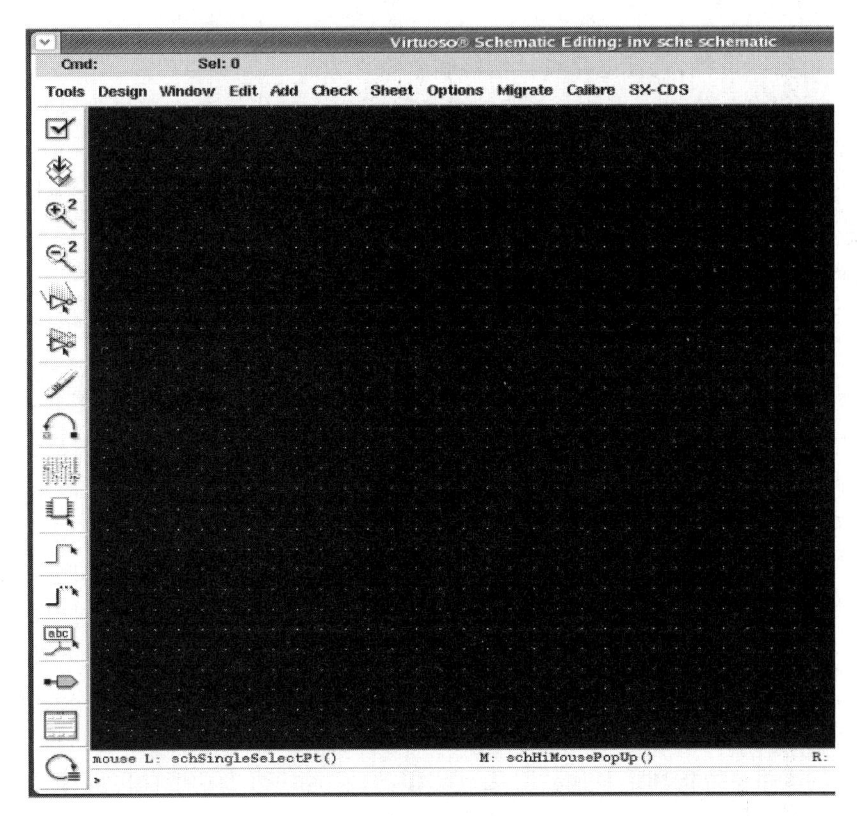

图 4.65 Cadence Allegro 软件

对于 PCB 的设计,不论采用什么样的设计工具,其基本设计思路都是相似的,但是要了解基本电子元器件基础知识(如电阻、电容、MOS、三极管等),了解电子产品的制造流程、生产工业、制程能力等以及清楚各个电路模块的功能、信号走向和布线原则。因此,涉及的学科知识涵盖电路基础、模拟电子技术、数字电子技术和传感器原理等。

以上三款涉及软件各有所长,对于初学者来说,AD 主要用于设计较为简单的电路板(6 层左右),因此也相对容易在短时间内掌握,而 PADS 和 Cadence Allegro 则更偏向于专业的电路设计应用。

4.4 电路仿真软件

电路仿真,顾名思义就是设计好的电路图通过仿真软件进行实时模拟,模拟出实际功能,然后通过其分析改进,从而实现电路的优化设计。市面上有各种类型的仿真器,本节对 4 款十分具有代表性的电路仿真软件进行详细介绍。

4.4.1 Cadence/OrCAD PSpice

PSpice 是 Personal-SPICE(Personal Simulation Program for Integrated Circuits Emphasis),而 SPICE 是一种强大的通用模拟混合模式电路仿真器,SPICE 于 1972 年由美国加州大学

伯克利分校的计算机辅助设计小组利用 FORTRAN 语言开发而成，主要用于大规模集成电路的计算机辅助设计，验证电路设计功能和电路行为。

PSpice 采用自由格式语言的 5.0 版本自 20 世纪 80 年代以来在我国得到广泛应用，并且从 6.0 版本开始引入图形界面。1998 年，著名的 EDA 商业软件开发商 OrCAD 公司与 Microsim 公司正式合并，自此 Microsim 公司的 PSPice 产品正式并入 OrCAD 公司的商业 EDA 系统中。不久之后，OrCAD 公司正式推出了 OrCAD PSpice Release 10.5。与传统的 SPICE 软件相比，OrCAD PSpice Release 10.5 在三大方面实现了重大变革：第一，在对模拟电路进行直流、交流和瞬态等基本电路特性分析的基础上，实现了蒙特卡洛分析、最坏情况分析以及优化设计等较为复杂的电路特性分析；第二，不但能够对模拟电路进行仿真，而且能够对数字电路、数-模混合电路进行仿真；第三，集成度大大提高，电路图绘制完成后可直接进行电路仿真，并且可以随时分析观察仿真结果。PSpice 软件的使用已经非常流行。在大学里，它是工科类学生必会的分析与设计电路工具；在公司里，它是产品从设计、实验到定型过程中不可缺少的设计工具。

PSpice 由原理图编辑、电路仿真、激励编辑、元器件库编辑、波形图等几部分组成，使用时作为一个整体。PSpice 的电路元件模型反映实际型号元件的特性，通过对电路方程运算求解，能够仿真电路的细节，特别适合于对电力/电子电路中开关暂态过程的描述。

PSpice 软件（见图 4.66）具有强大的电路图绘制功能、电路模拟仿真功能、图形后处理功能和元器件符号制作功能，以图形方式输入，自动进行电路检查，生成图表，模拟和计算电路。PSpice 的电路系统仿真是其他软件无法比拟的，它是一个多功能的电路模拟试验平台。PSpice 软件由于收敛性好，因此适合做系统及电路级仿真，具有快速、准确的仿真能力。

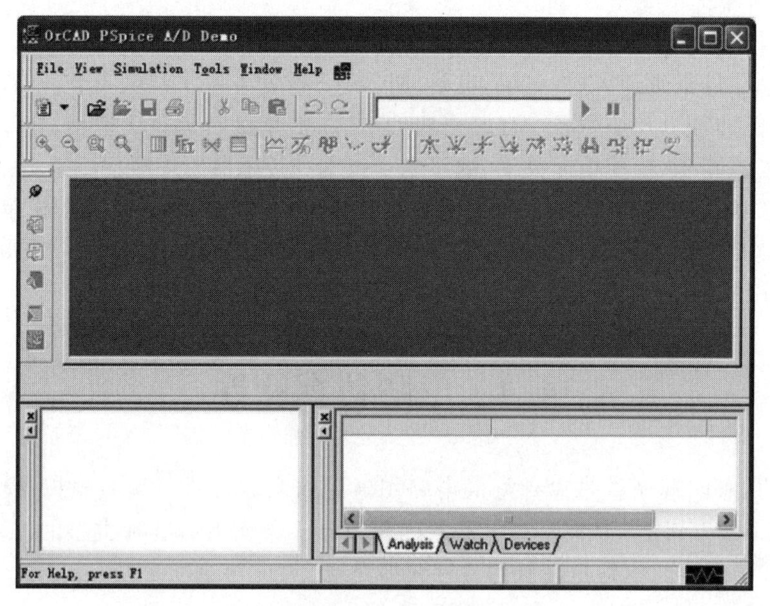

图 4.66 PSpice 软件

PSpice 软件的特点如下。

(1) 实时性强、仿真效果好：可以很容易地对元件参数进行修改，它只需存一次盘、创建一次连接表，就可以实现一个复杂电路的仿真。

(2) 功能强大、集成度高：PSpice内集成如支流分析、交流分析、噪声分析、温度分析等仿真功能，用户只需在所要观察的节点放置电压(电流)探针，就可以在仿真结果图中观察到其“电压(或电流)-时间图”。而且该软件还集成了诸多数学运算，不仅能够进行加、减、乘、除等基本的数学运算，还可以进行正弦、余弦、绝对值、对数、指数等基本的函数运算。

OrCAD PSpice的学生版称为PSpice AD Lite。有关PSpice AD Lite的信息可以从OrCAD的网站获得。PSpice的学生版有一些限制，包括电路最多能有64个节点、10个晶体管和2个运算放大器。

它可以进行各种类型的电路分析，最重要的如下。

(1) 非线性直流分析：计算直流传递曲线。

(2) 非线性瞬态和傅里叶分析：在大信号时计算作为时间函数的电压和电流；傅里叶分析给出频谱。

(3) 线性交流分析：计算作为频率函数的输出，并产生伯德图。

(4) 噪声分析。

(5) 参量分析。

(6) 蒙特卡洛分析。

另外，PSpice有标准元件的模拟和数字电路库(例如，NAND、NOR、触发器、多选器、FPGA、PLDs和许多数字元件)。这使得它成为一种广泛用于模拟和数字应用的有用工具。所有分析都可以在不同温度下进行。默认的温度是300K。电路可以包含下面的元件：独立和非独立的电压、电流源(independent and dependent voltage and current sources)；电阻(resistors)；电容(capacitors)；电感(inductors)；互感器(mutual inductors)；传输线(transmission lines)、运算放大器(operational amplifiers)、开关(switches)、二极管(diodes)、双极型晶体管(bipolar transistors)、金属氧化物场效应晶体管(MOS transistors)、结型场效应晶体管(JFET)、金属半导体场效应晶体管(MESFET)、数字门(digital gates)和其他元件等。

在开始仿真电路之前，需要指定电路配置，这可以用多种方法进行。方法之一是按照元件、连接、元件的模型和分析的以文本文件输入电路描述。该文件被称为SPICE输入文件或源文件。另一种方法是使用原理图输入程序，例如OrCAD Capture。Capture是一个用法友好的程序，它允许用户获取电路的原理图并且指定仿真的类型。Capture不但可以产生输入文件而且可以用于PCB布局设计程序。

图4.67概要说明了有关使用Capture和PSpice仿真一个电路的步骤。

作为例子，将对下面的电路进行不同类型的仿真，如图4.68所示。

首先，采用在Capture中创建电路。

接着，需要首先创建新项目：

(1) 打开OrCAD Capture CIS Lite Edition。

(2) 创建一个新项目：File→New→Project。

(3) 输入项目的名字，例如Bias and DC Sweep。项目文件的扩展名为.opj，双击项目文件可以打开项目。

(4) 选择Analog or Mixed-AD模拟或混合-AD。

(5) 在Location框中输入项目路径，单击OK按钮。

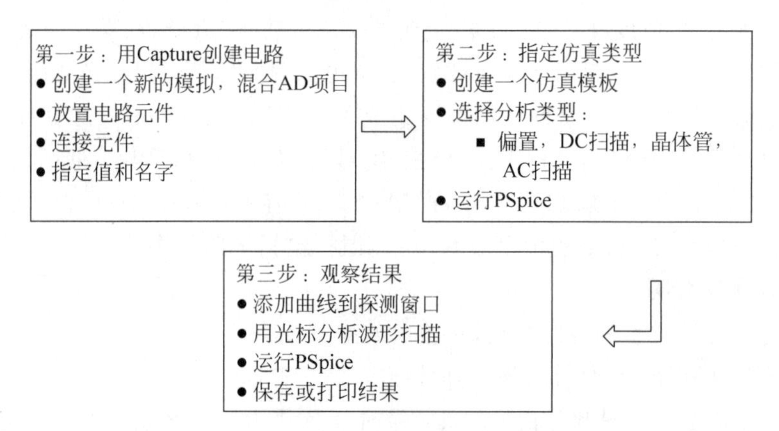

图 4.67 用 Capture 和 PSpice 仿真电路的不同步骤

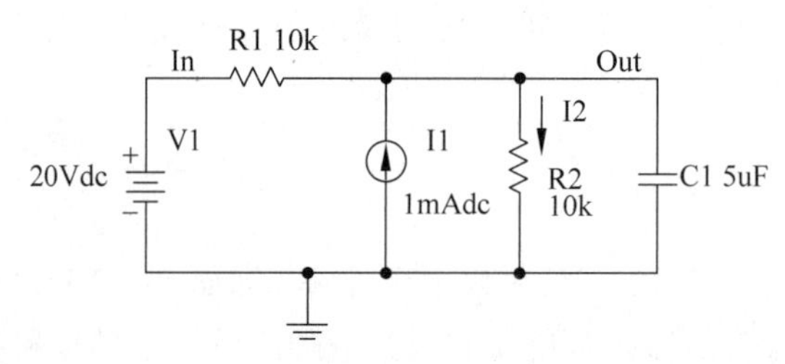

图 4.68 被仿真的电路(OrCAD Capture 的屏幕快照)

(6) 在 Create PSpice Project 对话框打开时,选择 Create Blank Project 选项。一个新的页将在 Project Design Manager 中打开,如图 4.69 所示。

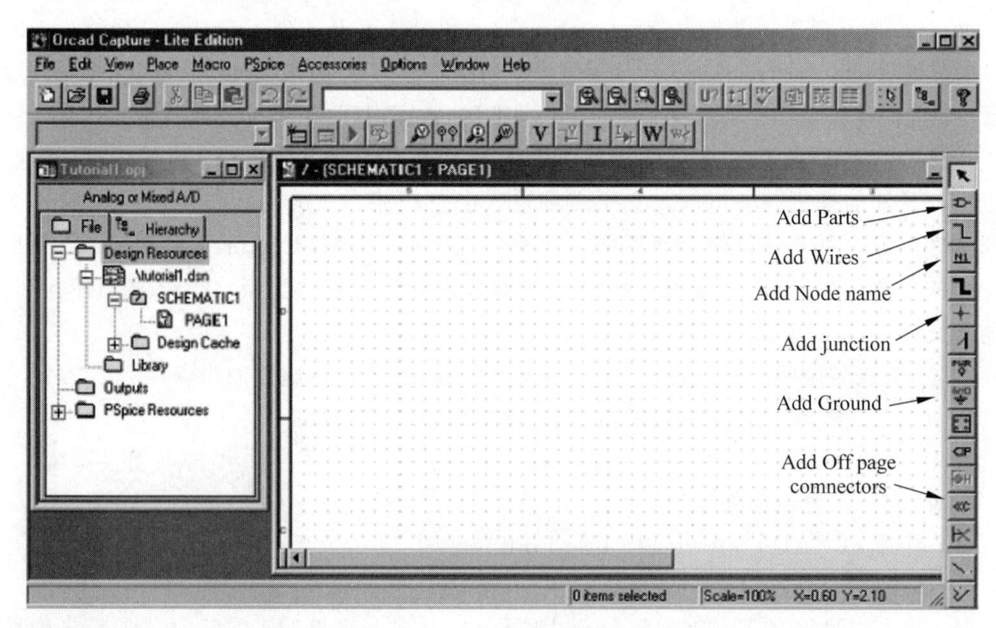

图 4.69 OrCAD Capture 界面

然后放置仿真元件并进行连接:

(1) 在 Capture 中单击原理图窗口。

（2）用 Place→Part 命令放置元件或单击 Place Part 图标，打开如图 4.70 所示的对话框。

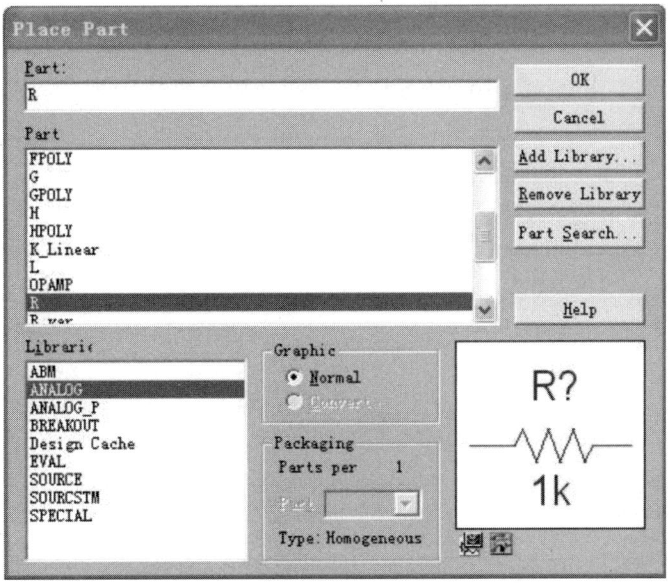

图 4.70　放置元件对话框 Place Part

（3）选择包含所需元件的库。在 Part 文本框中输入元件名字的开始部分，如图 4.70 中的 R，元件列表将定位到其名字包含输入字母的元件处。第一次使用 Capture 时如果没有库可用，必须单击 Add Library（添加库）按钮，打开 Add Library 对话框选择需要的库。Spice 库在路径 Capture\Library\Pspice 下。常用的库有下面几个。

ANALOG：包含无源元件（R、L、C）、互感器、传输线，以及电压和电流非独立的源（电压控制的调用 E、电流控制的电流源 F、电压控制的电流源 G 和电流控制的电压源 H）。

SOURCE：给出不同类型的独立电压和电流源，例如：Vdc（直流电压）、Idc（直流电流）、Vac（交流电压）、Iac（交流电流）、Vsin（正弦电压）、Vexp（指数电压）、脉冲、分段线性等。先浏览一下库，看哪些元件可用。

EVAL：提供二极管（D）、双极型晶体管（Q）、MOS 晶体管、结型场效应晶体管（J）、真实运算放大器（如 u741）、开关（SW_tClose，SW_tOpen）以及各种数字门和元件。

ABM：包含一个可以应用于信号的数学运算符选择，例如：乘法（MULT）、求和（SUM）、平方根（SWRT）、拉普拉斯（LAPLACE）、反正切（ARCTAN），等。

SPECIAL：包含多种其他元件，像参数、节点组等。

（4）从库中选择电阻、电容和直流、电压以及电流源。可以用鼠标左键放置元件，用鼠标右键单击旋转元件。如果要放置相同元件的另一个实例，可以再次单击鼠标左键。对某个元件完成特定的操作后按 Esc 键，或右击并在弹出的快捷菜单中选择 End Mode 选项。可以给电容器添加初始化条件；双击该元件将打开看起来像电子表格的 Property 属性窗口，在 IC 列的下面输入初始化条件的值，例如，2V。对于这里的例子假定 IC 是 0V（这是默认值）。移动元件时 Snap to grid 工具控制元件是否吸附到网格上。

（5）在放置好所有的元件后，单击 GND 图标放置 Ground 地端子（在右边的工具栏中）。当放置的对话框打开时，选择 GND/CAPSYM 并且给它命名为 0。不要忘记改变其名字为 0，否则 PSpice 将给出一个错误或 Floating Node。其原因是 SPICE 需要一个地端子作为参考节点，其名字或节点号必须是 0。

（6）选择 Place→Wire 命令或单击 Place Wire 图标连接元件。

（7）可以用 PLACE→NET ALIAS 命令为网络或节点指定别名。将输出和输入节点命名为 Out 和 In。

接着便是为元件指定值和名字：

（1）双击电阻旁边的数字改变电阻值。也可以改变电阻的名字。对于电容、电压和电流源的操作是一样的。

（2）为节点指定名字(例如：Out 和 In 节点)。

（3）保存项目。

最后是生成网表。

网表用简单的格式给出所有元件的列表：

```
R_name node1 node2 value
C_name nodex nodey value,etc.
```

（1）用 PSpice→Create Netlist 命令产生网表。

（2）在项目 Project Manager 管理窗口(在文件窗口的左边)中双击 Outputs/name.net 文件可以查看文件名称列表，如图 4.71 所示。

```
tutorial1-schematic1.net
1:  * source TUTORIAL1
2:  C_C1          0 OUT  5uf IC=0V
3:  R_R1          IN OUT  10k
4:  R_R2          0 OUT  10k
5:  I_I1          0 OUT DC 1mAdc
6:  V_V1          IN 0 20Vdc
7:
```

图 4.71 元件名称列表

Capture 完成后再指定分析和仿真的类型。这里将介绍怎样在被仿真的电路上做直流偏置和直流分析。

（1）打开原理图，在 PSpice 菜单上选择 New Simulation Profile。

（2）在文本框 Name 中输入一个描述性的名字，例如 Bias。

（3）从 Inherit From 列表中选择 none 并单击 Create 按钮。

（4）当 Simulation Setting 仿真设置窗口打开时，对于 Analyis Type 分析类型，选择 Bias Point 偏置点并单击 OK 按钮。

（5）现在已经准备好运行仿真，选择 PSpice→Run 命令。

（6）一个状态窗口将打开，查看是否仿真成功，如果有错，可查看仿真输出文件或 Session Log 窗口(该窗口不能关闭)。

（7）为了看到直流偏置点的仿真结果，可以打开仿真输出文件或返回原理图并单击 V 图标(偏置电压显示)和 I 图标(偏置电流显示)显示电压和电流，如图 4.72 所示。为了检查电流方向，必须查看网表：电流的正方向是从节点 1 流到节点 2。

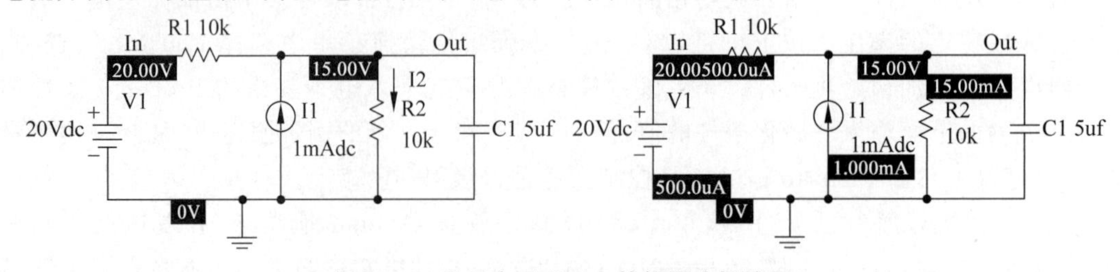

图 4.72 显示在原理图上的偏置分析结果

以上便是一个简单的电路的直流偏置分析过程。

4.4.2 Multisim

在众多的EDA(Electronic Design Automation)仿真软件中,Multisim软件界面友好、功能强大、易学易用,受到了广大电类设计开打人员和学生的青睐。Multisim来源于加拿大图像交互技术(Interactive Image Technologies,IIT)公司推出的以Windows为基础的仿真工具,原名EWB。IIT公司于1988年推出一个用于电子电路仿真和设计的EDA工具软件Electronics Workbench(EWB,中文名电子工作台),以界面形象直观、操作方便、分析功能强大等优势而迅速得到广泛使用。1996年,IIT推出了EWB 5.0版本,在EWB 5.x版本后。从EWB 6.0版本开始,IIT对EWB进行了较大的变动,名称更改为Multisim(多功能仿真软件)。IIT公司后来被美国国家仪器(National Instruments)公司收购,软件更名为NI Multisim,经过多个版本升级后,已经有Multisim 2001、Multisim 7、Multisim 8、Multisim 9、Multisim 10等版本,在Multisim 9之后的版本增加了单片机和LabView虚拟仪器的仿真和应用。

工程师们可以使用Multisim交互式地搭建电路原理图,并对电路进行仿真。Multisim提炼了SPICE仿真的复杂内容,这样工程师无须懂得深入的SPICE技术就可以很快地进行捕获、仿真和分析新的设计,这也使其更适合电子学教育。通过Multisim和虚拟仪器技术,PCB设计工程师和电子学教育工作者可以完成从理论到原理图捕获与仿真再到原型设计和测试这样一个完整的综合设计流程。

Multisim的特点包括如下几点。

(1) 直观的图形界面:整个操作界面就像一个电子实验工作台,绘制电路所需的元器件和仿真所需的测试仪器均可直接拖放到屏幕上轻轻单击可用导线将它们连接起来,软件仪器的控制面板和操作方式都与实物相似,测量数据、波形和特性曲线如同在真实仪器上看到的。

(2) 丰富的元器件:提供了17000多种元件,能方便地对元件各种参数进行编辑修改,能利用模型生成器以及代码模式创建模型等功能,创建自己的元器件。

(3) 强大的仿真能力:其仿真引擎以SPICE3F5和Xspice作为内核,通过Electronic WorkBench带有的增强设计功能将数字和混合模式的仿真性能进行优化,包括SPICE仿真、RF仿真、MCU仿真、VHDL仿真、电路向导等功能。

(4) 丰富的测试仪器:提供了22种虚拟仪器进行电路动作的测量。这些仪器的设置和使用与真实的一样,动态互交显示。除了Multisim提供的默认的仪器外,还可以创建LabVIEW的自定义仪器,使得图形环境中可以灵活地、可升级地测试、测量及控制应用程序的仪器。

(5) 完备的分析手段:Multisimt提供了许多分析功能,它们利用仿真产生的数据执行分析,分析范围很广,并可以将一个分析作为另一个分析的一部分自动执行。集成LabVIEW和Signalexpress快速进行原型开发和测试设计,具有符合行业标准的交互式测量和分析功能。

(6) 强大的MCU模块:支持4种类型的单片机芯片,支持对外部RAM、外部ROM、键盘和 LCD 等外围设备的仿真,分别对 4 种类型芯片提供汇编和编译支持;所建项目支持 C 代码、汇编代码以及十六进制代码,并兼容第三方工具源代码;包含设置断点、单步运行、查看和编辑内部 RAM、特殊功能寄存器等高级调试功能。

(7) 完善的后处理:对分析结果进行的数学运算操作类型包括算术运算、三角运算、指数运行、对数运算、复合运算、向量运算和逻辑运算等。

图 4.73 是 Multisim 软件的用户界面,包括菜单栏(见图 4.74)、主工具栏(见图 4.75)、元器件工具栏(见图 4.76)、虚拟仪器工具栏(见图 4.77)、仿真开关、状态栏、电路图编辑区等。菜单栏与 Windows 应用程序类似。

Circuit1 - Multisim - [Circuit1]
菜单栏
主工具栏
File Edit View Place MCU Simulate Transfer Tools Reports Options Window Help
In Use List
仿真开关
元器件工具栏
虚拟仪器
工具栏
Design Toolbox
Circuit1
Circuit1
项目管理器
电路图编辑区
Hierarchy Visibility Project View
Circuit1
状态栏

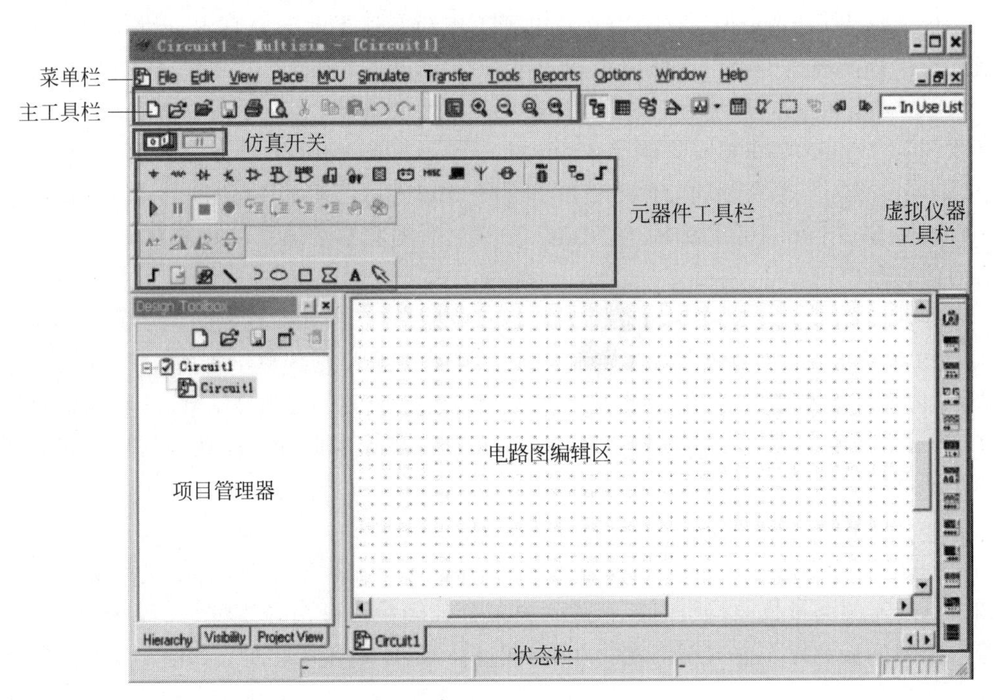

图 4.73 Multisim 软件主界面

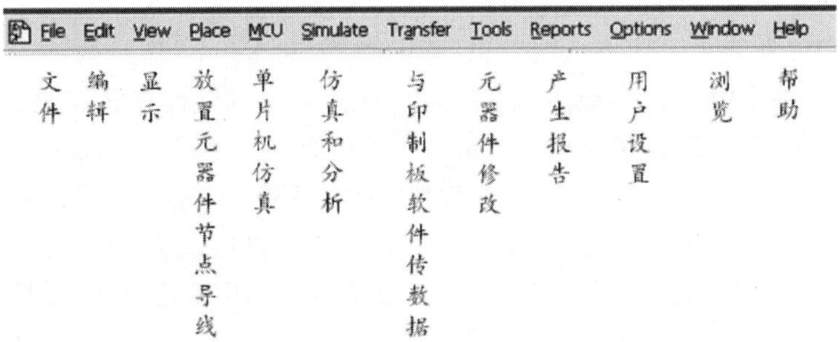

File Edit View Place MCU Simulate Transfer Tools Reports Options Window Help
文件
编辑
显示
放置元器件节点导线
单片机仿真
仿真和分析
与印制板软件传数据
元器件修改
产生报告
用户设置
浏览
帮助

图 4.74 菜单栏

其中,Options 菜单下的 Global Preference 和 Sheet Properties 可进行个性化界面设置,如在 Multisim 10 中提供了两套电气元器件符号标准:ANSI,美国国家标准学会,属于美国电气标准,默认值设置;DIN,德国国家标准学会,欧洲标准,与中国符号标准一致。

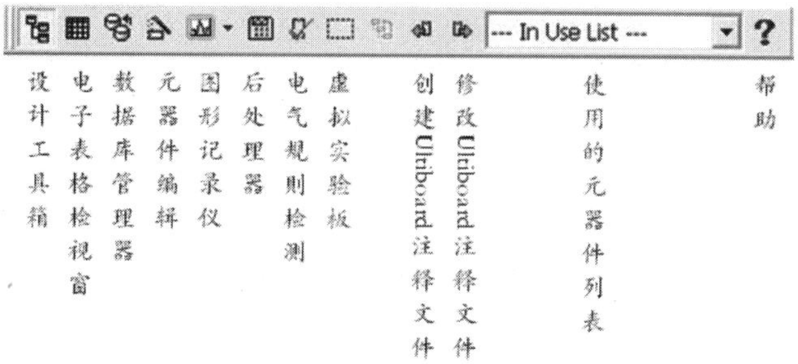

--- In Use List ---
?
设计工具箱
电子表格检视窗
数据库管理器
元器件编辑
图形记录仪
后处理器
电气规则检测
虚拟实验板
创建Ultiboard注释文件
修改Ultiboard注释文件
使用的元器件列表
帮助

图 4.75　主工具栏

MISC
放置电源
基本元器件
放置二极管
放置晶体管
运算放大器
TTL元器件
CMOS元器件
其他数字器件
混合元器件
显示模块
放置功率元件
杂项元器件
高级外围电路
高频元器件
机电元器件
放置总线

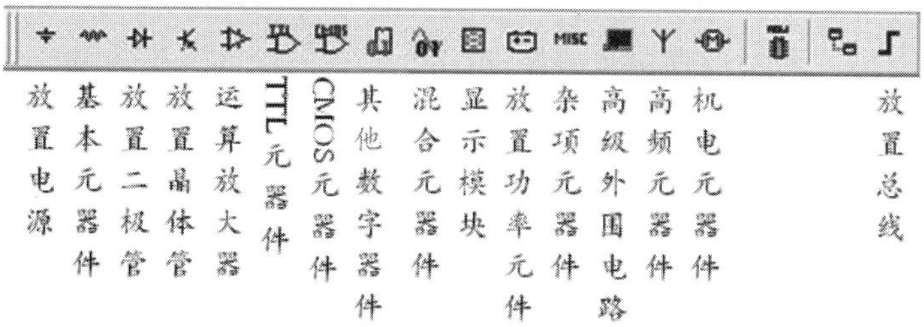

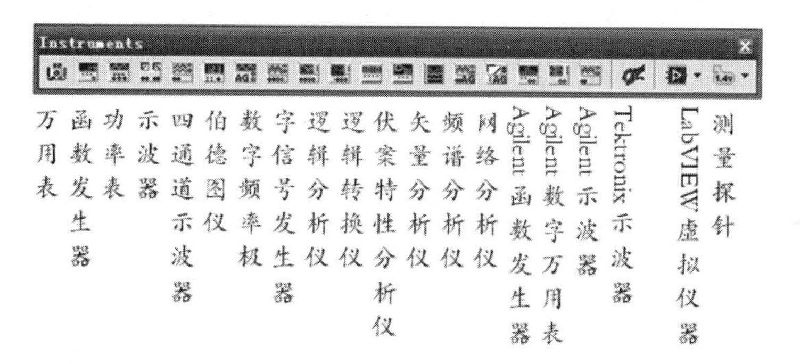

图 4.76　元器件工具

Instruments
万用表
函数发生器
功率表
示波器
四通道示波器
伯德图仪
数字频率极
字信号发生器
逻辑分析仪
逻辑转换仪
伏安特性分析仪
矢量分析仪
频谱分析仪
网络分析仪
Agilent函数发生器
Agilent数字万用表
Agilent示波器
Tektronix示波器
LabVIEW虚拟仪器
测量探针

图 4.77　虚拟仪器工具栏

项目管理器位于工作界面的左半部分，电路以分层的形式展示，主要用于层次电路的显示，三个标签为：Hierarchy，对不同电路分层显示，单击 New 按钮将生成 Circuit2 电路；Visibility，设置是否显示电路的各种参数标识，如集成电路的引脚名；Project View，显示同一电路的不同页。

采用 Multisim 进行电路分析的基本思路如下。

（1）建立电路文件。

建立电路文件的方法有很多，如，打开 Multisim 时自动打开空白的电路文件 Circuit1，保存时可以重新命名；或选择 File→New 命令；或者单击工具栏中的 New 按钮；或利用组合键 Ctrl+N。

（2）放置元器件和虚拟仪表。

Multisim 的元件库数据非常丰富，以 Multisim 10 为例，包含的元器件库有 master database（主元件库）、user database（用户元件库）、corporate database（合作元件库），后两个

库有用户或合作人创建，新安装的 Multisim 10 中这两个为空数据库。

放置元器件的方法有：单击菜单栏中的 Place Component，或利用元件工具栏中的 Place→Component，或在电路编辑区右击，利用弹出的快捷菜单来放置，或者利用组合键 Ctrl＋W。放置仪表可单击虚拟仪表工具栏相应的按钮，或使用菜单栏。

（3）元器件属性编辑。

元器件的参数设置方法为双击元器件，弹出对话框，包括的选项卡有：Label，它是标签，Refdes 编号，由系统自动分配，可修改，但需保证唯一性；Display，显示；Value，数值；Fault，故障设置，包括 Leakage（漏电）、Short（短路）、Open（开路）、None（无故障，默认值）；Pins，引脚，各个引脚编号、类型、电气状态。对于特殊要求可用元器件向导（component wizard）编辑自己的元器件，一般是在已有的元器件上进行编辑和修改。方法是选择 Tool→Component Wizard 命令，按照规定步骤编辑，用元器件向导编辑生成的元器件放置在 User Database 中。

（4）元器件连线和调整。

元器件之间的连线方法有：①自动连线。单击起始引脚，鼠标指针变成“十”字形，移动鼠标至目标引脚或导线，单击，则连线完成，到导线连接后呈现“丁”字交叉时，系统自动在交叉点处放节点（junction）。②手动连线。单击起始引脚，鼠标变成“十”字形，在连线需要拐角处单击，可以指定连线的拐角点，从而人为设置连线的路径。③关于交叉点，默认“丁”字交叉为导通，“十”字交叉为断开点，对于“十”字交叉而又希望它是导通的情况，可以分段连线，即先连接起点到交叉点，然后连接交叉点到终点；也可在已有的连线上增加一个节点，从该节点引出新的连线，添加节点可以利用菜单栏中的 Place→Junction 命令，或使用组合键 Ctrl＋J。

在调整已有的元器件时，可单击选中元器件，移动鼠标将其移动到合适的位置；或双击元器件进入属性对话框改变元器件的标号；或者通过 Options→Sheet Properties→Circuit→Net Names 命令，选择 Show All 来显示节点的编号以便于仿真结果的输出；或者通过右击→Delete 对节点或导线进行删除，也可选中目标，按下 Del 键进行删除。

图 4.78 和图 4.79 分别显示调整前后的电路。

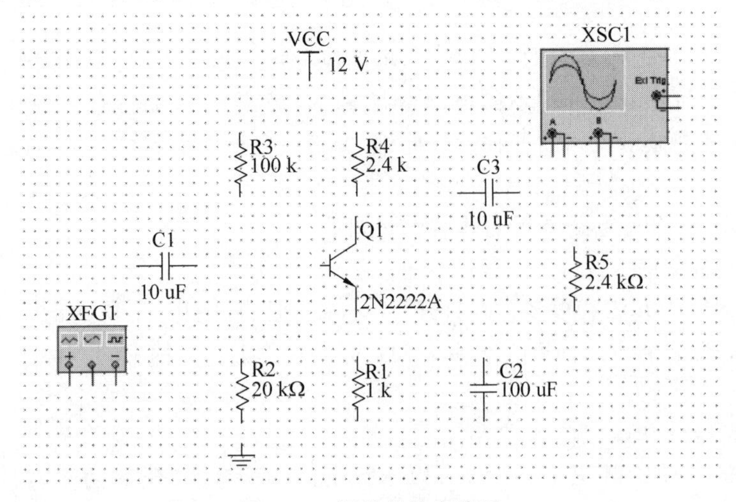

图 4.78 调整前的电路图

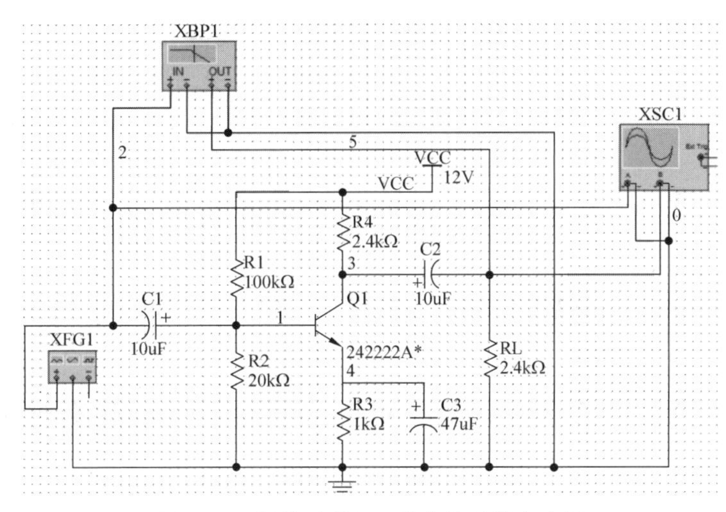

图 4.79　调整后并显示节点编号的电路图

(5) 电路仿真。

电路仿真可单击仿真开关,使电路开始工作,界面的右上状态栏显示仿真状态指示;然后通过双击虚拟仪器,进行仪器设置,得到仿真结果。图 4.80 是虚拟示波器界面的显示结果。

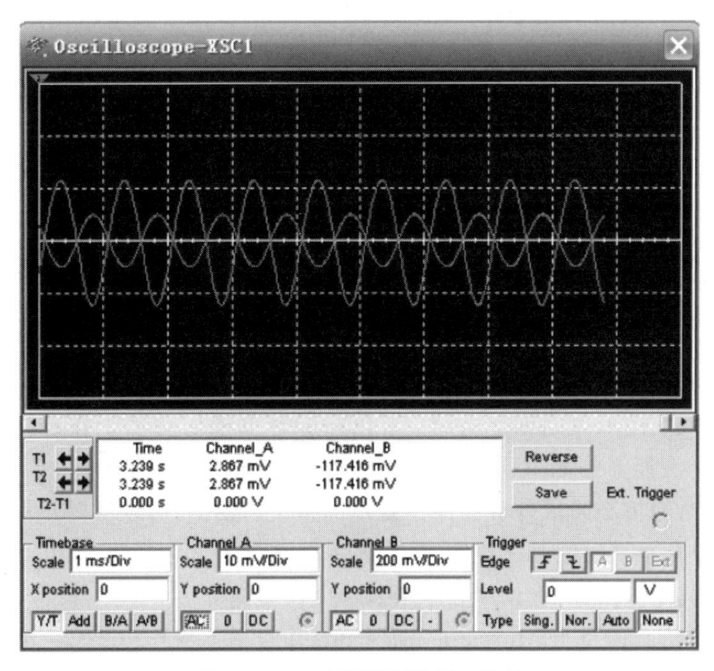

图 4.80　示波器界面的显示结果

(6) 输出结果,进行分析。使用 Simulate→Analyses 命令,根据电路需要分析结果。

4.4.3　Electronic Workbench

Electronic Workbench 简称 EWB,是专用于电子电路仿真的虚拟电子实验平台软件工具。该软件可以对各种模拟电路、数字逻辑电路及混合电路进行仿真,它可以几乎 100%仿真出真实电路的结果，而且它在桌面上提供了万用表、示波器、信号发生器、扫频仪、逻辑分析仪、数字信号发生器、逻辑转换器等工具，在它的器件库中则包含了许多大公司的晶体管元器件、集成电路和数字门电路芯片，器件库中没有的元器件可以由外部模块导入。在众多的电路仿真软件中，EWB 是最容易上手的，它的工作界面非常直观，原理图和各种工具都在同一个窗口内，对于电子设计工作者来说，它是个极好的 EDA 工具。EWB 软件主窗口如图 4.81 所示。

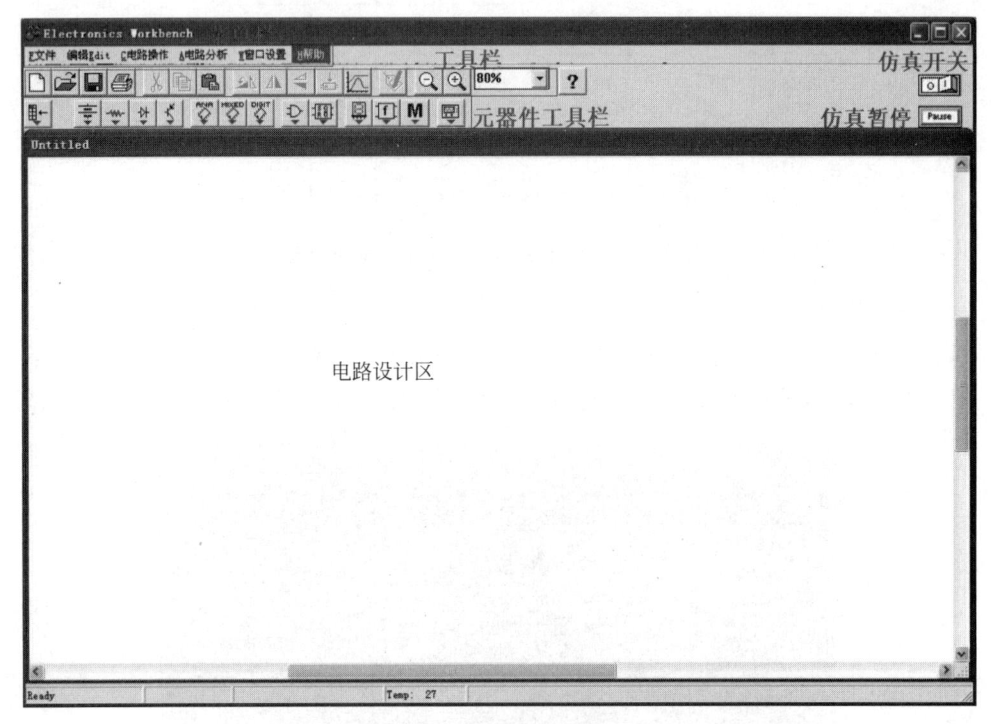

图 4.81 EWB 软件主窗口

EWB 的特点：

(1) 采用直观的图形界面创建电路：可以在屏幕上模仿真实工作台，绘制电路图所需的元器件、电路仿真所需的测试仪器可以直接从屏幕上选取。

(2) 软件仪器的控制面板外形和操作方式都和实物相似，可以实时显示测量结果。

(3) EWB 带有丰富的电路元件库，包含多种电路分析方法。

(4) 可以同其他电路分析、设计和制板软件交换数据。

EWB 的电路仿真思路与 Multisim 非常类似，而且基本操作也比较一致，因此在此不再赘述。

4.4.4 Proteus

Proteus 软件是英国 Lab Center Electronics 公司开发的 EDA 工具软件。它不仅具有其他 EDA 工具软件的仿真功能，还能仿真单片机及外围器件。它是目前比较好的仿真单片机及外围器件的工具。虽然目前国内推广刚起步，但已受到单片机爱好者、从事单片机教学的教师、致力于单片机开发应用的科技工作者的青睐。

Proteus 是英国著名的 EDA 工具(仿真软件),从原理图布图、代码调试到单片机与外围电路协同仿真,一键切换到 PCB 设计,真正实现了从概念到产品的完整设计,是目前世界上唯一将电路仿真软件、PCB 设计软件和虚拟模型仿真软件三合一的设计平台,其处理器模型支持 8051、HC11、PIC10/12/16/18/24/30/dsPIC33、AVR、ARM、8086 和 MSP430 等,2010 年又增加了 Cortex 和 DSP 系列处理器,并持续增加其他系列处理器模型。在编译方面,它也支持 IAR、Keil 和 MPLAB 等多种编译器。

Proteus 软件界面如图 4.82 所示。

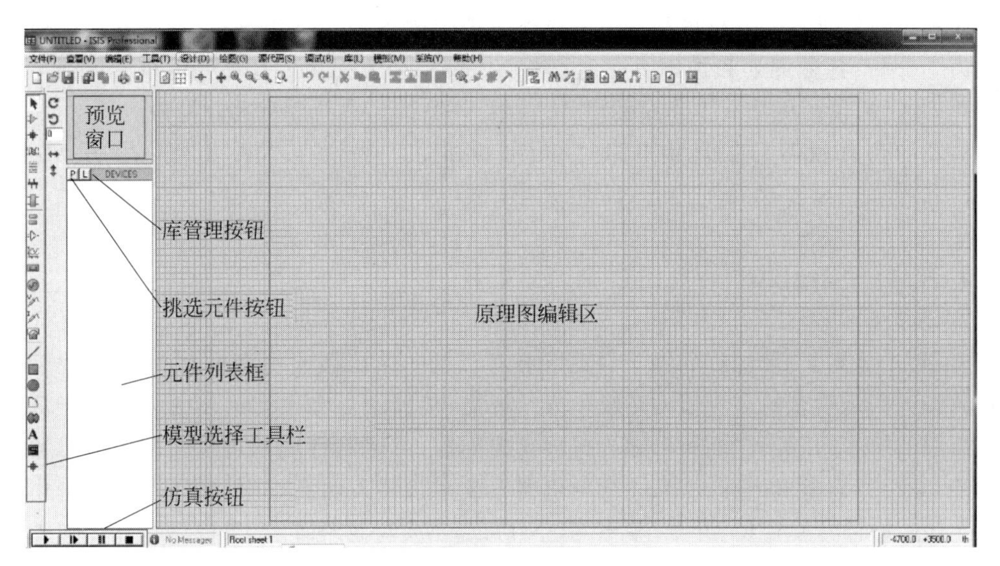

图 4.82 Proteus 软件界面

Proteus 的特点如下。

(1) 互动的电路仿真:用户甚至可以实时采用诸如 RAM、ROM、键盘、马达、LED、LCD、AD/DA、部分 SPI 器件、部分 IIC 器件。

(2) 仿真处理器及其外围电路:可以仿真 51 系列、AVR、PIC、ARM 等常用主流单片机,还可以直接在基于原理图的虚拟原型上编程,再配合显示及输出,能看到运行后输入输出的效果。配合系统配置的虚拟逻辑分析仪、示波器等,Proteus 建立了完备的电子设计开发环境。

(3) 卓越的实时显示效果:相对于 Proteus,其他软件对于动态仿真都不是太好,这里不是说仿真结果和数据不好,而是对实时效果显示不是很好。Proteus 作为一款单片机仿真软件,不仅含有大量的基于真实环境的元器件,还提供最卓越的实时显示效果,它的动态仿真是基于帧和动画的,因此提供更好的视觉效果。

在 Proteus 中绘制原理图的基本操作:原理图的绘制区在界面的编辑窗口。用左键放置元件;用右键选择元件;双击右键,删除元件;右键拖选多个元件;选中元件单击右键可编辑元件属性;先单击右键后按住左键可拖动元件;连线用左键,删除用右键;改连接线:先右击连线,再用左键拖动;滚轮(中键)缩放。

4.5 机器人系统仿真软件

机器人系统仿真是指通过计算机对实际的机器人系统进行模拟的技术。机器人系统仿真可以通过单机或多台机器人组成的工作站或生产线。通过系统仿真，可以在制造单机与生产线之前模拟出实物，缩短生产工期，可以避免不必要的返工。

机器人系统仿真主要应用在两个方面：第一个方面是机器人本身的设计和研究，这里机器人本身包括机器人的机械结构以及机器人的控制系统，它们主要包括机器人的运动学和动力学分析、各种规划和控制方法的研究等；第二个方面主要是那些以机器人为主体的自动化生产线，包括机器人工作站的设计、机器人的选型、离线编程和碰撞检测等。

涉及的仿真软件和工具也非常之多，如 Simbad、Webots、MATLAB、ROS、Mujoco、Gazebo、CoppeliaSim (V-REP)、PyBullet 等。

4.5.1 Simbad

Simbad 是基于 Java3D 的用于科研和教育目的的多机器人仿真平台，主要专注于研究人员和编程人员热衷的多机器人系统中人工智能、机器学习和更多通用的人工智能算法中一些简单的基本问题。它拥有可编程机器人控制器，可定制环境和自定义配置传感器模块等功能，采用三维虚拟传感技术，支持单机器人或多机器人仿真，提供神经网络或进化算法等工具箱。软件开发容易、开源，基于 GUN 协议，不支持物理计算，可以运行在任何支持包含 Java3D 库的 Java 客户端系统上。

它主要提供以下功能：

(1) 三维可视化和感应；

(2) 单机器人或多机器人仿真；

(3) 视觉传感器：彩色单镜相机；

(4) 距离传感器：声呐和红外线；

(5) 触觉传感器；

(6) 用户控制界面。

Simbad 软件界面如图 4.83 所示。

4.5.2 Webots

Webots 是一个具备对移动机器人进行建模、编程和仿真的开发平台，主要用于地面机器人仿真。用户可以在一个共享的环境中设计多种复杂的异构机器人，可以自定义环境大小(环境中所有物体的属性包括形状、颜色、文字、质量、功能等)，也可以进行自由配置，它使用 ODE 检测物体碰撞和模拟刚性结构的动力学特性，可以精确地模拟物体速度、摩擦力和惯性等物理属性。每个机器人可以配置大量可供选择的仿真传感器和驱动器，机器人的控制器可以通过内部集成化开发环境或者第三方开发环境进行编程，控制器程序可以用 C、

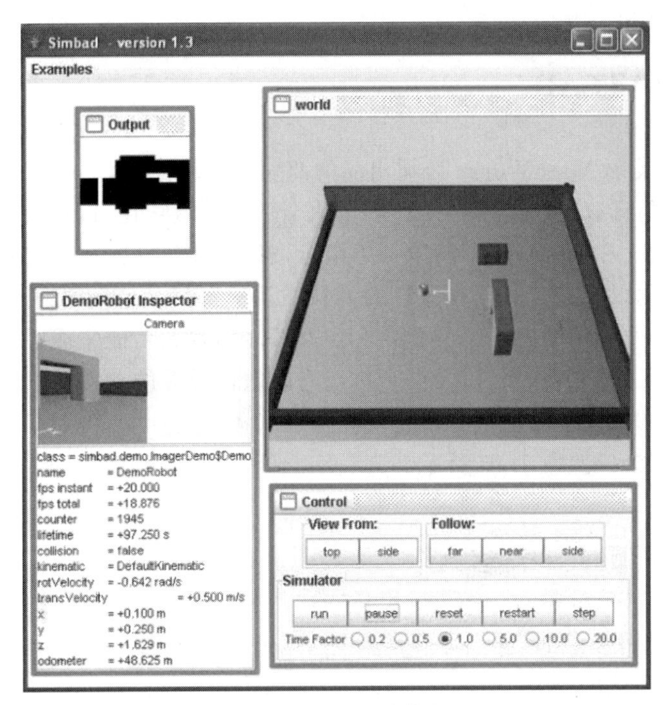

图 4.83　Simbad 软件界面

C++等编写，机器人的每个行为都可以在真实环境中测试。Webots 支持如 khepera、pioneer2、aibo 等大量机器人模型，也可以导入自己定义的机器人。

Webots 可用于创建各种机器人仿真模型，包括轮式机器人、工业臂、双足机器人、多腿机器人、模块化机器人、汽车、飞行无人机、自主水下飞行器、履带式机器人、航空航天车辆等；还可设置室内或室外互动环境。Webots 软件界面如图 4.84 所示。

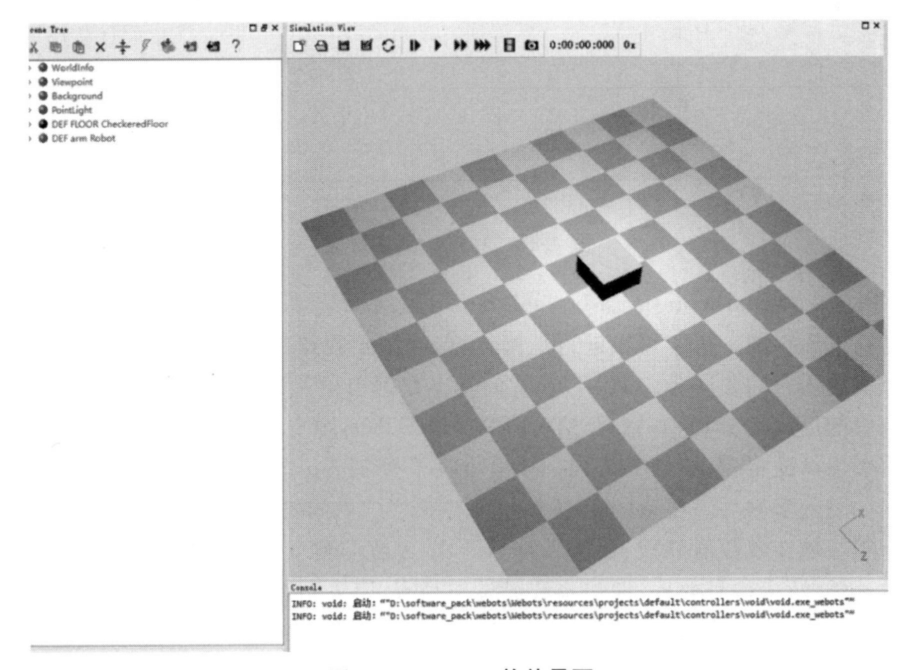

图 4.84　Webots 软件界面

4.5.3 MATLAB

MATLAB是美国MathWorks公司出品的商业数学软件，用于数据分析、无线通信、深度学习、图像处理与计算机视觉、信号处理、量化金融与风险管理、机器人、控制系统等领域。MATLAB是matrix和laboratory两个词的组合，意为矩阵工厂(矩阵实验室)，软件主要面对科学计算、可视化以及交互式程序设计的高科技计算环境。它将数值分析、矩阵计算、科学数据可视化以及非线性动态系统的建模和仿真等诸多强大功能集成在一个易于使用的视窗环境中，为科学研究、工程设计以及必须进行有效数值计算的众多科学领域提供了一种全面的解决方案，并在很大程度上摆脱了传统非交互式程序设计语言(如C、FORTRAN)的编辑模式。其主界面窗口如图4.85所示。

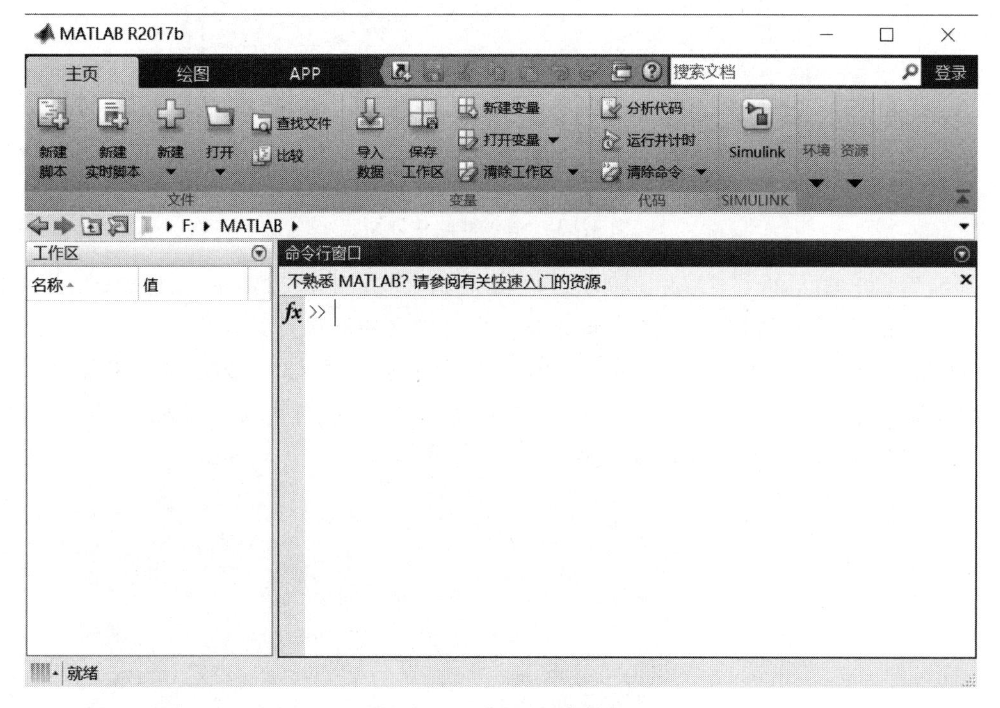

图4.85 MATLAB主窗口

MATLAB和Mathematica、Maple并称为三大数学软件。它在数学类科技应用软件，在数值计算方面首屈一指。可以进行矩阵运算、绘制函数和数据、实现算法、创建用户界面、连接其他编程语言的程序等。MATLAB的基本数据单位是矩阵，它的指令表达式与数学、工程中常用的形式十分相似，故用MATLAB来解算问题要比用C、FORTRAN等语言完成相同的事情简捷得多，并且MATLAB也吸收了像Maple等软件的优点，使MATLAB成为一个强大的数学软件。在新的版本中也加入了对C、FORTRAN、C++、Java的支持。

其应用领域涉及数值分析、数值和符号计算、工程与科学绘图、控制系统的设计与仿真、数字图像处理、数字信号处理、通信系统设计与仿真、财务与金融工程等方面。

MATLAB对许多专门的领域都开发了功能强大的模块集和工具箱。一般来说，它们都是由特定领域的专家开发的，用户可以直接使用工具箱学习、应用和评估不同的方法而不需要自己编写代码。如数据采集、数据库接口、概率统计、样条拟合、优化算法、偏微分方程求解、神经网络、小波分析、信号处理、图像处理、系统辨识、控制系统设计、LMI 控制、鲁棒控制、模型预测、模糊逻辑、金融分析、地图工具、非线性控制设计、实时快速原型及半物理仿真、嵌入式系统开发、定点仿真、DSP 与通信、电力系统仿真等都在工具箱(Toolbox)家族中有了自己的一席之地。其中与机器人仿真相关的如 Robotics Toolbox,它是用来建立机器人运动模型、进行空间规划、正逆运动求解的工具箱。另外还有 Robotics System Toolbox 则是关于机器人系统 MATLAB/Simulink 与 ROS 的接口(见图 4.86),以及常用的机器人算法。

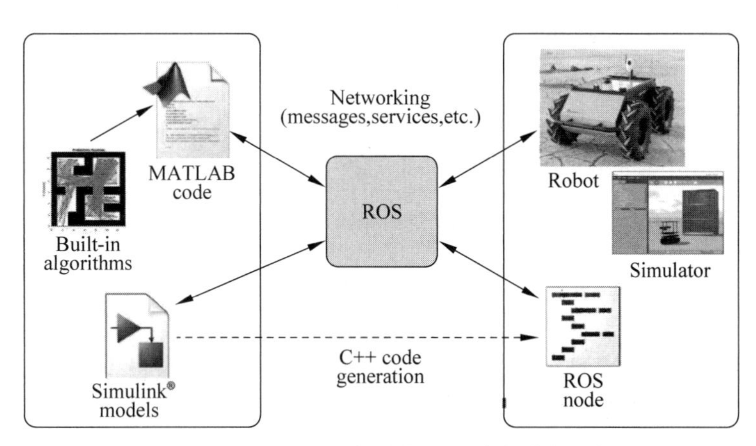

图 4.86 MATALB 与机器人系统的联合仿真

MATALB 系统的组成包括:①MATLAB 开发环境,这是一组工具和程序,帮助用户使用 MATLAB 功能和文件。许多工具是图形用户界面,包括桌面和命令窗口、命令历史窗口、编辑器和查错程序、帮助信息浏览器、工作区、文件以及搜索路径窗口。②MATLAB 语言,这是一种高级的矩阵或数组编程语言,该语言带有流程控制语句、函数、数据结构、输入输出和面向对象编程的特点。既可以编写快速执行的短小程序,也可以编写庞大的复杂应用程序。③MATLAB 图形处理系统,它既包括生成二维和三维数据可视化、图形处理、动画以及演示图形的高级命令,也包括完全由用户自定义图形显示以及在 MATLAB 应用程序中创建完整的图形用户接口的低级命令。④MATLAB 的数学函数系统,涉及的函数从初等函数到高级函数,如矩阵求逆、求特征值、贝塞尔函数和快速傅里叶变换等。⑤MATLAB 的应用程序接口(API),这是一个用户编写的 MATLAB 接口的 C 语言和 FORTRAN 语言程序的函数库,包括从 MATLAB 动态连接中调用命令和读写 M 文件的程序。

此外,MATLAB 支持的服务包括 Simulink 功能模块。Simulink 提供图形用户界面,可用鼠标进行操作,从模块库中调用标准模块,将它们适当地连接起来构成动态系统模型,并且用各模块的参数对话框为系统中各个模块设置参数。当参数设置完成后,即建立起该系统的模型。Simulink 的模型库非常丰富,处理包括输入信号(Source)模块库、输出接收(Sinks)模块库、连续系统(Continuous)模块库、离散系统(discrete)模块库、数学运算(Math Operations)模块库等标准库外,用户还可以自定义和创建模块。

系统的模型建立之后,选择仿真参数和数值算法,便可以启动仿真程序对系统进行仿真,这种操作可用 Simulink 菜单栏的工具实现,也可以用 MATLAB 命令实现。菜单方式对于交互式运行比较方便,命令方式则对于运行批量的仿真程序比较便捷。

在仿真过程中,用户可以设置不同的输出方式来观察仿真结果,如,使用 Sinks 模块库中的 Scope 模块或其他显示模块来观察有关信号的变化曲线,也可以将结果存放在 MATLAB 的工作空间中,以便后续进行处理。

Simulink 功能模块的主要功能包括:

(1) 使用开发算法控制机器人。

(2) 开发算法并连接机器人操作系统(ROS)。

(3) 连接到各种传感器和驱动机构,能够获得传感器数据并向驱动机构发送指令。

(4) 可采用多种语言,如 C/C++、VHDL/Verilog、结构化文本和 CUDA,为微控制器、FPGA、PLC 和 GPU 等嵌入式目标自动生成代码。

(5) 使用预置的硬件支持包,连接到低成本硬件,如 Arduino 和 Raspberry Pi。

(6) 可利用已有代码,并与现有机器人系统集成。

Simulink 仿真的一般过程如下:

(1) 描述仿真问题,明确仿真目的。

(2) 项目计划、方案涉及与系统定义。根据仿真结构,规定系统的边界条件和约束条件。

(3) 数学建模。根据系统的先验知识、实验数据和机理,按照物理原理或采用系统辨识的方法,确定模型的类型、结构及参数。

(4) 仿真建模。根据数学模型的形式、计算类型、采用的高级语言或其他仿真工具,将数学模型转换为能在计算机上运行的程序或其他模型。

(5) 结果分析。

本节以自主机器人的路径规划和导航为例介绍机器人系统仿真的步骤。

(1) 设计硬件平台:设计和分析三维刚体机械机构(如汽车平台和机械臂)和执行机构(如机电或流体系统)。通过直接向 Simulink 中导入 URDF 文件或利用 SolidWorks 等 CAD 软件,可以直接使用现有 CAD 文件。添加摩擦等约束条件,使用电气、液压或气动以及其他组件进行多域系统建模。运行后,可将设计模型重用为数字映射。

(2) 采集传感器数据:可以通过 ROS 连接到传感器。摄像机、LiDAR 和 IMU 等特定传感器有 ROS 消息,可转换为 MATLAB 数据类型进行分析和可视化。工程师可以自动化一些常见传感器处理工作流程,比如导入和批处理大型数据集、传感器校准、降噪、几何变换、分割和配准。

(3) 感知环境:利用内置的 MATLAB 应用程序,可交互地执行对象检测和追踪、运动评估、三维点云处理和传感器融合。使用卷积神经网络(CNN),运用深度学习进行图像分类、回归分析和特征学习。将算法自动转换为 C/C++、定点、HDL 或 CUDA 代码。

(4) 制定规划和决策:使用 LiDAR 传感器数据,通过 Simultaneous Localization and Mapping(SLAM)创建环境地图。通过设计算法进行路径和运动规划,在受约束的环境中导航。使用路径规划器,计算任何给定地图中的无障碍路径。设计算法,让机器人在面对不确定情况时能做出决策,在协作环境中执行安全操作。实现状态机,定义决策所需的条件和行动。

(5) 设计控制系统:可以使用算法和应用程序,系统性地分析、设计和可视化复杂系统在时域和频域中的行为。使用交互式方法(如伯德回路整形和根轨迹方法)来自动调节补偿器参数。可以调节增益调度控制器并指定多个调节目标,如参考跟踪、干扰抑制和稳定裕度。

那么在 MATLAB 中,如何利用 Simulink 进行控制系统的建模分析呢? 需要注意的是,Simulink 只能在 MATLAB 环境中运行。以 MATLAB 2018a 版本为例,在 MATLAB 的命令窗口中输入 Simulink 或单击主窗口"主页"工具栏上的 Simulink 命令按钮后,即可启动 Simulink 模块。如图 4.87 所示,单击 Blank Model 进入新建模型界面。如图 4.88 所示,在菜单栏选择 View→Library Browser 命令就可以浏览 Simulink 的模块库,双击模块就可以看到该模块的相关信息,图 4.89 所示是微分器的表达式形式以及其参数信息。在新建模型的界面已经看到有一个命名为 United 的编辑文件窗口,通过鼠标拖曳的形式可以放置不同的模块。在模型创建完成后,在模型编辑窗口中选择 File→Save 或 Save as 命令或者用组合键 Ctrl+S 可将模型以扩展名为.mdl 的文件形式存入磁盘。如果要编辑一个已经存在的模型时,在 MATLAB 的命令窗口中直接输入模型文件名(无须加文件类型),注意要在该文件所在的文件夹路径下或在已定义的搜索路径中。在模块库浏览器窗口或模型编辑窗口中选择 File→Open 命令,然后选择后输入要编辑的模型的名字,也可以打开模型文件。如果要退出 Simulink,只要关闭所有模型编辑窗口和模块库的浏览器窗口即可。

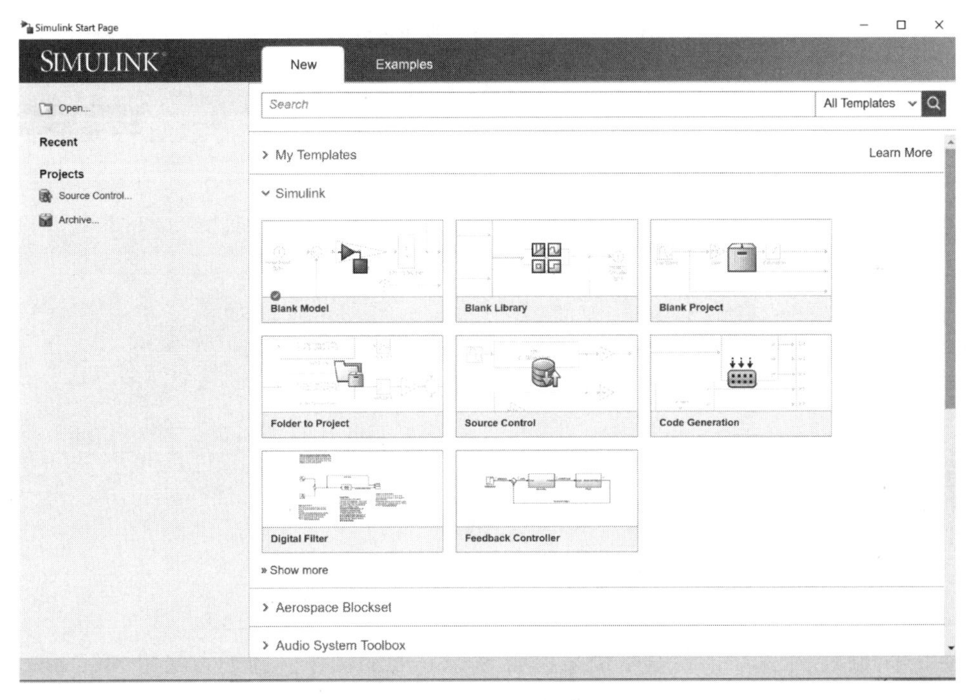

图 4.87 Simulink 启动界面

通过前面的介绍可以了解 Simulink 仿真的基本操作过程:

(1) 启动 Simulink 并打开模型编辑窗口,新建或打开现存的模型文件。

(2) 将所需要的模块添加到模型中。

(3) 设置模块的参数,并连接各个模块构建模型。

(4) 设置系统的仿真参数。

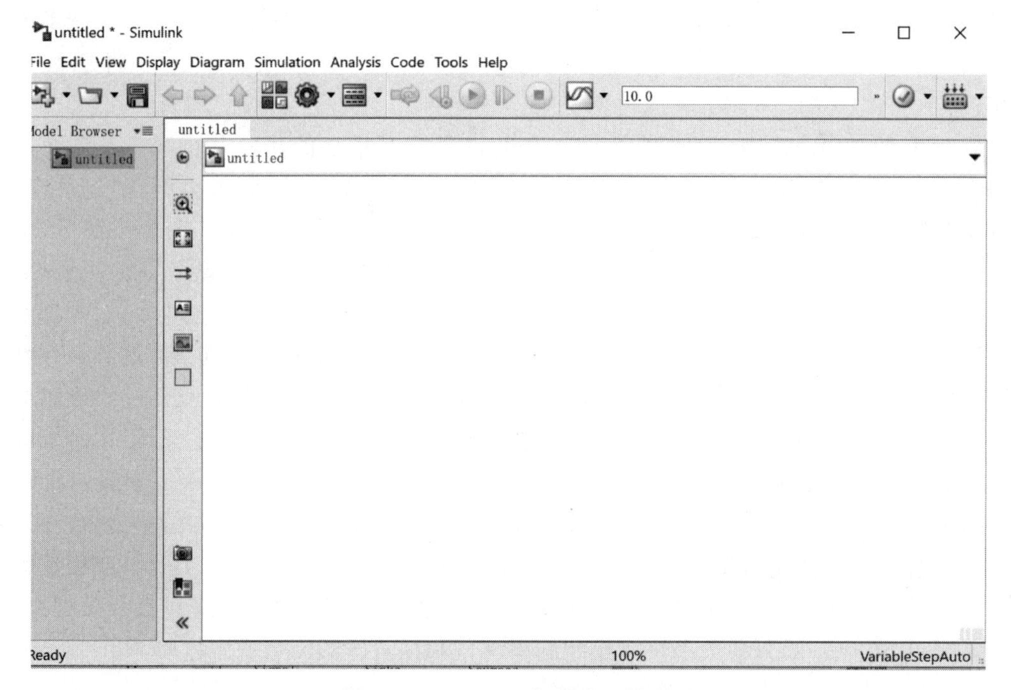

图 4.88 Simulink 便捷窗口界面

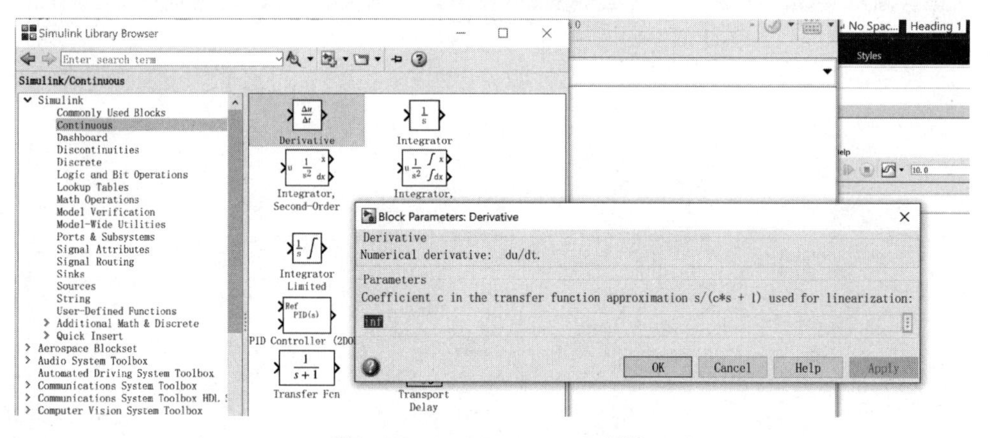

图 4.89 Simulink Library 浏览

(5) 单击“开始仿真”按钮进行仿真。

(6) 观察仿真输出结果,进行结果分析。

接下来介绍一个简单的仿真示例来说明 Simulink 的操作。例子为使用 Simulink 产生一个 1s 时出现的单位阶跃输入信号,并在示波器中显示。基本操作步骤如下:

(1) 单击 Simulink 按钮或输入 Simulink 命令,打开 Simulink 模块,单击 Blank Model,进入新建模块编辑窗口。

(2) 在 Simulink 模块窗口菜单栏中选择 View→Library Browser 命令,在 Sources 库找到 Step(阶跃信号发生器),用鼠标将其拖曳到编辑窗口进行放置,在 Sinks 库中找到 Scope(示波器),同样用鼠标拖曳到便捷窗口。

(3) 双击 Step 模块，打开其属性对话框，将 Step time 参数设置为 5，其他参数为默认值，如图 4.90 所示。

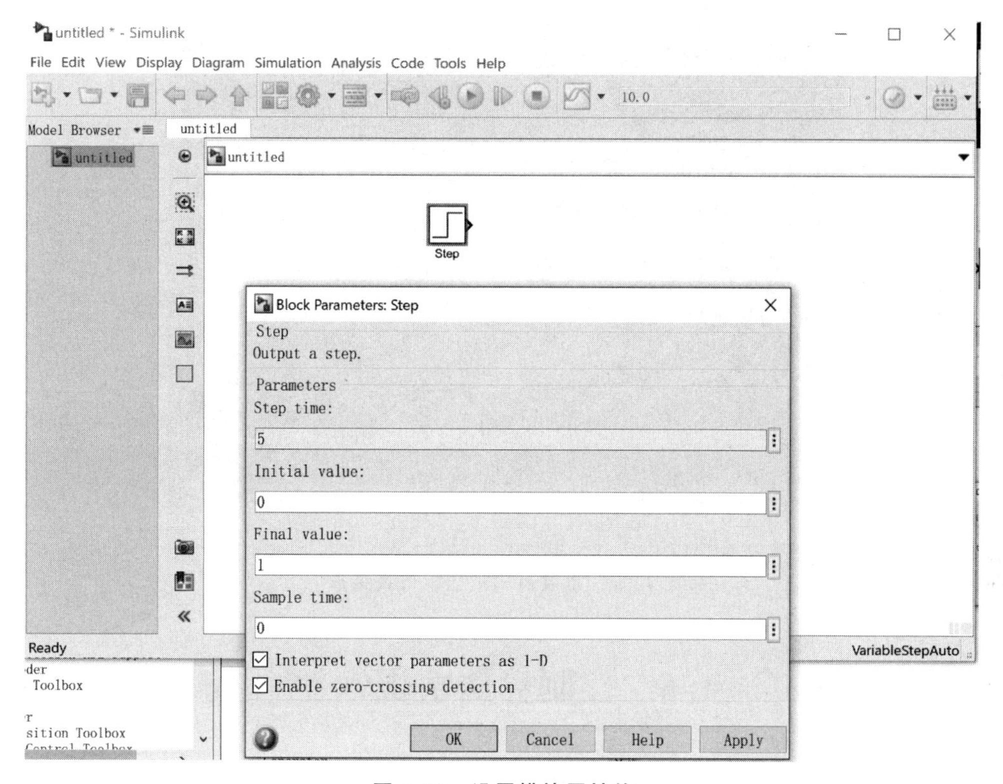

图 4.90　设置模块属性值

(4) 将两个模块连接起来，得到如图 4.91 所示的模型，单击模型编辑界面的“开始仿真”按钮进行仿真。运行结束后，双击示波器，得到如图 4.92 所示的显示结果。

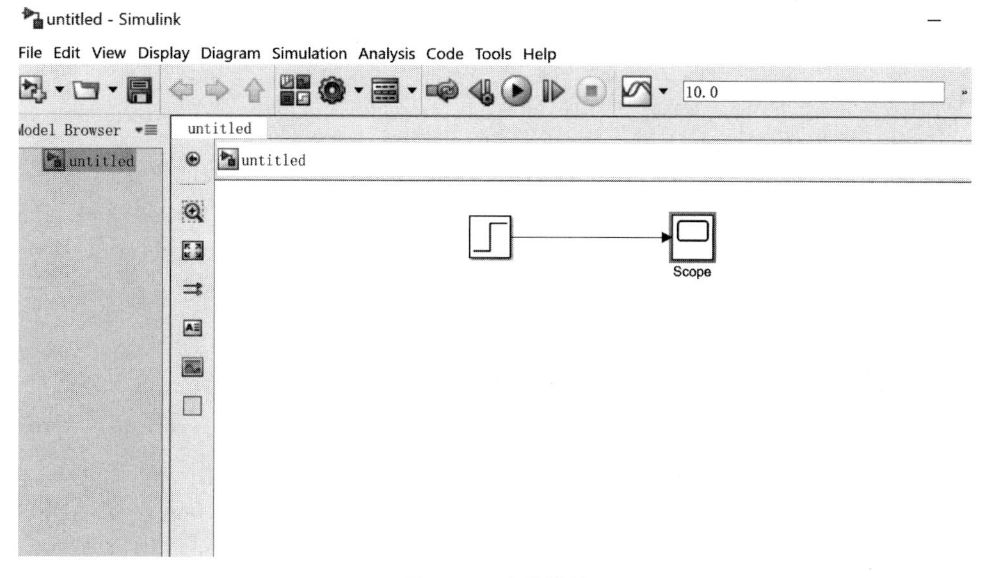

图 4.91　连接模块

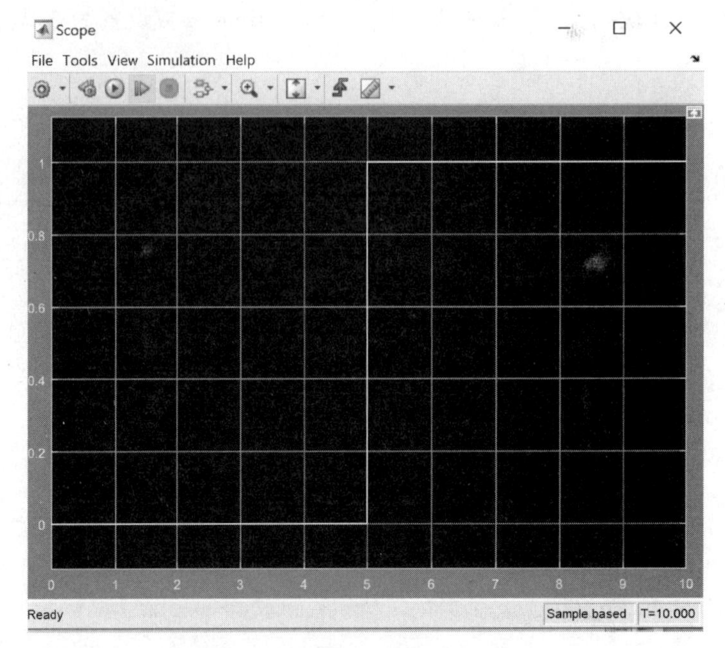

图 4.92 示波器模块显示仿真结果

4.6 控制算法实现软件

算法实现软件一般指的是集成开发环境(Integrated Development Environment,IDE),它是用于提供程序开发环境的软件,一般包括代码编辑器、编译器、调试器和图形用户界面等工具。对于初级开发人员来说,集成开发环境是帮助其实现算法的工具,其集成了代码编写功能、分析功能、编译功能、调试功能等。本节将介绍众多集成开发环境,包括 MDK5、Visual Studio、IAR、Arduino 等。

4.6.1 MDK5

如果使用 C 语言编程进行单片机开发,那么 MDK 是一个比较好的开发环境选项,其方便易用的集成环境、强大的软件仿真调试工具会令你事半功倍。一般工程师使用 MDK 编写控制程序的源代码,然后编译生成机器码,再把机器码下载到 STM32 芯片上运行。MDK 源自德国的 KEIL 公司,是 RealView MDK 的简称。在全球 MDK 有超过 10 万的嵌入式开发工程师使用。

MDK5 向后兼容 MDK4 和 MDK3 等,以前用 MDK4 或者 MDK3 开发的项目同样可以在 MDK5 上进行开发(但是头文件方面得全部自己添加),MDK5 同时加强了针对 Cortex-M 微控制器开发的支持,并且对传统的开发模式和接口进行升级。MDK5 由两部分组成:MDK Tools 和 Software Packs,如图 4.93 所示。其中,MDK Tools 包括开发者开发基于 ARM 的嵌入式应用程序所需要的功能,如创建、构建以及调试。Software Packs 用于添加设备支持和软件组件,可随时进行增加修改,包括工具链中的增加新器件的支持和中间件库的升级。

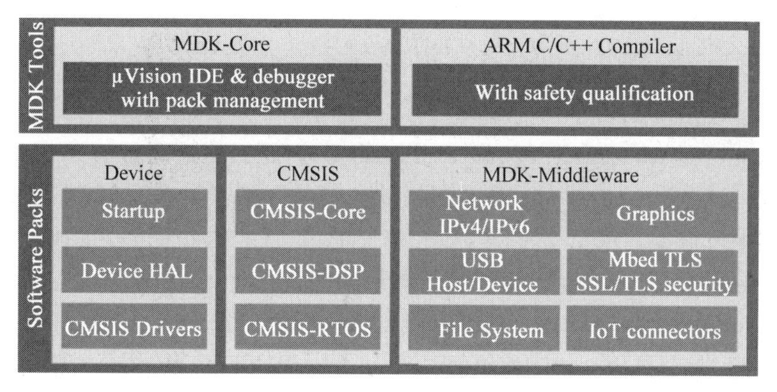

图 4.93 MDK 组成

(1) MDK-Core：基于 μVision(仅 Windows)，主要支持 Cortex-M 设备，包括新的 ARMV8-M 体系结构。pack installer 用于下载、安装和管理软件包。μVision 调试器能够测试、验证和优化应用程序代码。它完全支持用于历史序列调试、执行分析、性能优化和代码覆盖率分析的流式跟踪。

(2) ARM C/C++Compiler：MDK 包含了工业标准的 kei/C 编译器、汇编器链接器等。

(3) DS-MDK：包含基于 Eclipse(Windows 和 Linux)的 DS-5 IDE/Debugger，支持 32 位 ARM Cortex-A 处理器或异构系统(32 位 ARM Cortex-A 和 ARM Cortex-M)。DS-MDK 已停止更新，被 ARM Development Studio 替代。

(4) Software Packs：这里就是指“支持包”。软件支持包可以随时添加到 MDK-Core 或 DS-MDK，从而使新设备支持和中间件更新独立于工具链。它们包含 Device(设备)支持、CMSIS 库、MDK-Middleware(中间件)、板支持、代码模板和示例项目。IPv4/IPv6 网络通信栈通过 ARM mbed™ 软件组件进行扩展，以实现物联网(IoT)应用。

MDK 软件界面如图 4.94 所示。

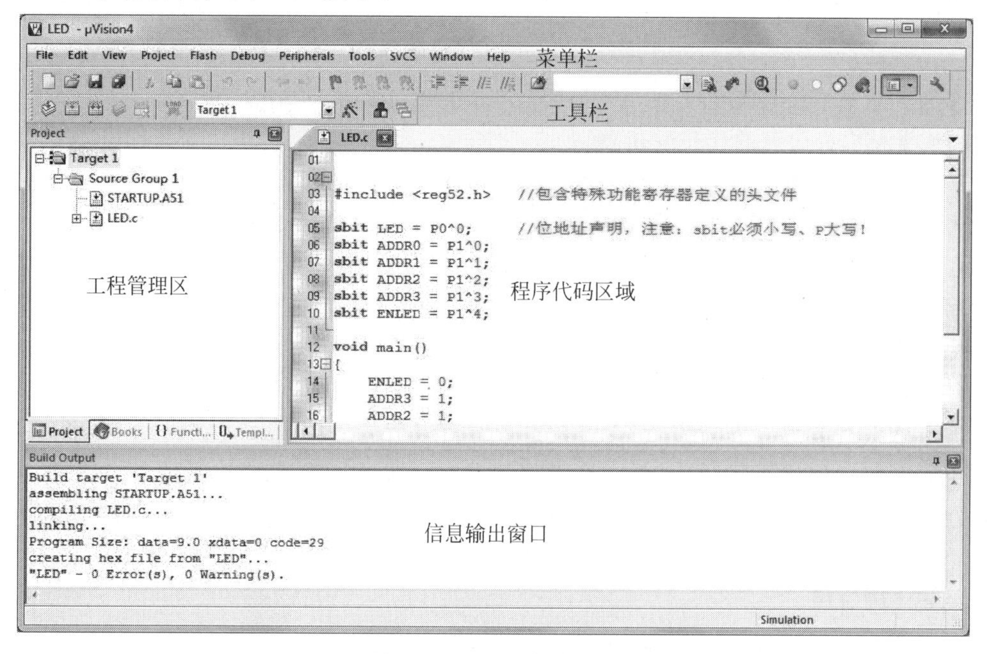

图 4.94 MDK 软件界面

4.6.2 Visual Studio

Visual Studio 是 Microsoft Visual Studio 的简称，是目前最流行的 Windows 平台应用程序集成开发环境。Visual Studio 是美国微软公司的开发工具包系列产品，它包括了整个软件生命周期中所需要的大部分工具，如 UML 工具、代码管控工具、集成开发环境(IDE)等。除了大多数 IDE 提供的标准编辑器和调试器之外，Visual Studio 还包括编译器、代码完成工具、图形设计器和许多其他功能，以简化软件开发过程。所写的目标代码适用于微软支持的所有平台，包括 Microsoft Windows、Windows Mobile 等。Visual Studio 软件界面如图 4.95 所示。

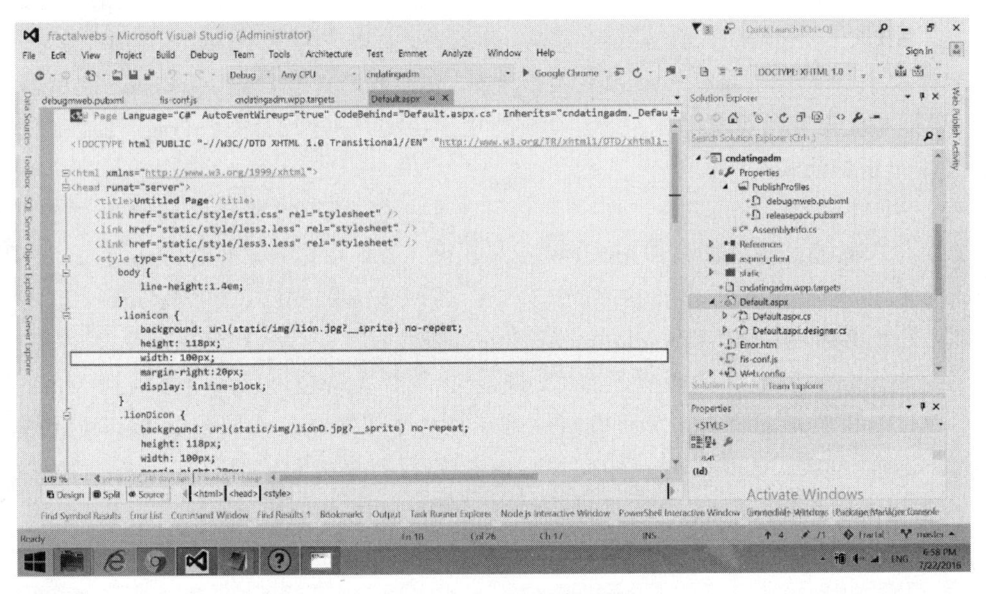

图 4.95 Visual Studio 软件界面

作为一款被广泛使用的 IDE，Visual Studio 主要包含以下几种功能。

(1) 支持多种语言的代码编辑器。

Visual Studio 集成开发环境作为之前多种微软公司提供的开发工具集大成者，提供了功能强大的代码编辑器和文本编辑器，允许开发者编写 HTML、CSS、JavaScript、VBScript、C#、C++等多种编程语言的代码，并可以通过组件的方式安装更多第三方语言支撑模块，支持编写更多的第三方编程语言。在编写以上各种编程语言时，Visual Studio 提供了强大的代码提示功能和语法纠正功能，降低开发者学习编程语言的成本，提高了编程开发的效率。

(2) 波形曲线和快速操作。

波形曲线是波浪形下画线，它可以在输入时对代码中的错误或潜在问题发出警报。这些可视线索能立即修复问题，而无须等待在生成期间或运行程序时发现错误。如果将鼠标悬停在波形曲线上，将看到关于此错误的其他信息，如图 4.96 所示。左边距中也可能会出现一个灯泡，提供修复此错误的“快速操作”建议。

(3) 代码清理。

通过单击一个按钮，设置代码格式并应用代码样式设置、.editorconfig 约定和 Roslyn

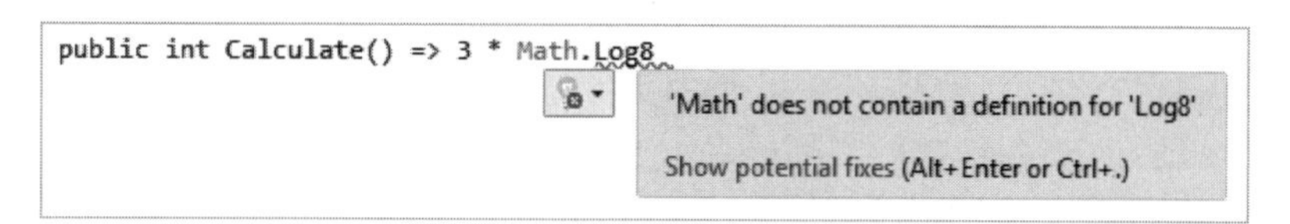

图 4.96 波形曲线提示

分析器建议的任何代码修复程序,如图 4.97 所示。代码清理有助于在代码进入代码评审之前解决代码中的问题(目前仅适用于 C#代码)。

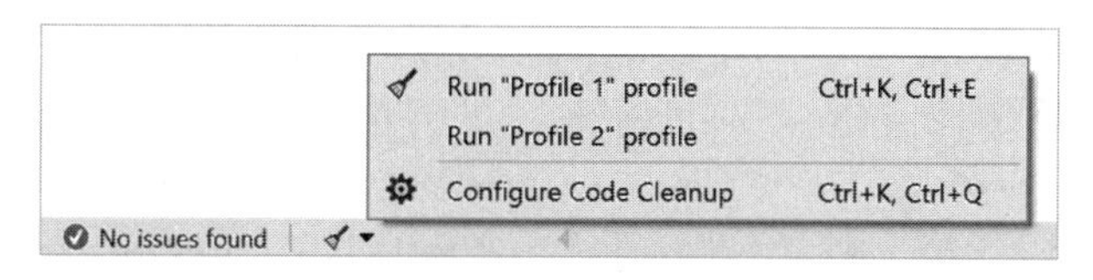

图 4.97 代码清理

(4) 重构。

重构包括智能重命名变量、将一个或多个代码行提取到新方法中、更改方法参数的顺序等操作,如图 4.98 所示。

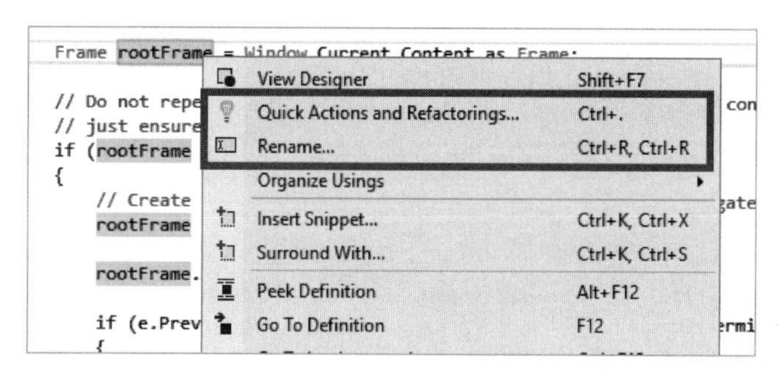

图 4.98 重构

(5) IntelliSense。

IntelliSense 由一组功能构成,它可用于在编辑器中直接显示代码相关信息,还能在某些情况下编写小段代码。如同在编辑器中拥有了基本文档内联,从而节省了在其他位置查看类型信息的时间。IntelliSense 功能因语言而异。有关详细信息请参阅 C# IntelliSense、Visual C++ IntelliSense、JavaScript IntelliSense 和 Visual Basic IntelliSense。图 4.99 显示了 IntelliSense 如何显示类型的成员列表。

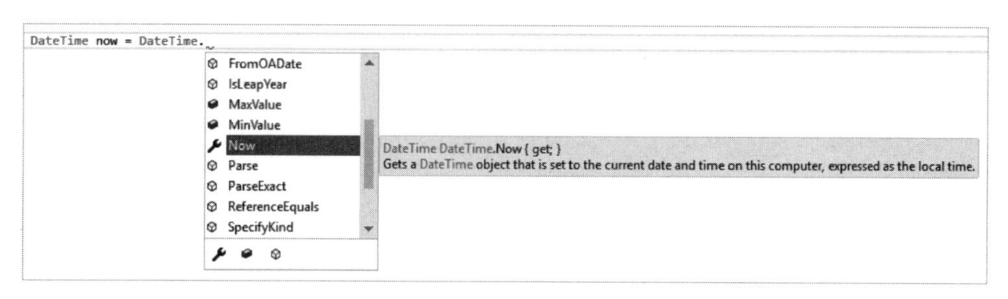

图 4.99 IntelliSense 功能

(6) Visual Studio 搜索。

Visual Studio 有时会因为有如此多的菜单、选项和属性而让人不知所措。Visual Studio 搜索(按 Ctrl+Q 组合键,见图 4.100)是在同一位置快速查找 IDE 功能和代码的绝佳方法。

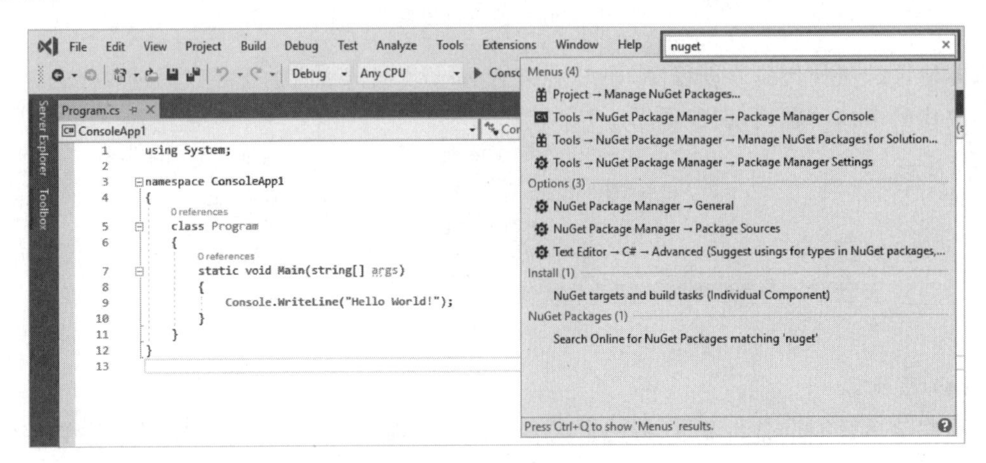

图 4.100　搜索功能

(7) Live Share。

与他人实时协作编辑和调试,无须考虑应用类型或编程语言。可以即时且安全地共享项目,并根据需要调试会话、终端实例、localhost Web 应用和语音呼叫等。

(8) 调用层次结构。

调用层次结构窗口显示调用所选方法的方法,如图 4.101 所示。考虑更改或删除方法时,或者尝试追踪 bug 时,这可能是有用的信息。

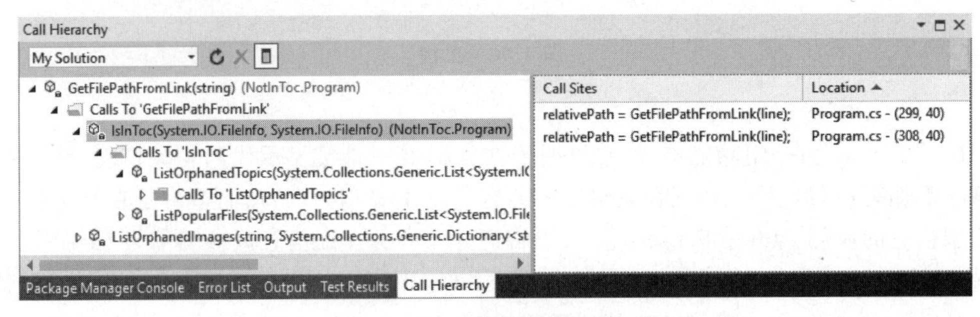

图 4.101　调用层次结构窗口

(9) CodeLens。

CodeLens 可帮助查找代码引用、代码更改、链接错误、工作项、代码评审和单元测试,所有操作都在编辑器上进行,如图 4.102 所示。

(10) 转到定义。

"转到定义"功能可直接带到定义函数或类型的位置,如图 4.103 所示。

(11) 查看定义

"查看定义"窗口显示方法或类型的定义,而无须实际打开一个单独的文件,如图 4.104 所示。

```
◢ FabrikamFiber.Web.Tests\Controllers\CustomersControllerTest.cs (2)
   28: controller.Create(new Customer());
   38: controller.Create(null);
◢ FabrikamFiber.Web\Helpers\GuardHelper.cs (1)
   16: controller.Create(new Customer());
Show on Code Map | Collapse All
3 references | 0/2 passing | Francis Totten, 3 hou
public ActionResult Create(Customer
{
    if (customer == null)
    {

GuardHelper.cs (16,18)
FabrikamFiber.Web.Helpers.GuardHelper.GuardCustomer()
14 {
15   CustomersController controller = new CustomersController(null);
16   controller.Create(new Customer());
17
18 }
```

图 4.102　CodeLens 功能

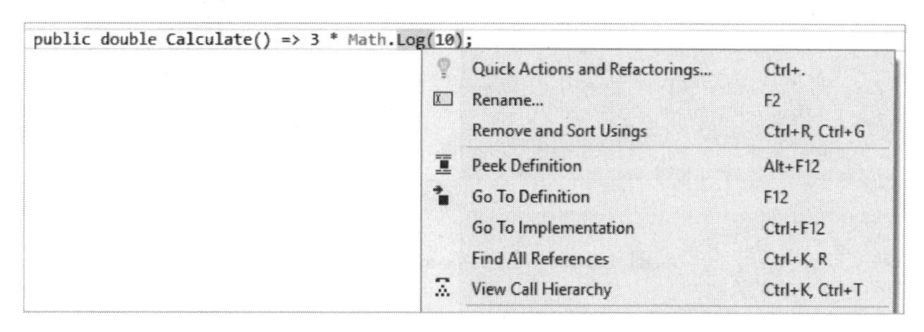

图 4.103　转到定义

```
class Program
{
    static void Main(string[] args)
    {
        double number = Calculate();
                                                    Program.cs*
15
16          public static double Calculate() => 3 * Math.Log(10);
17      }
18  }
    }
```

图 4.104　查看定义

那么如何利用 Visual Studio IDE 创建一个简单的程序呢？基本操作思路如下：

(1) 打开 Visual Studio。

启动窗口中会显示有关克隆存储库、打开最近的项目或创建全新项目的各种选项。

(2) 选择 Create a new project(创建新项目)选项，如图 4.105 所示。

随即打开 Create a new project 窗口，并显示几个项目模板。模板包含给定项目类型所需的基本文件和设置。

(3) 若要查找所需的模板，在搜索框中输入“.Net Console Case(控制台)”。系统会自动根据输入的关键字筛选可用模板列表。可以通过从 Language(所有语言)下拉列表中选择 C#、从 project type(所有平台)列表中选择 Windows 以及从 Language(所有项目类型)列表中选择 Console(控制台)进一步筛选模板结果。选择 Console Application(控制台应用程序)模板，然后单击 Next 按钮，如图 4.106 所示。

(4) 在 Configure your new project(配置新项目)对话框中，在 Project name(项目名称)框中输入 HelloWorld，可以选择更改项目文件的目录位置(默认位置为 C:\Users\< name >\

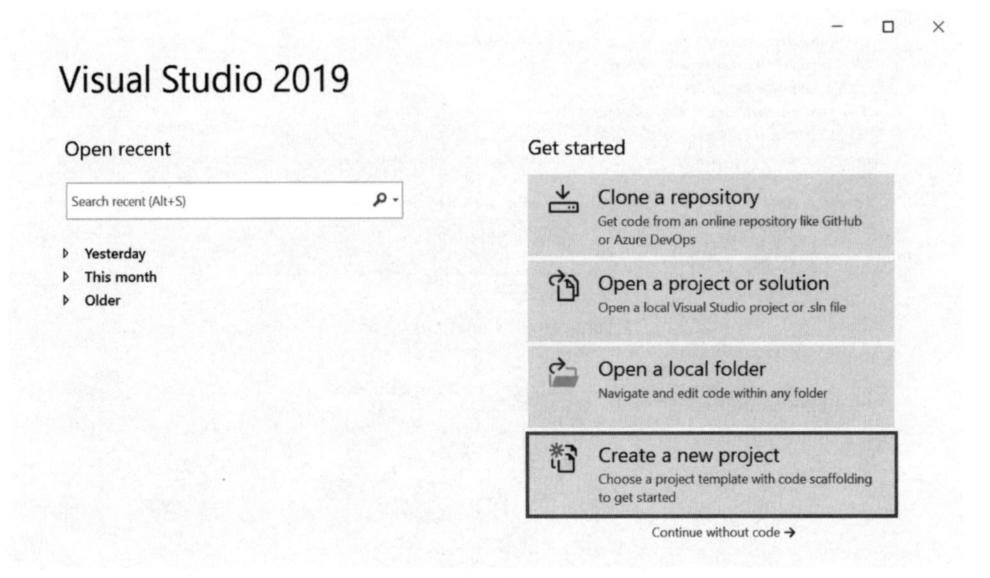

图 4.105 启动 Visual Studio IDE

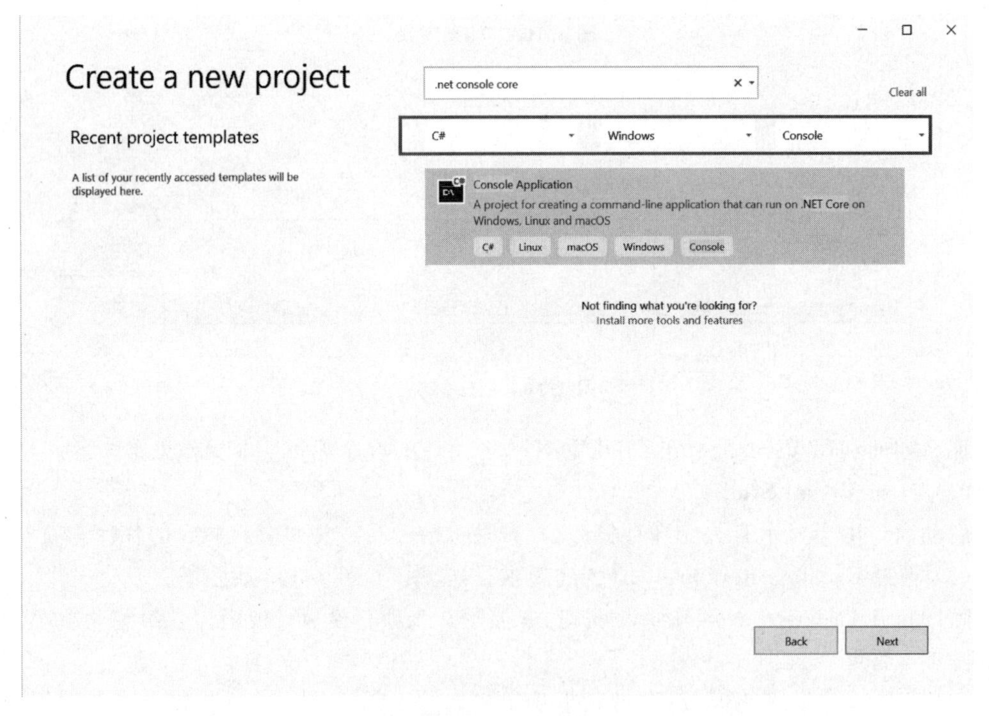

图 4.106 新建工程

source\repos)，然后单击 Next 按钮，如图 4.107 所示。

(5) 在 Addinational information(附加信息)对话框中，验证 Target Framework(目标框架)下拉菜单中是否显示".NET Core 3.1"，然后单击 Create(创建)按钮，如图 4.108 所示。

Visual Studio 随即创建项目。它是简单的 HelloWorld 应用程序，可调用 Console.

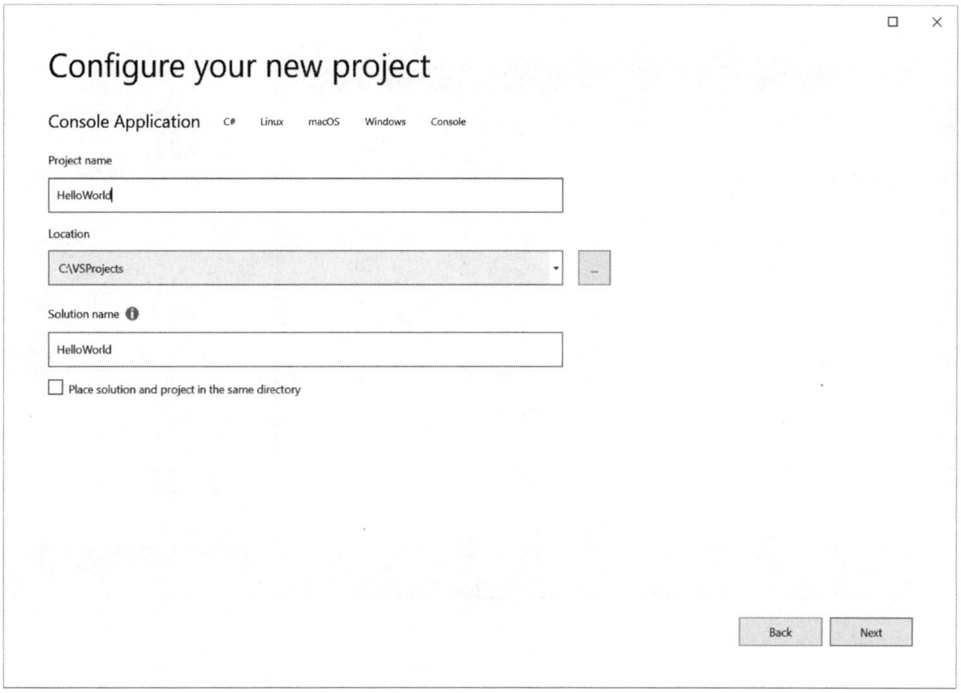

图4.107　配置项目名

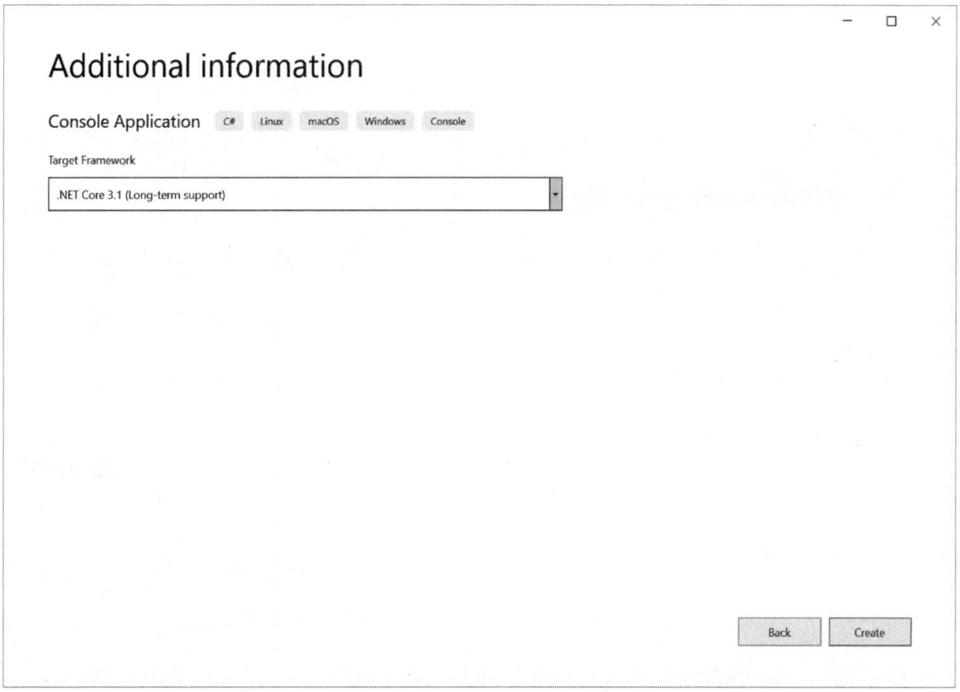

图4.108　附加信息对话框

WriteLine()方法在控制台窗口中显示文本字符串"HelloWorld"。稍后，将看到类似于如图4.109所示的内容。

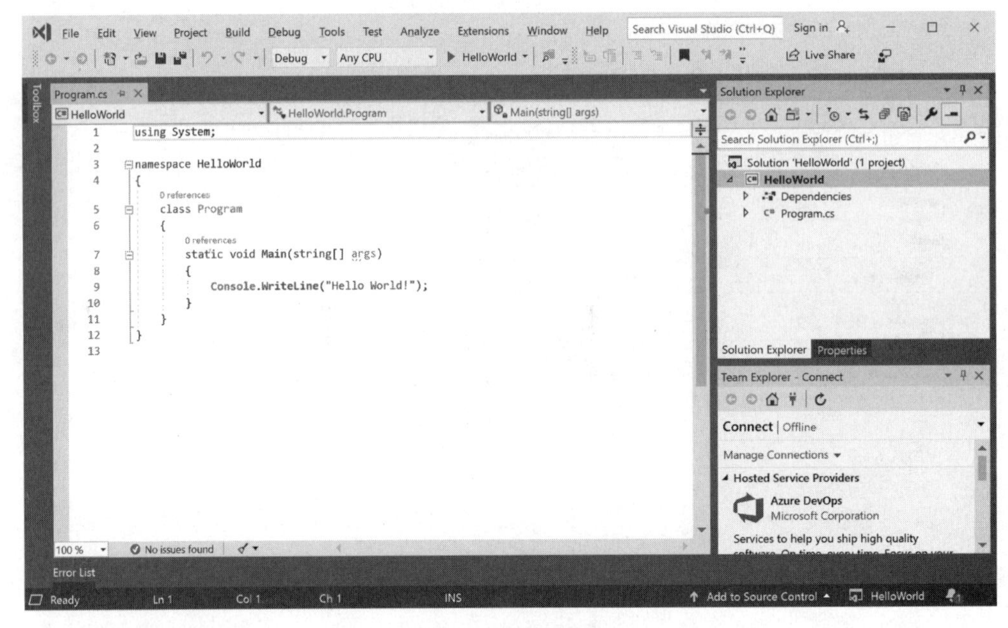

图 4.109　编辑窗口

应用程序的 C# 代码显示于编辑器窗口中，会占用大部分空间。注意，文本已自动着色，用于指示代码的不同方面，如关键字或类型。此外，代码中的垂直短虚线指示哪两个大括号相匹配，行号能够帮助在以后查找代码。可以通过选择带减号的小方形来折叠或展开代码块。此代码大纲功能可以隐藏不需要的代码，最大限度地减少屏幕混乱。右侧名为 Solution Explorer(解决方案资源管理器)的窗口中列出了项目文件(图 4.110)。

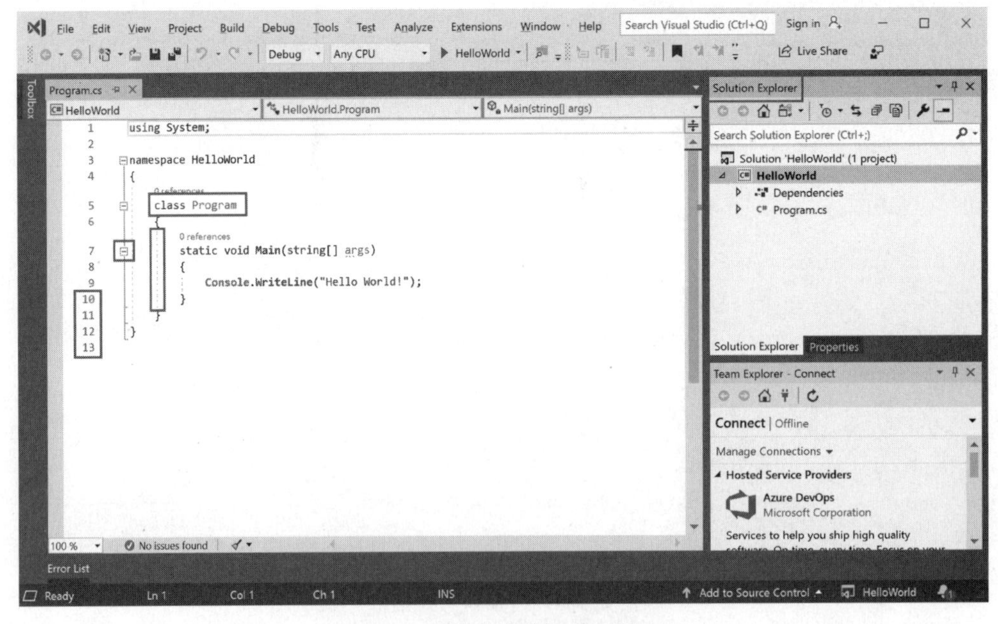

图 4.110　解决方案资源管理器窗口

还提供了一些其他的菜单和工具窗口，这里继续下一步操作。

(6) 现在启动该应用。可从菜单栏中选择 Debug→Start Without Debugging("调试"→"开始执行(不调试)")命令,以执行此操作,还可按 Ctrl+F5 组合键(图 4.111)。

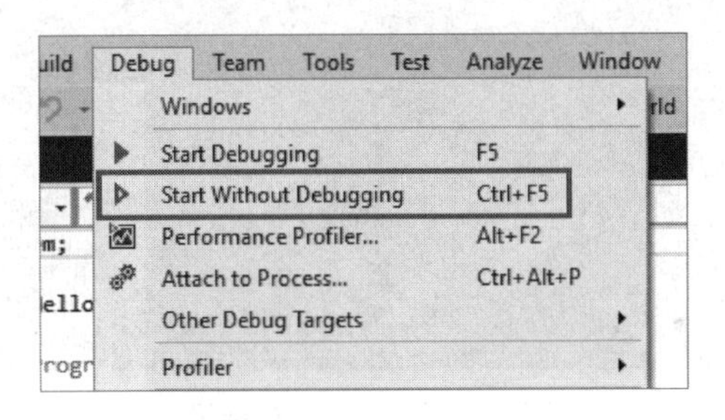

图 4.111 执行程序

Visual Studio 生成应用,控制台窗口随即打开并显示消息"Hello World!"(图 4.112)。现在已有了一个正在运行的应用。

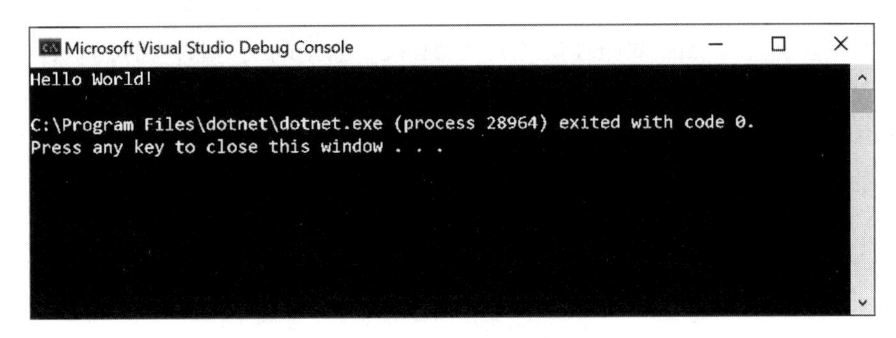

图 4.112 显示运行结果

(7) 要关闭控制台窗口,可在键盘上按任意键。

(8) 接下来,向应用添加一些附加代码。在"Console.WriteLine("Hello World!");"行的前面添加以下 C#代码:

```
C#复制
Console.WriteLine("\nWhat is your name?");
var name = Console.ReadLine();
```

此代码在控制台窗口中显示"What is your name?",然后等待用户输入文本并按 Enter 键。

(9) 将显示"Console.WriteLine("Hello World!");"的行更改为以下代码:

```
C#复制
Console.WriteLine($"\nHello {name}!");
```

(10) 选择 Debug→Start Without Debugging("调试"→"开始执行(不调试)")命令,或按 Ctrl+F5 组合键,再次运行该应用。Visual Studio 重新生成应用,控制台窗口随即打开,并提示输入姓名。

(11) 在控制台窗口中输入姓名,并按 Enter 键(图 4.113)。

(12) 按任意键关闭控制台窗口,并停止正在运行的程序。

编写完代码后,往往需要运行并测试该代码是否存在 bug。可通过 Visual Studio 的调

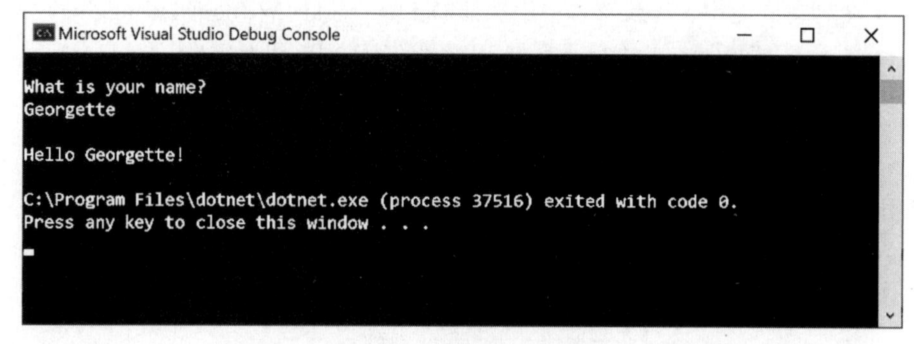

图 4.113 显示运行结果

试系统逐句执行代码，一次执行一条语句，逐步检查变量。可设置停止在特定行执行代码的断点。可观察变量的值如何随代码运行而更改等。

通过设置断点，可查看程序处于飞行模式时变量的值。操作示例如下：

(1) 查找显示“Console. WriteLine($ "\nHello {username}!");” 的代码行。要在此代码行上设置一个断点，即让程序在该行暂停执行，单击编辑器的最左侧边距。还可单击代码行上的任意位置，然后按 F9 键。此时，最左侧边距中将显示一个红圈，代码突出显示为红色，如图 4.114 所示。

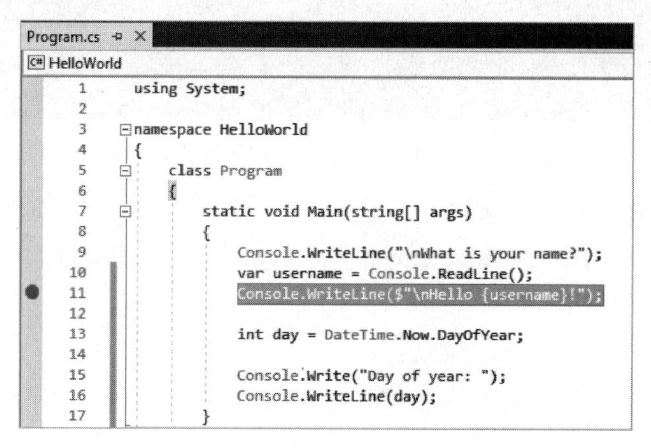

图 4.114 断点设置

(2) 选择 Debug→Start Debugging(“调试”→“启动调试”)命令或按 F5 键，开始调试。

(3) 控制台窗口出现并询问姓名时输入姓名，然后按 Enter 键。Visual Studio 代码编辑器重新获得焦点，有断点的代码行突出显示为黄色。这表示它是程序将执行的下一个代码行。

(4) 将鼠标悬停在 username 变量上，即可查看它的值，如图 4.115 所示。或者，可以右击 username 并在弹出的快捷菜单中选择“添加监视”命令，将变量添加到监视窗口，这样也可查看它的值。

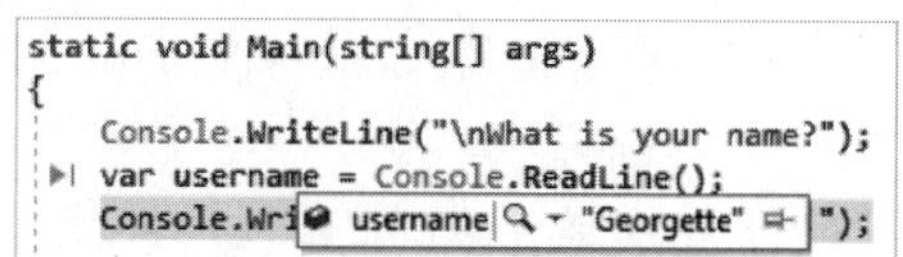

图 4.115 查看变量

(5) 若要让程序运行至结束，再次按 F5 键。

上述利于 Visual Studio 测试 C# 程序的示

例。在嵌入式编程中,常常会利用C语言或C++语言,下面的示例是用C++创建一个简单的控制台程序。当然,先决条件自然是在Visual Studio中安装"使用C++的桌面开发"工作负载并在计算机上运行。

Visual Studio使用项目来组织应用的代码,使用解决方案来组织项目。项目包含用于生成应用的所有选项、配置和规则。它还负责管理所有项目文件和任何外部文件间的关系。要创建应用,需首先创建一个新项目和解决方案。

(1) 如果刚刚启动Visual Studio,则可看到Visual Studio 2019对话框。选择Create a new project(创建新项目)以开始使用,如图4.116所示。否则,在Visual Studio中的菜单栏上,选择File→New→Project("文件"→"新建"→"项目")命令,Create a new project(创建新项目)对话框随即打开。

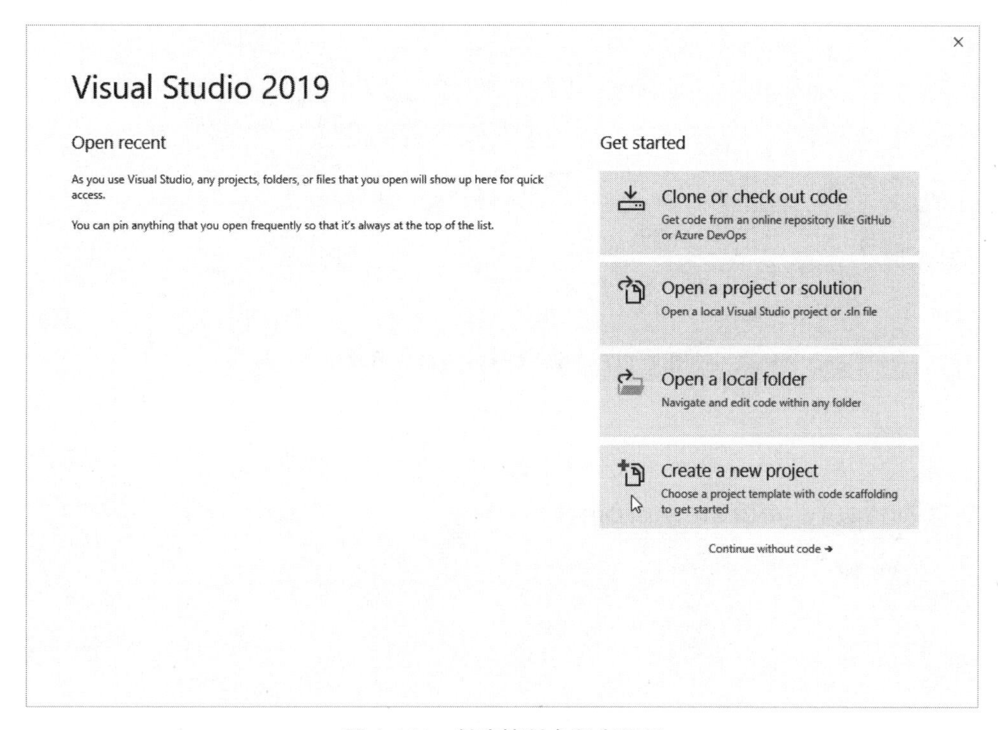

图4.116 创建控制台程序项目

(2) 在项目模板列表中,选择Console App(控制台应用)选项,然后单击Next(下一步)按钮,如图4.117所示。注意确保选择Console App模板的C++版本。它具有C++、Windows和Console标记,该图标在角落处有++。

(3) 在Configure your new project(配置新项目)对话框中,选择Project Name(项目名称)编辑框,将新项目命名为CalculatorTutorial,然后单击Create(创建)按钮,如图4.118所示。

将创建一个空的C++Windows控制台应用程序。控制台应用程序使用Windows控制台窗口显示输出并接受用户输入。在Visual Studio中,将打开一个编辑器窗口并显示生成的代码:

```
// CalculatorTutorial.cpp : This file contains the 'main' function. Program execution
// begins and ends there
```

Create a new project
Search for project templates
Language
Platform
Project type
Recent project templates
A list of your recently accessed templates will be displayed here.
Empty Project
Start from scratch with C++ for Windows. Provides no starting files.
C++ Windows Console
Console App
Run code in a Windows terminal. Prints "Hello World" by default.
C++ Windows Console
Windows Desktop Wizard
Create your own Windows app using a wizard.
C++ Windows Desktop Console Library
Windows Desktop Application
A project for an application with a graphical user interface that runs on Windows.
C++ Windows Desktop
Shared Items Project
A Shared Items project is used for sharing files between multiple projects.
C++ Windows Android iOS Linux Desktop Console
Library UWP Games Mobile
Blank Solution
Create an empty solution containing no projects
Other
Back
Next

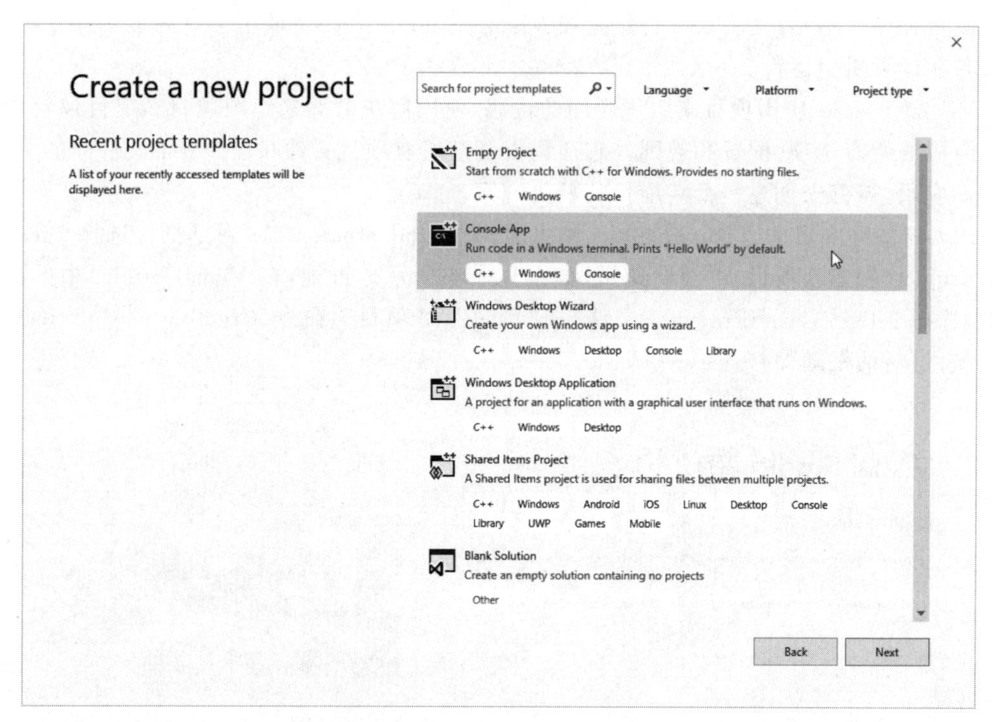

图 4.117 创建 C++控制台应用程序

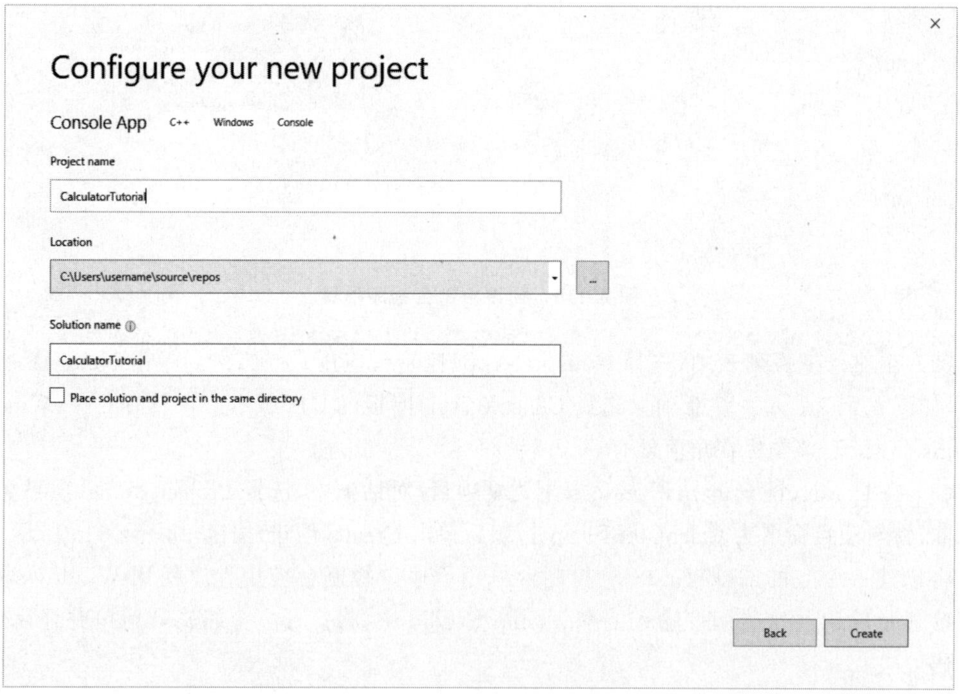

Configure your new project
Console App C++ Windows Console
Project name
CalculatorTutorial
Location
C:\Users\username\source\repos
Solution name
CalculatorTutorial
Place solution and project in the same directory
Back
Create

图 4.118 配置项目名称

```
#include < iostream >
int main()
{
    std::cout << "Hello World!\n";
}
// Run program: Ctrl + F5 or Debug > Start Without Debugging menu
// Debug program: F5 or Debug > Start Debugging menu
// Tips for Getting Started:
//   1. Use the Solution Explorer window to add/manage files
//   2. Use the Team Explorer window to connect to source control
//   3. Use the Output window to see build output and other messages
//   4. Use the Error List window to view errors
//   5. Go to Project > Add New Item to create new code files, or Project > Add Existing
Item to add existing code files to the project
//   6. In the future, to open this project again, go to File > Open > Project and select
the .sln file
```

接下来将验证编写的程序是否能生成应用程序并运行。

(1) 若要生成项目,从"生成"菜单选择"生成解决方案"(→Build→Build Solution)。Output(输出)窗口将显示生成过程的结果,如图 4.119 所示。

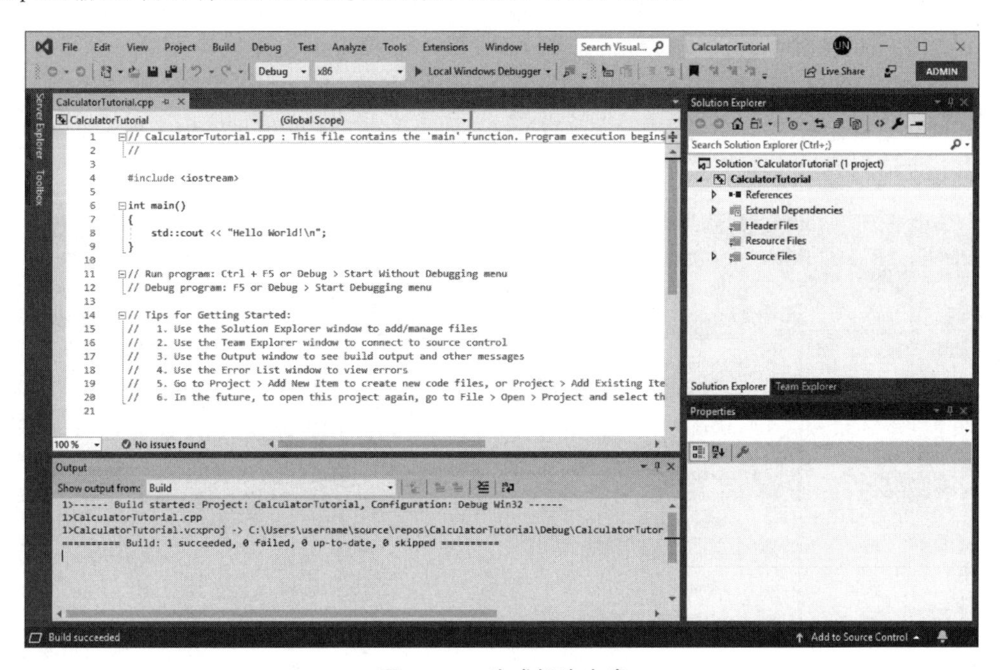

图 4.119 生成解决方案

(2) 若要运行代码,则在菜单栏中选择 Debug→Start Without Debugging(调试→"开始执行(不调试)")命令。随即将打开控制台窗口,然后运行应用。在 Visual Studio 中启动控制台应用时,它会运行代码,然后输出 Press any key to close this window(按任意键关闭此窗口),如图 4.120 所示。这样能看到输出。至此,在 Visual Studio 中已创建首个"Hello World!"控制台应用。

(3) 按任意键关闭该控制台窗口并返回到 Visual Studio。

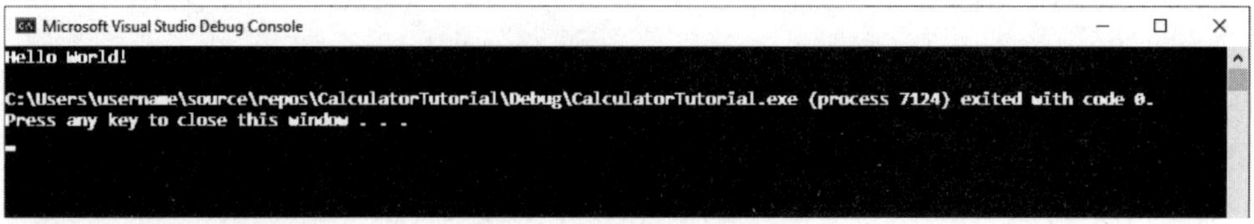

```
Microsoft Visual Studio Debug Console
Hello World!

C:\Users\username\source\repos\CalculatorTutorial\Debug\CalculatorTutorial.exe (process 7124) exited with code 0.
Press any key to close this window . . .
```

图 4.120 显示运行结果

如果对此感兴趣，想要更加深入地学习 C++以及相关程序在 Visual Studio IDE 下的应用方法，可以参考 Microsoft 关于 Visual Studio 的官方教程。

4.6.3 IAR

IAR 是一家公司的名称，也是一种集成开发环境（IDE）的名称，平时所说的 IAR 主要是指集成开发环境，当然，也称它为一种工具：IAR 开发工具。IAR 软件属于 IAR Systems 公司，其总部在瑞典。IAR Systems 公司是全球领先的嵌入式系统开发工具和服务的供应商，其提供的产品和服务涉及嵌入式系统的设计、开发和测试的每一个阶段，包括带有 C/C++编译器和调试器的集成开发环境（IDE）、实时操作系统和中间件、开发套件、硬件仿真器以及状态机建模工具。该公司成立于 1983 年，于 1986 年发布世界上第一款嵌入式 C 编译器；产品售往全球 30 多个国家。我们常说的 IAR for STM8，其实指的就是 EWSTM8，它的全称是 IAR Embedded Workbench for STM8，以下简称 EWSTM8。IAR 软件界面如图 4.121 所示。

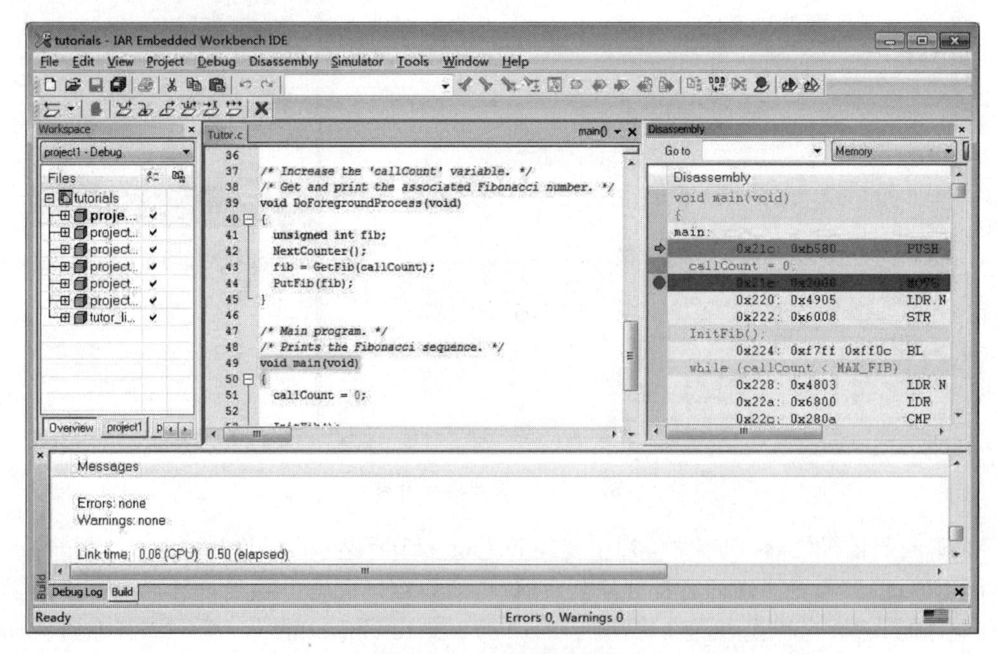

图 4.121 IAR 软件界面

IAR 针对不同内核处理器，有不同的集成开发环境，本书提到的只是其中的一款集成开发环境 EWSTM8，而 IAR 拥有多个版本，支持的芯片有上万种，详情可参看官方网站。

EWSTM8 是 IAR Systems 公司为 STM8 微处理器开发的一个集成开发环境。比较其他的 STM8 开发环境，EWSTM8 具有入门容易、使用方便和代码紧凑等特点。下面就简单介绍 EWSTM8 的基本使用方法。

首先，打开 EWSTM8，在主界面中有一个 IAR Information Center for STMicroelectronics，如图 4.122 所示。

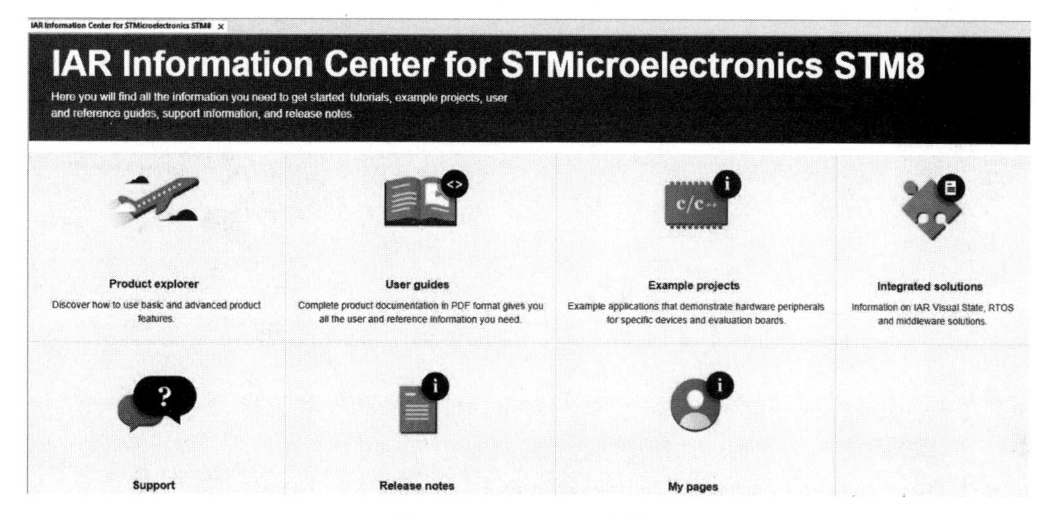

图 4.122　EWSTM8 主界面

在 IAR Information Center for STMicroelectronics 界面中有一个 User guides，如图 4.123 所示。User guides 是用户指南，里面的文档很详细地讲解了 EWSTM8 的使用。

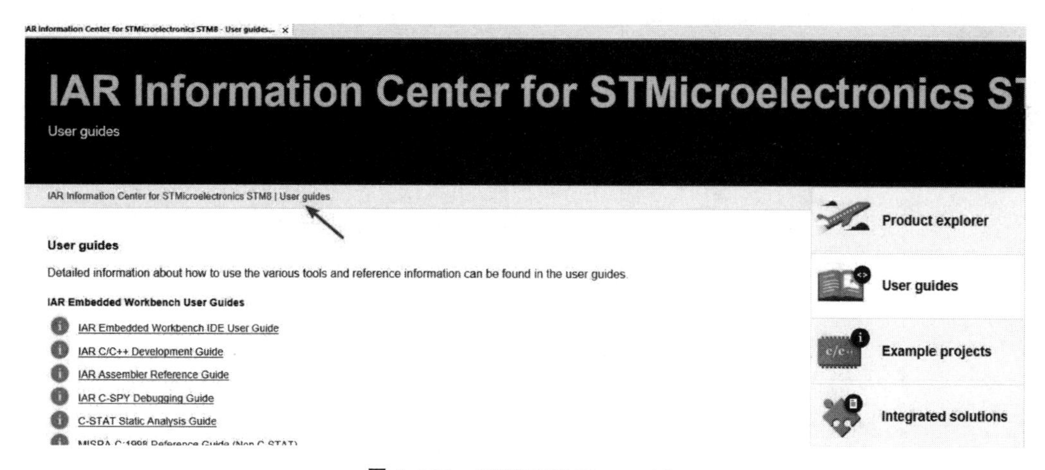

图 4.123　EWSTM8 User guides

同时还有一个 Example projects，如图 4.124 所示。Example projects 是 STM8 相关的例程，例程都来自 ST 官方，可直接打开编译。

在菜单栏中选择 Tools→Options 命令，打开 IDE Options 窗口，如图 4.125 所示。

单击 Editor 前面的＋号，展开 Editor，选择 Colors and Fonts，如图 4.126 所示。

单击 Editor Font 下的 Font 可以选择编辑器的字体与字体大小，如图 4.127 所示。

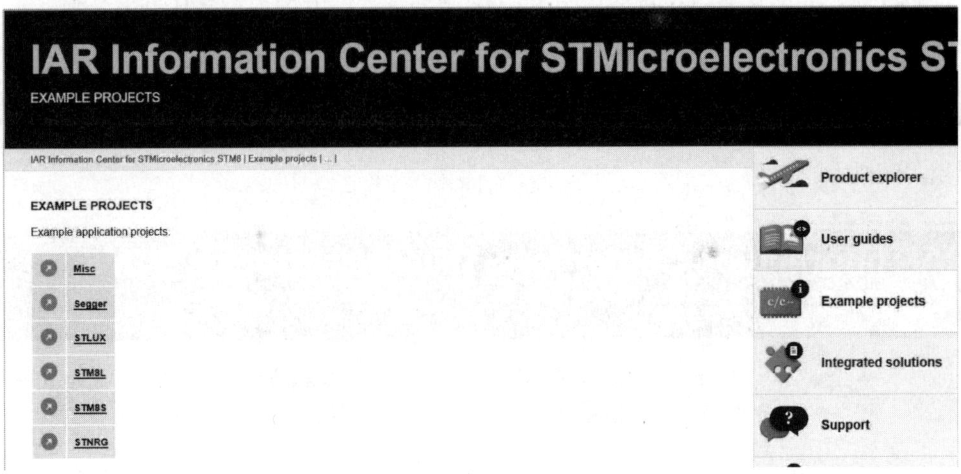

图 4.124 Example project

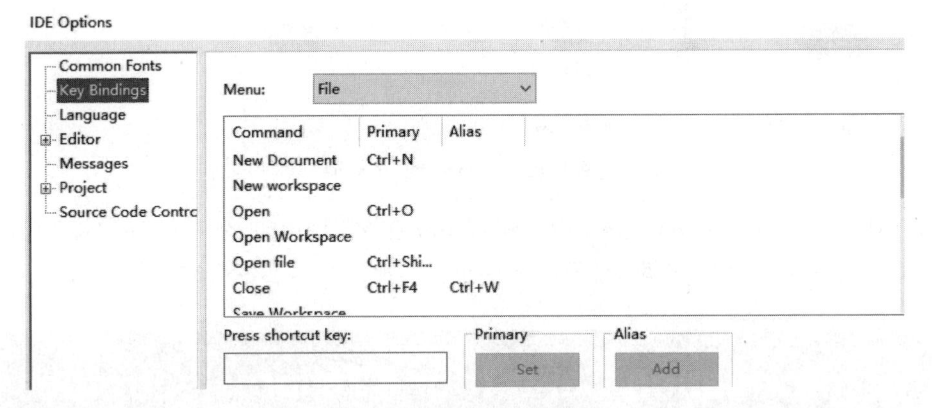

图 4.125 IDE Options 窗口

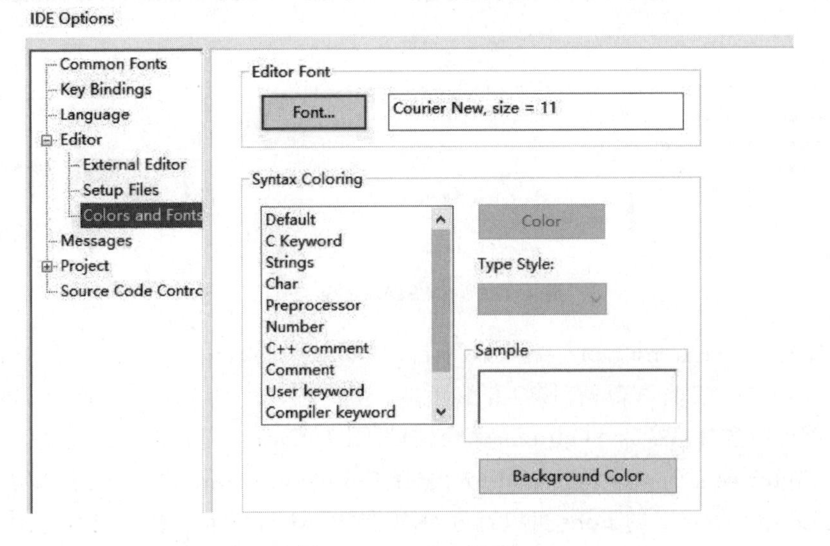

图 4.126 Editor 窗口

在 Syntax Coloring 下可设置语法的颜色，如数字 Number 的颜色为绿色，如图 4.128 所示。

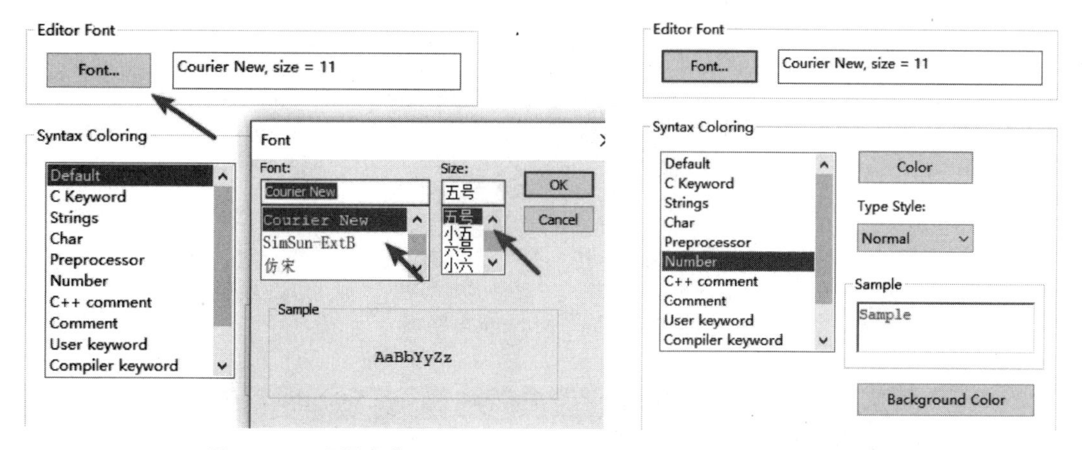

图 4.127　设置字体　　　　图 4.128　设置字体颜色

当工程的 Options 选项中的 Debugger 的选项为 ST-LINK 时，菜单栏中会出现 ST-LINK 选项，该选项可用于配置 STM8 单片机的选项字节(不同型号选项字节不一样)。使用 ST-LINK 的 SWIM 接口连接核心板，在菜单栏中选择 ST-LINK→Options Bytes 命令，打开 Options Bytes 窗口。

最后选择需要修改的字节，可通过右键修改。右击，在弹出的快捷菜单中选择 Reset 命令，修改完成后单击 OK 按钮，如图 4.129 所示。ST-LINK 把修改后的选项字节重新下载到单片机中，复位单片机后即可生效。

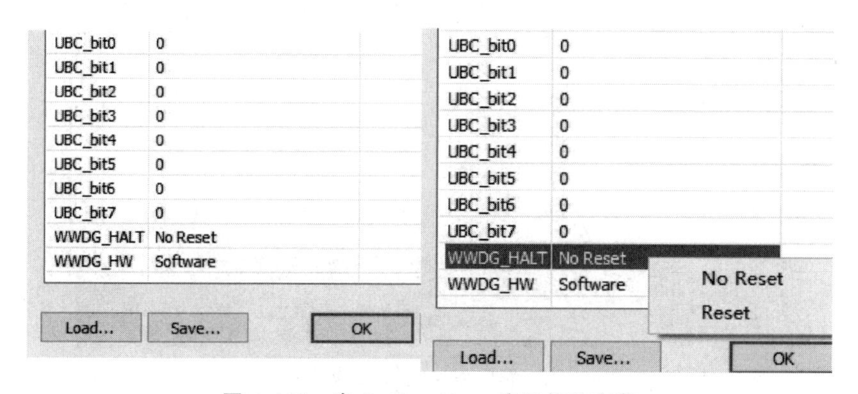

图 4.129　在 Options Bytes 窗口修改字节

4.6.4　Arduino

Arduino 是一款便捷灵活、方便上手的开源电子原型平台，包含硬件(各种型号的 Arduino 板)和软件(Arduino IDE)。它具有使用类似 Java、C 语言的 Processing/Wiring 开发环境。主要包含两部分：硬件部分，可以用作电路连接的 Arduino 电路板如图 4.130 所示；另外一个则是 Arduino IDE，即计算机中的程序开发环境，如图 4.131 所示。只要在

IDE 中编写程序代码，将程序上传到 Arduino 电路板后，程序便会告诉 Arduino 电路板要做些什么了。

图 4.130 Arduino 电路板

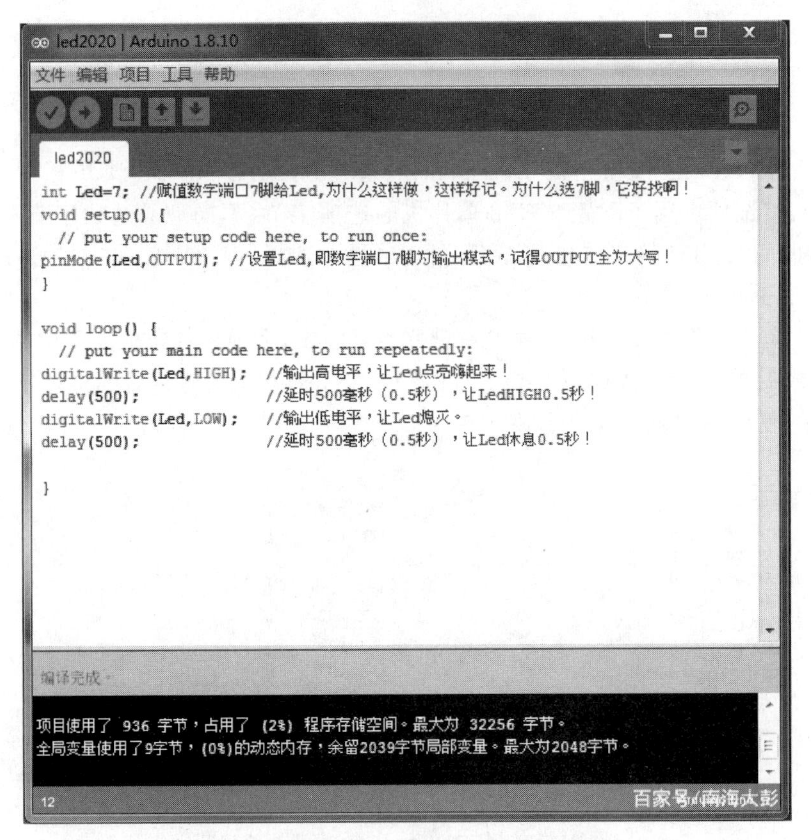

图 4.131 Arduino IDE 界面

当前 Arduino 越来越流行，离不开其以下特点：

（1）跨平台。

Arduino IDE 可以在 Windows、Mac OS X、Linux 三大主流操作系统上运行，而其他的大多数控制器只能在 Windows 上开发。

（2）简单清晰。

Arduino IDE 基于 processing IDE 开发。对于初学者来说，极易掌握，同时有着足够的灵活性。Arduino 语言基于 wiring 语言开发，是对 avr-gcc 库的二次封装，不需要太多的单片机基础、编程基础，简单学习后，也可以快速地进行开发。

（3）开放性。

Arduino 的硬件原理图、电路图、IDE 软件及核心库文件都是开源的，在开源协议范围内可以任意修改原始设计及相应代码。

（4）发展迅速。

Arduino 不仅仅是全球最流行的开源硬件，也是一个优秀的硬件开发平台，更是硬件开发的趋势。Arduino 简单的开发方式使得开发者更关注创意与实现，更快地完成自己的项目开发，大大节约了学习的成本，缩短了开发的周期。

因为 Arduino 的种种优势，越来越多的专业硬件开发者已经或开始使用 Arduino 来开发他们的项目、产品；越来越多的软件开发者使用 Arduino 进入硬件、物联网等开发领域；大学里，自动化、软件，甚至艺术专业，也纷纷开展了 Arduino 相关课程。

我们知道 Hello World 是所有编程语言的第一课，不过在 Arduino 里，类似 Hello World 的第一课叫作 Blink。Arduino 本身提供了许多示例代码以便于学习。在此，简单地先运行示例代码去了解如何使用 Arduino 进行编程控制。如图 4.132 所示，在 Arduino IDE 的菜单栏，选择文件→示例→01. Basics→Blink 命令，找到要使用的例程，单击即可打开。

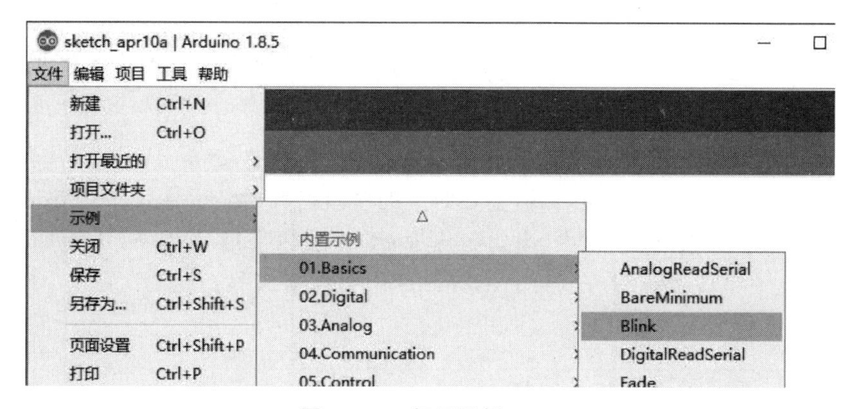

图 4.132　打开示例 Blink

打开例程后可以看到如下示例的程序代码：

```
[mw_shl_code = cpp,true]
/*
Blink
等待 1s,点亮 LED,再等待 1s,熄灭 LED,如此循环
*/
// 在大多数 Arduino 控制板上 13 号引脚都连接了一个标有"L"的 LED 灯
// 给 13 号引脚连接的设备设置一个别名"led"
int led = 13;
// 在板子启动或者复位重启后,setup 部分的程序只会运行一次
void setup(){
// 将"led"引脚设置为输出状态
    pinMode(led, OUTPUT);
}
// setup 部分程序运行完后,loop 部分的程序会不断重复运行
```

```
void loop(){
    digitalWrite(led, HIGH);            // 点亮 LED
    delay(1000);                        // 等待 1s
    digitalWrite(led, LOW);             // 通过将引脚电平拉低,关闭 LED
    delay(1000);                        // 等待 1s
}[/mw_shl_code]
```

至于以上代码的含义,感兴趣的读者可以自行去了解。

在编译该程序前,需要先在 Arduino IDE 菜单栏选择工具→开发板→Arduino/Genuino Uno 命令,如图 4.133 所示。

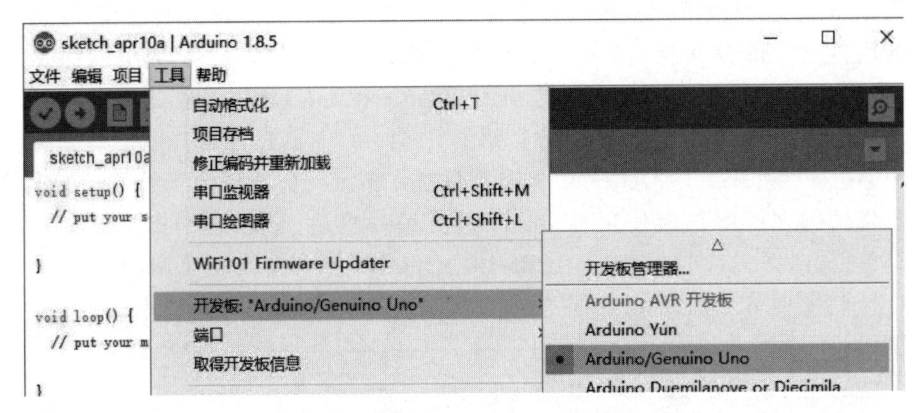

图 4.133 选择 Arduino/Genuino Uno 命令

接着在 Arduino IDE 菜单栏选择工具→端口中选择 Arduino Uno 对应的串口。当 Arduino IDE 检测到 Arduino Uno 后,会在对应的串口名称后显示 Arduino/Arduino Uno,以提示用户选择。在 Windows 系统中,串口名称为 COM 加数字编号,如 COM7,如图 4.134 所示;在 Mac OS 中串口名称为/dev/cu. usbmodem 加数字编号;在 Ubuntu 中串口名称为/dev/ttyACM 加数字编号。

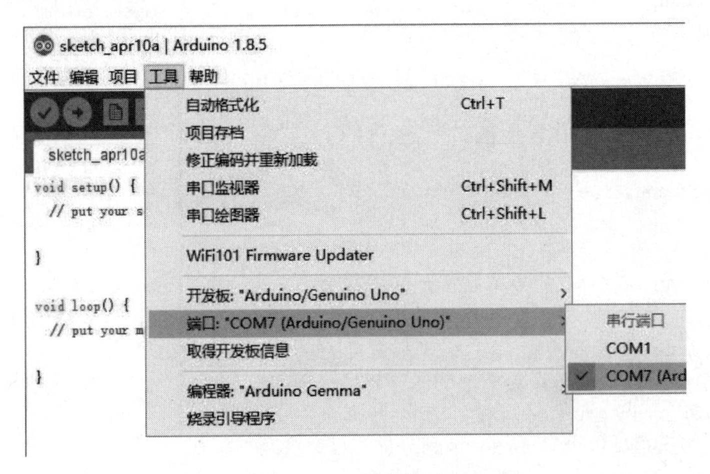

图 4.134 选择串口

板卡和串口设置完成后,可以在 IDE 的右下角看到当前设置的 Arduino 控制器型号,及对应串口。接着单击 Verify(校验)按钮,IDE 会自动检测程序是否正确,如果程序没有错误，调试提示区会依次显示“正在编译项目”→“编译完成”。编译完成后，将看到如图4.135提示信息。“928字节”为当前程序编译后的大小，“最大为32256字节”指当前控制器可使用的Flash程序存储空间大小。如果程序有误，调试提示区会显示错误相关提示。

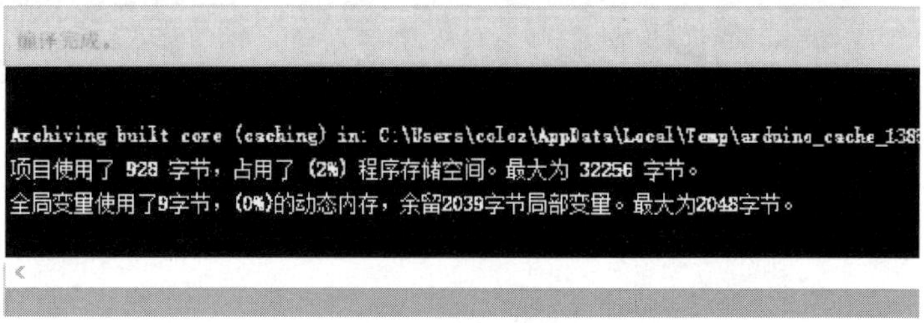

```
编译完成。

Archiving built core (caching) in: C:\Users\colez\AppData\Local\Temp\arduino_cache_138
项目使用了 928 字节，占用了 (2%) 程序存储空间。最大为 32256 字节。
全局变量使用了9字节，(0%)的动态内存，余留2039字节局部变量。最大为2048字节。
```

图4.135 错误提示

单击Upload(上传)按钮，调试提示区会显示“正在编译项目”，很快该提示会变成“上传”，此时Arduino Uno上标有TX、RX的两个LED会快速闪烁，这说明程序正在被写入Arduino Uno中。当显示“上传成功”时，说明该程序已经上传到Arduino中，大概5s后，就可以看到该段程序的效果——控制板上标有L的LED在按设定的程序闪烁了。

第 5 章 全向移动机器人设计与实现

5.1 全向移动机器人及其分类

移动机器人种类繁多，从机器人移动方式可以将其分成普通轮式移动机器人、腿式移动机器人、履带式移动机器人、全方位轮式移动机器人等。每种运动形式各有优劣，可以根据不同需求选择不同的运动方式。在 1.2 节及 2.1.1 节都对机器人的分类做过详细的介绍，所以本节重点介绍全向移动机器人。

全向移动机器人通常由多个全向轮、控制装置及驱动、车体平台等组成。全向轮既具有普通轮优点，又能实现平面内任意方向的移动，不需要复杂的转向系，同时解决了转弯半径过大、空间不足的问题。目前全向移动机器人主要有基于全向轮和基于麦克纳姆轮两种类型。

5.1.1 基于全向轮的移动机器人

全向轮，顾名思义，就是可以实现往任意方向运动的轮子。因而，相对于传统差分驱动方式，全向轮可以在平移的同时完成旋转，而不需要首先旋转，然后进行平移。全向轮的独特之处在于其特殊的轮胎。全向轮并不仅仅是一个轮毂，而是由很多轮胎的组合体。其主体为一个大型中心轮，在中心轮周边为中心轴方向垂直于中心轮中心轴线的小型轮子。大型中心轮与普通轮子一样，可以绕其中心轴旋转，而其周边小型滚轮则可以使得全向轮沿平行于中心轴方向旋转。图 5.1 是一些常见的全向轮。其轮胎直径和宽度同样根据机器人的要求速度、重量选择。

图 5.1 常见的全向轮

在竞赛机器人和特殊工种机器人中，全向移动经常是一个必需的功能。通过全向轮实现的全向移动机器人已经活跃在各类竞赛中，如图5.2所示。

图5.2 竞赛中常用的具有全向轮的底盘

5.1.2 基于麦克纳姆轮的移动机器人

麦克纳姆(Mecanum)轮于1973年有瑞典麦克纳姆公司的工程师们设计出来，可以说它是一种特殊的全向轮，如图5.3所示。麦克纳姆轮移动机器人能够解决车体在狭隘空间内难以移动的问题。由于其独特、灵活的结构、麦克纳姆轮被众多国内外学者采纳，研究的重点包括麦克纳姆轮的设计、运动学、动力学等方面。关于麦克纳姆轮的结构、安装方式及工作原理的详细内容在5.2节具体介绍。

近年来，麦克纳姆轮的应用逐渐增多，特别是在Robocon、RoboMaster等机器人赛事上(见图5.4)。这是因为麦克纳姆轮可以像传统轮子一样，安装在相互平行的轴上，在不增加安装难度的前提下大大提高移动机器人的灵活性。得益于此，麦克纳姆轮得到了越来越广泛的使用。

图5.3 麦克纳姆轮

图5.4 RoboMaster赛事中的全向移动机器人

5.2 全向移动机器人的总体方案设计

传统的轮式移动机器人在不改变自身姿态的情况下并不能实现全方位移动，本章介绍一款采用麦克纳姆轮作为运动执行机构的全向移动机器人。除了可以完成与普通车轮相同的前向和后向移动，麦克纳姆轮轮面上均匀分布的辊子使得机器人可以横向运动。有关麦克纳姆轮详细情况参见 5.3 节，在此不再赘述。

5.2.1 机械结构设计

移动机器人平台结构如图 5.5 所示，其中用到的结构件数量不多，也比较简单，非常便于学习和科研使用。主要结构件有碳板、铝方管、麦克纳姆轮、电机联轴器、电机座等。其中，全向移动机器人底盘麦克纳姆轮的每个轮面含 10 个橡胶辊子，轮子直径为 58.5mm，轮面宽为 24mm。

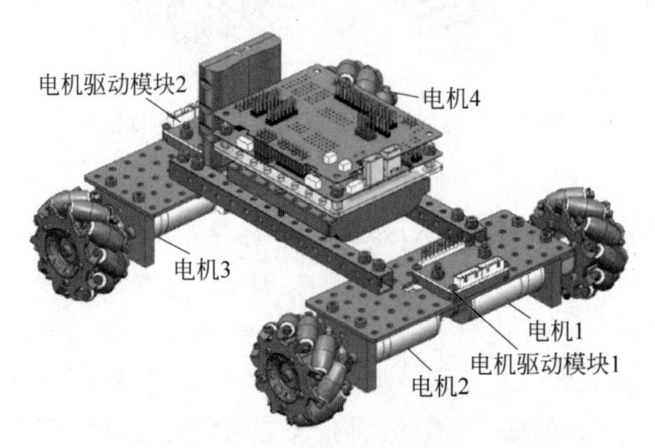

图 5.5 移动平台结构

5.2.2 硬件系统设计

1. 硬件总体架构

整个硬件结构的系统框图如图 5.6 所示。遥控器通过其对应接收机与主控板进行通信，主控板上搭载陀螺仪、4 个电机的伺服驱动器，并通过 PWM 控制伺服驱动器进入控制整个移动平台。

2. 底盘动力电机模块

本移动平台所用电机为带编码器的减速电机，编码器自带霍尔传感器，电机旋转一周会在信号反馈端输出 11 个脉冲信号，根据单位时间内输出的脉冲个数可测得电机转速。其引脚直接和电机驱动模块相连，编码器电机如图 5.7 所示。

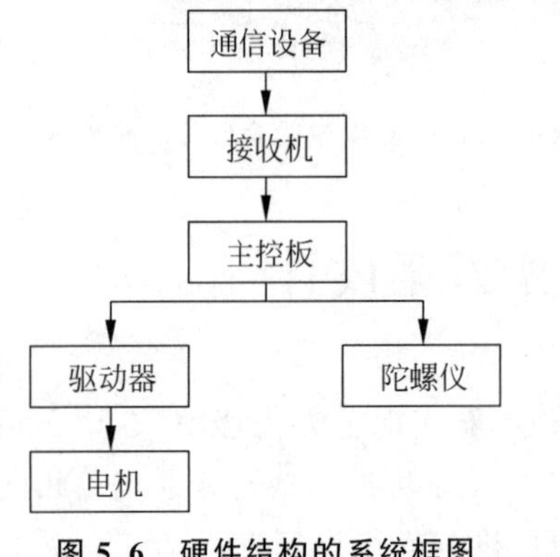

图 5.6 硬件结构的系统框图

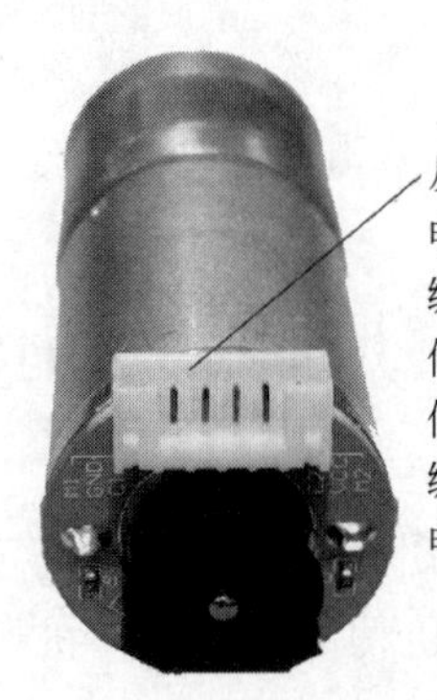

图 5.7 编码器电机

3. 直流电机驱动模块

直流电机驱动模块如图 5.8 所示,电机驱动模块通过输出 PWM 信号进行直流电机控制,其输入为 11PIN 输入通道,输出为两个 6PIN 通道,每个 6PIN 通道与一个直流电机相连。其 11PIN 通道与扩展板相连,其通道分布如图 5.8 中右侧所示,扩展板通过 GND 和 VM 通道为电机的电源通道,AIN2、AIN1、BIN1、BIN2 分为 A 和 B 两组作为两电机的方向控制通道,PulA 和 PulB 分别为两电机的编码器反馈通道,STBY 为电机驱动模块的使能通道,PWMA 和 PWMB 为 PWM 信号输出通道。其 6PIN 通道与直流电机相连,通道分布如图 5.8 中左侧所示。AO1、AO2、BO1、BO2 为电源在 PWM 调制后的输出通道,PulA、PulB 为电机编码器信号反馈通道,然后把反馈信号通过 11PIN 通道的 PulA 和 PulB 通道反馈回扩展板。其左侧引脚通过 6PIN 线直接和电机相连,其右侧引脚通过 11PIN 线直接和扩展板上的电机模块接口相连。

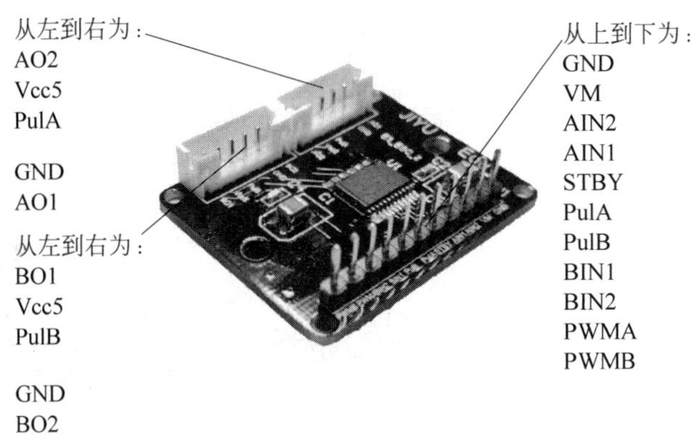

图 5.8 直流电机驱动模块

4. 陀螺仪

在移动平台导航的过程中,陀螺仪(又称位姿传感器)是一个不可缺少的器件。陀螺仪通过实时提供航向角、加速度和角速度等数据,并结合相应算法来确定移动平台的位置和方向,从而可以实现定位甚至导航的目的。而嵌入式中讨论的陀螺仪一般是指 MEMS 陀螺仪(MEMS 是英文 Micro Electro Mechanical Systems 的缩写,即微电子机械系统)。传统的陀螺仪主要是利用角动量守恒原理,因此它主要是一个不停转动的物体,它的转轴指向不随承载它的支架的旋转而变化。但是微机械陀螺仪的工作原理不是这样的,因为要用微机械技术在硅片衬底上加工出一个可转动的结构可不是一件容易的事。微机械陀螺仪利用科里奥利力——旋转物体在有径向运动时所受到的切向力。因此 MEMS 陀螺仪的体积可以做到很小,并且耐冲击,可以直接做成集成电路。陀螺仪广泛用于四轴、平衡车等设计,具有非常广泛的应用范围。

本系统中主控板中嵌入的位姿传感器是 MPU6500。MPU6500 内部集成一个三轴加速度传感器、一个三轴陀螺仪,并且自带 DMP 模块,可以解算出四元数和姿态角。可以通过 SPI 总线读写 MPU6500 相关寄存器,实现对其相关功能的配置和数据读写。其原理图及实物图分别如图 5.9 和图 5.10 所示。

5. STM32 嵌入式微控制器

整个控制系统的核心就是嵌入式微控制器,本系统中选用的主控板所用芯片为

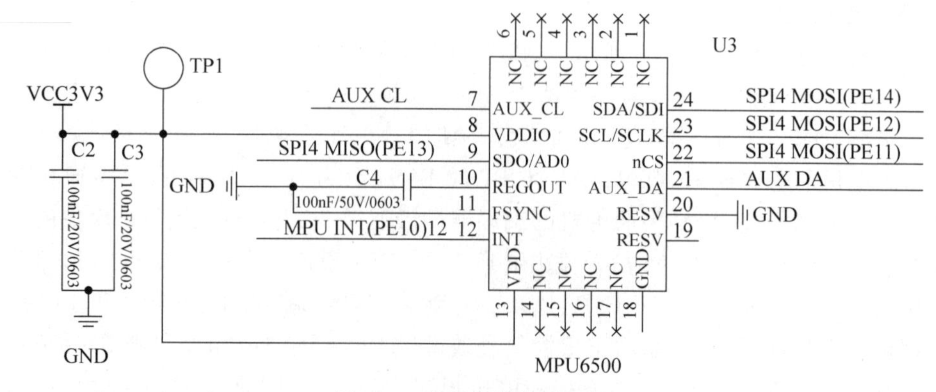

图 5.9 陀螺仪模块原理图

STM32F427,E3 系列主控板实物图如图 5.11 所示。

图 5.10 MPU6500 实物图

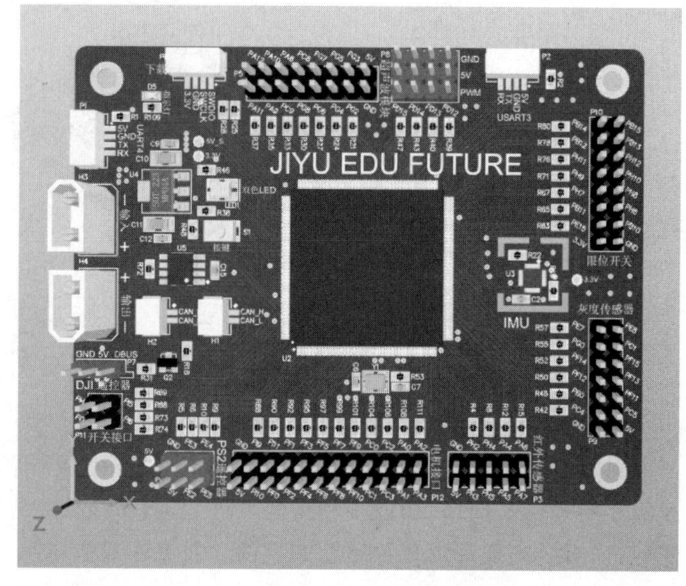

图 5.11 E3 系列主控板实物图

该芯片使用 3.3V 的电压进行供电,支持多种外设,其 CPU 使用 Cortex-M4 内核,且自带 1024K FLASH 以及 512K SRAM,具有较大的容量,且芯片内嵌的资源较为丰富,支持 7 个串口进行通信。

主控板部分电路原理图如图 5.12 所示。

5.2.3 通信系统设计

无人车的通信系统主要完成人机交互的功能,通信系统主要包括遥控器、ZigBee、图传设备等。

1. 遥控器

操作者通过对遥控器进行相关操作,将数据打包发送给接收机。而控制系统中的主控

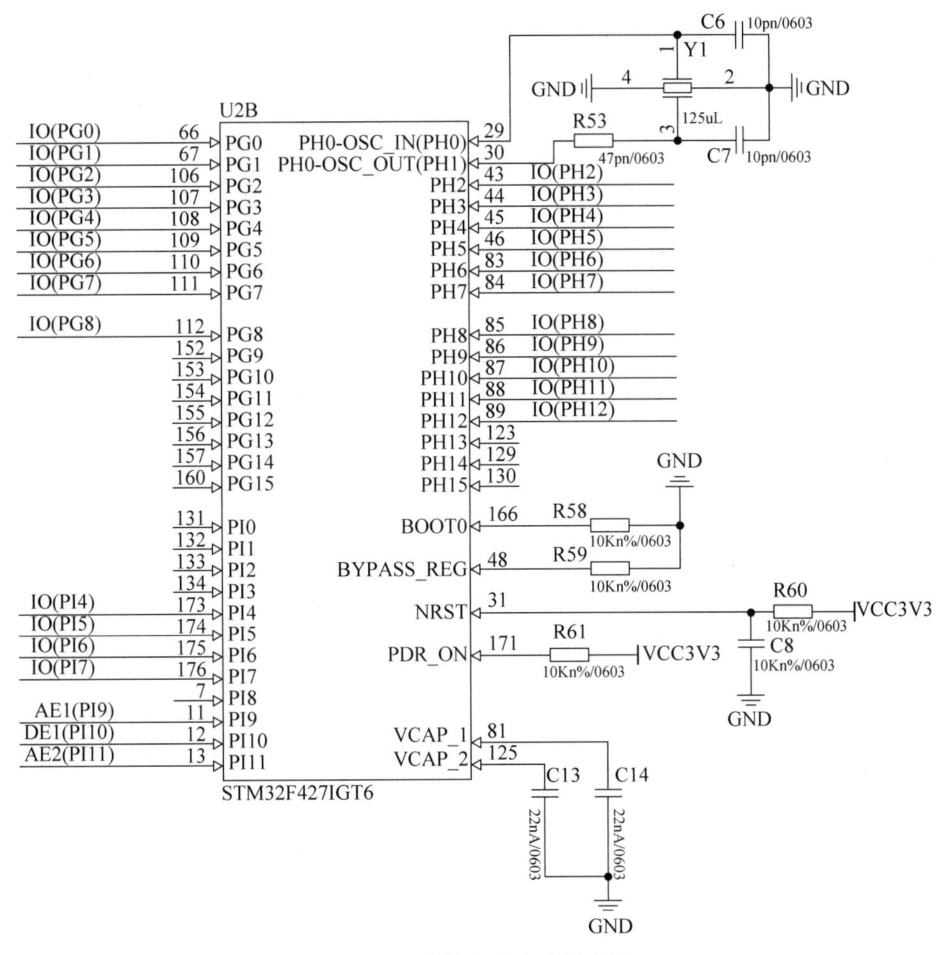

图 5.12　主控部分电路原理图

板通过解包得到关于目标速度的数据，进而驱动电机实现运动功能。实物图如图 5.13 和图 5.14 所示。

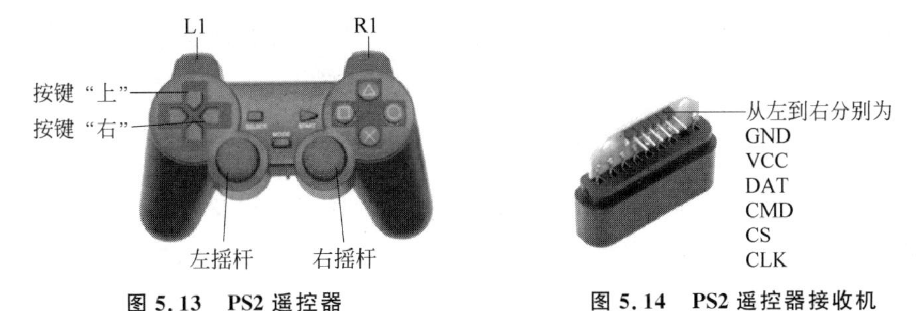

图 5.13　PS2 遥控器　　　　图 5.14　PS2 遥控器接收机

其中接收器各引脚分别如下。

(1) GND：电源地。

(2) VCC：接收器工作电源，电源范围为 3～5V。

(3) DAT：信号流向，从手柄到主机，此信号与 DO 对应，是一个 8b 的串行数据，同步传送于时钟的下降沿。信号的读取在时钟由高到低的变化过程中完成。

(4) CMD：信号流向，从主机到手柄，此信号和 DI 对应，信号是一个 8b 的串行数据，同步传送于时钟的下降沿。

(5) CS：用于提供手柄触发信号。在通信期间，处于低电平。

(6) CLK：时钟信号，由主机发出，用于保持数据同步。

数据传输时序如图 5.15 所示。CS 在通信期间，一直处于低电平，通信结束后，CS 信号由低转高。在时钟 CLK 的下降沿，同时完成 1b 数据的发送与接收。当单片机想读手柄数据或向手柄发送命令时，将会拉低 CS 线电平，并发出一个命令 0x01；手柄会回复它的 ID "0x41＝绿灯模式，0x73＝红灯模式"；在手柄发送 ID 的同时，单片机将传送 0x42，请求手柄发送数据；随后手柄发送出 0x5A，告诉单片机"数据来了"。

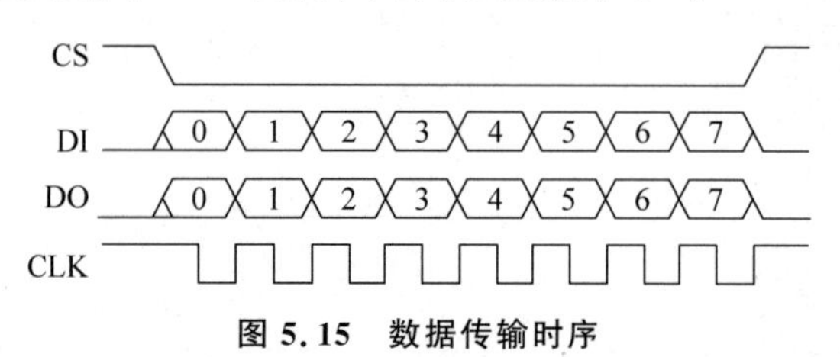

图 5.15 数据传输时序

开发板配备一个 PS2 遥控器接口，用于连接 PS2 遥控器，其原理图如图 5.16 所示。

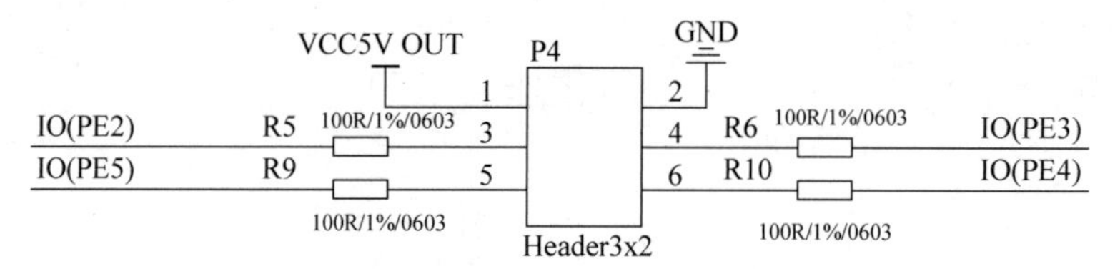

图 5.16 PS2 遥控接口电路原理图

2. ZigBee

ZigBee 又称"紫蜂"，它与蓝牙相类似，是一种新兴的短距离无线通信技术，适用于传输范围短、数据传输速率低的一系列电子元器件设备之间。ZigBee 主要依靠无线网络进行传输，进行近距离的无线连接，属于无线网络通信技术。ZigBee 的优点包括：

(1) 成本低。通过大幅简化协议(不到蓝牙的 1/10)，降低了对通信控制器的要求，同时 ZigBee 免协议专利费。每块芯片的价格大约为 2 美元。

(2) 功耗低。在低耗电待机模式下，2 节 5 号干电池可支持 1 个节点工作 6～24 个月，甚至更长。这是 ZigBee 的突出优势。相比较而言，蓝牙能工作数周，WiFi 可工作数小时。

(3) 时延短。ZigBee 的响应速度较快，一般从睡眠转入工作状态只需 15ms，节点连接进入网络只需 30ms，进一步节省了电能。

(4) 安全性高。ZigBee 提供了三级安全模式，包括安全设定、使用访问控制清单(Access Control List，ACL) 防止非法获取数据以及采用高级加密标准(AES 128)的对称密码，以灵活确定其安全属性。

ZigBee 实物图如图 5.17 所示。

图 5.17 ZigBee 实物图

3. 图传设备

图传设备或称无线视频监控、无线视频服务器、网络摄像机，实物图如图 5.18 和图 5.19 所示。其典型应用场合有车载移动监控、各类现场直播、应急指挥等；另外还有野外固定式图传设备，固定安装在野外无人值守的环境中，通常采用太阳能、风能供电，外接球机，巡视四野，监控八方；典型应用场景如河道、景区防炸鱼，防止非法采砂；水库、大坝水文水位监测、国土资源土地执法监控，防止非法开垦和建筑；智慧城市、智慧道路的路灯监控。

图 5.18　图传设备示例

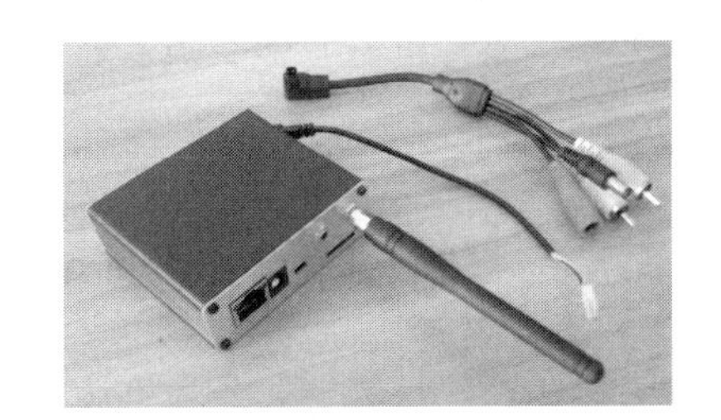

图 5.19　图传实物图

5.3　麦克纳姆轮的运动分析

5.3.1　麦克纳姆轮的结构

麦克纳姆轮由瑞典麦克纳姆公司设计，其在中心轮圆周方向又布置了一圈独立的、倾斜角度(45°)的行星轮，这些成角度的行星轮把中心轮的前进速度分解成 X 和 Y 两个方向，实现前进及横行。麦克纳姆轮结构紧凑，运动灵活，是一种很成功的全方位轮。由 4 个这种新型轮子进行组合，可以更灵活方便地实现全方位移动功能。

依靠各自机轮的方向和速度，这些力可以在任何要求的方向上产生一个合力矢量，从而保证了这个平台沿最终的合力矢量方向移动，而不改变机轮自身的方向。在它的轮缘上斜向分布着许多小滚子，故轮子可以横向滑移。小滚子的母线很特殊，当轮子绕着固定的轮心轴转动时，各个小滚子的包络线为圆柱面，所以该轮能够连续地向前滚动。

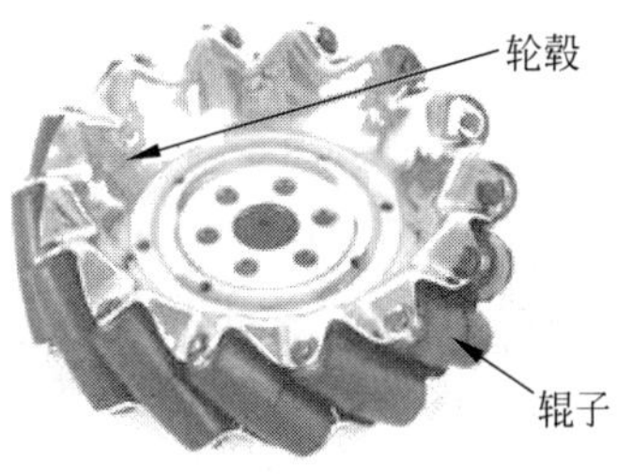

图 5.20　麦克纳姆轮

麦克纳姆轮及轮中的轮毂和辊子分别如图 5.20 和图 5.21 所示。

麦克纳姆轮分为互为镜像关系的左旋轮和右旋轮，示意图如图 5.22 所示(斜线代表辊子方向)。根据速度的正交分解原理，左旋轮可以分解成轴向向左和垂直轴向向前的速度分量，或者轴向向右和垂直轴向向后的速度分量，即轮子趋向左前方和右后方运动。同理，右旋轮与左旋轮呈镜像关系。

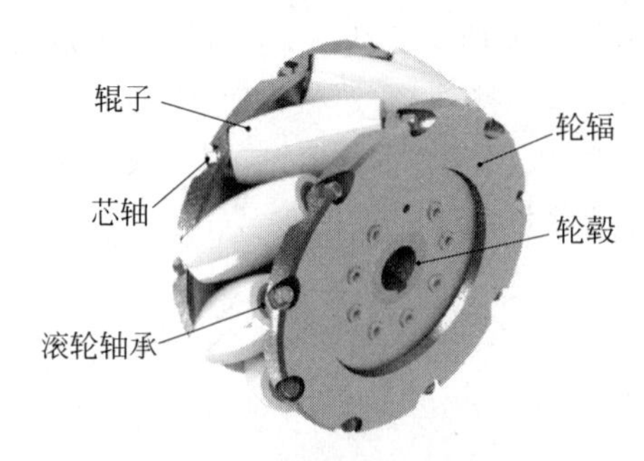

图 5.21 麦克纳姆轮中的轮毂和辊子

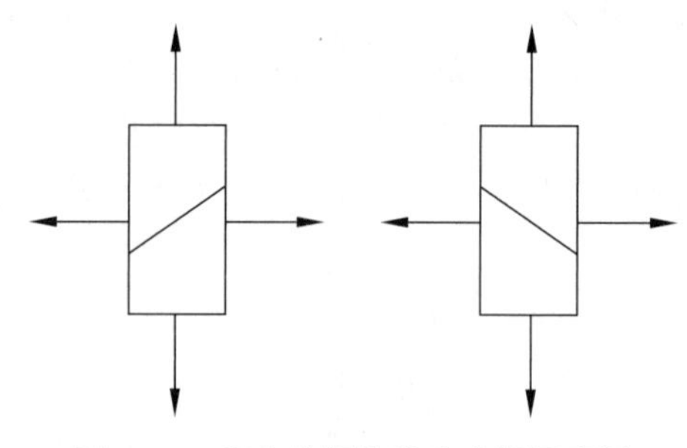

图 5.22 麦克纳姆轮速度分解示意图

当然这种结构设计也有它的缺点：麦克纳姆轮受力和行走方向不平行，必然导致垂直方向受力，轮子和地面产生相对滑动，对轮子表面磨损严重，长久使用需要经常更换辊子。

5.3.2 麦克纳姆轮的布局及运动学分析

底盘麦克纳姆轮的组合方式主要分为 X 型和 O 型，其中 X 和 O 表示的是与 4 个轮子地面接触的辊子所形成的图形；正方形与长方形指的是 4 个轮子与地面接触点所围成的形状，如图 5.23 和图 5.24 所示(俯视图)。

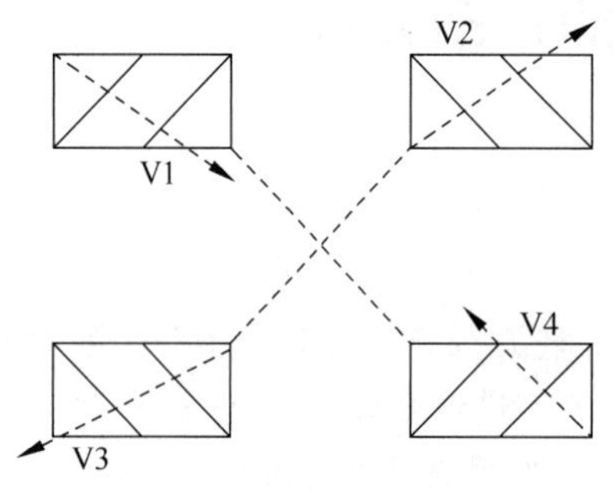

图 5.23 O 型组合方式

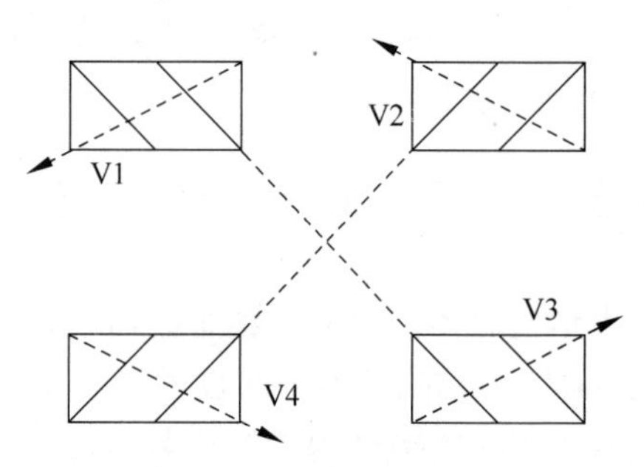

图 5.24 X 型组合方式

以 O-长方形的安装方式为例，4 个轮子的着地点形成一个矩形。正运动学模型(forward kinematic model)可以通过 4 个轮子的速度计算出底盘的运动状态；而逆运动学模型(inverse kinematic model)得到的公式则是可以根据底盘的运动状态解算出 4 个轮子的速度。需要注意的是，底盘的运动可以用三个独立变量来描述：X 轴平动、Y 轴平动、Yaw 轴自转；而 4 个麦克纳姆轮的速度也是由 4 个独立的电机提供的。所以 4 个麦克纳姆轮的合理速度是存在某种约束关系的，逆运动学可以得到唯一解，而正运动学中不符合这个约束关系的方程将无解。

以构建逆运动学模型为例，由于麦克纳姆轮底盘的数学模型比较复杂，在此分 4 步进行：

(1) 将底盘的运动分解为三个独立变量来描述；

(2) 根据第一步的结果，计算出每个轮子轴心位置的速度；

(3) 根据第二步的结果，计算出每个轮子与地面接触的辊子的速度；

(4) 根据第三步的结果,计算出轮子的真实转速。

1. 底盘运动的分解

我们知道,刚体在平面内的运动可以分解为三个独立分量：X 轴平动、Y 轴平动、Yaw 轴自转。如图 5.25 所示,底盘的运动也可以分解为三个量：

V_{t_x} 表示 X 轴运动的速度,即左右方向,定义向右为正；

V_{t_y} 表示 Y 轴运动的速度,即前后方向,定义向前为正；

$\boldsymbol{\omega}$ 表示 Yaw 轴自转的角速度,定义逆时针为正。

以上三个量一般都视为底盘的几何中心(矩形的对角线交点)的速度。

2. 计算轮子轴心位置的速度

定义：$\boldsymbol{r}$ 为从几何中心指向轮子轴心的矢量；

$\boldsymbol{v}$ 为轮子轴心的运动速度矢量；

$\boldsymbol{v}_r$ 为轮子轴心沿垂直于 $\boldsymbol{r}$ 的方向(即切线方向)的速度分量,那么,可以计算出：

$$\boldsymbol{v}=\boldsymbol{v}_t+\boldsymbol{\omega}\times\boldsymbol{r} \tag{5.1}$$

分别计算 X、Y 轴的分量为

$$\begin{cases} v_x=v_{t_x}-\omega\cdot r_y \\ v_y=v_{t_y}+\omega\cdot r_x \end{cases} \tag{5.2}$$

轮子轴心位置速度分解如图 5.26 所示。

同理可以算出其他三个轮子轴心的速度。

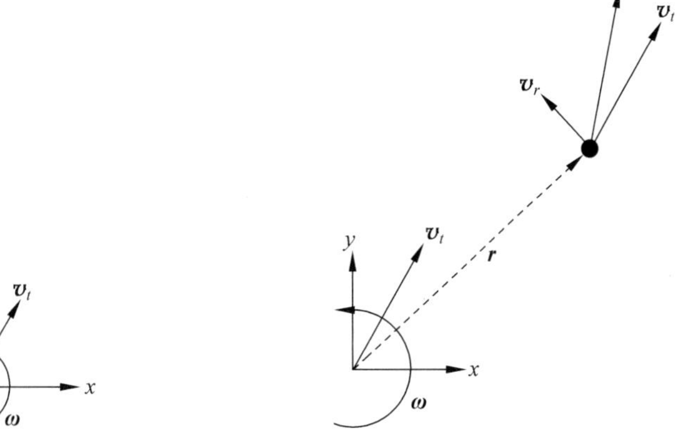

图 5.25　底盘的运动分解　　图 5.26　轮子轴心位置速度分解

3. 计算辊子速度

根据轮子轴心的速度,可以分解出沿辊子方向的速度 $\boldsymbol{v}_{/\!/}$ 和垂直于辊子方向的速度 $\boldsymbol{v}_{\perp}$。其中 $\boldsymbol{v}_{\perp}$ 是可以无视的($\boldsymbol{v}_{\perp}$ 代表辊子的旋转速度),而

$$\boldsymbol{v}_{/\!/}=\boldsymbol{v}\times\hat{u}=(v_x\hat{i}+v_y\hat{j})\times\left(-\frac{1}{\sqrt{2}}\hat{i}+\frac{1}{\sqrt{2}}\hat{j}\right)=-\frac{1}{\sqrt{2}}v_x+\frac{1}{\sqrt{2}}v_y \tag{5.3}$$

其中,$\hat{u}$ 是沿辊子方向的单位矢量。

辊子速度分解如图 5.27 所示。

4. 计算轮子速度

从辊子速度到轮子转速的计算比较简单：

$$v_{\omega}=\frac{v_{/\!/}}{\cos 45^{\circ}}=\sqrt{2}\left(-\frac{1}{\sqrt{2}}v_x+\frac{1}{\sqrt{2}}v_y\right)=-v_x+v_y \tag{5.4}$$

轮子转速计算示意图如图 5.28 所示。

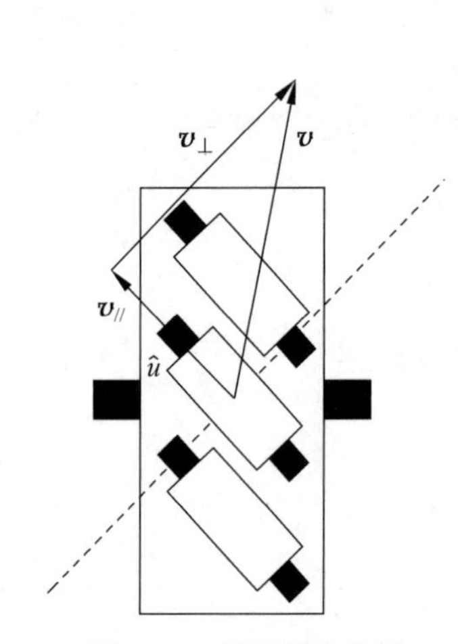

图 5.27 辊子速度分解

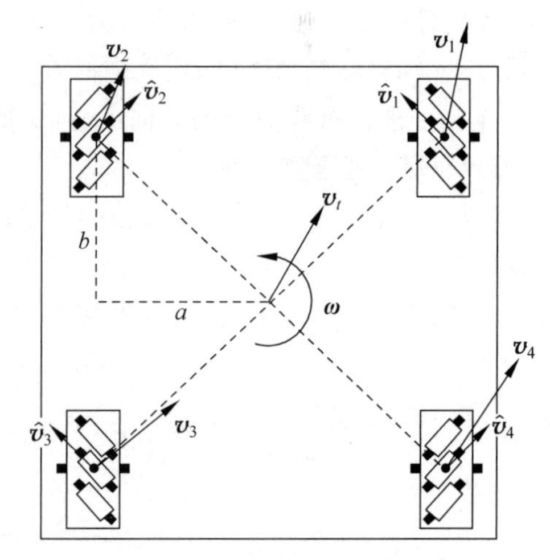

图 5.28 轮子转速计算示意图

根据图 5.28 所示的 a 和 b 的定义有

$$\begin{cases} v_x=v_{t_x}+\omega b \\ v_y=v_{t_y}-\omega a \end{cases} \tag{5.5}$$

结合以上 4 个步骤，可以根据底盘运动状态解算出 4 个轮子的转速：

$$v_{\omega_1}=v_{t_y}-v_{t_x}+\omega(a+b) \tag{5.6}$$

$$v_{\omega_2}=v_{t_y}+v_{t_x}-\omega(a+b) \tag{5.7}$$

$$v_{\omega_3}=v_{t_y}-v_{t_x}-\omega(a+b) \tag{5.8}$$

$$v_{\omega_4}=v_{t_y}+v_{t_x}+\omega(a+b) \tag{5.9}$$

以上方程组就是 O-长方形麦克纳姆轮底盘的运动学方程。

5.4 全向移动机器人的控制系统

控制系统作为一个机器人的核心部分，承担着机器人运动的整体逻辑控制职能。一个良好的控制系统应该具有完善的通信协议、数据传输、实时控制和状态监测等功能。对于机器人控制系统来说，设计方案应该充分考虑如下几点。

(1) 机器人控制系统应该具有良好的开放性，不仅能够兼容不同的硬件设备，同时也能够简便地移植诸多开源算法；同时能够独立地拆分成诸多子系统，缺少任意单一子系统不影响整体系统的控制。

（2）机器人控制系统应该具有通用的外设接口，不论哪一个模块发生故障或是在后续需要变更模块时，能够简便地更换对应的外设而不影响系统的整体布局；对于目前的嵌入式控制器来说，一般留有常见的高速总线接口方便调试外设。

（3）机器人控制系统最为重要的就是具有良好的实时性，这就需要在设计系统时充分考虑系统的特性，以全向移动机器人为例，对于纯滞后系统来说，其控制难度要比一般系统大得多，所以在控制系统设计上更要考虑其实时性的要求。

综上所述，控制系统设计首先需要保证系统开放性的设计，保证系统的可替代性和可移植性；其次，需要考虑系统的实时性问题，设计出能够快速响应命令的控制器也是需要考虑的重要目标；最后，设计的系统应该具有良好的故障检测功能，易于进行故障分析并排除。

5.4.1　控制系统总体架构

对于5.2节介绍的基于麦克纳姆轮的全向移动机器人来说，设计了一种分布式的控制系统。分布式控制系统能够按照实际需要简便地添加或者去除某些模块而不影响整型系统的使用，同时由于模块化的设计，使得主控制器将各个子系统处理职能下放至各个子模块中，大大减少了CPU的使用率，有利于可靠性的提高，因此在实际设计中被广泛采用。图5.29为所设计的分布式系统设计框图。

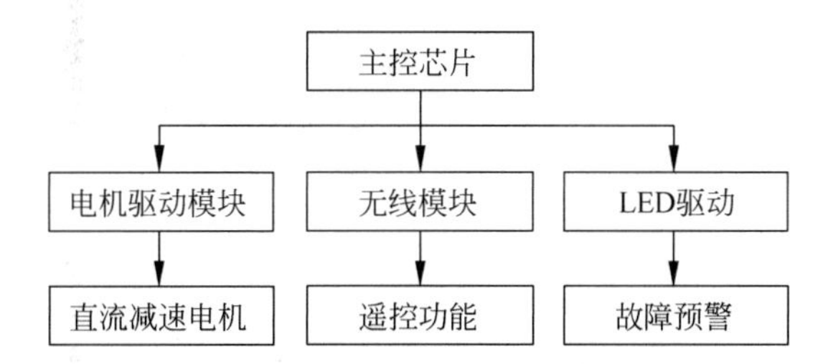

图5.29　移动机器人分布式系统设计框图

可见上述移动机器人主要有三个子系统，一个是基于PWM波控制的电机驱动管理系统，一个是基于无线传输的遥控系统，一个是基于LED定时闪烁的故障预警系统，各系统之间互不干涉。移动机器人可以通过无线遥控的方式收发指令，利用无线通信的方式建立起主控制器和遥控器之间的通信，进而控制全向移动机器人的运动。在电机驱动管理系统内，通过PWM波实现电机调速，并可以实现电机的速度反馈和位置反馈，故障预警系统利用LED的定时闪烁来监测主控制器内程序运行状态。

5.4.2　系统的功能结构

全向移动机器人控制系统是一个典型的嵌入式裸机程序，系统整体架构如图5.30所示。

5.4.3　系统主要模块工作原理

1. 硬件初始化

主控板上电后，程序先进行单片机外设及相应传感器的初始化工作。具体流程如图5.31所示。

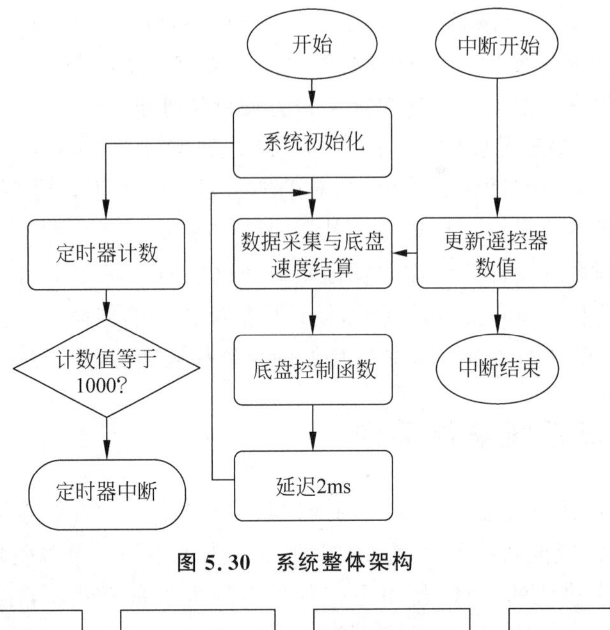

图 5.30 系统整体架构

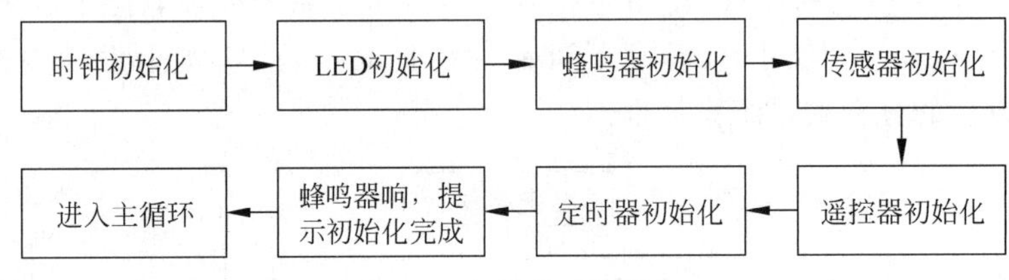

图 5.31 初始化具体流程

初始化完成后，串口也会输出相关信息，提示初始化完成。利用专门的串口软件读初始化信息如图 5.32 所示。

图 5.32 初始化输出信息

2. 底盘控制

示例的移动机器人使用的是O-长方形的安装方式,在5.4节已经对麦克纳姆轮进行了详细的运动学分析,得到了麦克纳姆轮的运动学方程如下,其中$V_{\omega1}$,$V_{\omega2}$,$V_{\omega3}$,$V_{\omega4}$为4个轮子的角速度。

$$\begin{cases} V_{\omega1}=V_y-V_x+\omega \\ V_{\omega2}=V_y+V_x-\omega \\ V_{\omega3}=V_y-V_x-\omega \\ V_{\omega4}=V_y+V_x+\omega \end{cases} \tag{5.10}$$

依据此方程,可使用三个目标量(水平方向期望速度V_x、竖直方向期望速度V_y和期望角速度ω)来刻画整个全向移动机器人的运动状态,并通过此运动学方程转换得到4个麦克纳姆轮的角速度,从而实现对全向移动机器人的底盘控制。

3. 系统监测模块

系统监测模块实际是对系统是否正常运行的一个实时监测和指示。采用的是LED灯闪烁的提示,在系统正常运行时,系统会驱动板载的LED灯,使之以一定频率闪烁,提示系统正在运行。系统监测模块具体实现流程如图5.33所示。

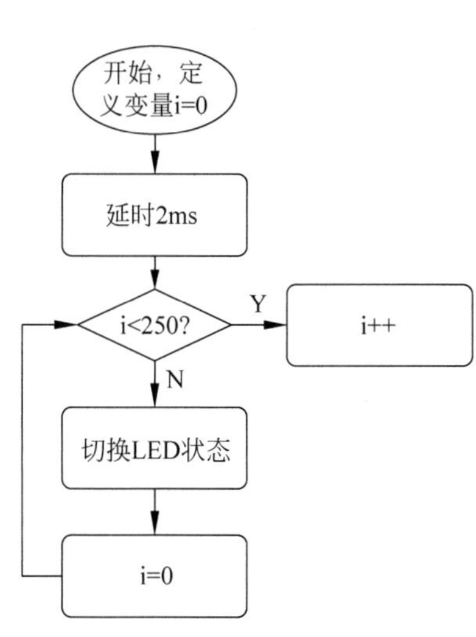

图5.33 系统监测模块具体实现流程

5.5 全向移动机器人的应用与展望

5.5.1 全向移动机器人的应用

1. 灵巧搬运

麦克纳姆轮式全向移动机器人由于其特点,非常适合搬运方面的工作,如图5.34所示。

2. 教育与医疗服务

在教育和医疗领域,麦克纳姆轮用于全向移动轮椅,可以帮助残疾人提高移动能力。麦克纳姆轮另一个重要应用是Robocup,即机器人世界足球锦标赛,该赛事是一项国家合作项目,主旨即为促进人工智能、机器人和相关领域的发展。机器人足球锦标赛涉及机器人学、人工智能、精密机械、传感、通信等诸多领域,是高技术的对抗赛。由于全向移动机器人可以在不需要改变自身姿态的前提下实现任意方向的移动以及任意半径转动,因此麦克纳姆轮式全方位移动机器人非常适合高机动性的场合。全向移动机器人无与伦比的灵活性和机动性,受到了参数选手的青睐(见图5.35)。

3. 运动灵巧的制造车间AGV系统

自动导航车(Automated Guided Vehicles,AGV)又名无人搬运车,如图5.36所示。它最早出现于20世纪50年代,是一种自动无人驾驶的智能化搬运设备。

图 5.34 仓库中正在作业的 AGV

图 5.35 Robocup 中的全向移动机器人

目前，AGV 系统广泛运行于仓库、工厂、车间、医院及其他许多领域，如图 5.37 所示。在邮局、图书馆、车站、码头和机场等场合，物品的运送存在着作业量变化大、动态性强、作业流程调整频繁，以及搬运作业过程单一等特点，AGV 的并行作业、自动化、智能化和柔性化的特点能够很好地满足这些应用需求。采用麦克纳姆轮驱动的 AGV，由于其运动灵活性和定位的准确性，可以显著提高车间面积的利用率。由于其可以全方位运动，甚至可以取消传统 AGV 上的精确平移机构，直接把工件点对点送到制造装备的安装位置，这进一步节约了装夹时间，提高效率。

图 5.36 AGV

图 5.37 AGV 用于物流分拣

5.5.2 全向移动机器人的展望

对于全向移动机器人（这里特指 AGV）来说，其主要还是服务于制造业及其相关产业，成为智能工厂、智能车间的重要组成部分。随着应用范围的不断扩大，全向移动机器人需要面对的环境也愈发多样化，对技术的要求也越来越高，未来的发展方向应该是大数据（＋互联网），让机器人真正地信息化、智能化。同时，随着产业逐渐细分，加大专用器件甚至机械配套件的标准化、系列化很有必要。就其未来的发展趋势来说，主要在以下几方面。

（1）高精度。AGV 需要提高运行精度、监控精度和避障准确性。近年来随着高精度传感器如雷达、深度相机的研发，全向移动机器人的精度越来越高。

（2）多媒体与网络技术的应用。可以通过多媒体技术（平板电脑、互联网等）的应用，方便非专业用户的使用。网络已经布满了我们生活的各个角落，在机器人研究方面可以研制网络机器人——以计算机网络作为研究的载体，对机器人设定相关的指令进行有效的控制。通过研究网络机器人进而不断地推动移动机器人的发展。

（3）特殊作用的机器人。不同领域对于机器人的需求程度不同，随着科技的不断进步、社会经济的不断发展，需要的人才也就变得越来越多。对于一些高危险、高风险的工作可以让机器人进行代替，这样既保证了人类的安全，也能够提高工作的效率。同时对于一些人类无法完成的高精尖端工作也可以研制机器人、设置相关的指令让机器人来完成，例如在医学方面的机器人，或者根据娱乐活动研制有关娱乐方面的机器人等。总之，它的研究领域是十分的广阔的，并且在研究的过程中是有利于社会的发展的。

第 6 章 机械臂组成与控制

机械臂能模仿人手和手臂的某些动作功能，用来按固定程序抓取、搬运物件或操作工具。机械臂是最早出现的工业机器人，也是最早出现的现代机器人，它可代替人的繁重劳动以实现生产的机械化和自动化，能在有害环境下替代人员操作，保障人员的人身安全，因而广泛应用于机械制造、冶金、电子、轻工和原子能等领域。接下来将从机械臂的组成、分类、常见机械臂执行机构及其应用等几方面来介绍机械臂。

6.1 常见机械臂

6.1.1 机械臂组成

一般情况下，一个机械臂系统由以下几部分组成：机械臂结构部分、驱动部分、传感器部分和控制器部分。

1. 机械臂结构部分

机械臂是具有传动执行装置的机械，由连杆、关节和末端执行器装置构成，组合成一个互相连接和互相依赖的运动机构。针对不同的作业任务，不同的机械手具有不同的功能，大致由以下 4 部分组成，如图 6.1(a)所示。

(1) 基座部分：起到固定机械臂的作用。

(2) 手臂部分：用于控制机械臂末端执行器到达指定的位置，同时与手腕部分共同确定末端执行器的姿态。

(3) 手腕部分：用于控制末端执行器的姿态，便于末端执行器工作。

(4) 手爪部分：又称末端执行器，多为一个夹手，用于夹持物体；或者安装一个工具，用以完成特定的作业任务，如焊接(见图 6.1(b))等。

2. 驱动部分

机械臂的驱动方式大致可分为液压、气动、电动三种，也可依据需求将三种混合得到复合式驱动体系。

3. 传感器部分

机械臂在运行过程中需要实时知道自己的姿态，这就需要通过角度传感器来检测各个关节的连杆的运动信息，如位置、速度等，如可采用编码器采集相邻两连杆的夹角和角速度，或通过陀螺仪等采集各个连杆自身的角度与角速度。

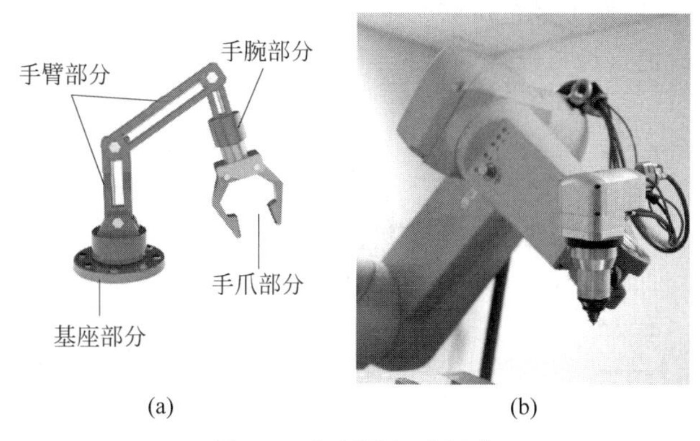

图 6.1　机械臂组成部分

(a) 机械臂基本组成；(b) 手爪部分为一个激光焊接仪器的机械臂

机械臂在运行过程还需要采集周围环境的信息，以免在运行过程中与周围障碍物发生碰撞，损坏机械臂。机械臂常用的避障传感器有超声波传感器、红外避障传感器等，有的机械臂还采用工业相机利用视觉方式识别障碍物。

一些作业任务对于机械臂施加在目标物体上的力和力矩的大小具有严格的要求，因此有的机械臂还会在末端执行器加装力矩传感器，用于控制末端执行器与目标物体之间的力的大小(具体传感器介绍见第 3 章)。

4. 控制器部分

控制器是机械臂的大脑，其接收来自传感器的信号，对之进行处理，并根据存储的相关信息、机器人的状态以及传感器采集到的周围环境情况等，产生控制信号去驱动机械臂的各个关节。对于技术比较简单的机械臂可以采用嵌入式单片机、PLC 等作为核心控制器；对于工作环境和任务复杂的机械臂，一般采用微型计算机进行控制(具体有关控制及其介绍见第 3 章)。对机械臂的控制一般需要下列信息。

(1) 机械臂的动作模型：表示机械臂执行装置在激发信号和机器人运动之间的关系。

(2) 环境模型：描述机械臂在可达空间内的每个事物。

(3) 任务程序：使控制器能理解其所要执行的作业任务。

(4) 控制算法：计算机指令的序列，它提供对机器人的控制。

6.1.2　常见机械臂介绍

1. 常见串联机械臂

串联机械臂的分类方法很多，这里主要介绍按照机器人的几何结构进行分类的方法。

机器人机械臂的机械配置形式多种多样。最常见的结构形式是用其坐标特性来描述的。这些坐标结构包括柱面坐标结构、极坐标结构、球面坐标结构、关节式球面坐标结构和直角坐标结构等。这里简单介绍柱面、球面和关节式球面以及直角坐标结构等几种最常见的机器人。

1) 柱面坐标机器人

柱面坐标机器人主要由垂直立柱、水平机械臂和底座构成，水平机械手装在垂直立柱上，能自由伸缩，并可沿垂直立柱进行上下运动。垂直立柱安装在底座上，并与水平机械臂一起(作为一个部件)在底座上进行旋转。这样,这种机器人的工作区间就形成一段圆柱面,如图 6.2 所示。因此,把这种机器人叫做柱面坐标机器人。

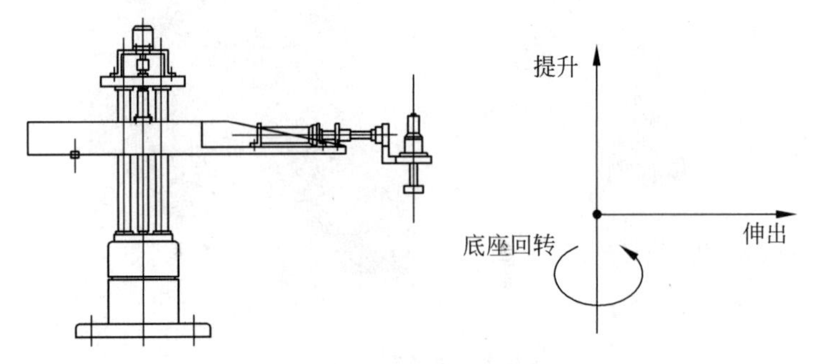

图 6.2 柱面坐标机器人

2) 球面坐标机器人

球面坐标机器人如图 6.3 所示。它像坦克的炮塔一样,机械臂能够做里外伸缩移动、在垂直平面上摆动以及绕底座在水平面上转动。因此,这种机器人的工作区间形成球面的一部分,被称为球面坐标机器人。

3) 关节式球面坐标机器人

这种机器人主要由底座(或躯干)、上臂和前臂构成。上臂和前臂可在通过底座的垂直平面上运动,如图 6.4 所示。在前臂和上臂间,机械手有个肘关节;而在上臂和底座间,有个肩关节。在垂直平面上的旋转运动,既可由肩关节进行,也可以绕底座旋转来实现。这种机器人的工作区间形成球面的大部分,称为关节式球面机器人。

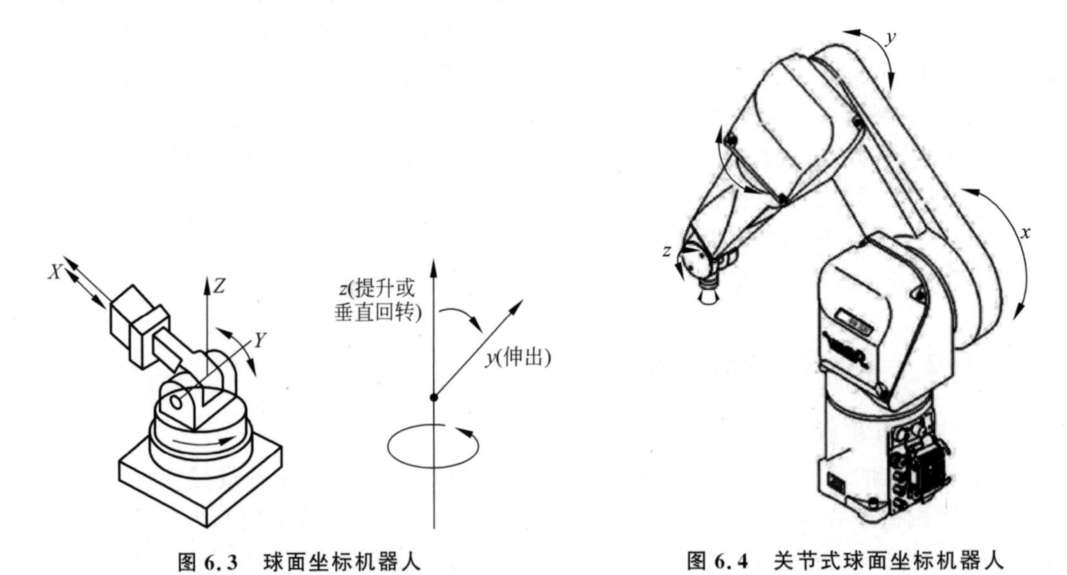

图 6.3 球面坐标机器人 **图 6.4 关节式球面坐标机器人**

4) 直角坐标机器人

直角坐标机器人是适合于工作位置成行排列或传送带配合使用的一种机械臂。它的手臂可以伸缩、左右和上下移动,按直角坐标形式 x、y、z 三个方向的直线进行运动。其工作范围可以是 1 个直线运动、2 个直线运动或是 3 个直线运动。如果在 x、y、z 三个直线运动方向上各具有A、B、C三个回转运动，即能构成6个自由度。直角坐标机器人的优点如下：

(1) 产量大、节拍短，能满足高速的要求。

(2) 容易与生产线上的传送带和加工装配机械相配合。

(3) 适于装箱类、多工序复杂的工作，定位容易改变。

(4) 定位精度高，可达到±0.5mm以下，载重发生变化时不会影响精度。

(5) 易于实行数控，可与开环或闭环数控机械配合使用。

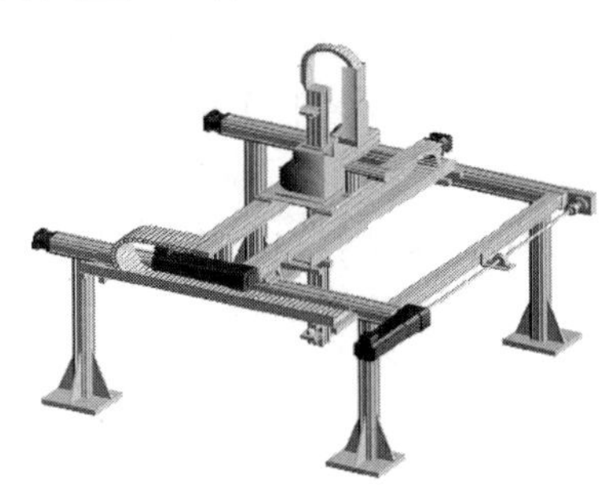

图6.5　直角坐标机器人

直角坐标机器人的缺点在于作业范围较小。

2. 常见并联机械臂

常见的并联机械臂一般采用并联机构，并联机构(Parallel Mechanism，PM)可以定义为动平台和定平台通过至少两个独立的运动链相连接，机构具有两个或两个以上自由度，是以并联方式驱动的一种闭环机构。

相比于串联机构，并联机构具有以下优点。

(1) 刚度大，结构稳定。

(2) 承载能力大。

(3) 微动精度高。

(4) 运动负荷小。

(5) 在位置求解上，串联机构正解容易，但反解十分困难，而并联机构正解困难反解却非常容易。由于机器人在线实时计算是要计算反解的，这对串联式十分不利，而并联式却容易实现。

从运动形式来看，并联机构可分为平面机构和空间机构；细分可分为平面移动机构、平面移动转动机构、空间纯移动机构、空间纯转动机构和空间混合运动机构，

另外可按并联机构的自由度数分类。

(1) 2自由度并联机构。

2自由度并联机构如5-R、3-R-2-P(R表示转动副，P表示移动副)等，如图6.6所示。平面5杆机构是最典型的2自由度并联机构，这类机构一般具有2个移动运动。

图6.6　2自由度并联机械臂

(2) 3自由度并联机构。

3自由度并联机构种类较多，形式较复杂，一般有以下形式：平面3自由度并联机构，如3-RRR机构、3-RPR机构，它们具有2个转动副和1个移动副；球面3自由度并联机构，如3-RRR球面机构、3-UPS-1-S球面机构，3-RRR球面机构所有运动副的轴线汇交空间一点，这个点称为机构的中心，而3-UPS-1-S球面机构则以S的中心点为机构的中心，机构上的所有点的运动都是绕该点的转动运动；三维纯移动机构，如Star Like并联机构、Tsai并联机构和DELTA机构，该类机构的运

动学正反解都很简单，是一种应用很广泛的三维移动空间机构；空间3自由度并联机构，如典型的3-RPS机构，这类机构属于欠秩机构，在工作空间内不同的点其运动形式不同是其最显著的特点，由于这种特殊的运动特性，阻碍了该类机构在实际中的广泛应用；还有一类是增加辅助杆件和运动副的空间机构，如德国汉诺威大学研制的并联机床采用的3-UPS-1-PU球坐标式3自由度并联机构，由于辅助杆件和运动副的制约，使得该机构的运动平台具有1个移动和2个转动的运动（也可以说是3个移动运动）。3自由度并联机械臂如图6.7所示。

（3）4自由度并联机械臂。

4自由度并联机构大多不是完全并联机构，如2-UPS-1-RRRR机构，运动平台通过3个支链与定平台相连，有2个运动链是相同的，各具有1个虎克铰U，1个移动副P，其中P和1个R是驱动副，因此这种机构不是完全并联机构。4自由度并联机械臂如图6.8所示。

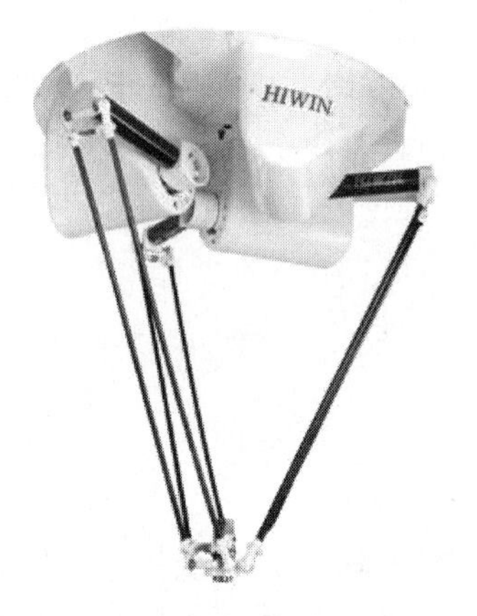

图6.7　3自由度并联机械臂

图6.8　4自由度并联机械臂

（4）5自由度并联机构。

现有的5自由度并联机构结构复杂，如韩国Lee的5自由度并联机构具有双层结构（2个并联机构的结合）。

（5）6自由度并联机构。

6自由度并联机构是并联机器人机构中的一大类，是国内外学者研究得最多的并联机构，广泛应用在飞行模拟器、6维力与力矩传感器和并联机床等领域。但这类机构有很多关键性技术没有或没有完全得到解决，如其运动学正解、动力学模型的建立以及并联机床的精度标定等。从完全并联的角度出发，这类机构必须具有6个运动链。但现有的并联机构中，有拥有3个运动链的6自由度并联机构，如3-PRPS和3-URS等机构，还有在3个分支的每个分支上附加1个5杆机构作驱动机构的6自由度并联机构等。

6.1.3　常见机械臂执行机构介绍

末端执行器又称为末端操作器、末端操作手，有时也被称为手部、手爪、机械手等。在机器人技术领域内，末端执行器机构位于机器人手臂的末端，负责与外界环境进行动作交流。不同的种类由机器人的不同作业性质决定。在某些定义中，末端执行器指的是机器人的末端，从这种角度来看，末端执行器相当于机器人的附属机构。而从广义上来说，末端执行器可以被定义为机器人用以与外界工作环境交流的一部分机构。

1. 夹持机构

对于工业机器人来说，搬运物料是其抓取作业方式中较为重要的应用之一。工业机器人作为一种具有较强通用性的作业设备，其作业任务能否顺利完成直接取决于夹持机构，因此机器人末端的夹持机构要结合实际的作业任务以及工作环境的要求来设计，这导致夹持机构结构形式的多样化。末端执行器要素、特征、参数的联系如图 6.9 所示。

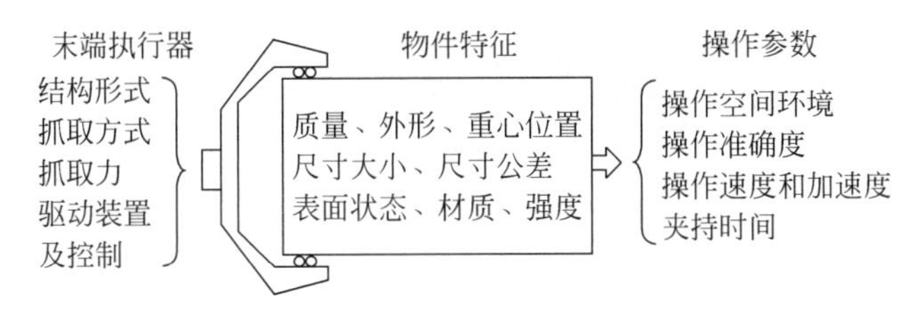

图 6.9　末端执行器要素、特征、参数的联系

大多数机械式夹持机构为双指头爪式，根据手指的运动方式可分为回转型、平移型；根据夹持方式的不同可分成内撑式与外夹式；根据结构特性可分为气动式、电动式、液压式及其组合夹持机构。

1）气压式末端夹持机构

气压传动的气源获取较为方便，动作速度快，工作介质无污染，同时流动性优于液压系统，压力损失较小，适用于远距离控制。以下为几种气动式机械手装置。

（1）回转型连杆杠杆式夹持机构。

该种装置的手指（如 V 形手指、弧形手指）通过螺栓固定在夹持机构上（见图 6.10），更换较为方便，因此能够显著扩大夹持机构的应用场合。

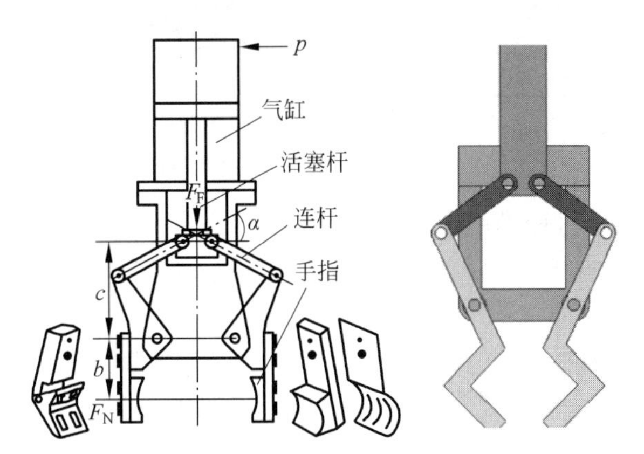

图 6.10　回转型连杆杠杆式夹持机构结构

（2）直杆式双气缸平移夹持机构。

这种夹持机构的指端通常安装于配备有指端安装座的直杆上，当压力气体进入单作用式双气缸的两个有杆腔时，会推动活塞逐渐向中间移动，直至将工件夹紧，如图 6.11 所示。

（3）连杆交叉式双气缸平移夹持机构。

一般由单作用双联气缸与交叉式指部构成。气体进入气缸的中间腔后，会推动两个活塞往两边运动，从而带动连杆运动，交叉式指端便会将工件牢牢固定；如果没有空气进入中间腔体，活塞会在弹簧推力的作用下复位，固定的工件会被松开，如图6.12所示。

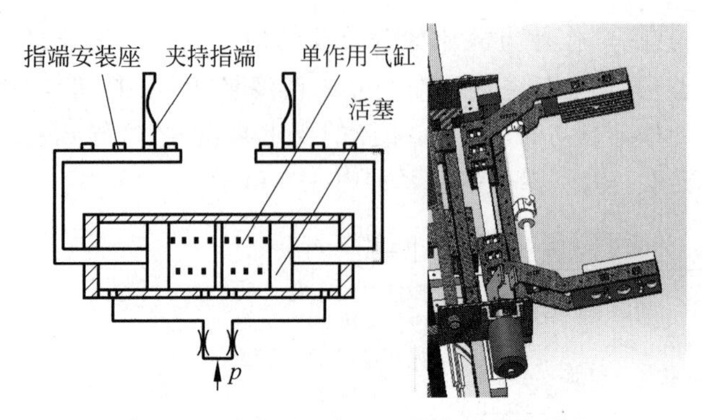

图6.11　直杆式双气缸平移夹持机构结构

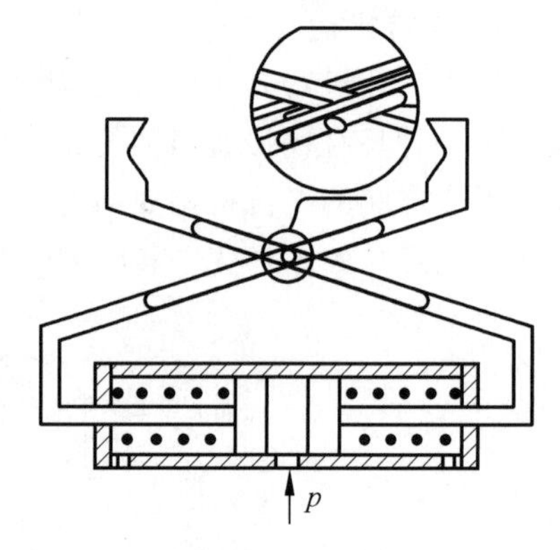

图6.12　连杆交叉式双气缸平移夹持机构结构

(4) 内撑式连杆杠杆式夹持机构。

通过四连杆机构实现力的传递，其撑紧方向和外夹式相反(见图6.13)，主要用于抓取带有内孔的薄壁工件。夹持机构撑紧工件后，为了确保其能够顺利地用内孔定位，通常安装3个手指。

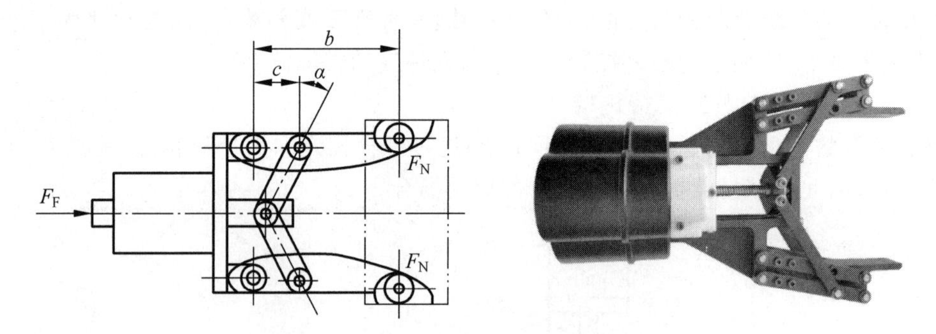

图6.13　内撑式连杆杠杆式夹持机构结构

(5) 固定式无杆活塞缸驱动的增力机构。

固定式无杆活塞缸的气动系统如图6.14所示，该缸为单作用气缸，反向靠弹簧力作用，由两位三通电磁阀实现换向。

在无杆活塞缸的活塞径向位置安装一个过渡滑块，而在滑块的两端对称地铰接两铰杆，如果有外力作用于活塞，活塞便会左右运动，从而推动滑块上下移动。当系统夹紧时，铰点B将绕A点作圆周运动，而滑块上下运动可增加一个自由度，用C点的摆动代替整个气缸体的摆动，如图6.15所示。

(6) 铰杆2杠杆串联增力机构的内夹持气动装置。

当压缩空气的方向控制阀处于图6.16所示左位工作状态时，气压缸的左腔即无杆腔进入压缩空气，活塞将在空气压力的作用下向右运动，使铰杆压力角α逐渐减小，借助角度效应将空气压力放大，接着将力传到恒增力机构的杠杆上，作用力将被再一次放大，变为夹持工件的作用力F。当方向控制阀处于右位工作状态时，气压缸的右腔即有杆腔进入压缩空

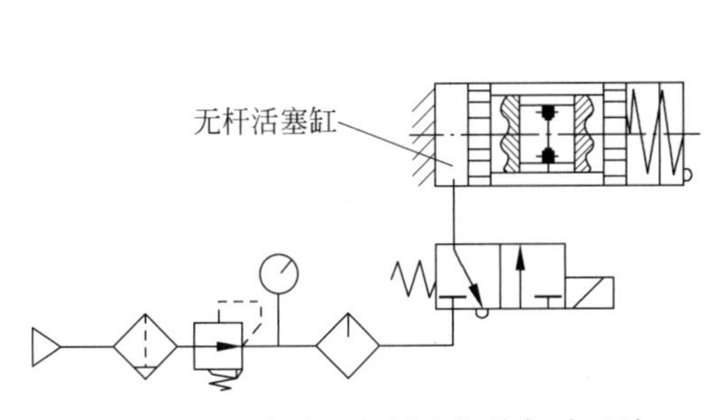

图 6.14　固定式无杆活塞缸的气动系统

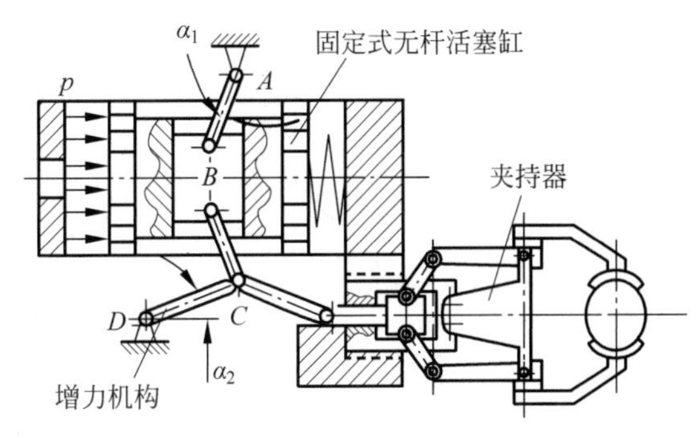

图 6.15　固定式无杆活塞缸驱动的增力机构

气,推动活塞向左运动,夹持机构松开工件。

2) 气吸式末端夹持机构

气吸式末端夹持机构借助吸盘内的负压所形成的吸力来移动物体,主要用于抓取外形较大、厚度适中、刚性较差的玻璃、纸张、钢材等物体。根据负压产生方法可分为以下几种。

(1) 挤压式吸盘。

吸盘内的空气由向下的挤压力排挤而出,使吸盘内部产生负压,形成吸力将物体吸住。挤压式吸盘(见图 6.17)用于抓取形状不大、厚度较薄且质量较轻的工件。

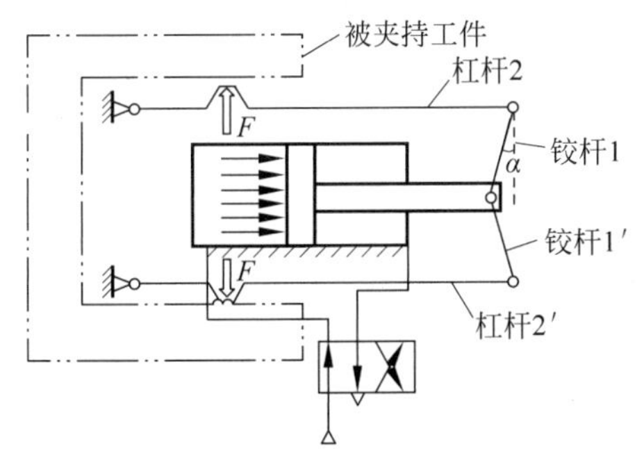

图 6.16　铰杆 2 杠杆串联增力机构的内夹持气动机械手结构

图 6.17　挤压式吸盘

(2) 气流负压式吸盘。

控制阀将来自气泵的压缩空气自喷嘴喷入,压缩空气的流动会产生高速射流,从而带走吸盘内中的空气,如此便在吸盘内产生负压,负压所形成的吸力便可吸住工件,如图 6.18 所示。

(3) 真空泵排气式吸盘。

利用电磁控制阀将真空泵与吸盘相联,当抽气时,吸盘腔内空气被抽走时,形成负压而吸住物体;反之,控制阀将吸盘与大气相联时,吸盘失去吸力而松开工件,如图 6.19 所示。

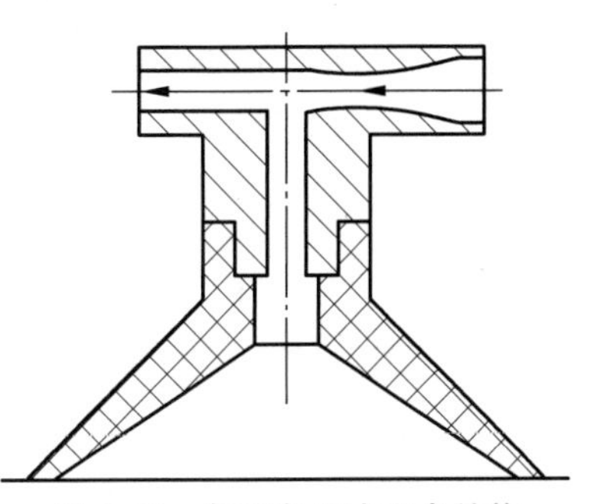

图 6.18　气流负压式吸盘结构

3) 液压式末端夹持机构

(1) 常闭式夹持机构。

借助弹簧强大预紧力固定钻具,液压松开。夹持

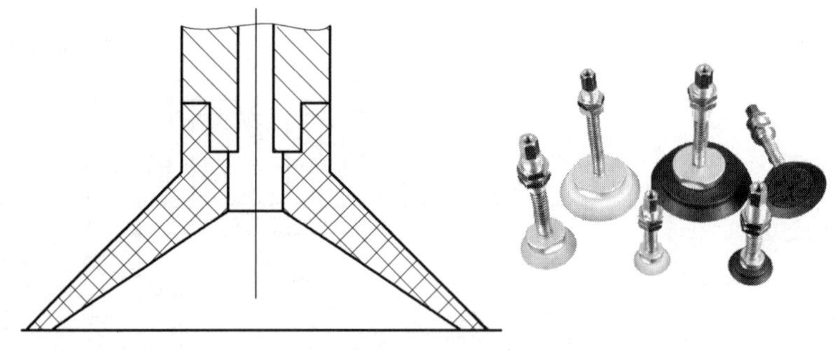

图 6.19 真空泵排气式吸盘结构

机构未执行抓取任务时,处于夹紧钻具状态。其基本结构为一组经过预压缩的弹簧作用在斜面或杠杆等增力机构上,使卡瓦座产生轴向移动,带动卡瓦径向移动,夹紧钻具;高压油进入卡瓦座与外壳形成的液压缸,进一步压缩弹簧,使卡瓦座和卡瓦产生反向运动,松开钻具。

(2) 常开式夹持机构。

通常采用弹簧松开、液压夹紧的方式,未执行抓取任务时处于松开状态。夹持机构靠液压缸的推力产生夹持力,油压降低将导致夹持力的减小,通常要在油路上设置性能可靠的液压锁来保持油压。

(3) 液压松紧型夹持机构。

松开、夹紧均通过液压实现,如果两侧液压缸进油口均通高压油,则卡瓦会随着活塞运动向中心收拢,夹紧钻具,改变高压油入口,卡瓦则背离中心,松开钻具。

(4) 复合式液压夹持机构。

这种装置有主液压缸与副液压缸,副液压缸侧连接一组碟簧,当高压油进入主液压缸,推动主液压缸缸体移动,通过顶柱将力传给副液压缸侧的卡瓦座,碟簧被进一步压缩,卡瓦座移动;同时,主液压缸侧卡瓦座在弹簧力作用下移动,松开钻具。

4) 磁吸式末端夹持机构

磁吸式分为电磁吸盘和永久吸盘两种。电磁吸盘是用接通和切断线圈中的电流,产生和消除磁力的方法来吸住和释放铁磁性物体。永磁吸盘则是利用永久磁钢的磁力来吸住铁磁性物体的,它是通过移动隔磁物体来改变吸盘中磁力线回路,从而达到吸住和释放物体的目的。但同样是吸盘,永久吸盘的吸力不如电磁吸盘大。

2. 其他功能性末端执行器

除了在机械臂末端安装夹手以外,还可以直接通过简易的连接器将工具(如焊枪、等离子割枪、水刀、喷枪等,见图 6.20~图 6.22)安装在机器人的末端法兰盘上,这样只需要对机器人进行路径编程配合简单的开关动作,机器人就可以完成工作。

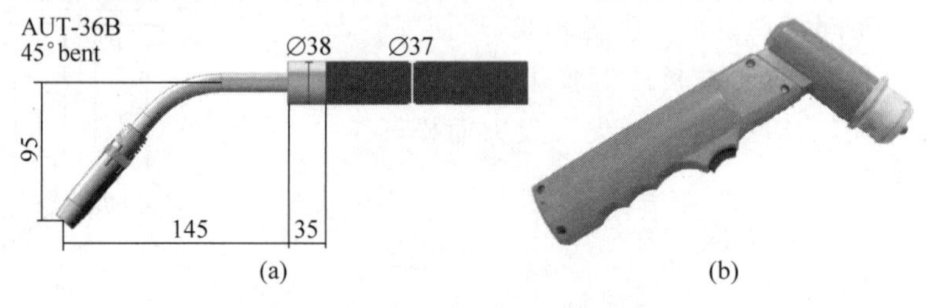

图 6.20 焊枪和等离子切割枪

图 6.21　水刀和工业相机

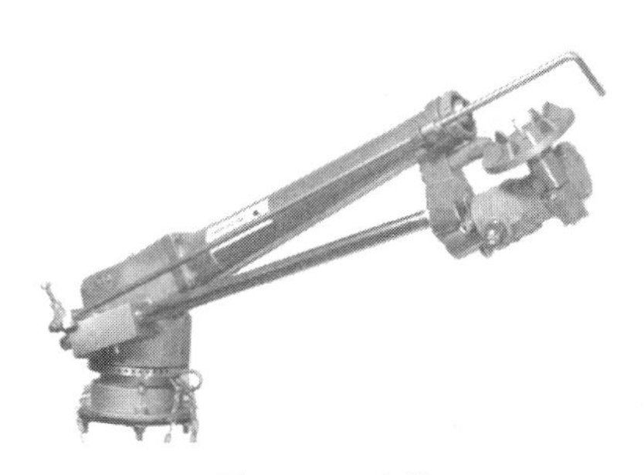

图 6.22　喷枪

6.2　机械臂控制方法

6.2.1　气动控制

气压驱动机械臂具有体系结构简洁、气源方便、动作迅速、造价较低、维修方便等特色，但难以进行速度控制，气压不可太高，故抓举能力较低，适用于中小负载的体系中；难以完成伺服操控，多用于程序操控的机械手，在上下料和冲压机械手中使用较多。气压驱动的组成部分如下。

(1) 气源设备：包括空压机、气罐，用以提供气体，如图 6.23 所示。

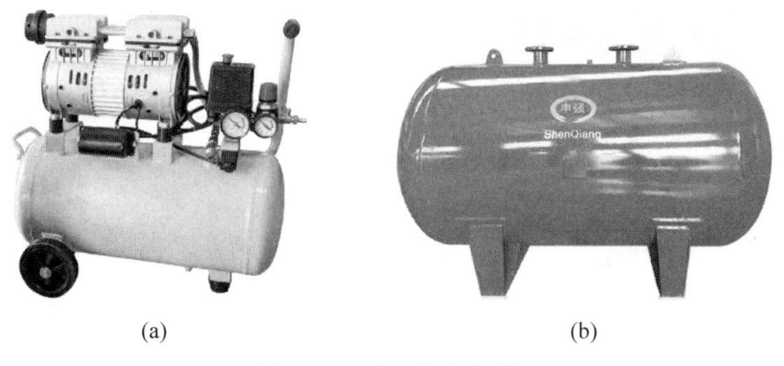

(a)　　(b)

图 6.23　空压机和气罐

(2) 气源处理元件：包括后冷却器、过滤器、干燥器和排水器(见图 6.24)，用以降低空压机产生气体的温度，同时滤除空气中的水分，防止其影响后面的结构。

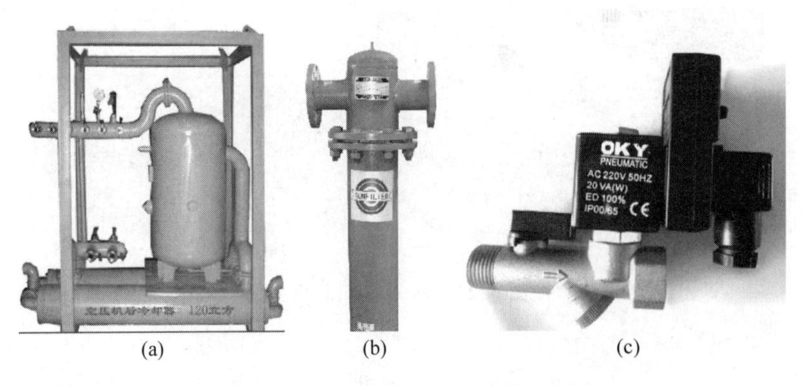

图 6.24　冷却器、过滤器和排水器

(3) 压力控制阀：包括增压阀、减压阀、安全阀、顺序阀、压力比例阀、真空发生器(见图 6.25)。

图 6.25　增压阀和减压阀

(4) 润滑元件：包括油雾器(见图 6.26)、集中润滑元件。

(5) 方向控制阀：包括电磁换向阀、气控换向阀、人控换向阀、机控换向阀、单向阀、梭阀(见图 6.27),用来改变气体流动方向。

图 6.26　油雾器

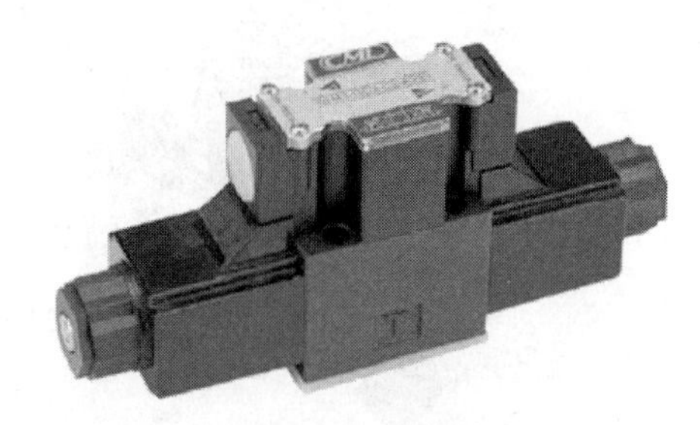

图 6.27　换向阀

(6) 各类传感器：包括磁性开关、限位开关、压力开关、气动传感器,用来检测气体运行过程中的各种状态。

(7) 流量控制阀：包括速度控制阀、缓冲阀、快速排气阀，用来控制气体的流速与流量。

(8) 气动执行元件：包括气缸、摆动气缸、气动马达、气爪、真空吸盘。

(9) 其他辅助元件：包括消声器、接头与气管、液压缓冲器、气液转换器。

6.2.2 液压控制

液压驱动机械臂通常具有很大的抓举能力(高达几百千克以上)，具有动力大、惯量大、响应迅速、易于完成直接驱动、结构紧凑、动作平稳、耐冲击、耐振动、防爆性好等优点，但液压元件要求有较高的制造精度和密封性能，否则漏油将污染环境。它适用于承载能量大，防爆环境中工作的机械臂。

1. 动力元件

动力元件的作用是将原动机的机械能转换为液体的压力能，指液压系统中的油泵，它向整个液压系统提供动力。液压泵的结构形式一般有齿轮泵、叶片泵和柱塞泵。

2. 执行元件

执行元件(如液压缸和液压马达)的作用是将液体的压力能转换为机械能，驱动负载作直线往复运动或回转运动。

3. 控制元件

控制元件(即各种液压阀)在液压系统中控制和调节液体的压力、流量和方向。根据控制功能的不同，液压阀可分为压力控制阀、流量控制阀和方向控制阀。压力控制阀又分为溢流阀(安全阀)、减压阀、顺序阀、压力继电器等；流量控制阀包括节流阀、调整阀、分流集流阀等；方向控制阀包括单向阀、液控单向阀、梭阀、换向阀等。根据控制方式不同，液压阀可分为开关式控制阀、定值控制阀和比例控制阀。

4. 辅助元件

辅助元件包括油箱、滤油器、油管及管接头、密封圈、快换接头、高压球阀、胶管总成、测压接头、压力表、油位油温计等。

5. 工作介质

液压油是液压系统中传递能量的工作介质，有各种矿物油、乳化液和合成型液压油等几大类。

6.2.3 电动控制

电力驱动是机械臂使用得最多的一种驱动方式。其特点是电源方便，响应快，驱动力较大(关节型的持重已达 400kg)，信号检测、传动、处理方便，并可采用多种灵活的控制方案。驱动电机一般采用步进电机，直流伺服电机为主要的驱动方式。由于电机速度高，通常须采用减速机构(如谐波传动、RV 摆线针轮传动、齿轮传动、螺旋传动和多杆机构等)。有些机械臂已开始采用无减速机构的大转矩、低转速电机进行直接驱动(DD)，这既可使机构简化，又可提高控制精度。图 6.28 所示为步进电机和直流伺服电机。

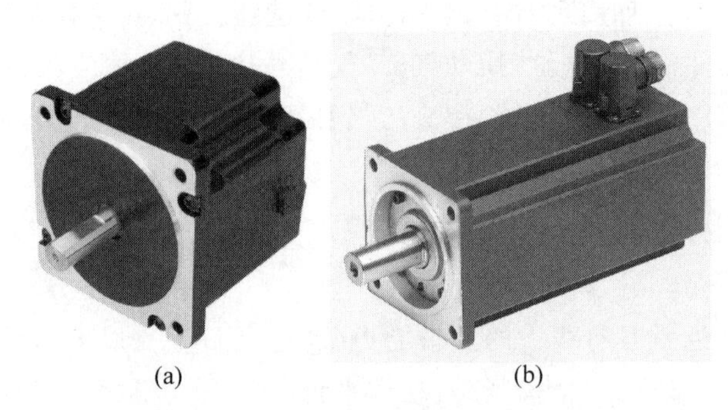

(a) (b)

图 6.28 步进电机和直流伺服电机

6.2.4 机械式驱动

机械驱动只用于动作固定的场合，一般用凸轮连杆机构来实现规定的动作。其特点是动作可靠，工作速度高，成本低，但不易于调整。

6.3 机械臂的应用

设计机械臂的目的是让其替代人工完成一些复杂繁重危险的任务，因此机械臂在实际生活中有着很多应用。机械臂的应用主要有以下几方面。

1. 工业制造领域

主要让机器臂在机械制造业中代替人完成大批量、高质量要求的工作，如汽车制造、舰船制造及某些家电产品(电视机、电冰箱、洗衣机)的制造等。化工等行业自动化生产线中的点焊、弧焊、机械手喷漆、切割、电子装配及物流系统的搬运、包装等工作，也有部分是由机器人完成的(见图 6.29 和图 6.30)。

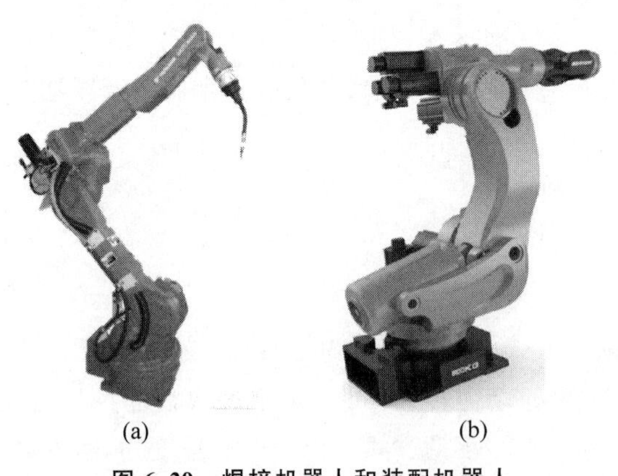

(a) (b)

图 6.29 焊接机器人和装配机器人

图 6.30 物流分拣机械臂

2. 军事领域

军事领域主要让机器臂执行一些自动的侦察与控制任务，尤其是一些相对较为危险的任务，如无人侦察机、拆除炸弹及扫雷(见图 6.31)等。机器人还可以代替士兵去完成那些不太复杂的工程及后勤任务，从而使战士从繁重的工作中解脱出来，去从事更加重要的工作。

图 6.31　机器人采用机械臂进行排雷

3. 医疗领域

机器臂主要用来辅助护士进行一些日常的工作，比如，帮助医生运送药品及自动监测病房内的空气质量等。

机器臂(见图 6.32)还可以协助医生完成一些难度较高的手术，例如，眼部手术、脑部手术等。美国还发明了一种可以进入人体血管的微型机器臂，帮助医生在病人的血管内灭杀病毒。

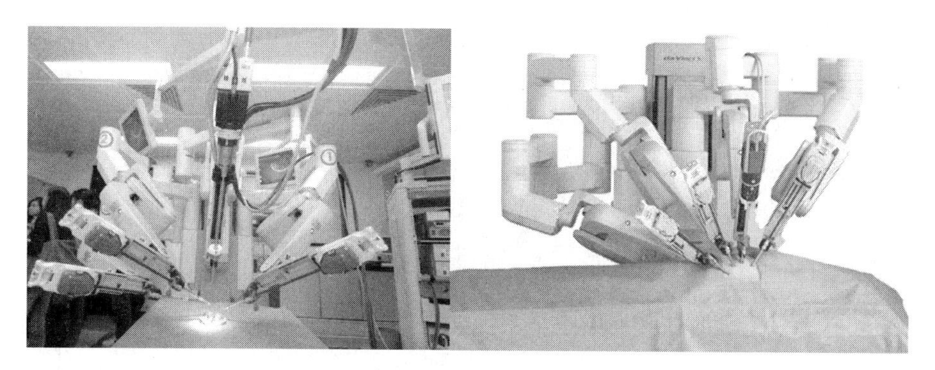

图 6.32　手术机器人

4. 航空航天领域

空间机械臂本身就是一个智能机器人，具备精确操作能力和视觉识别能力，既具有自主分析能力也可由航天员进行遥控，是集机械、视觉、动力学、电子和控制等学科为一体的高端航天装备，是航天领域开创的一个空间机构发展新方向。随着空间技术的飞速发展，特别是空间站、航天飞机、空间机器人等的诞生及成功应用，空间机械臂作为在轨支持、服务的一项关键性技术已经进入太空，并越来越受到人们的关注。通过航天飞机和国际空间站的实际使用，空间机械臂显示出强大的应用能力和广阔的应用前景，对空间科学和应用的发展起到了很大的带动作用，可以说是人类太空活动日益增多，活动规模不断扩大的产物。

空间机械臂具有广泛丰富的用途和强大灵活的功能。空间站机械臂作为未来空间站的大型空间设备，不仅是空间站建设、维护和使用的关键设备，也将提高空间科学应用的规模和水平，还将提高我国控制、电子、空间润滑以及自主规划等相关技术领域的发展。

(1) 空间机械臂可以用来实现对于空间静止或移动目标的观察、监视，即通过精度定位或运动，使得机械臂上所安置的视觉系统能够准确地捕获、跟踪需要观察或监视的目标，对其进行照相或摄像。

(2) 空间机械臂是在轨维护与建设的支撑性技术。

通过该技术，利用机械臂的定位功能，通过不同形式手爪的使用，完成对于航天器舱内和舱外不同目标的拾取、搬运、定位和释放。通过在轨自主操作与遥操作相结合的技术，实现空间站或其他轨道器内部在无人情况下的复杂试验动作：进行舱内外的抓取、搬运、维修等操作，或者作为航天员或大型构件的支撑，协助航天员完成在轨建设或维修项目。

(3) 空间机械臂是月球及深空探测所必需的支撑性技术。

月球及深空探测只要在目标上着陆，就会有一项重要的任务——取样。完成这项任务，往往需要机械臂对取样目标进行近距离的观察、分析、选择；之后，对其进行清理、拾取、搬运和装载。此外，有时候还需要对观察或探测目标进行研磨、钻探等，这些工作离开机械臂是无法完成的。

空间机械臂(见图 6.33)最直接的用途是通过捕捉运输飞船进行自动化精密对接，这样就比以前的人工对接或自动对接快速得多、效率高得多。2021 年 7 月航天员刘伯明、汤洪波身披中国自主研制的新一代“飞天”宇航服先后出舱，完成在机械臂上安装工作台等工作，这个类似圆规的机械臂，展开有 10.5m 长，它有一个中央处理器和两只手，即末端执行器。还有 7 个关节和 7 个自由度身材非常苗条且灵活。是目前我国智能程度最高的空间智能制造系统。

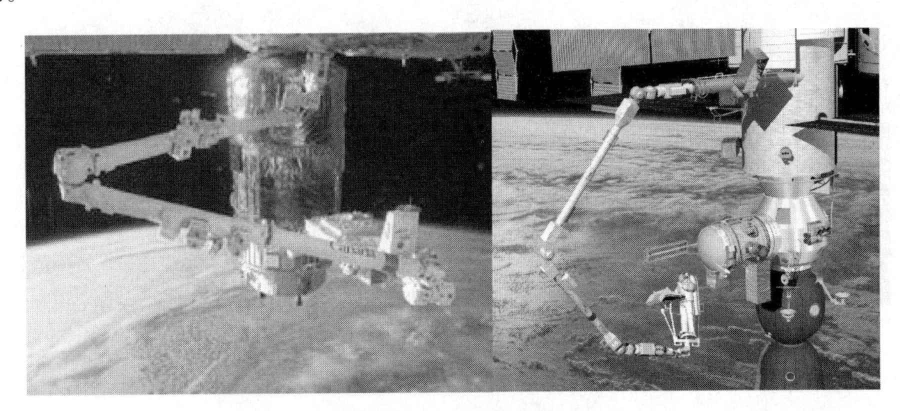

图 6.33 空间机械臂

5. 海洋探测

由于人类在水下受生理条件及体能的限制，不能够在复杂的海洋环境中安全、高效地作业，因此从前期的海洋探索到后期的海洋资源开发都需要专业的技术装备来完成，水下机器人(ROV)正是这种需求下发展的专业技术装备。它是一种集多种感知设备的智能化水下作业工具。随着水下机器人由单一的观测型功能向可作业型的多样化功能发展，水下机械臂便就此诞生。水下机械臂(见图 6.34)主要负责资源开采、物体打捞及科考等任务。

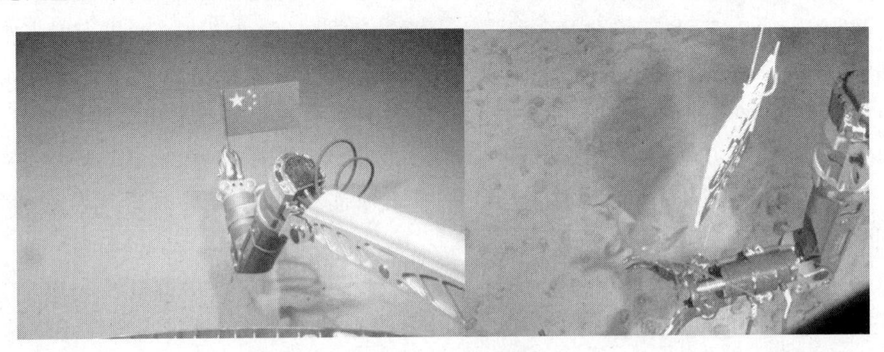

图 6.34 水下机械臂

第 7 章 机甲大师机器人

RoboMaster 机甲大师赛是由大疆创新搭建的国内首个激战类机器人竞技比赛，由共青团中央和深圳市人民政府联合主办。参赛队员将通过大赛获得宝贵的实践技能和战略思维，将理论与实践相结合，在激烈的竞争中打造先进的智能机器人。

RoboMaster 机甲大师赛从最开始单一的高校对抗赛发展到如今，已经形成了包括青少年挑战赛、高校系列赛和全民挑战赛在内的多项目赛事体系，如图 7.1 所示。其中，超级对抗赛是机器人兵种最多、技术最复杂，也是关注度最高的比赛。

超级对抗赛的核心形式是远程操控运行或全自动运行的机器人之间的射击对抗，参赛队伍需自行设计、开发和制作符合规定的多台机器人组成战队出场比赛。

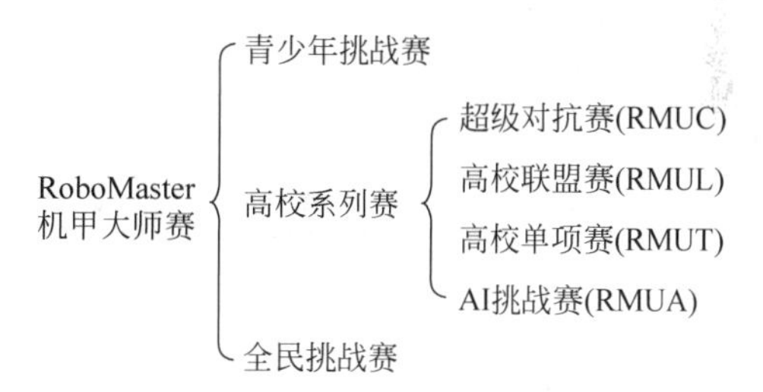

图 7.1 RoboMaster 机甲大师赛赛事分类

比赛开始后，双方的机器人将从各自的启动区出发，比赛期间机器人可以通过激活能量机关、占领增益点等行为来提升机器人属性，为己方取得优势，在一定时间内率先击毁敌方基地者获胜。其中机器人之间的伤害判定由“皮肤系统”完成：在可被伤害的机器人底盘周围规定安装一定数量的装甲，装甲可以通过检测弹丸撞击来识别受到的伤害；而具备发射机构的机器人则需要在发射机构上安装测速模块，以限制机器人的射击频率和弹丸速度。

本章将介绍 RoboMaster2021 机甲大师超级对抗赛的兵种组成，并以步兵机器人为例具体讲解一台机器人的设计过程。同时也对其他兵种做一定介绍，帮助读者快速了解赛事构成、比赛要点、不同机器人兵种的设计思路等。

7.1 RoboMaster 机甲大师赛

RoboMaster 机甲大师赛由大疆创新发起，专为全球科技爱好者打造的机器人竞技与学术交流平台。自 2013 年创办至今，始终秉承“为青春赋予荣耀，让思考拥有力量，服务全球青年工程师成为践行梦想的实干家”的使命，致力于培养具有工程思维的综合素质人才，并将科技之美、科技创新理念向公众广泛传递。赛事发展历程如下。

(1) 2013 年，举办首届大学生夏令营并招收了 24 名营员，一起探索了基于机器视觉的自主移动打靶领域。

(2) 2014 年,夏令营人数增加至 100 名,并首次开展了 4V4 机器人对抗,RoboMaster 竞赛规则初步形成。

(3) 2015 年,首届机甲大师赛正式举办,全球首创 5V5 电竞化机器人射击对抗模式,吸引了国内 150 多所高校,240 多支队伍报名参赛。

(4) 2016 年,机器人对抗阵容新增"英雄机器人"和"空中机器人"两个兵种,场地新增视觉识别机关"神符系统";研发出新一代机器人裁判系统。首次有海外及港澳台队伍参赛,并首次进行了网络直播。

(5) 2017 年,新增"工程机器人",并在新加坡举办了首届 ICRA RoboMaster 人工智能挑战赛。

(6) 2018 年,新增"哨兵机器人",且当年国内外报名参赛高校数量突破 200 所,参赛队员超过 7000 人,赛事直播观看量超过 3000 万。同时第二届 ICRA RoboMaster 人工智能挑战赛在澳大利亚举行。

(7) 2019 年,新增旋转式能量机关,同时新增单项赛赛事。且第三届 ICRA RoboMaster 人工智能挑战赛在加拿大举行。

(8) 2020 年,新增"飞镖系统"和"雷达"两种机器人。同时,赛事首次采用线上评审形式进行,参评队伍逾 300 支。

7.2 机甲大师机器人兵种

RoboMaster2021 机甲大师对抗赛机器人阵容包括 7 种机器人,分别是步兵机器人、英雄机器人、工程机器人、空中机器人、哨兵机器人、飞镖和雷达。其中,飞镖和雷达为 2020 赛季新增兵种。

RoboMaster2019 和 RoboMaster2021 的战场渲染图和战场模块示意图如图 7.2～图 7.5 所示。从图 7.2～图 7.5 中可以看出,两个赛季的比赛场地元素变化较大,RoboMaster2021 的比赛场地新增前哨站、梯形高地、起伏路段等新元素,也给各个兵种带来了新的设计要求与思路。

本节将基于 RoboMaster2019 和 RoboMaster2021 的比赛规则分别介绍各个兵种的特点和设计规范,并展示各兵种的经典设计案例。

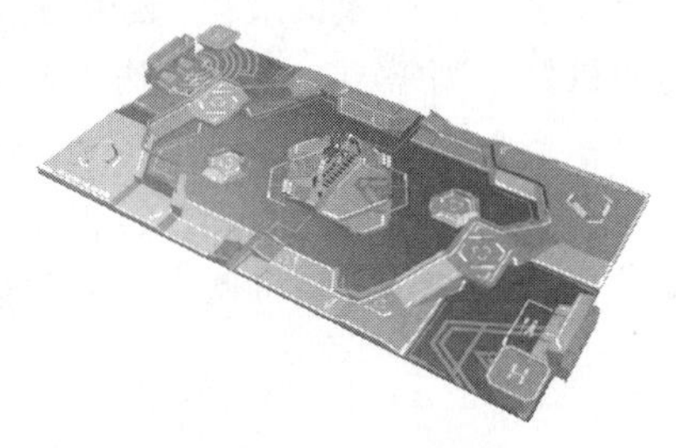

图 7.2 RoboMaster2019 战场轴测图

7.2.1 步兵机器人

1. 兵种简介与设计规范

步兵机器人是一种具备发射 17mm 弹丸能力和地面移动能力的单位,其基本制作参数要求如表 7.1 所示。从表中数据可以看出,2019 赛季和 2021 赛季对于步兵机器人的设计要求是一致的,但是 2021 年比赛规则中新增一个"机动 17mm 发射机构",可以自由选择安装在步兵、英雄、工程或者哨兵机器人上。步兵具有重量轻、体积小的特点,因此具有很强的

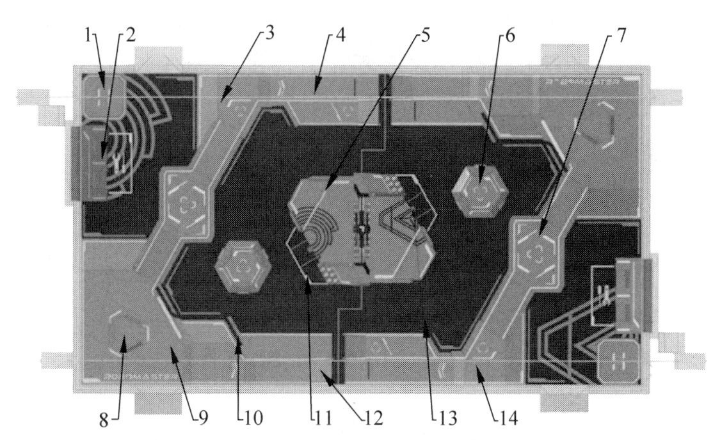

1—停机坪；2—补给区；3—空中机器人安全绳；4—公路；5—资源岛；6—碉堡；7—桥头；8—基地区；9—启动区；10—哨兵轨道；11—资源岛禁区；12—飞坡；13—上岛立柱；14—关口。

图 7.3　RoboMaster2019 战场模块示意图

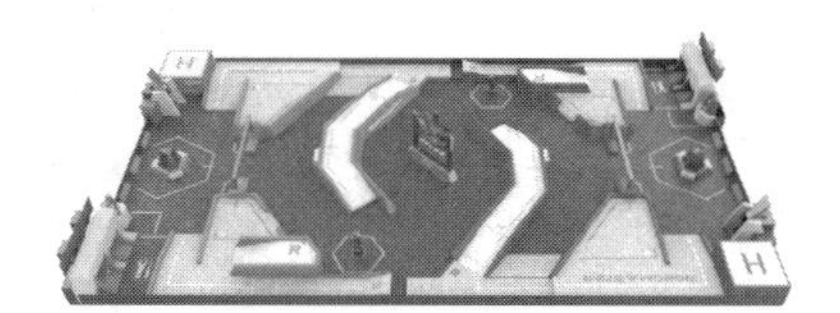

图 7.4　RoboMaster2021 战场斜视渲染图

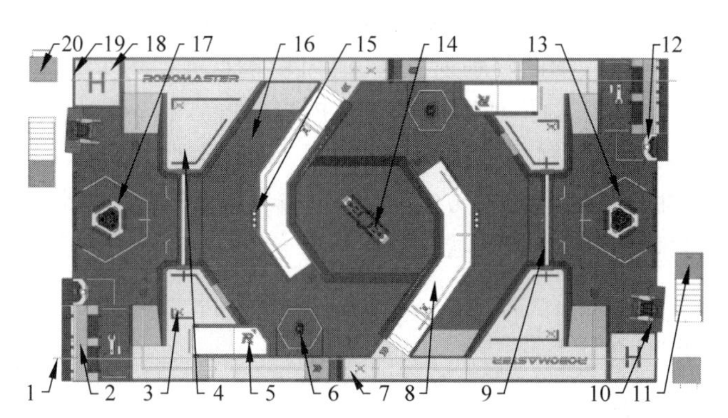

1—空中机器人安全绳；2—补给区；3—R4 梯形高地；4—R3 梯形高地；5—能量机关激活点；6—前哨站；7—公路区；8—B2 环形高地；9—哨兵轨道；10—飞镖发射站；11—雷达基座；12—兑换区；13—启动区；14—资源岛；15—小资源岛；16—起伏路段；17—基地；18—停机坪；19—空中机器人补弹窗口；20—飞手操作间。

图 7.5　RoboMaster2021 战场模块示意图

机动性。由于它的高机动性，步兵机器人也是最适合激活场上能量机关的单位。

表 7.1　步兵机器人基本参数

兵　　种	赛季	发射机构	最大重量/kg	最大初始尺寸/mm，$L\times W\times H$
步兵机器人	2019	1 个 17mm 发射机构	25	600×600×500
	2021	1 个 17mm 发射机构	25	600×600×500

同时步兵机器人还是 RoboMaster 赛场上上场数量最多的机器人，因此步兵机器人在战场上的定位是一支灵活的游击部队。它需要在全场机动，或侦察敌方位置，或掩护友方作战，或激活能量机关，是战术执行的核心部队。

2. 机器人设计要点

首先从步兵机器人的战场功能设定可以看出，步兵机器人的核心属性在于机动性，因此步兵机器人最重要的技术难点在于步兵底盘。为了高速并稳定地穿越崎岖地形，需要合适的悬架结构；为了灵活地绕过各种场地元素，需要可以全向移动的麦克纳姆轮底盘，并精准控制四轮速度；为了飞跃场地中的沟壑，需要步兵机器人整体结构具有足够的强度。

除了底盘，为了能稳定激活能量机关，目标识别、精准弹道、稳定云台也都缺一不可。

3. 经典设计案例

图 7.6 所示为 RoboMaster2018 中东北大学与中国矿业大学的步兵机器人，可以看出二者都是标准的步兵模板，即麦克纳姆轮底盘加上上供弹发射系统，但二者也有些细节上的不同。

图 7.6 RoboMaster2018 东北大学步兵机器人、中国矿业大学步兵机器人

东北大学步兵将 Pitch 轴电机布置在了 Yaw 轴底板上，然后通过同步带进行传动，这样的设计可以有效减小 Yaw 轴的转动惯量，同时可以根据需要为 Pitch 轴附加减速比。

而中国矿业大学的 Pitch 轴传动则选择了电机直连的方式，而 Yaw 底板上则放置了处理器。为什么中国矿业大学步兵的处理器不布置在底盘上呢？这是因为 2018 的中国矿业大学的步兵机器人采用了 360°云台的方案，而这个方案需要在云台 Yaw 轴上加装滑环，而相机信号是无法通过滑环传递到处理器的。

7.2.2 英雄机器人

1. 兵种简介与设计规范

英雄机器人是一种具备发射 42mm 弹丸能力和地面移动能力的单位，其基本制作参数要求如表 7.2 所示。从表中数据可以看出，无论是体积还是重量都是比步兵高出一级，这是由于 42mm 弹丸发射系统导致的。和 17mm 弹丸的发射系统相比，42mm 弹丸的发射系统无论是供弹链路还是弹仓都相对更复杂和巨大。虽然牺牲了机动性能，但是英雄相比步兵则换来了更强的火力输出能力，因为 42mm 弹丸的伤害能力是 17mm 弹丸的 10 倍。

表 7.2 英雄机器人的基本参数

兵　种	赛季	发射机构	最大重量/kg	最大初始尺寸/mm，$L\times W\times H$
英雄机器人	2019	1 个 42mm 发射机构	35	800×800×800
	2021	1 个 42mm 发射机构	35	800×800×800

同时比赛规则也赋予了英雄比步兵更多的血量，配合其强大的输出能力，英雄机器人在战场上的定位是一支核心的战斗部队。它需要在与敌人的正面交锋中精准地发射 42mm 弹丸，迅速摧毁敌方机器人。

2. 机器人设计要点

首先英雄机器人作为最主要的火力输出点，最重要的技术难点在于其 42mm 弹丸发射系统。42mm 弹丸发射系统涉及许许多多的问题，如何与工程机器人顺利交接弹丸、如何协调弹仓与供弹链路的空间布局、如何确保杜绝卡弹问题、如何使视觉辅助打击更加可靠等，均是英雄机器人设计的难点所在。

3. 经典案例展示

图 7.7 所示为 RoboMaster2018 中哈尔滨工业大学与华南理工大学的英雄机器人。由于 RoboMaster2018 中允许英雄机器人自行取弹，且装甲板需放置在机器人顶部，因此导致本届比赛中的英雄机器人几乎清一色的箱式结构加上上供弹发射系统，哈尔滨工业大学与华南理工大学的机器人也不例外。

值得一提的是，本届比赛中允许英雄机器人同时搭载 17mm 和 42mm 两种发射机构，但图 7.7 中的两所学校都选择了放弃 17mm 发射机构以简化结构，而华南理工大学更是连底盘悬架也一并摒弃，将结构简化做到了极致，最后一举夺得了 RoboMaster2018 的桂冠。

图 7.7　RoboMaster2018 哈尔滨工业大学英雄机器人、华南理工大学英雄机器人

7.2.3　工程机器人

1. 兵种简介与设计规范

工程机器人是一种具备救援能力、资源岛取弹能力和地面移动能力的单位，其基本制作参数要求如表 7.3 所示。从表中可以看出，由于拥有着 RoboMaster 兵种中最强大的功能性，其体积和重量都更加庞大，其限制与英雄相同。尽管有着巨大的体积和重量，但由于比赛规则允许工程机器人底盘不限功率，因此工程机器人也有着不俗的机动性能。

表 7.3　工程机器人基本参数

兵　　种	赛季	发射机构	最大重量/kg	最大初始尺寸/mm，$L\times W\times H$	救援方式
工程机器人	2019	无	35	800×800×800	拖运回补血点
	2021	无	35	800×800×800	拖运回补血点或使用救援卡

由于独有的救援能力和资源岛取弹能力，以及不俗的机动能力，工程机器人在战场上的定位是一支具有可靠辅助能力的支援部队。它需要以最快的速度为英雄补给 42mm 弹丸，

凭借全兵种最高的血量冲锋陷阵,在队友阵亡时伸出援手。

2. 机器人设计要点

由于拥有最多的功能,尽管没有发射系统,工程机器人的结构复杂程度仍然是所有兵种中最高的。取弹机构、供弹机构、救援机构、升降机构、登岛机构等每一部分都是一个设计难点,而如何将所有模块有机地结合起来,在规定的重量与体积内整合所有功能,也是一个设计难点。

3. 经典案例展示

图 7.8 所示为 RoboMaster2018 中东北大学与中国矿业大学的工程机器人。工程机器人作为 RoboMaster 中功能最多的机器人,其机械结构也是最复杂的,因此各参赛队的工程机器人的外形也最为多样。但万变不离其宗,大部分的工程机器人方案原理基本相同,图 7.8 即为两种比较典型的工程机器人方案。

图 7.8 RoboMaster2018 东北大学工程机器人、中国矿业大学工程机器人

登岛方面,东北大学选择了抱柱登岛,中国矿业大学选择了升降腿登岛,这是最常见的两种登岛方案;升降方面,东北大学选择了可靠性更高的链传动升降,而中国矿业大学采用了速度更快的气动升降,相应的还有带传动方案,都是可靠而被广泛使用的升降方案;救援方面,二者都选择了机械手救援方案;取弹方面,二者都选择了气动夹取的方案。

7.2.4 哨兵机器人

1. 兵种简介与设计规范

哨兵机器人是一种具备自动打击能力和沿轨道移动能力的单位,其基本制作参数要求如表 7.4 所示。与大部分兵种不同,作为一台全自动机器人,哨兵机器人的移动范围狭小并固定,且哨兵机器人的存活与基地防御能力相互关联,因此其常常是敌方进攻的首要目标。但规则也给予了哨兵机器人强大的输出能力,不仅拥有远超步兵的热量冷却速度,而且在 RoboMaster2021 中允许放置两个 17mm 发射机构。

表 7.4 哨兵机器人基本参数

兵　种	赛季	发射机构	最大重量/kg	最大初始尺寸/mm
哨兵机器人	2019	1 个 17mm 发射机构	10	500×500×600($L\times W\times H$)
	2021	最多 2 个 17mm 发射机构	15	500×600×850(不区分长、宽、高)

哨兵机器人在战场中的定位是咽喉要道的守卫部队。它需要在轨道上不断运动,躲避敌人攻击的同时,给予进攻部队猛烈的反击。

2. 机器人设计要点

哨兵作为一个全自动机器人，其技术难度更在地面机器人之上。哨兵机器人的核心指标有两个，即生存能力和输出能力。提高生存能力不仅需要哨兵机器人充分利用给定功率，减小轨道阻力，提高机器人速度，还要设计合理的运行策略，找到最佳的攻击或运动时机；而由于没有操作手，哨兵机器人的输出完全依赖视觉系统，提高输出能力除了良好的弹道和稳定的云台外，更需要稳定而准确的自主识别能力。

3. 经典案例展示

图7.9所示为RoboMaster2018中东北大学与哈尔滨工业大学的哨兵机器人。由于哨兵机器人在RoboMaster2018中是首次登场，因此机器人的方案多样性也是本届之最。

图7.9　RoboMaster2018东北大学哨兵机器人、哈尔滨工业大学哨兵机器人

底盘方面，东北大学和哈尔滨工业大学都选择了侧驱的方式，即驱动轮布置在轨道侧面，这种方案更有利于调整底盘附着力，同时也更好布置，此外常见的还有顶驱、底驱等；供弹方面，由于存弹量较大，包括东北大学和哈尔滨工业大学在内的大部分学校都选择了下供弹方案，即弹仓与底盘固连的方式，以避免影响云台响应速度……由于哨兵独特的运动方式且是第一次登场，其结构方案还涉及快拆机构、夹紧机构、转向机构等，两队以及各参赛队之间均有所不同，在RoboMaster2018中呈现出百花齐放的态势。

7.2.5　空中机器人

1. 兵种简介与设计规范

空中机器人是一种具备发射17mm弹丸能力和飞行能力的单位，其基本制作参数要求如表7.5所示。RoboMaster比赛中的空中机器人的种类指定为多旋翼无人机，因此空中机器人的重量应尽可能地小，而体积受旋翼的影响也变得十分巨大。由于比赛中规定空中机器人可在一定时间内不限热量不限射速地开火，且不允许其他机器人攻击空中机器人，再配合空对地的天然优势，空中机器人的火力输出能力可以说是全兵种之最。

表7.5　空中机器人基本参数

兵　种	赛季	发射机构	最大重量/kg	最大初始尺寸/mm，$L\times W\times H$
空中机器人	2019	1个17mm发射机构	10	1200×1200×800
	2021	1个17mm发射机构	15	1700×1700×800

注：2021赛季对空中机器人新增需要安装全覆盖的桨叶保护罩，桨叶不得外露的制作要求。

综上所述，空中机器人在战场中的定位是战略性武器。它需要在关键的时刻发起进攻，或是对友军进行火力支援,或是直接对基地发起进攻。

2. 机器人设计要点

空中机器人作为一个关键时刻出场的战略武器,火力输出能力是其最重要的核心属性。但与英雄机器人不同,空中机器人的火力输出能力不仅仅取决于它的发射系统,同时还要受到无人机的飞行稳定性和云台稳定性的影响。让无人机在射击时尽可能地保持较小的振动幅度,是空中机器人的一个主要设计目标。

3. 经典案例展示

图 7.10 所示为 RoboMaster2018 中哈尔滨工业大学与华南理工大学的空中机器人(无人机)。由于重量的限制,相比于其他兵种,各参赛队在 RoboMaster2018 中空中机器人的结构方案相似程度是最高的。

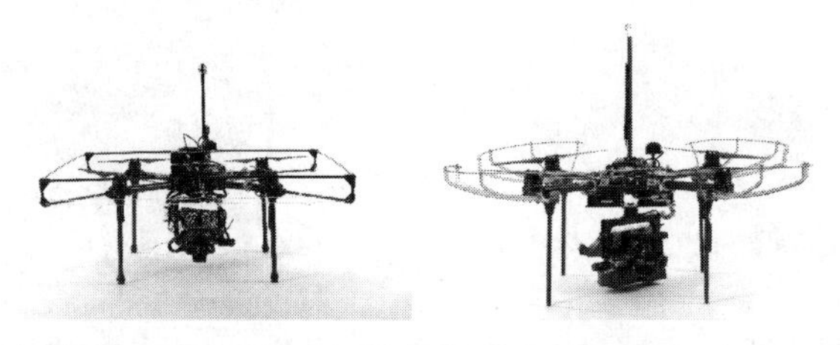

图 7.10 RoboMaster2018 哈尔滨工业大学无人机、华南理工大学无人机

可以看出两支队伍的空中机器人结构基本相同,均为四旋翼无人机吊装一个发射机构的方案,因此本届比赛中队伍间空中机器人的差距更多体现在电控调试的水平上。但在 RoboMaster2019 中,空中机器人的重量与尺寸限制得以放开,机器人的方案多样性也得到了一定程度的提高。

7.2.6 飞镖系统和雷达简介

1. 飞镖系统简介

飞镖是 RoboMaster2020 新增的一种机器人,正如它的名字一样,飞镖具有远程飞行的能力和极高的伤害能力,但缺点在于数量仅有四发并无法移动,且允许发射的时间也受限制,因此其攻击目标通常为固定的基地和前哨站。飞镖系统由飞镖和飞镖发射架组成,在 RoboMaster2021 规则中,其基本制作参数如表 7.6 所示。飞镖发射架作为飞镖的载体,为飞镖提供初始动力。飞镖依靠自带的视觉系统定位作用对象,通过舵面、螺旋桨(最多允许使用一个)等方式控制飞行方向,最终撞击作用对象实现击打效果。

表 7.6 飞镖系统基本参数

兵　种	发射机构	最大重量/kg	最大初始尺寸/mm,$L\times W\times H$
飞镖	无	0.15	200×120×80
飞镖发射架	无	25	1000×600×1000

从比赛规则可以看出,使用飞镖系统是一个高风险高回报的伤害手段:想要准确命中目标难度非常高,但命中后将为队伍带来巨大的优势,是战场上的一股战略力量。

不难看出,衡量一个飞镖系统好坏的核心指标有两点,即初始弹道准确度和弹道修正能力。由于飞镖与敌方前哨站和基地的位置相对固定，故初始弹道的准确度很大程度取决于飞镖的发射稳定性，如何有效缩小飞镖的弹道散布范围无疑会是参赛队员的一个重点研究对象。而飞镖的弹道修正能力的技术难度则更高，不仅需要设计巧妙的修正执行器和响应准确迅速的控制性能，同时还要结合视觉辅助反馈修正信号，可以预见这将是拉开队伍之间差距的一个主要性能。

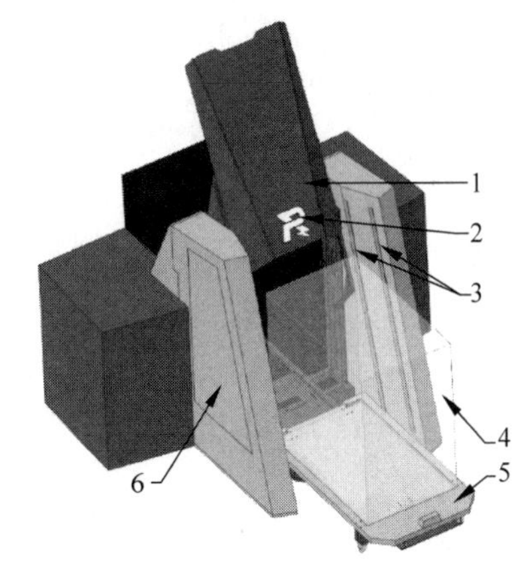

1—闸门；2—状态指示灯；3—测速装置；4—飞镖发射架放置空间；5—滑台；6—发射站主体。

图 7.11 飞镖发射站示意图

2. 雷达简介

雷达同飞镖一样也是 RoboMaster2020 新增的一种机器人，具有高视角与优异算力的优势，参赛队伍通过合理运用雷达站，可以获得最新战况信息，迅速做出应对。雷达由运算平台端与传感器端两部分构成，两者需通过电缆连接。在 RoboMaster2021 规则中，其基本制作要求参数如表 7.7 所示。雷达不仅可以通过识别战场上的双方机器人进行全场定位，获取图像数据并处理后传送至操作间显示屏，协助操作手进行决策，甚至可以通过装载高速摄像头检测敌方飞镖，预测其弹道轨迹，计算拦截飞镖所使用的小弹丸弹道并发送拦截方位给步兵机器人或哨兵机器人，使之击打飞镖，改变其弹道。

表 7.7 雷达基本参数

兵　种	发射机构	最大重量/kg	最大初始尺寸/mm, $L\times W\times H$
运算平台端	无	—	500×250×500
传感器端	无	10	1200×300×300

雷达在战场上的定位就如同真实的雷达一样，是获取战场信息的一个重要来源，它需要时刻审视战场，及时地收集并处理信息，有效地将敌人动向反馈给操作手。

可以看到雷达最关键的技术核心在于其视觉系统，能否根据需求准确地识别复杂战场上各种各样的单位，是衡量一个雷达性能的重要因素。除此之外，雷达还有一个重要的潜在功能，就是可以与全自动的哨兵机器人实现联动，使本来无法操控的哨兵在有了从雷达获取的战场信息后，可执行更多的策略。

7.3 步兵机器人的设计与实现

步兵机器人作为 RoboMaster 赛场上最基础的兵种，毫无疑问是一支 RoboMaster 战队最好的入门兵种。比起其他兵种的各有所长，步兵机器人的结构组成可以说最为经典和简单，仅由三个基本模块组成：底盘、云台和发射。虽然这三个模块设计难度并不高，但想要真正地设计出性能最优、最适应本年比赛规则的底盘、云台和发射，也需要参赛队员们付出一番心血。

设计出一辆性能过硬的步兵机器人，不仅能为战队的实力提供最基本的保障，还能为其他兵种的设计打下坚实的基础，其底盘、云台和发射无一不是 RoboMaster 比赛中最为常用的功能模块。可以这么说，只有拥有了一台合格的步兵机器人，才能算真正进入了 RoboMaster 比赛的大门。

RoboMaster 迄今为止已经举办了数届，各个兵种的机器人方案也在不断更新迭代。本节将基于 RoboMaster2021 比赛规则，以南京理工大学 Alliance 战队步兵机器人为例，对步兵机器人的设计进行讲解。

7.3.1 总体方案设计

在设计一台 RoboMaster 机器人时，往往采用从总体到局部的设计思路，即从全局入手，以比赛规则规定的设计规范为框架，以比赛中的实际需求为目标，逐步地确定总体方案、局部方案，最后再进行合理的改进和优化。时间和经费允许的情况下则可以对机器人进行迭代更新。重复以上步骤，可以有效地提升机器人的性能。

1. 设计依据

步兵的主要设计依据来自规则的强制规定和由规则产生的功能需求上，主要包括以下几点。

1）重量

步兵限重 25kg，相对于其功能要求来讲，重量限制余量是比较充足的，这也意味着在步兵机器人上的设计空间是比较大的，可以根据新的需求进行各项优化与再设计。但是竞技型机器人不是越重越好，尤其在 RoboMaster2021 的比赛场地中，在场地地形多样化的情况下，步兵机器人的“机动性”性能更为重要。因此，步兵机器人的设计必须考虑轻量化设计，在满足功能需要的情况下，尽可能采取一定的减重措施。

2）体积

步兵大小限制为 500mm×500mm×600mm，与往年相同。但由于在 RoboMaster2019 中步兵的皮肤系统多出了一块顶部装甲，结合步兵底盘可相对云台自由旋转的需求，为了不发生机械干涉，RoboMaster2019 赛季中步兵机器人的整体布局被迫更加紧凑。而 RoboMaster2021 取消了顶部装甲，这也意味着整车有了更大的设计空间。

3）能量机关

由于激活能量机关能为机器人带来巨大的增益，因此这是步兵不可或缺的功能之一。能量机关的打击距离为 7～8m，这对步兵的静止弹道稳定性提出了很高的要求；而由于能量机关在一定时间后开始旋转，结合 7～8m 的长距离，也对步兵云台的响应速度和准确性也提出了很高的要求。能量机关示意图如图 7.12 所示。

4）飞坡

飞坡是战场上一个关键的战略通道，强调机动性能的步兵毫无疑问应当具备通过飞坡的能力。飞坡为 17°斜坡，坡与平地之间有 650mm 宽的沟，这便要求步兵想要完成飞坡动作需要具备足够的初速度与抓地力；飞坡最高点距地面 345mm，这意味着步兵完成动作必会对车身产生不可避免的振动与冲击，这要求步兵具有足够的稳定性，尤其是在剧烈的振动与冲击的工况下。飞坡示意图如图 7.13 所示。

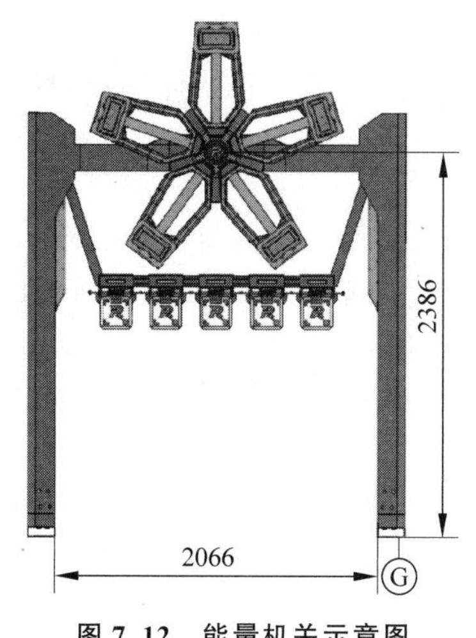

图 7.12 能量机关示意图

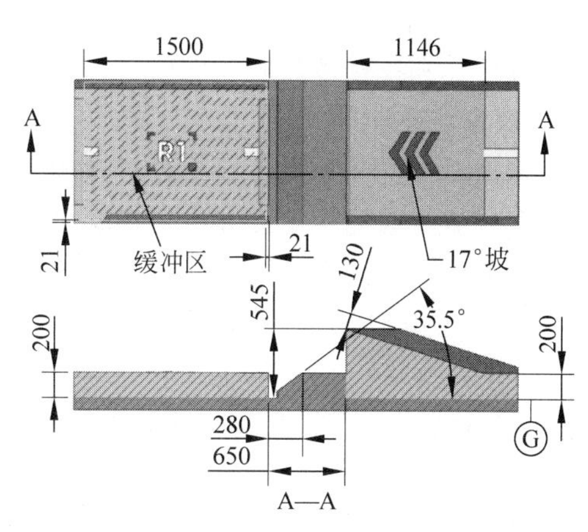

图 7.13 飞坡示意图

5）360°云台

自从 RoboMaster2018 赛季中国矿业大学首次开创了陀螺底盘——底盘飞速旋转的同时云台保持稳定，这项技术在实战中对机器人生存能力的提升巨大，因此这也成了步兵云台最普遍的一种设计。360°云台即指步兵底盘可相对云台自由旋转的能力，这项功能要求云台 Yaw 轴需做出特殊设计，同时为保证底盘旋转时步兵的云台稳定性，云台必须布置在整车的旋转中心，这便对整车的布局产生了限制。

2. 设计思想

设计思想是设计过程中首要确立的东西，它是由设计需求与实际条件所决定的。无论是方案制定还是局部设计都是在设计思想的指导下进行的，可以说它是一个设计项目的指导方针。结合前面提出的设计依据，我们总结出以下几点设计思想，整个步兵机器人的设计过程应当始终贯彻以下几点。

1）轻量化设计

为满足规则需求，实现更多功能，提升车辆操纵性，轻量化设计是必须贯彻的思想。整车的轻量化设计主要体现在材料的选择和零件的设计上。

材料的选择上，碳纤维、铝合金以及低填充率的 PLA 打印件等轻质的材料都是常见的选择；而黄铜、铸铁等密度较高的材料则应谨慎使用，只有在强度需求较高的情况下才会考虑，例如受力情况复杂且剧烈等。

而零件设计则是应在保证强度的基础上进行了充分的镂空，关键零部件还可以通过有限元仿真来分析镂空是否合理，以增加材料的利用率。

2）紧凑性设计

比赛规则对每种机器人都做了尺寸限制，在规则允许的范围内对机器人进行设计是必须要遵守的。为了满足不同功能，机器人在设计时往往会超越规则限制界限，需要通过不断修改设计方案，优化各模块布置方案来达到缩小整体体积的目的。但同时在结构设计时也不能踩着“边界”设计，对于具有发射机构的机器人来说，机器人整体体积越小，机器人的运动性能与机动性能将会更好。这些都对机器人设计提出了紧凑性设计要求。

步兵机器人的紧凑性设计主要体现在发射紧凑性和整车紧凑性。发射紧凑性可以使发射系统的质量更集中，有效减小转动惯量，对云台响应速度有重要影响，从而影响到能量机关、自瞄等各功能的实现。整车紧凑性可以减小整车体积，尤其是整车宽度，直接影响着整车的通过性能和操作手的操作体验。

3）稳定性设计

稳定性对于比赛来说可以说是最基本、最重要的性能，它直接决定了整车的可靠与否。稳定性可以分为结构稳定性和线路稳定性。结构稳定性主要体现在车身的刚度、防撞的强度以及各部件良好固定；线路稳定性主要在于车辆的走线合理，在比赛高强度的对抗中、车辆的复杂运动中以及越过场地的各种地形时车辆线路及各种电子器件仍能保持不受影响。

其中，飞坡是对车辆稳定性最大的一个考验：不仅车辆整体结构要能够在飞坡中的剧烈冲击下保持完好，而且线路以及车上的每一个部件都必须能固定好并能够抵抗住一定的冲击波动；此外由于存在飞坡失败的可能性，因而还要评估飞坡失败如轮子以外的部位先着地、翻车等情况发生时，车辆结构和性能能否保持完好。

4）人机交互设计

车辆的人机工程学设计是一个十分重要却最容易在设计阶段被忽视的性能。它主要包括主控模块、电池等人机交互部件的可操作性和各个易损部位的易检修性。

其中，易检修性尤为重要。步兵是一个相对复杂的系统，而比赛的对抗强度十分大，如何在有限的时间里令一步兵达到一个性能良好的状态主要依赖于车辆的易检修性。而易检修性又体现在易检查和易拆装两方面。

5）基于规则的创新性设计

RoboMaster 机甲大师超级对抗赛每两个赛季都会对规则及场地做一次大的修改，以确保技术的迭代性与创新性。每年的规则不同，那么针对机器人的设计理念也会有较大不同，设计出的机器人形态也可能存在较大差异。基于规则的改变而对机器人做出一些创新性设计也是此项比赛的一大亮点。

而在 2021 年的比赛规则中，新增一个机动 17mm 发射机构，其规则要求为“在满足各机器人技术规范要求的前提下，一个机动 17mm 发射机构可配置于空中机器人、步兵机器人和英雄机器人的其中一台机器人上。”机动发射机构的出现无疑给步兵机器人的发射设计带来了新的可能，但是否要将机动发射安装在步兵上也是值得讨论的问题。创新性设计往往关系着整支队伍的比赛策略安排，需要综合考虑才能确定具体的方案。

7.3.2 底盘设计

作为一个入门级的 RoboMaster 机器人，步兵的模块与模块之间没有复杂的联系，规则给定的允许体积也十分充足，因此可以分模块来逐个设计。

设计步兵底盘时，大致分为以下几个部分来分别设计：骨架、驱动模块和布局。骨架是整车的躯干，云台模块、驱动模块、主控模块、电源模块等都是由骨架连接到一起的，可以说骨架的强度几乎决定了整车的强度；驱动模块既是整车的动力来源，也是步兵机器人与地面接触的桥梁，其设计的好坏直接影响整车动力性能的优劣；布局则是一件看似简单实则影响深远的工作，首先进行布局工作可以引导骨架、驱动模块和防撞结构甚至上装的设计，最后进行则可以用来调整整车重心和整体尺寸，是一个较为灵活而又牵扯广泛的设计步骤。

1. 骨架

设计骨架首先需要确定的是材料。RoboMaster 作为一项以大学生为主的机器人赛事，学生们为参与比赛而进行的机器人生产活动具有经费受限和产量较少的特点，因此机器人的骨架往往会选择由型材或板材加工组装而成，不仅成本较低而且强度可靠。在往届 RoboMaster 比赛中比较常见的骨架搭建素材有铝方管、碳方管、碳纤板、玻纤板、环氧板等。铝方管与玻纤板等材料的优点在于重量较轻、强度合适且价格低廉，铝方管还可以运用焊接工艺来进行加工；而碳纤维材料则强度和刚度更高，设计合理的情况下几乎不会损坏，但相对价格十分昂贵，且加工性能比金属材料要差。

其次是确定骨架的样式。在 RoboMaster 比赛的早期以及一些首次参加的队伍常常会使用板式骨架，即以一块整板为主体，然后悬架、装甲、上装等其余部分都连接在整板上。这种骨架的优点是结构简单易于拆装，不仅可以一定程度节省机器人的开发时间，在进行维修工作时也比较方便；缺点在于空间较小，在搭载器件较多的情况下会增加布局设计的困难；另一个在于强度较差，板材的厚度毕竟有限，其抗弯和抗扭能力都会较差，因此这种骨架通常会选择铝板或者钢板，经费充足的则可以使用碳纤维板。到了后来许多队伍有了设计经验后则更多会选择框式骨架，即运用板材和管材以焊接、螺钉连接等方式搭建成的至少两层的骨架，框式骨架的优点首先在于强度和刚度比板式大得多，其次因为结构立体也更便于放置器件和调整器件位置，而缺点则是会增加装配和维修难度。

然后便要设计具体的骨架结构。骨架是整台步兵机器人的立身之本，进行其结构设计应该首先考虑强度是否足够，骨架若是失效对于 RoboMaster 机器人来说将是灭顶之灾。由于飞坡的需求，RoboMaster 比赛对步兵骨架提出了更高的要求，如何能在重量与空间的约束下使骨架的强度最大化、如何针对机器人所受到的冲击合理加强结构等，都是骨架结构设计需要考虑的问题。最后才是根据其他模块的结构和布局设计来对骨架进行微调。骨架的结构设计通常不会一开始便确定下来，而是先确定了大致形状后，再随着设计工作的推进进行不断的修改。

最后需要设计骨架的外围防撞结构。防撞结构在 RoboMaster 这样对抗强度极高的赛事中几乎是必不可少的，它能在剧烈碰撞中大大降低机器人被破坏的风险。防撞结构的材料选择尤为重要，应当避免选择高刚度的材料，如实心金属材料、碳纤维材料等，以保证机器人在受到剧烈冲击时，防撞结构可以通过变形来吸收一部分能量，常用的防撞材料有铝管、不锈钢管、PC 等。而防撞结构的形式多种多样，按层数可分为单层和多层，按防护范围可分为全包围和半包围，各种方案均各有利弊，此处不再赘述。

图 7.14 和图 7.15 所示分别为汽车骨架和碳纤维板。

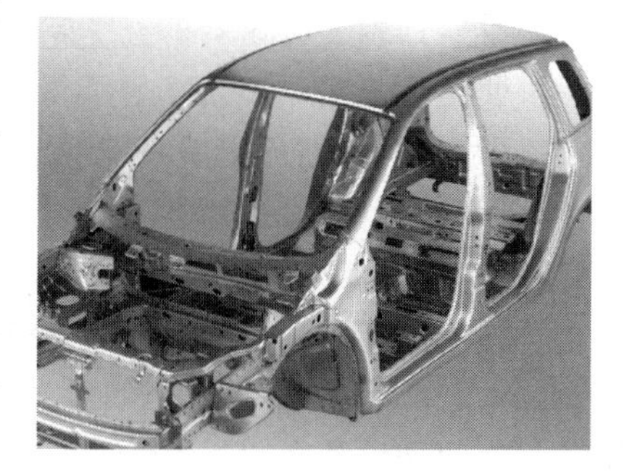

图 7.14　汽车骨架

2. 驱动模块

驱动模块的设计工作主要在于悬架的设计和驱动方式的选择。如今的 RoboMaster 比赛大部分机器人的动力方案都选择了电机驱动麦克纳姆轮底盘（见图 7.16），这种底盘凭借优异的操纵性能几乎是

RoboMaster 比赛中的最优解，当然也期待以后赛场上能出现一些全新的方案。

图 7.15 碳纤维板

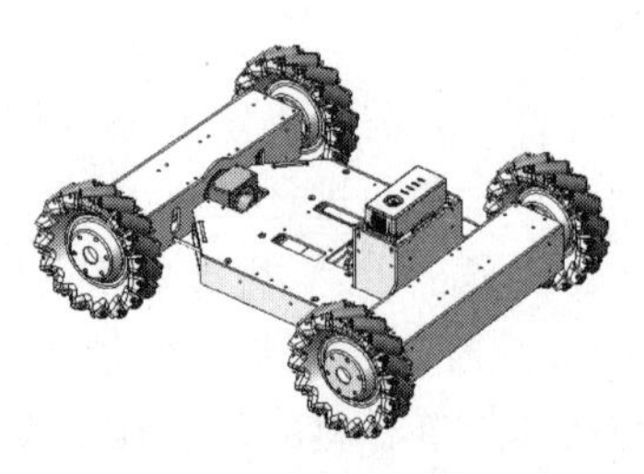

图 7.16 麦克纳姆轮底盘

悬架是车架与轮子之间的连接机构，具有提高车辆抓地力和减小车身振动的作用，但设计不良的悬架反而会加剧车身振动，降低车辆的稳定性。在飞坡地形出现之前，悬架对于地面机器人的积极作用其实比较有限，这是由于 RoboMaster 赛场的地形崎岖程度不高，且机器人并不需要考虑乘员的体验，因此甚至出现了一些队伍选择放弃机器人的悬架结构以提高射击稳定性。但飞坡的需求出现后，悬架对于步兵机器人的意义则大大提升了。

悬架由导向机构、减振器和弹性元件组成。顾名思义，导向机构即为车轮导向的机构，而减振器和弹性元件通常合在一起成为避震器，起着缓冲冲击和减小振动的作用。图 7.17～图 7.19 是几种悬架结构，悬架由导向机构不同可分为非独立悬架和独立悬架，非独立悬架有钢板弹簧式、螺旋弹簧式、空气弹簧式等，独立悬架有纵臂式、双横臂式、麦弗逊式、烛式等。悬架种类众多且特性各异，此处不再展开，读者可以自行查阅资料进行深入研究。

图 7.17 双横臂式独立悬架

图 7.18 扭力梁式非独立悬架

导向机构影响着悬架弹性元件变形时车身的姿态变化，合理的导向机构选择和设计对于提高机器人的车身平稳性有很大的帮助。

避震器则能大大减小车身受到的冲击，最典型的例子便是飞坡后的机器人不可避免地与地面有剧烈碰撞，而避震器则能有效地减轻这种碰撞，从而起到保护车身的作用。但避震器弹性元件的刚度存在一个矛盾：提升弹簧刚度会降低悬架的减震能力，而降低弹簧刚度会影响车身稳定性，尤其是在机器人起步和急停时尤为明显，这便需要设计者在二者之间做出平衡。

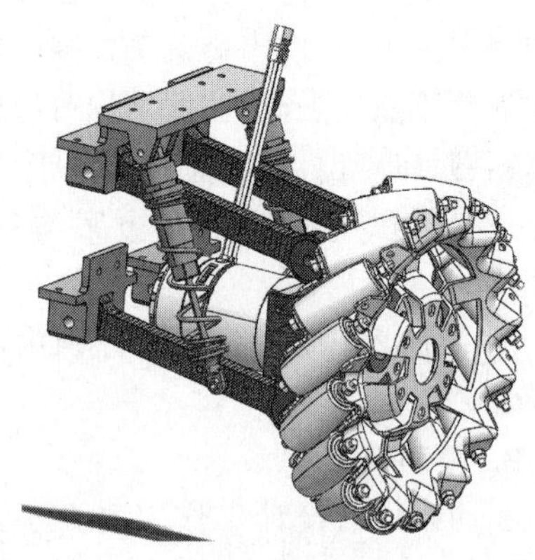

图 7.19 Alliance 战队步兵机器人悬架结构示意图

驱动方式上由于规则限制，所有的参赛队都选择电机驱动轮子；而在连接方式上，大部分战队都选择由电机直连轮子，这种方式的优点在于结构简单可靠，但也存在两个弊端：第一个是电机直连轮毂意味着电机将布置在悬架之下，大大增加了簧下重量，十分不利于机器人的稳定性能，同时电机的线路也会随着悬架频繁窜动，这在激烈的对抗中也是一大隐患；另一个是驱动电机的启动扭矩往往超过了地面提供给机器人附着力矩，从而导致车辆启动时出现打滑现象。针对第一个问题，可行的解决办法是将电机转移至骨架上，然后由万向传动节连接至轮毂进行传动，类似于汽车；针对第二个问题，则可以利用齿轮、同步带等传动机构对电机进行减扭加速，从而将电机性能发挥至最大。但如此一来底盘结构的复杂程度将会大大提升，在技术不成熟的情况下将大大降低车辆的可靠性，这对于可靠性至上的RoboMaster比赛是不可接受的，因此这种方案目前较少被采用，相信随着各战队技术的成熟这种方案也会逐渐地普及。

3. 布局

步兵的底盘上需要安置4块装甲板、电源、电源管理模块、主控模块、驱动模块、上装等大量的部件，而底盘的空间却是有限的，应该如何布置它们各自的位置呢?

首先需要确定位置相对固定的几个部分，如装甲板、驱动模块、上装等。

然后不妨回顾一下前面提到的设计思想——紧凑性设计和人机交互设计。各模块的布置应该尽可能紧凑，不仅有利于减小整车体积提高机器人通过性能，还能减小机器人转动惯量，提高底盘旋转效率；各模块的布置还应尽可能满足人机交互的需求，例如需要频繁更换的电源应该放置在易于拆卸的位置上，需要频繁操作的主控模块应该放置在便于人员观察并操作的位置，不需要操作且线路复杂的电源管理模块可以放在骨架的夹层之间进行充分保护等。

最后布局设计还应该考虑整车的重心问题。对于步兵机器人来说，重心过于靠后将影响其爬坡能力，重心过于靠前则会加剧步兵飞坡时受到的冲击，此时便可以合理地调整布局以调整机器人重心。

7.3.3 云台设计

云台最初的含义是指安装、固定摄像机的支撑设备，最核心的功能就在于承载和带动所承载物旋转；而在步兵机器人身上，云台不仅仅需要搭载相机图传模块，更重要的是需要搭载发射机构。

由于步兵是地面机器人，因此二轴云台便足够实现传输稳定的图像和全方位射击的需求。那么不妨分别进行云台Yaw轴和云台Pitch轴的设计。

1. Yaw轴

因为步兵空间和发射系统结构限制，步兵的云台基本上都是以Yaw轴搭载Pitch轴，那么云台Yaw轴的设计直接关系到步兵两大功能的实现：飞坡与360°云台。

由于是Yaw轴搭载Pitch轴，那么Yaw轴便成为连接上装与底盘的关节。因为受限于空间，步兵云台Yaw轴只能进行单侧固定；而上装与底盘是步兵机器人质量最为集中的两个部分，那么便自然而然产生了一个矛盾：步兵进行飞坡动作后的触地瞬间，底盘会受到巨大的冲击力从而速度骤减，此时上装将会受到巨大的惯性力，那么上装与底盘的连接应保证足够的强度，但是连接上装与底盘的云台 Yaw 轴只能单侧固定。如此一来上装相对于底盘便形成了类似于悬臂梁的结构，上装将不可避免地对底盘产生一个巨大的倾覆力矩。许多方案直接将云台直接安装在允许载荷的电机上的做法对于飞坡动作来说是十分危险的，这种电机虽然能承受一定轴向载荷，但受到倾覆力矩时非常容易失效，甚至还会出现上装脱落的尴尬情况。因此如果步兵被设计为具有飞坡的功能，那么云台 Yaw 轴应当进行加强处理，同时要避免电机直接受力。

360°云台的动作指底盘连续旋转的同时云台能保持稳定，那么云台自然需要能够相对底盘连续转动，但云台与底盘之间不可避免地有大量线路连接，因此就必须使用导电滑环来进行上下装之间的线路连接。但由于空间限制，滑环与 Yaw 轴电机的放置位置存在一定冲突。可以从 Yaw 轴电机和导电滑环的选型与布置、Yaw 轴传动机构的设计等方面来解决这个问题，如空心轴滑环内嵌电机、空心轴电机内嵌滑环、Yaw 轴电机偏置等。

2. Pitch 轴

Pitch 轴设计需要注意的地方主要在于重心的调整和传动方式的选择。Pitch 轴与 Yaw 轴不同的地方在于 Pitch 轴载荷的俯仰，以及上供弹方案时弹仓重量的变化，这些都会导致 Pitch 轴重心的改变，从而使 Pitch 轴电机的负载不断变化，加大 Pitch 轴的控制难度。因此进行云台 Pitch 轴设计时一定要使重心可调整，才能有利于后期的控制。此外同样由于重力的影响，Pitch 轴电机的负载往往是要大于 Yaw 轴电机的负载，加上有时发射系统重量过大，或者重心偏移过大，会出现 Pitch 轴电机扭矩不够的情况，这时可以设计一个传动机构来实现电机的减速增扭，齿轮传动、同步带传动都是常见的选择。但需要注意的是，减速比并非越大越好，过大的减速比会导致电机的传动误差增大、响应速度减慢等不良影响，对于击打能量机关以及自瞄功能都是不利的，这也是云台电机通常没有减速比的原因。如图 7.20 是 Alliance 战队步兵云台结构。

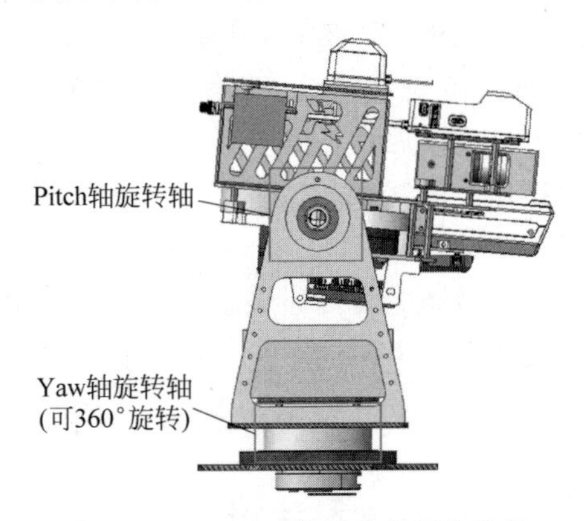

图 7.20 Alliance 战队步兵云台结构

7.3.4 发射系统设计

如果说底盘系统决定了一台步兵机器人的下限，那么发射系统毫无疑问决定了步兵的上限。从 RoboMaster 的历届比赛来看，机器人的火力输出能力向来是衡量队伍实力的第一标准。而发射系统的结构很大程度上影响着发射系统的弹道性能和稳定性能，是强大火力输出的硬件基础。

发射系统的设计需要考虑步兵机器人从取弹、储弹，再到击发的整个过程。设计时最重要的几个性能分别是弹丸稳定击发、射击频率稳定可调、弹丸初速稳定可调和射击精准度。

弹丸稳定击发是指发射机构能根据操作手指令稳定击发弹丸，这是发射系统最基本也是最重要的能力，许多第一次参赛的战队便难倒在这一步。弹丸无法稳定击发，甚至无法击发，又称卡弹，将直接导致在战场上步兵机器人失去威胁，几乎与减员无异。

射击频率稳定可调指两方面，分别是单发射击和连发射击的控制，以及连发射时低频和高频的控制。

弹丸初速稳定可调则指发射弹丸的初速度的控制。这两点可以帮助步兵机器人实现更多的射击策略和射击任务，从而去执行更多的战术要求，对于步兵的战术性能有很大的意义。

射击精准度是指弹丸射击时的命中率，这也是强队之间主要较量的性能之一。射击精准度又分定靶和动靶，定靶的主要影响因素是发射系统的机械结构，以及弹丸初速的控制；动靶在定靶的基础上还要考虑云台的稳定性和精度，而对于强队来说更重要的则是视觉辅助射击的性能好坏。射击精准度不管是对于击打能量机关、摧毁敌方机器人，还是远程消耗敌方基地，都是至关重要的性能。而且这项性能相关技术的影响范围也不仅局限于步兵，对于其他有射击能力的兵种都能提供帮助，因此发射系统射击精准度的研究往往是各大强队的一个主要研究项目。

发射系统结构主要包括弹仓、供弹链路和发射机构，设计工作也可分这三个模块进行。

1. 弹仓

弹仓是存放弹丸的容器，主要功能便是存放弹丸以及完成弹仓盖的开合动作。需要注意的是弹仓的容量并不是越大越好。结合轻量化和紧凑性的设计思想，弹仓的最优容量应该是刚好满足载弹的最大需求，这则需要根据当年的相关规则来进行计算。由于比赛补给规则的影响，弹仓的开口则应尽可能地大，从而提高操作手的取弹容错率。

弹仓盖的开合机构则种类多样。最常见的是以一块板件作为弹仓盖，然后用单个舵机控制板件的水平旋转(见图 7.21)，从而实现弹仓的开合，结构简单且可靠性强，被大部分战队所采用；也有战队选择翻转式的弹仓盖，可以变相地增加弹仓的开口面积。

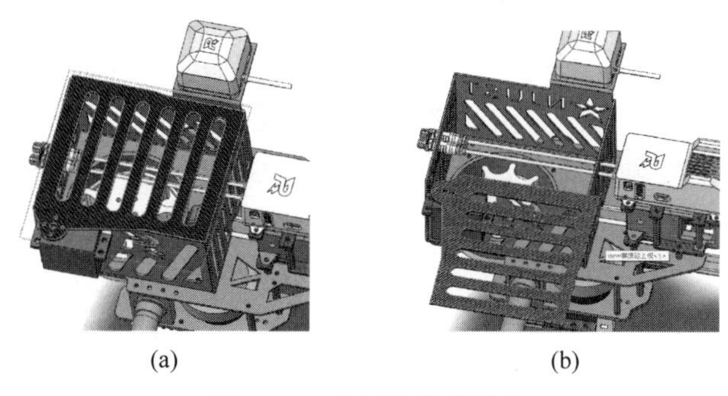

(a) (b)

图 7.21 水平旋转式弹仓

(a) 弹仓盖闭合状态；(b) 弹仓盖打开状态

2. 供弹链路

供弹链路是一个最容易出现稳定性问题的结构，许多初次参赛战队会在供弹链路的设计上出现问题。根据弹仓的位置不同，供弹链路可分为上供弹链路和下供弹链路两种。

上供弹链路是最早的一种链路结构，弹仓与发射机构共同固定在云台 Pitch 轴上。这种结构的优点在于链路短，从而不仅有利于减小发弹延迟，也有利于检修和维护。上供单链路因为其结构简单可靠被大多数新战队采用，也因其紧凑和低延迟性被许多老战队继续采用。

下供弹链路指的是弹仓与发射机构不为一体，而是固定在云台 Yaw 轴或者底盘上，然后通过管道将弹丸输送至发射机构。这种结构最大的优点也在于没有了弹仓的重量将大大有利于云台的 Pitch 轴控制，提高云台俯仰响应速度；缺点则是过长的供弹链路将难以维护和优化，一旦出现卡弹现象检修难度是巨大的，为防止卡弹需要在链路中所有关节做好润滑工作，这便增加了设计难度和装配难度。这个方案被许多强队所采用，用以最大限度地追求云台响应速度。

供弹链路除了需要考虑弹丸运输的通道外，还需要考虑一个关节：供弹链路与弹仓的交接处，即供弹链路的入口，这也是上供弹链路中最常见的卡弹位置。弹丸从空间较大的弹仓进入狭窄的供弹链路并不是一件自然而然的事，因此需要设计合理的结构来推动和引导弹丸。

拨盘结构是完成弹丸推动任务最经典也是最常用的方案。拨盘是一种圆形带齿的盘状结构，通过齿间的空槽来将弹仓中无序的弹丸有序地排列，然后通过电机带动其旋转，配合一个导向机构即可将排列好的弹丸逐一送入供弹链路。拨盘作为推动弹丸输送的直接动力，其外形对供弹系统有着很大的影响。首先拨盘的齿数和厚度影响拨盘排列弹丸的效率，越多的齿数意味着同一时间能有更多的弹丸进入拨盘，而越大的厚度意味着同一时间内拨盘能够储存越多的弹丸；拨盘的直径则限制了弹丸的齿数，也受限于发射机构的宽度，通常是在拨盘齿数等其他重要参数确定后再进行微调；拨盘的齿形则影响弹丸所受推力方向，这是决定卡弹与否的重要因素。而引导机构的形状则是多种多样，没有固定的形状，设计时应充分考虑弹仓及入弹口的环境。

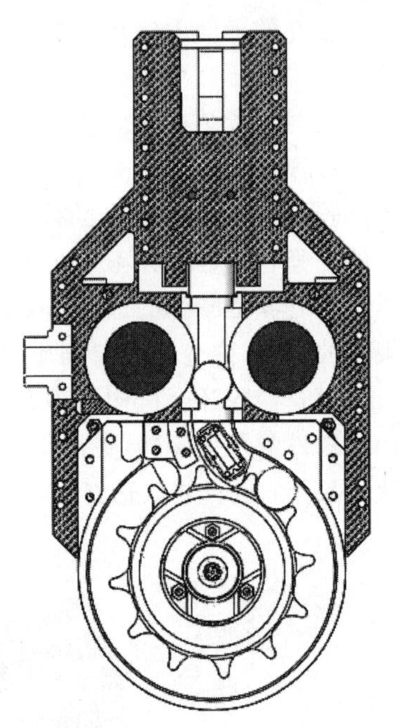
图 7.22　供弹链路俯视图

当出现卡弹情况时，对于上供弹方案来说最常见的位置是入弹口处，此时通常的解决办法是调整拨盘齿形和引导机构；而对于下供弹方案来说除了入弹口外，供弹通道也是常见的卡弹位置，此时应该对整个通道进行逐一排查，找出卡弹的位置并进行润滑处理。

图 7.22 为供弹链路俯视图。

3. 发射机构

在 RoboMaster 比赛的早期，发射机构的种类多种多样，有齿轮齿条式、气动推杆式、电磁式等，但到如今，绝大部分队伍采用的还是摩擦轮式。摩擦轮式发射机构不仅能满足机器人射速和弹丸初速的需求，而且具有很好的工作稳定性，因此成为 RoboMaster 比赛中发射机构的不二之选。

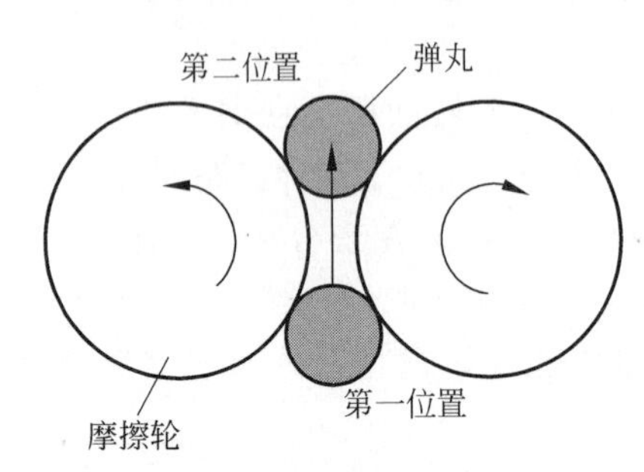

图 7.23　摩擦轮发射原理

摩擦轮式发射机构的原理是利用两个水平放置、高速旋转且转向相反的摩擦轮将弹丸由第一位置挤到第二位置，如图 7.23 所示。

摩擦轮式发射机构的发射性能受诸多因素影响，主要包括摩擦轮材质、摩擦轮间距与直径、摩擦轮电机等。

1）摩擦轮材质

摩擦轮的结构通常是利用胶辊工艺将橡胶制成的辊状物裹在金属内芯上，而这层橡胶在 RoboMaster 早期使用的是硅胶，而硅胶在作为摩擦轮时经过长期摩擦，非常容易磨损和膨胀，这将大大影响射击精度。队伍们选择了聚氨酯作为摩擦轮橡胶的材料，这种材料具有耐磨、耐撕裂、耐老化等优点，后来被 RoboMaster 战队广泛采用。

2）摩擦轮间距与直径

摩擦轮的间距与直径在各战队的设计中各有不同。不难理解，越大的摩擦轮直径和间距将使摩擦轮之间的通道越窄，有利于增大弹丸受到的摩擦力；但通道过窄时弹丸给予摩擦轮的反作用力也会大大提升，导致摩擦轮掉速，又不利于发射稳定性。因此在设计这两个参数时需要在二者之间做出平衡，找到最合适的尺寸，这就需要队伍通过反复的试验去验证了。

3）摩擦轮电机

由于发射机构的空间非常有限，因此摩擦轮电机必须体积足够小；为了保证弹丸初速度，摩擦轮电机还应该有足够高的转速；为了抵抗弹丸挤出时的反作用力，摩擦轮电机同时还应该有一定的扭矩。以上是摩擦轮电机选型时的基本要求，有些队伍还会选择带反馈功能的电机，用以实现对摩擦轮转速的检测和控制。

4）弹丸导向机构

除了作为发射动力的摩擦轮外，弹丸的导向机构也有许多需要考虑的地方。进入摩擦轮之前的导向机构，最重要的是定心，即需要保证弹丸每次进入摩擦轮之前都尽可能在一样的位置，因此摩擦轮前的导向机构通常会采用高精度的机加件。进入摩擦轮之后的导向机构，即常说的枪管，则有许多不同的方案：有的战队选择使用直径尽可能小的枪管，使弹丸运动方向最大限度地接近枪管轴线方向；有的战队则选择大直径的枪管甚至不要枪管，以避免弹丸与枪管发生碰撞，从而影响弹道。实际上，两种方案见仁见智，对于不同的摩擦轮机构，不同的枪管也有着不同的效果。

如图 7.24 所示，Alliance 战队 2021 赛季步兵机器人的发射机构采用无枪管设计方案。即直接将测速模块的测速通道作为枪管使用，有效减少了弹丸与管壁之间碰撞带来的弹道影响。经过试验测试，也证明此种方案的确对于控制弹道精准度有很大帮助。

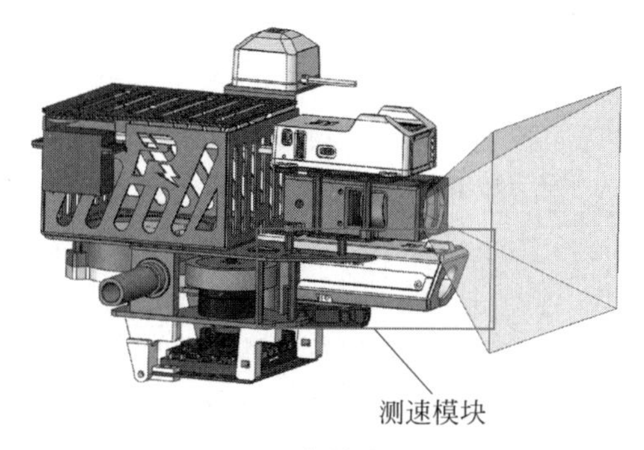

图 7.24 无枪管发射设计图

截至目前，步兵机器人结构部分设计已经结束，机器人整体设计三维图如图 7.25 所示。

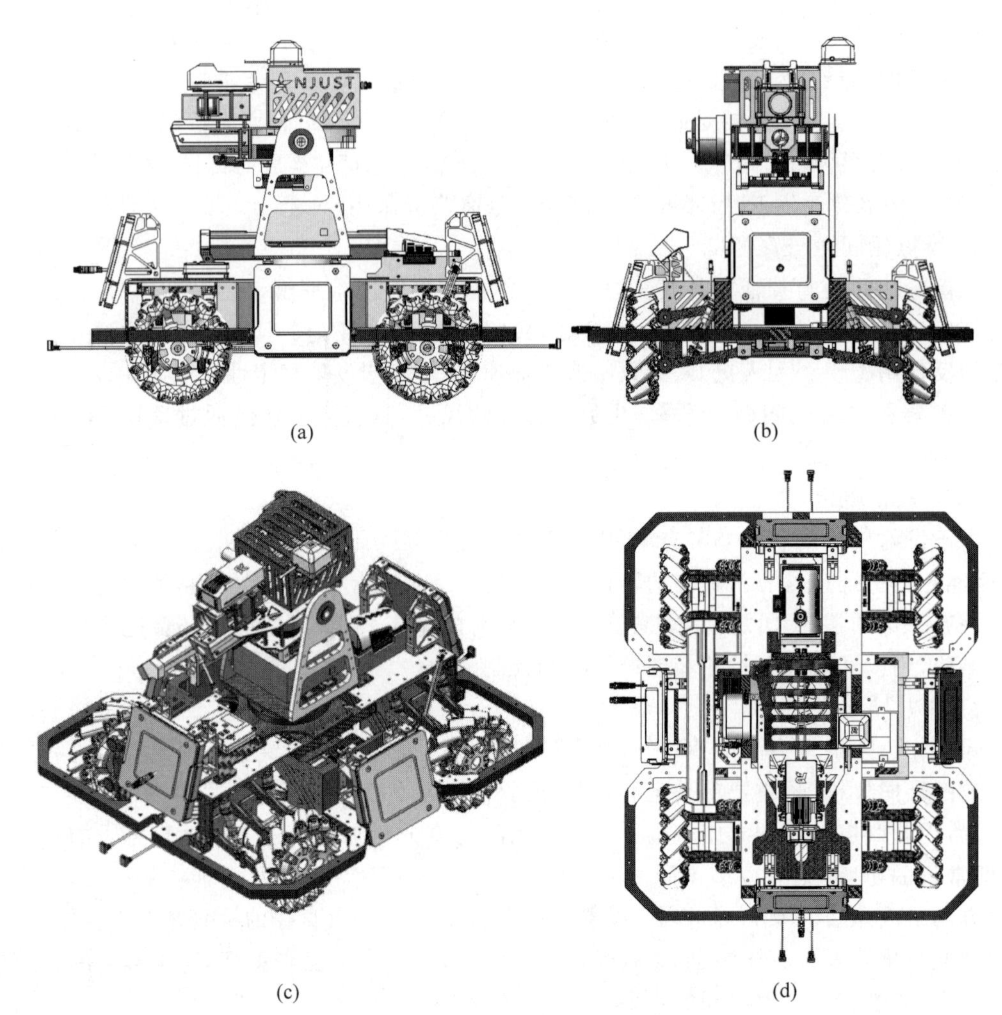

(a) (b) (c) (d)

图 7.25 Alliance 战队 2021 赛季步兵机器人设计图

(a) 侧视图；(b) 正视图；(c) 轴测图；(d) 俯视图

7.3.5 视觉识别系统

RoboMaster 的比赛从首届比赛开始到现在，一个最重要的技术发展分支便是视觉识别。从步兵自瞄(自动识别对方装甲板并瞄准打击)出现到 2016 年比赛神符系统(九宫格数字随机出现，连续准确打击 5 个数字便能获得攻击加成)上线，再到 2019 赛季出现旋转式能量机关(5 片扇叶随机亮一片，连续击中 5 片便可获得攻击加成，击打过程中能量机关不停旋转)，都对各参赛队的视觉识别系统设计提出了越来越高的要求。

下面简单介绍在 RoboMaster 比赛中，己方机器人自动瞄准击打对方机器人的视觉识别系统的组成与基本原理。

1. 目标识别与打击需求分析

观察 RoboMaster 以往各个强队的视觉方案，可以发现现有方案不尽相同，有在云台装单目相机的，也有在底盘装双目相机的，还有使用测距传感器作视觉辅助的队伍。在设计视觉的方案之前，对比赛中目标识别与打击需求进行分析是至关重要的。一般情况下，需求直接决定了方案。

根据比赛规则。需要的视觉方案需实现以下基本功能。

(1) 能够区分敌我机器人。

(2) 识别出装甲模块在图像中的区域。

(3) 识别出装甲模块上的数字。

(4) 区分出大小装甲。

(5) 解算出装甲模块的相对空间位置。

(6) 对目标装甲模块进行运动预测，估算若干时间后的位置。

(7) 考虑重力、空气阻力对弹道的影响计算云台转动角度及射击时机。

考虑场上环境变化、操作手操作难度、调试等，视觉算法应满足以下要求。

(1) 识别算法具有一定的鲁棒性。

(2) 帧率不能低于 70 帧/s。

(3) 识别范围要至少要覆盖 0.5～8m。

(4) 距离解算精度不低于 10%。

因为需求分析中，视觉算法精度要求不高、识别覆盖范围不大，最基础的单目云台方案便能够实现。但也有很多队伍对于视觉算法有更高的要求，采取双目识别方案也是常见的选择。

2. 装甲板识别

比赛中，对于对方机器人的有效打击部位只有装甲板，因此装甲板识别是视觉识别系统中非常重要的一环。装甲识别主要分为预处理、灯条提取和装甲板识别三个步骤。

比赛时对战双方通过装甲板灯条的颜色区分队伍，分别为红和蓝两色，因此在进行预处理时第一步便是识别颜色，以判断打击目标是否是敌方。可以采取颜色分割的方法将图像处理为二值图，方便下一步的灯条提取。HSV 颜色空间分割：通常相机获取得到的图像都是 RGB 颜色空间，不方便直接进行颜色分离，因此转换为 HSV 颜色空间再进行分割。HSV 颜色空间由色调(hue)、饱和度(saturation)、亮度(value)三个分量构成，HSV 更接近于人眼的主观感受。可以通过图 7.26 来展示 HSV 颜色分布情况：

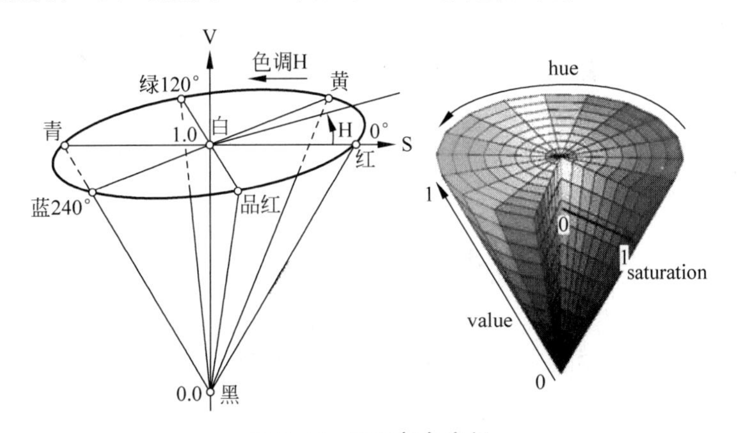

图 7.26 HSV 颜色空间

通过寻找红色和蓝色对应的分量，将该颜色的区域划分出来，最后得到二值化的图像(见图 7.27)。至此，已经完成对灯条颜色的识别。

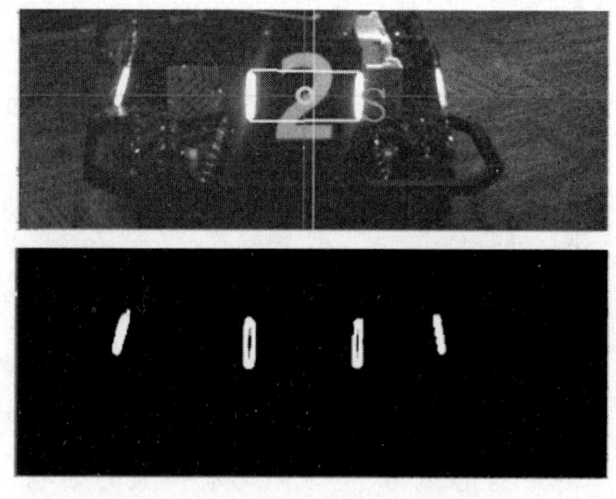

图 7.27 二值化后的装甲板

接下来将上面处理好的二值图的轮廓提取出来(例如使用 opencv 的 findContours()函数)，然后通过一系列条件判断排除掉假灯条，接着用最小包围矩形或最小包围椭圆去计算各个轮廓，选出最符合灯条特征的轮廓(例如判断灯条的长宽比、形状等)。提取出所有可能的灯条之后，将灯条两两匹配，根据两灯条之间的距离、斜率之差和两灯条之间的长度之比等条件选出合适的待选装甲片，之后再通过筛选装甲片选择最“像”的那个(如通过识别装甲片中间的数字判断是否为真装甲片)，计算出装甲片的中点位置，至此完成了装甲片的识别。

完成装甲识别后，还需对装甲板数字进行识别，进行目标跟踪以及弹道解算等操作，才能完成视觉识别的完整过程。但此部分内容学习需要有一定知识积累，研究内容较深入，因此不做过多讲解，感兴趣的同学可以自行查阅相关资料。

3. 装甲数字识别

在识别出装甲后需要识别装甲中的数字。主要原因有两点：

(1) 进一步筛选装甲，保证识别效果。

(2) 可根据装甲数字来做决策，击打优先高的目标。

如想要探究更多数字识别技术，可以自行查阅更多相关资料。

4. 目标跟踪

由于相机图像采集、视觉算法运算、数据传输，再到实际云台系统的固有延迟，还要考虑子弹的飞行时间，每个环节都存在不同程度的延时，如果不对云台角度做一定的预测，云台只能始终跟在目标后面，无法做到实时跟踪并命中运动目标。实时跟踪运动目标的问题在视觉上常称为目标跟踪问题。

5. 坐标变换和弹道解算

通过前面的几个步骤，已经获得了敌方装甲板在图像上的位置，但是必须知道装甲板在现实世界中与发射机构的相对位置才能决定云台如何对准目标，因此需要将敌方装甲板的位置信息从图像的坐标系变换到云台发射机构的坐标系上。

7.4 英雄机器人

在前面介绍过，在 RoboMaster 比赛中存在两种尺寸的弹丸：17mm 塑胶弹丸和 42mm 高尔夫弹丸，其中 42mm 弹丸的伤害能力是 17mm 弹丸的 10 倍，且只有英雄机器人能够发射，可以说英雄机器人的输出能力对比赛输赢起到了很关键的作用。而弹丸尺寸的不同也导致了发射系统的截然不同，比赛规则的变化也衍生出了不同的英雄机器人发射设计方案。

目前较为经典并且仍被参赛队广泛使用的发射方案主要有三种：上供弹发射方案、下供弹发射方案以及双发射方案。本节将针对这三种方案进行讲解，了解英雄机器人发射机构的设计过程。

7.4.1　上供弹发射机构设计方案

传统的小弹丸发射系统供弹方式通常采用发射与弹仓一体的形式，通常称为上供弹，其优点是结构简单，供弹链路短且易于维护，大部分的步兵机器人都采用了这种结构(图 7.28)。但是对于质量更大的大弹丸来说，步兵机器人常用的上供弹方案显然是不可行的，那将会导致云台重量过大，严重降低云台响应。常见的解决方案是对上供弹方案进行改良，采用二级供弹的方式，即将弹仓布置于机器人车身顶部，由车架承受弹仓压力，在发射机构需要发射之前，由位于弹仓的第一级拨盘将若干弹丸由柔性管道供至发射机构，待发射机构收到发射指令时，由位于发射机构的第二级拨盘将弹丸链路推动，然后由摩擦轮击发。这样就可以让云台只承受少量的大弹丸重量，不至于影响云台响应。

但这种方案虽然结构简单，可靠性强，却也大大制约了英雄机器人的形状，因为英雄机器人必须将弹仓置于头顶，从而使整车如同一个箱子，大大增加了整车质量，使得机器人的重心上移，影响了机器人的稳定性(图 7.29)。

图 7.28　上供弹步兵机器人

图 7.29　改良的上供弹英雄机器人

7.4.2　下供弹发射机构设计方案

近年来发射与弹仓分离的结构逐渐兴起，通常称为下供弹(尽管对于哨兵和无人机来说弹仓发射分离方案中弹仓位于发射上方，出于习惯仍称为下供弹)。这种结构通过超长的供弹链路将底盘的弹仓与发射机构连接，并通过链路弯曲避免了供弹链路长度随云台转动变化。这种方案的优点是减轻了云台的负载，有利于提高云台响应，同时弹仓位置布置灵活，有利于机器人整体设计，但代价就是供弹链路将会大大延长，提高了结构复杂度，降低了发射系统的可靠性，在 RoboMaster2019 中大部分哨兵机器人(见图 7.30)、空中机器人和小部分步兵机器人采用了这种结构。

针对这一点，在 RoboMaster2019 中许多参赛队伍仿照步兵机器人下供弹的方式，设计出一种下供弹的英雄机器人(见图 7.31),即将弹仓布置在底盘上,通过超长的供弹链路以弹推弹的方式将弹丸推送至摩擦轮处。这种方案的缺点在于对拨盘扭矩要求较高,同时弹仓布置较为困难。值得一提的是上海交通大学设计的下供弹英雄机器人方案(见图 7.32),摒弃了传统的下供弹方案,取消了弯曲且超长的供弹链路,使供弹链路由底盘直通发射,与此同时将云台转动对供弹链路长度的影响减至最小,可以说是目前最好的英雄下供弹方案。

图 7.30　下供弹哨兵机器人

图 7.31　传统下供弹方案英雄机器人

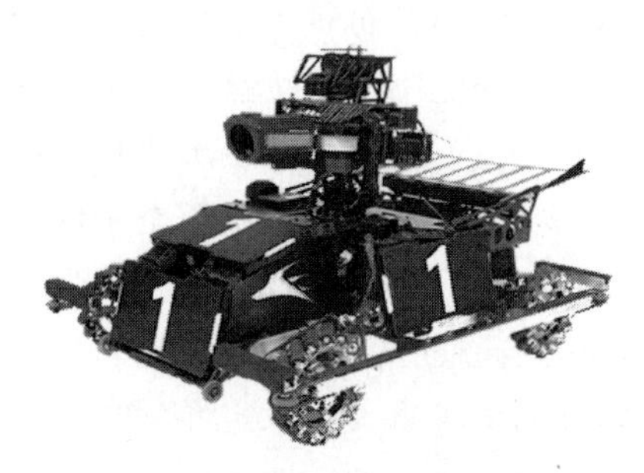

图 7.32　RoboMaster2019 上海交通大学的英雄机器人

7.4.3　双发射机构设计方案

在 RoboMaster2018 赛季中,规则允许英雄机器人至多安装一个用于抓取弹药箱的机构,且允许同时安装一个 42mm 弹丸发射机构以及一个 17mm 弹丸发射机构,这就给英雄的设计带来了很多空间。并且在 RoboMaster2018 赛季中,资源岛岛下弹药箱(见图 7.33)为 42mm 弹丸和 17mm 弹丸混合装以及 17mm 弹丸单独装,英雄机器人不能上岛取弹,那么为了获得更多攻击力,英雄机器人在选择获取岛下弹药箱时,势必会选择混合弹药箱。有

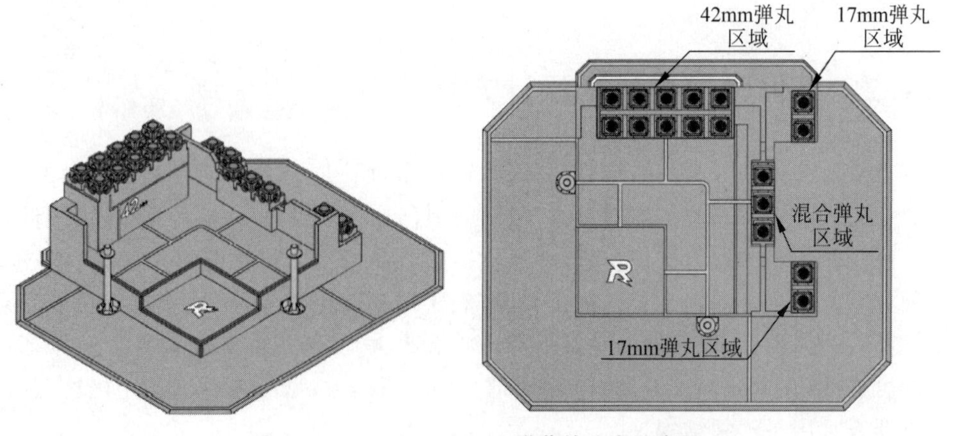

图 7.33　RoboMaster2018 弹药箱分布示意图

些队伍从战术及机器人结构精简化考虑，选择筛掉小弹丸，只保留大弹丸，相应的枪管设计也只保留了42mm发射机构。有些队伍从资源利用，增强攻击能力方面考虑，选择了双枪管设计。不管采用哪种方案，都有队伍做得比较出色，并且取得了不错的成绩。

双枪管设计方案相对来说结构较复杂，下面简单讲解其设计思路及设计难点。

1. 设计难点

双枪管机构的主要设计难点在于弹丸的分装以及枪管布置。小弹丸如果落到大弹丸的链路里，有很大的概率会卡住链路；大弹丸如果落到小弹丸的链路里，则会堵住小弹丸链路。无论哪种情况发生，都会对英雄机器人的攻击能力产生很大影响。大小枪管在车身上的布置方案则会直接影响英雄机器人的整体性能。

2. 方案讲解

一般来说，想要快速分离两种直径不同的弹丸，最直接的办法就是利用其体积差使不同弹丸落入不同的位置，这也是大多数队伍采取的方式。对于采用双发射方案的队伍，混合弹丸会先经过筛选机构，然后大小弹丸会分别落入小弹丸弹仓和大弹丸弹仓；对于只保留大弹丸发射机构的队伍来说，则是将小弹丸筛选出来后做丢弃处理，只保留大弹丸。

枪管布置方案则主要有两种：①枪管分离，即拥有两个不同的云台分别放置在机器人不同位置，如图7.34所示；②云台合一，即大小枪管安装在同一云台上，如图7.35所示。

图7.34 RoboMaster2018中国矿业大学云台分离英雄机器人

图7.35 RoboMaster2018东北大学云台合一英雄机器人

若采用枪管分离的方案，控制策略一般为大枪管由操作手操作，小枪管则是依靠自瞄系统自动瞄准射击，不受操作手控制。此方案的优点在于减少了比赛风险，当其中一个发射机构出现问题时，另一个发射机构还能继续战斗，在扩大打击范围的同时反而使操作手的操作难度降低。但同时此方案也存在增加了机器人结构复杂度的缺点，对参赛队伍的自瞄系统设计能力提出了更高要求。

云台共有的方案则减少了枪管运动自由度，大小枪管在任何时候都只能瞄准同一目标。这一方案的主要优点在于英雄机器人整车结构紧凑，稳定性好，对于视觉方面不是很强的队伍来说，弹丸利用率会更高。同时，相对于枪管分离的方案，这一方案对操作手有了更高的要求，大小弹丸发射策略会更复杂；虽然拥有双枪管，但同一时间只能瞄准一个目标，打击范围较小。

两种方案各有利弊，针对不同的情况合理选择即可。

3. 实例讲解

1）整车方案

南京理工大学 Alliance 战队在 RoboMaster2018 赛季中，英雄采用单云台的双枪管设计方案，其整体方案如图 7.36 所示。上装部分由取弹机构和弹仓组成，发射(云台)部分安装在底部，弹仓和发射之间依靠输弹链连接。如图 7.37 所示，大小弹丸分别通过各自输弹链路进入大小枪管对应的发射机构，输弹链则是采用图 7.37(b)所示的柔性管道。此类管道可以在一定程度上改变长度以适应云台的位置改变，并且具有多种直径可选，可以适应多种尺寸弹丸的输送需求。

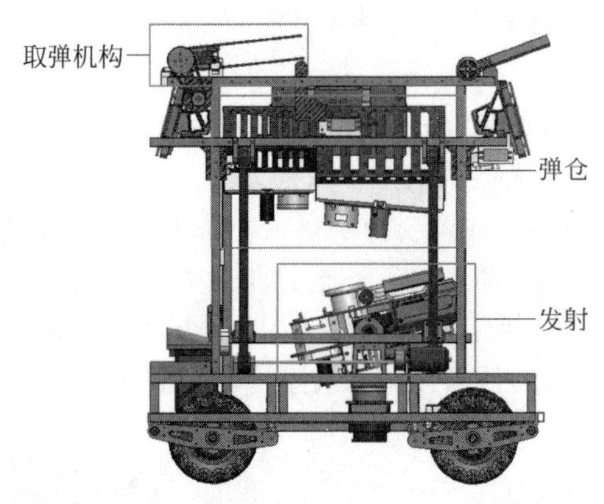

图 7.36 Alliance 战队双枪管英雄机器人设计图

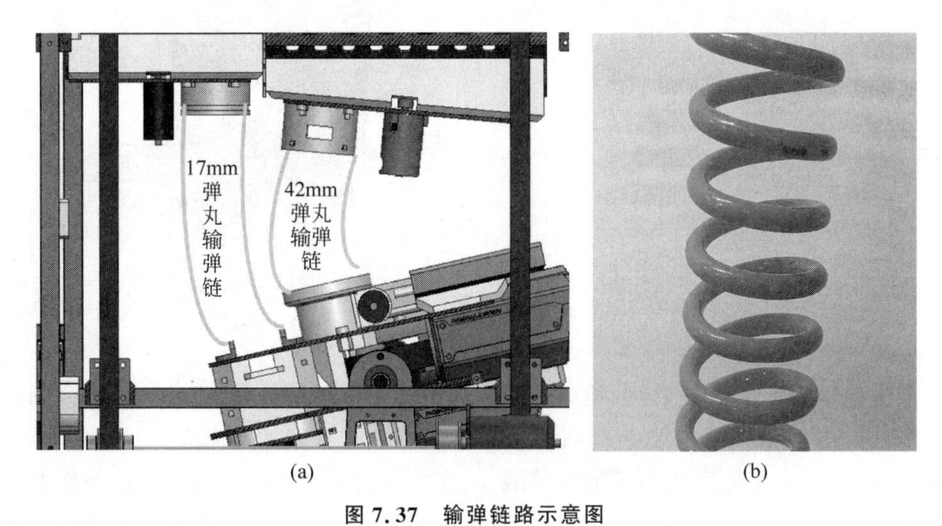

图 7.37 输弹链路示意图

(a) 大小弹丸链路示意图；(b) 柔性管道

2）弹仓结构

弹仓结构方案如图 7.38 所示，筛弹机构由间距相等排列的横杆组成，倾斜放置。取弹机构靠近小弹仓，混合弹药箱里的弹丸被倒入弹仓后，弹丸先接触筛弹装置，17mm 直径的小弹丸可从筛弹机构掉落进小弹丸弹仓，而大弹丸则是继续沿斜面运动直至掉落进大弹丸弹仓。同时弹仓底部都装有拨弹电机(见图 7.39)，以推动弹丸进入输弹链。

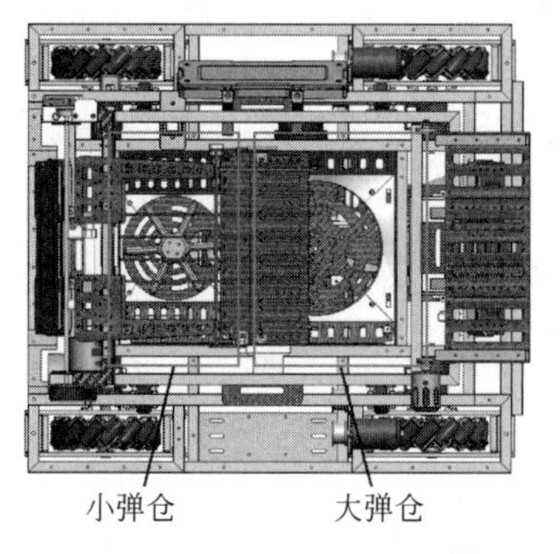

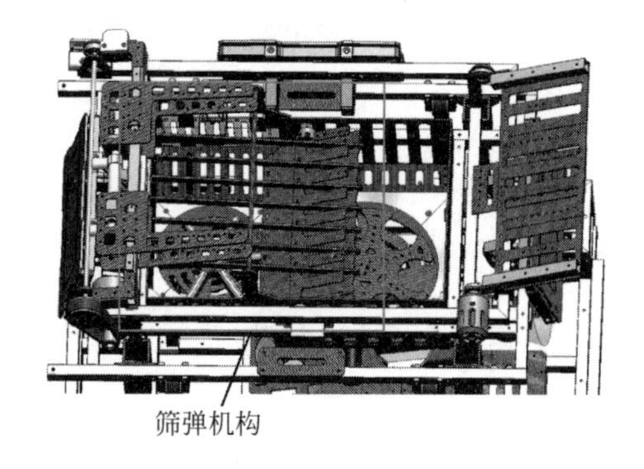

图 7.38　弹仓结构示意图

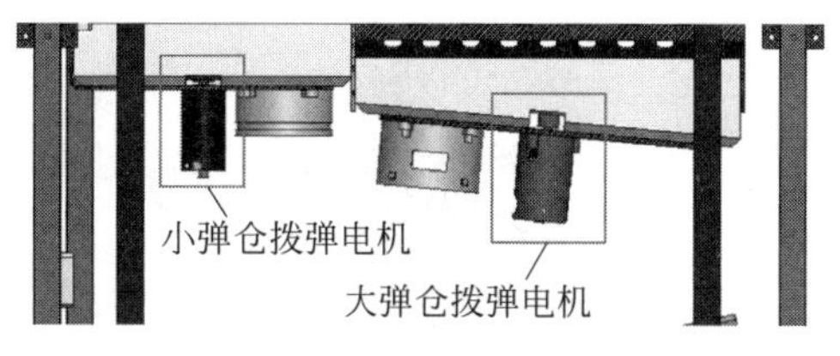

图 7.39　弹仓拨盘电机

3）云台结构

云台结构示意图如图 7.40 所示，总体采用分层设计，共三层。第一层为大弹丸链路末端及拨盘电机，第二层为大发射主体机构和小弹丸链路末端，第三层则为小发射主体机构。此方案结构紧凑明了，附加的拨盘电机在很大程度上减少了卡弹风险，是一种非常优秀的双枪管布置方案，其正面效果图如图 7.41 所示。

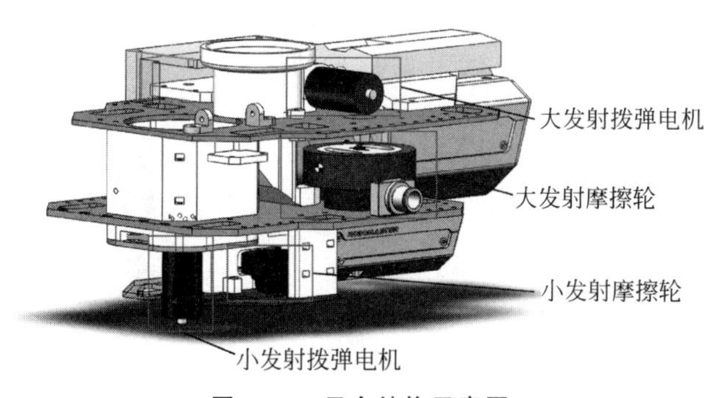

图 7.40　云台结构示意图

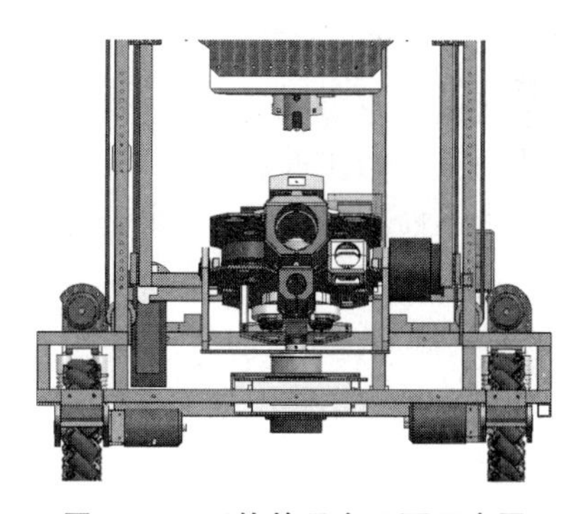

图 7.41　双枪管云台正面示意图

7.5　工程机器人

工程机器人在 RoboMaster2016 赛季中首次出现，随着比赛规则的不断变化和完善，工程机器人在不同的赛季里也表现出了不同的作用与性能。

在 RoboMaster2018 赛季中，工程机器人具有救援其他机器人，从资源岛上获取弹药箱，为英雄机器人储存弹丸的功能。在 RoboMaster2019 赛季中，英雄机器人没有抓取机构，这意味着英雄机器人若要获得大弹丸只能依靠工程机器人，工程机器人获取弹丸的能力变得更加重要。

在 RoboMaster2020 赛季及 RoboMaster2021 赛季中，只有工程机器人能进行抓取矿石操作，矿石能兑换金币，而金币可以用于兑换弹丸、呼叫空中支援、兑换英雄机器人 42mm 允许发弹量等，是队伍取胜不可或缺的部分。因此工程机器人的矿石抓取机构显得尤为重要。

7.5.1 登岛设计方案

如图 7.42 所示，在 RoboMaster2018 及 RoboMaster2019 的战场中，大部分的大弹丸都被放置在一个有着双层台阶的高地——资源岛上，因此各战队的工程机器人都围绕着“登岛”任务展开了设计工作。

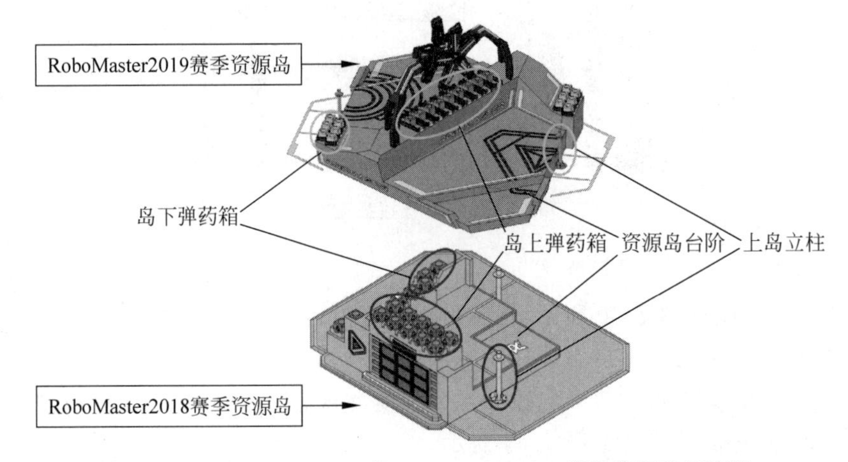

图 7.42 RoboMaster2018 及 RoboMaster2019 赛季资源岛示意图

通过借助资源岛的不同场地元素，有多种登岛方式，比较典型的上岛方式有以下几种：

(1) 抱柱上岛：借助资源岛两侧立柱(见图 7.43)实现上岛。

(2) 升降腿上岛：通过机器人自身的结构变化，逐级攀登资源岛台阶，从而实现上岛。

(3) 月球车式上岛：通过类似月球车的六轮底盘结构，可从资源岛台阶处直接开上岛，基本没有机器人车身结构的变化。

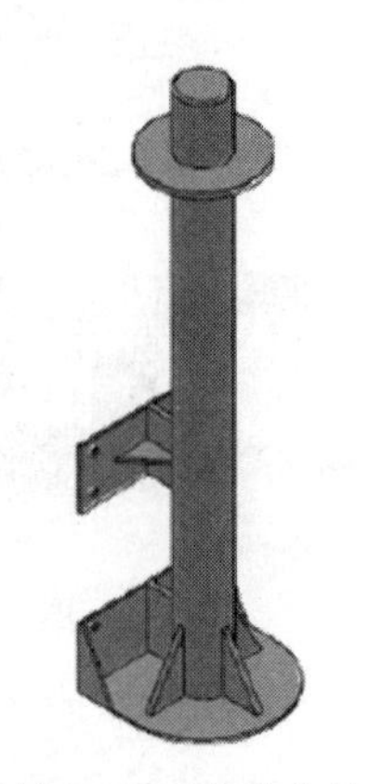

图 7.43 上岛立柱

1. 抱柱上岛方案

资源岛首次在赛季中出现时，抱柱方案和升降腿方案是比较常见的两种方案，这也是大部分人第一眼看到资源岛后能想到的两种方案。抱柱方案具体内容如表 7.8 所示。

在 RoboMaster2018 和 RoboMaster2019 赛季中出现了不少优秀的抱柱上岛设计方案。例如 RoboMaster2018 华南理工大学的工程机器人(见图 7.44)，采用涵道作为动力源，在抱柱装置套上上岛立柱时，利用涵道强劲的风力使工程机器人能够快速旋转登上资源岛。RoboMaster2019 深圳大学的工程机器人(见图 7.45)也采用涵道作为动力源，但是深圳大学采用了双涵道设计，风力更足，同时整车设计十分精简，重量较轻，上岛速度更快。

表 7.8 抱柱上岛方案具体内容

上岛速度	较快
登岛原理	通过某种抱死机构,将机器人悬挂于立柱上,然后对机器人施加一定驱动力(摩擦轮、涵道等),使机器人以立柱为圆心进行旋转,到达资源岛岛上平台,实现登岛
技术难点	(1) 抱柱机构设计; (2) 驱动力位置与大小分析
方案优点	(1) 上岛速度较快,可模块化设计,不会与机器人其他模块结构产生太多干涉问题; (2) 可以和取弹机构共用一套升降装置,为车身留出更多空间
方案缺点	(1) 受场地因素影响大; (2) 登岛之前需花时间对准立柱,考验操作手熟练度

图 7.44 RoboMaster2018 华南理工大学工程机器人

图 7.45 深圳大学工程机器人抱柱登岛

2. 升降腿上岛方案

升降腿也是被参赛队广泛采用的上岛方案,升降腿方案的实现形式其实是很多样的,在RoboMaster2018 和 RoboMaster2019 赛季中出现了多种不同的升降设计,但其核心原理基本相同,其基本内容如表 7.9 所示。

表 7.9 升降腿上岛方案基本内容

上岛速度	一般
登岛原理	通过某种传动机构,让机器人底盘整体抬升或者前后两对麦克纳姆轮交替抬升,此时辅助轮成为主驱动轮,带动整车移动,直到机器人主体完全跨上资源岛台阶,实现登岛
技术难点	(1) 底盘升降机构的设计; (2) 升降机构与整车的融合
方案优点	(1) 受场地影响小,可登岛区域大; (2) 对机构的精度要求不高,设计难度较小
方案缺点	(1) 登岛速度较慢,结构较复杂,会使机器人有两套升降机构,增加机器人重量; (2) 与整车结构结合度较高,不易优化结构

其实从赛季规则和资源岛形状可以看出,升降腿上岛是比较保险的方案。资源岛有两级台阶,每级台阶高 200mm。通过抬升车体使机器人逐级登上 200mm 台阶技术难度并不大,这也是在 RoboMaster2018 赛季中最多参赛队采用的方案。虽然方案原理相同,但不同队伍设计出的机器人结构还是有一定差异性的。

例如,在 RoboMaster2018 赛季中,中国矿业大学采用的升降腿结构是分离式(见图 7.46),

抬升传动装置为气缸，分别分布在四角，彼此互相独立。这样的设计可以提升机器人下岛速度，在只抬升前腿的情况下可直接冲下岛，不易倾覆。而在 RoboMaster2019 赛季中，上海交通大学的工程车升降机构则设计成一体(见图 7.47)，通过链传动抬升车体。同时在升降腿下端安装有红外传感器，当传感器检测到台阶(高度差)时，通过程序控制可以实现自动上下岛，大大减少了操作手操作难度，有效提升了登岛速率。

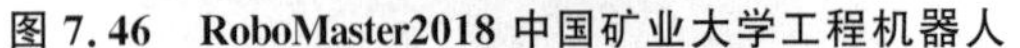

图 7.46 RoboMaster2018 中国矿业大学工程机器人

图 7.47 RoboMaster2019 上海交通大学工程机器人

3. 月球车上岛方案

抱柱和升降腿方案都具有良好的可行性而被参赛队伍广泛使用，但被广泛采用就意味着方案的平庸，大部分队伍的工程机器人登岛速度往往拉不开差距，更多的是在比拼操作手的熟练度。而正是在这样的大环境下，哈尔滨工业大学的月球车方案横空出世：通过巧妙的六轮结构，借助一定的初速度，便可以从平地连越两级台阶直接冲上高地，登岛效率远远超过了抱柱方案与升降腿方案。凭借这辆性能出众的工程车，哈尔滨工业大学在 RoboMaster2018 中也取得了季军的好成绩。月球车上岛方案基本内容如表 7.10 所示。

表 7.10 月球车上岛方案基本内容

上岛速度	快
登岛原理	底盘采用六轮方案： (1) 在登台阶的过程中，当前轮碰到台阶侧面时，通过一定的机构变形可以保证有向上的驱动力抬起前轮，此时中轮和后轮依然在同一平面着地，保证有向前的驱动力； (2) 当前轮上岛后，中间轮继续贴着台阶侧面向上运动；中间轮上岛后，后轮继续重复前轮上岛动作，直到完全上岛； (3) 整个登岛过程中，始终能保证底盘至少有两对轮接触水平台阶
技术难点	(1) 六轮的布置； (2) 机器人重心的调节； (3) 减振设计(上下岛过程中冲击力较大)
方案优点	登岛和下岛速度快，底盘独立，不会占用机器人底盘上层空间，为其他机构留出更多设计空间
方案缺点	(1) 设计周期过长且具有一定难度，需要不断对机器人底盘进行调试； (2) 整车重心偏高，如果操作不当或者移动速度过快，会发生翻车的情况

在月球车上岛方案中，机器人在原先4个麦克纳姆轮的基础上，在中间又加了两个全向轮，形成了六轮的结构，其上岛过程如图7.48所示。其中最前方的两个麦克纳姆轮还联结了两个辅助轮，并且麦克纳姆轮和辅助轮可以与车身相对转动。这样的轮系结构使得工程机器人在上台阶时可以始终保持至少有两对轮子与地面接触，有效提升了机器人直接登台阶时的抓地能力。

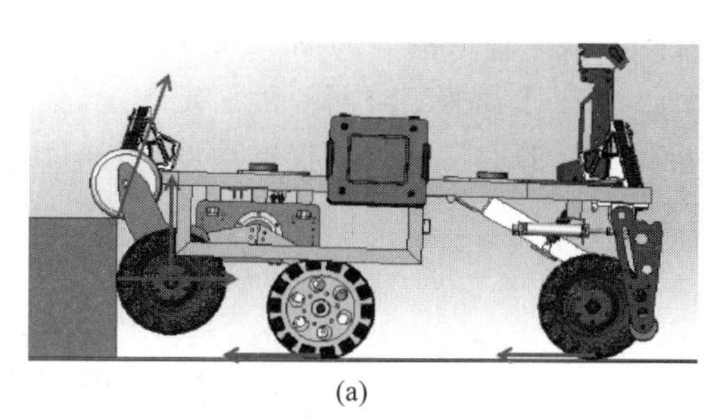

(a)

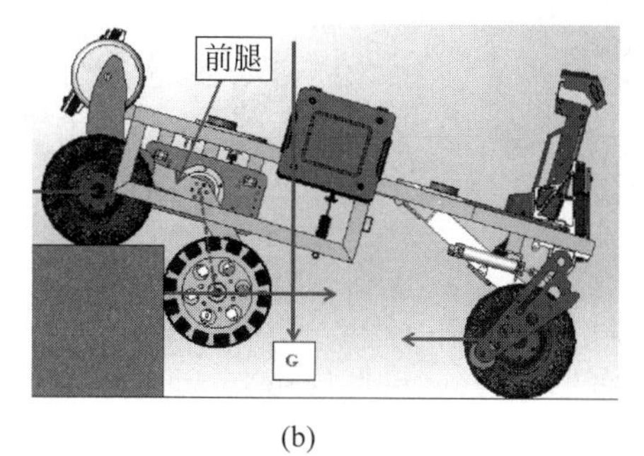

(b)

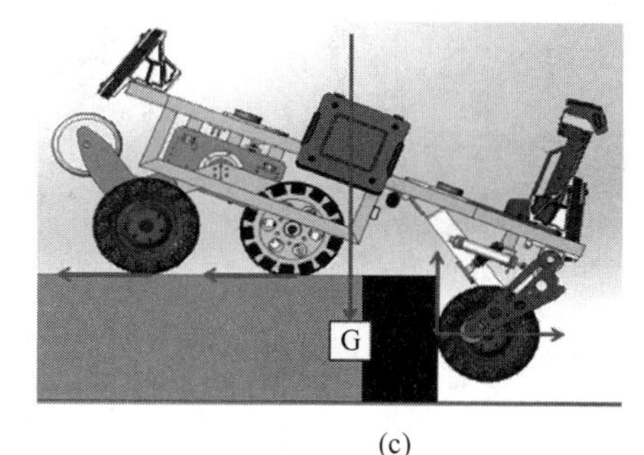

(c)

图7.48　月球车式底盘上岛过程

(a) 前轮上岛；(b) 中间全向轮上岛；(c) 后轮上岛

图7.49是RoboMaster2018哈尔滨工业大学工程机器人(月球车)实物。虽然该方案有着最高的登岛效率，但其相应的也有着最高的设计难度：重心较高，降低了机器人的稳定性；轮系尺寸和重心位置的调整，直接影响了月球车方案的成功与否，而这也需要大量的时间调试。尽管如此，在RoboMaster2019中，依然有许多参赛队伍争相模仿月球车方案，并取得了不错的成效。

图7.49　RoboMaster2018哈尔滨工业大学工程机器人

7.5.2 取矿设计方案

如图 7.50 所示，在 RoboMaster2021 赛季中，工程机器人的任务从直接抓取弹药箱获取弹丸，变成抓取矿石兑换金币，从而使步兵机器人和英雄机器人能兑换更多数量的大小弹丸，虽然抓取的目标不同，但抓取原理一致。如图 7.51 所示，在 RoboMaster2021 赛季中，金矿石被置于中央资源岛上，且在比赛特定时间掉落一定数量，金矿石数量较少，但金币收益大，因此参赛队必须要确保自己的取矿机构不仅准确度高，速度也要快，才能在比赛开始时对矿石的争夺中取得优势。

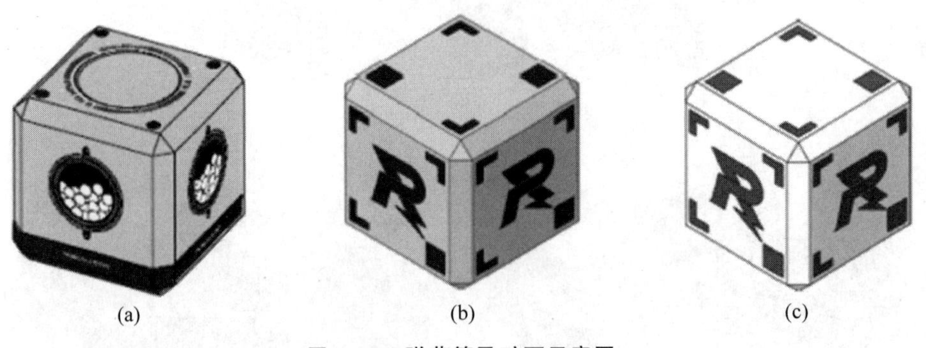

图 7.50 弹药箱及矿石示意图

(a) RoboMaster2019 弹药箱；(b) RoboMaster2021 金矿石；(c) RoboMaster2021 银矿石

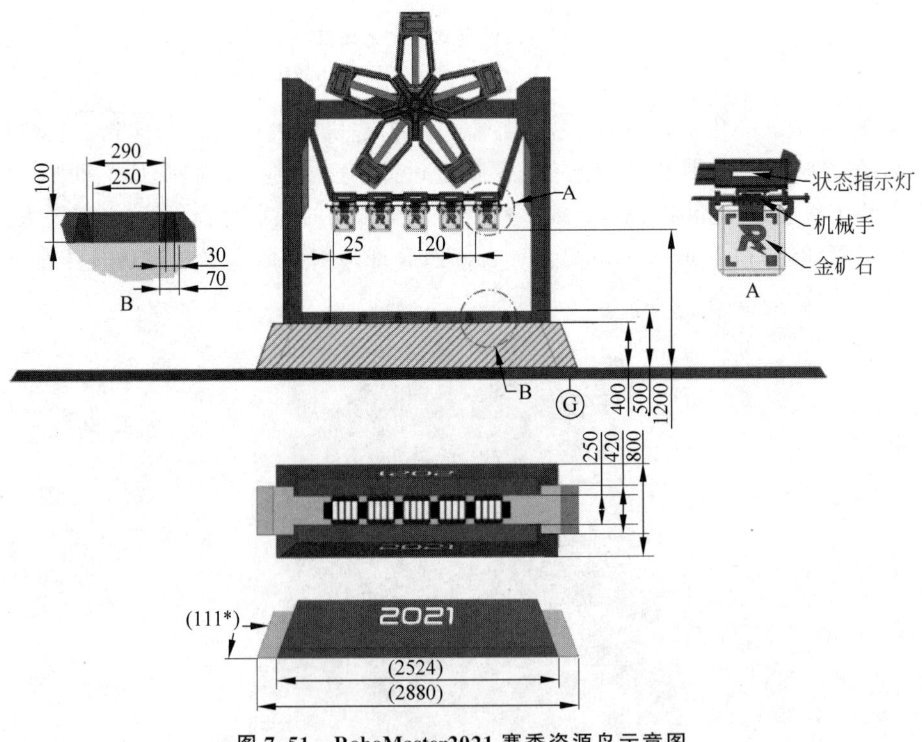

图 7.51 RoboMaster2021 赛季资源岛示意图

下面以抓取金矿石为例介绍南京理工大学 Alliance 战队在 RoboMaster2021 赛季中工程机器人取矿机构的设计方案。

1. 夹取机构

RoboMaster2021 的比赛规则对工程机器人的抓取机构做出了以下明确规定。

(1)"矿石抓取机构"特指工程机器人可从资源岛以及小资源岛上抓取矿石的唯一机构,每台工程机器人最多只能安装一个矿石抓取机构。

(2) 一次只能抓取一个矿石。

(3) 不可使用黏性材料。

(4) 矿石抓取机构向前伸出时,超出机体部分尺寸不得超过 400mm,且不得超过资源岛中线。

第(1)~(3)条规定是对抓取机构在结构方案上做出了限制,第(4)条则是主要针对机构尺寸的限制。在进行结构设计时,应该首先从方案上着手,查阅相关资料,制定符合规则规定的设计方案。而在第 2 章里,已经介绍了一些常见的机器人末端执行器结构,那么基于规则限制以及功能需求,可以说平移式手指机械爪的结构是非常适合用来夹取矿石的。

首先,矿石形状是规则六面体,且都是平整平面并具有一定粗糙度,若在矿石两对面同时施加方向相反的外力则完全可以将矿石夹紧并从凹槽里取出。其次,矿石与矿石之间有一定距离,采取先张开机械爪对准位置,再收紧两爪的方式可以确保机械爪能够抓取到矿石。具体设计方案如图 7.52 所示,夹爪收缩与展开依靠气缸实现,气缸运动速度快、推力大且行程稳定,配合形状合适的夹爪,非常适合用来夹取比赛矿石,这也是大部分参赛队伍夹取机构采取的方案。其具体工作流程如下。

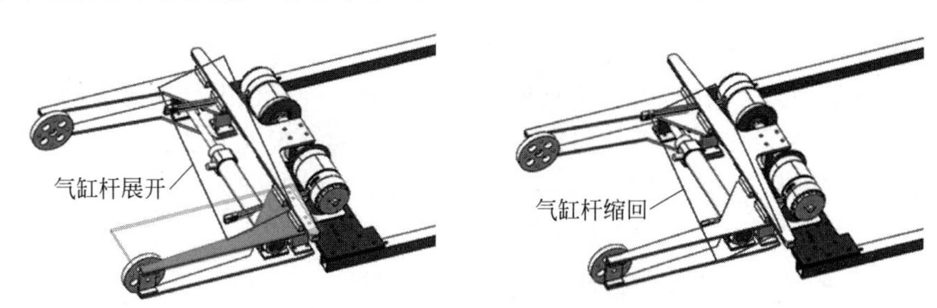

图 7.52 夹取机构工作示意图

(1) 两夹爪分别与气缸底部和气缸杆固连,气缸杆收缩或展开时会带动夹爪收缩或伸展。

(2) 夹取矿石前,先展开夹爪进行对准。

(3) 对准后,收缩气缸夹紧矿石。

(4) 确保矿石已被夹爪夹紧后抬升或翻转夹爪使矿石从资源岛脱离。

2. 翻转机构

由图 7.51 可知,工程机器人在进行抓取矿石动作时,夹爪部分必须要超出机器人底盘,这也意味着夹爪在不进行取矿动作时,应该收缩于机器人内部,既保证在比赛对抗时不被其他机器人破坏夹爪结构,也使工程机器人在常规运动时整体结构处于一个紧凑状态,运动稳定性更好。

使某种机构“藏”于另一种机构的方法很多，但对于工程机器人来说，比较合理的方法有“折叠翻转”和“整体收缩”两种。同时，在夹取机构抓取到矿石后将矿石从凹槽里取出的方式也有两种：“直接翻转”和“夹爪向上平移”。综合考虑，通过翻转的方式取出矿石是比较合理的设计，这也是大部分战队采取的方案。Alliance 战队采取的设计方案如图 7.53 所示。其工作流程如下。

(1) 夹爪整体旋转中心与电机同轴固连，电机旋转带动夹爪翻转。

(2) 在准备抓取矿石时，夹爪从车身里侧翻转到外侧。

(3) 完成矿石抓取动作后，夹爪向车身里侧翻转取出矿石。

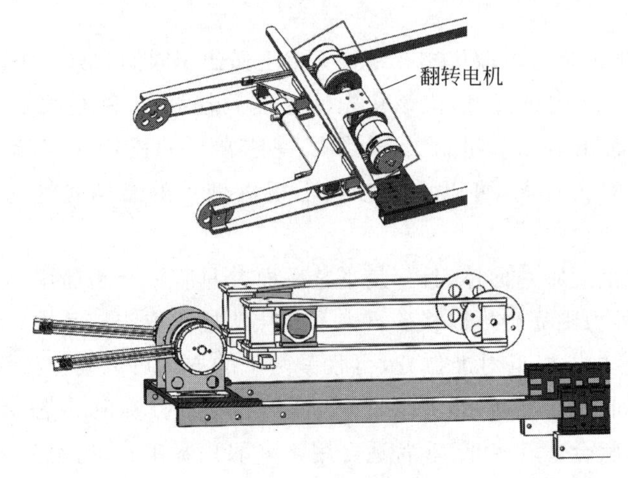

图 7.53 翻转机构示意图

3. 地面矿石抓取方案

比赛规则规定，允许工程机器人抓取掉落在地上的矿石。在比赛过程中，由于抓取机构的不稳定，或者操作手的操作失误而将矿石掉落在地上的情况是很常见的。这也意味着工程机器人的抓取机构如若可以抓取地面矿石，将会为比赛取得更多优势。

这里提供一种设计方案——摆动导杆机构，机构原理如图 7.54 所示。摆动导杆机构可以将摆动运动转换为回转运动，从而改变从动杆的位置。

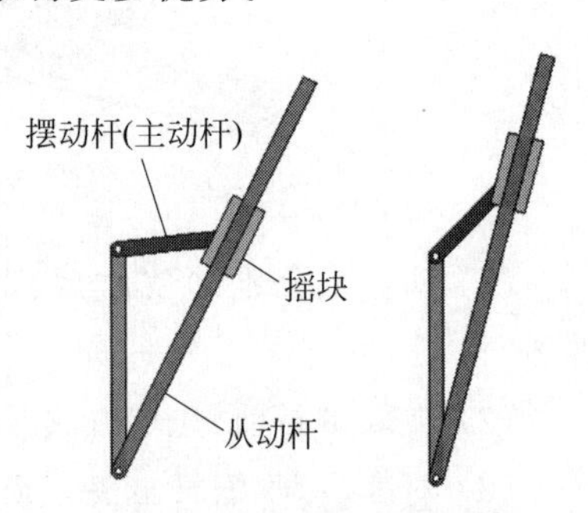

图 7.54 摆动导杆机构示意图

图 7.55(a)是用于获取资源岛矿石的操动导杆设计其整车形态如图 7.55(c)所示。工程机器人的地面矿石抓取方案则是摆动导杆的变形设计，如图 7.55(b)所示。在此方案中，滑块位置固定，主动杆的摆动运动用气缸伸缩代替，气缸行程变化会使夹取机构与机身形成一定角度，从而使夹爪下降。但是由于各种机构尺寸限制，仅靠这一步操作并不能完全使夹爪下降到可抓取地面矿石的高度，此时可以在夹取机构加一滑移装置，使夹爪整体平移，便能实现夹取地面矿石的目的。

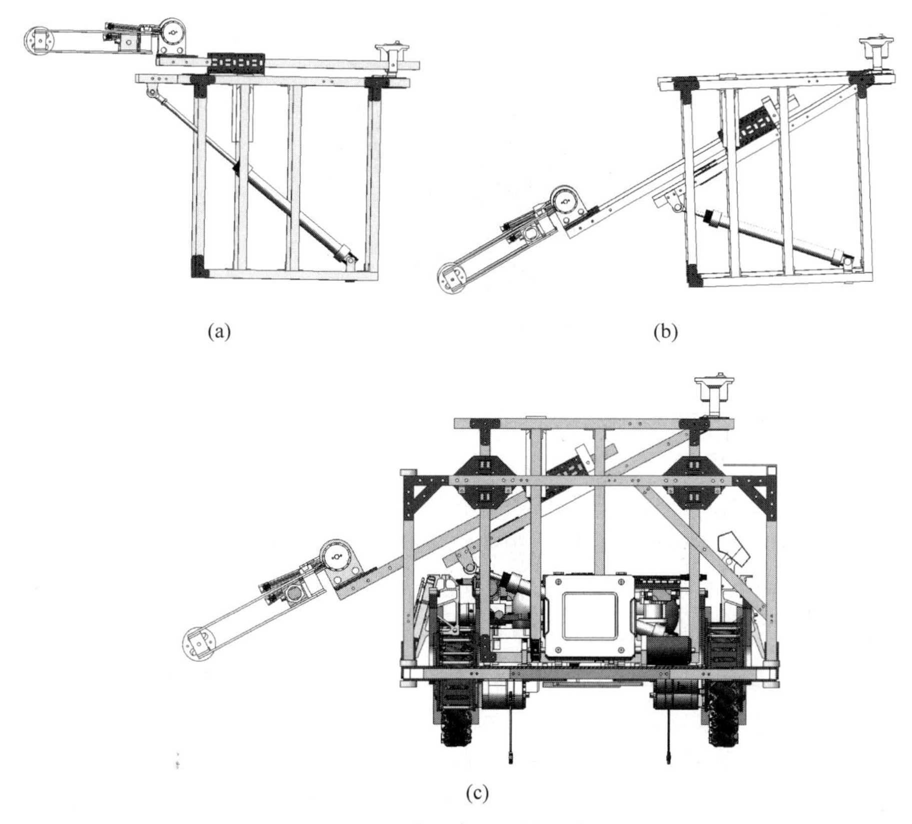

(a) (b) (c)

图 7.55 矿石夹取机构设计图

(a) 夹取资源岛矿石；(b) 夹取地面矿石；(c) 夹取地面矿石整车形态示意图

7.6 哨兵机器人

哨兵机器人作为比赛场上唯一的全自动运行兵种，对其在结构和控制技术上有更高的要求。哨兵机器人整体被挂载在哨兵轨道上，通过驱动装置使哨兵机器人在轨道上运动，哨兵轨道主体的截面形状为 60mm×180mm 大小的矩形面。

哨兵机器人从结构上讲主要分为底盘和云台两部分，如图 7.56 所示；在轨道上的自主运行则是通过预先写入的程序控制运动电机完成的；自主打击则是依靠自瞄系统识别敌方机器人，再通过一系列决策处理完成的。

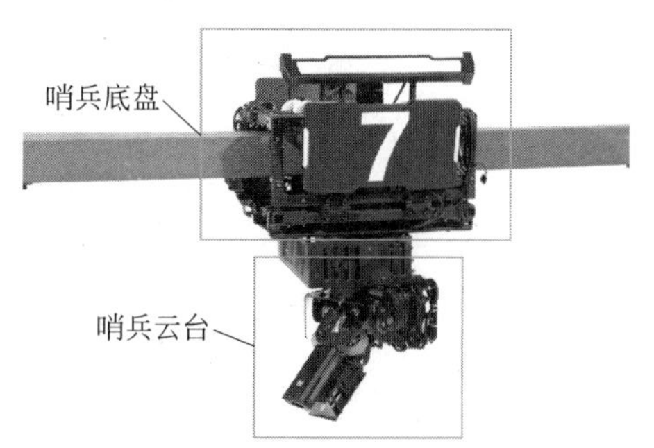

图 7.56 哨兵机器人

相比于 RoboMaster2018 和 RoboMaster2019 赛季的 S 形轨道，在 RoboMaster2020 及 RoboMaster2021 赛季中，哨兵轨道简化为如图 7.57 所示的直线轨道；同时 RoboMaster2021 赛季规则允许哨兵机器人安装两个 17mm 弹丸发射机构。场地元素及规则的变化为新赛季哨兵机器人的设计带来了新的思考方向。

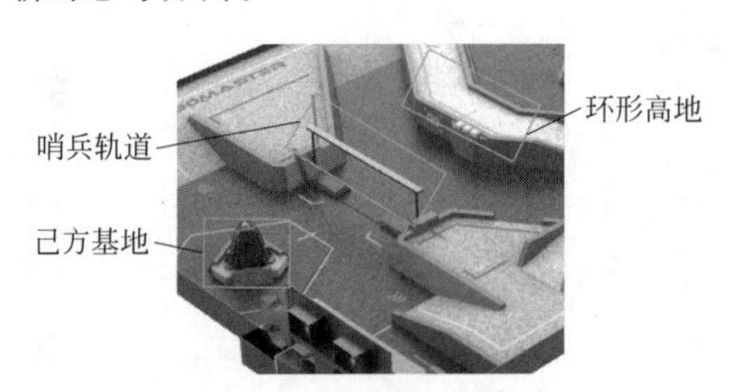

图 7.57 基地区示意图

7.6.1 发射布置策略

考虑到哨兵机器人的全自动性和最大尺寸的增加，对于两个发射的布置一般都是采取分离式放置，即双云台，分别由不同的控制程序控制枪管的自动瞄准与发射。而此种放置方式有两种方案：横向并排放置和纵向上下放置。

两发射横向放置的哨兵机器人在结构设计难度上要小于纵向放置的机器人，简单来讲，在单枪管哨兵机器人的结构基础上只要稍作改动，调整好发射的位置，确保两发射之间不会发生干涉便能完成方案设计。此方案的两云台都放置于底盘下方，机器人重心也在轨道下方，机器人的运动稳定性较好，并且往往两发射系统能同时识别到攻击目标，大大增加了攻击效率。许多参赛队伍出于这些方面的考虑，选择了此种方案，当然这也意味着放弃了增大哨兵攻击范围的能力。

也有很多队伍选择了在底盘上方和下方分别放置两个云台的云台，例如南京理工大学 Alliance 战队，其结构示意图如图 7.58 所示。正如上文所说，此种方案一个比较大的优势在于增大了哨兵机器人的识别范围。规则赋予了哨兵更具威胁的攻击能力，扩大哨兵的有效打击范围便是为队伍增加更多有利因素。但同时此种方案也给结构设计带来了难度，上云台的供弹链设计、机器人重心变化带来的不稳定性等都是参赛队伍要关注的重要方面。

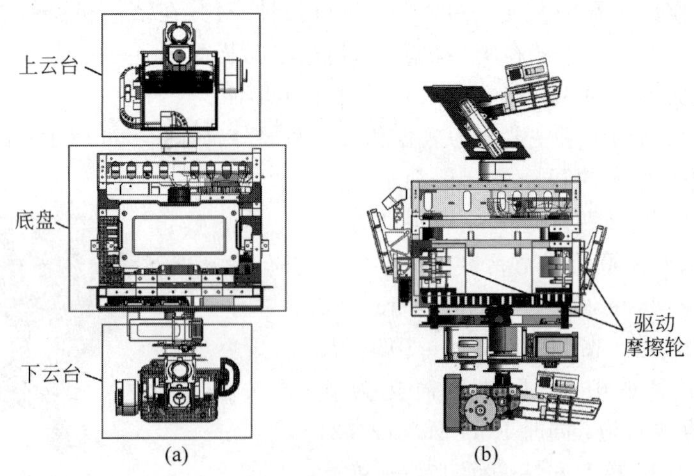

图 7.58 上下云台方案哨兵机器人

(a) 正视图；(b) 侧视图

7.6.2 驱动方案

哨兵机器人另一个需要重点关注的设计难点便是驱动方案的设计。一个好的驱动方案首先需要保证哨兵机器人在轨道上平稳地运动。受限于哨兵轨道形状，驱动方案一般为侧驱或上驱。侧驱方案是在底盘侧面安装驱动轮，如图 7.58(b)所示；上驱方案则是将驱动轮置于底盘上部，驱动轮与轨道上表面接触。两种方案都是依靠驱动轮的摩擦力来使哨兵机器人在轨道上运动的。

为了防止哨兵底盘在轨道上晃动，也可以采取其他辅助手段帮助固定底盘。例如增加上下紧固轮和侧紧固轮来固定底盘，侧紧固轮通过直线轴承连接于定框架上，通过弹簧保证其与轨道侧面接触，同时对轨道侧面施加压力，固定底盘，防止其左右晃动。

7.7 空中机器人

RoboMaster 机甲大师赛的一大亮点是所有兵种的操作手都以机器人第一视角操控机器，即使在操作界面上也只能看到己方机器人的位置。作为一个技术与战术同样重要的比赛，对全场形势的把握程度也是取胜的关键一环。而空中机器人不仅能提供强有力的火力支撑，更重要的是能为队伍提供高空视野，帮助己方对场上形势做出更准确的判断。

而空中机器人由于其操控的特殊性，在比赛现场实际上配备了两名操作手：飞手和云台手。飞手负责控制空中机器人在空中的稳定飞行，云台手则负责发射机构的操作。

空中机器人在 RoboMaster 的比赛中算是一个比较年轻的兵种，并且由于规则限制及机器人安全性能限制，各个参赛队的结构设计方案也都有相似之处，基本设计框架都为旋翼、云台及飞控。下面简单介绍空中机器人的设计思路。

南京理工大学 Alliance 战队采用四轴四旋翼的设计方案，其设计图如图 7.59 所示。机

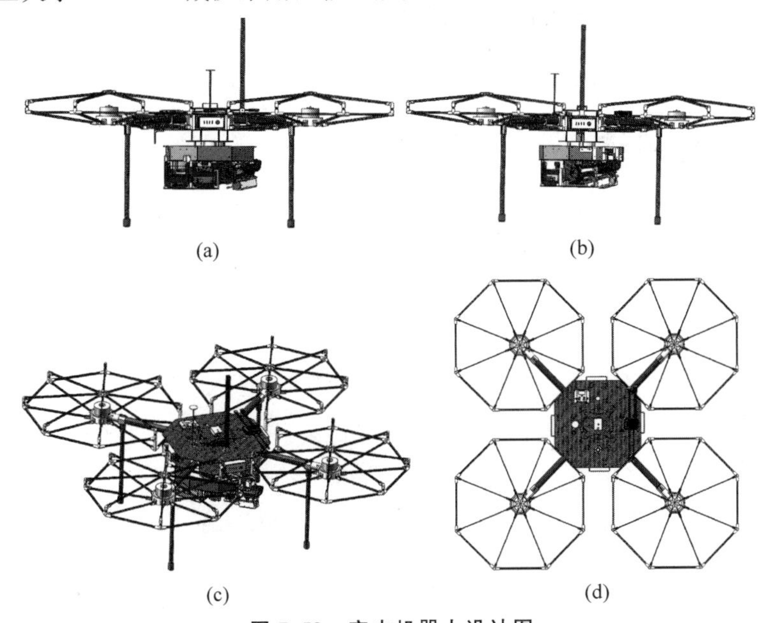

图 7.59 空中机器人设计图
(a) 正视图；(b) 侧视图；(c) 斜视图；(d) 俯视图

身主体可分为旋翼和云台两部分。

旋翼为空中机器人提供飞行动力,从图 7.59 中可以看出,旋翼周围装有保护罩以保护桨叶不受弹丸攻击破坏以及防止桨叶在特殊情况下损坏飞出。保护罩以碳纤维材料为骨架支撑,以编网结构制成防护层,其实物图如图 7.60 所示。

云台部分则与步兵和英雄机器人相似,由弹仓和发射系统组成。由图 7.61 可以看出,无人机云台在设计时着重考虑了轻量化设计,所用结构材料基本为碳板等轻质高强度材料。这是因为无人机在空中飞行时对电量需求较大,而空中机器人的重量会对电池续航能力有一定影响。同时空中机器人在空中的飞行运动并不能做到完全稳定,当云台进行射击时,产生的冲击力也会对飞行稳定性产生很大影响。综合多方面因素考虑,无人机的设计方案应该在保证功能的前提下,尽可能做轻量化设计。

图 7.60 空中机器人桨叶保护罩

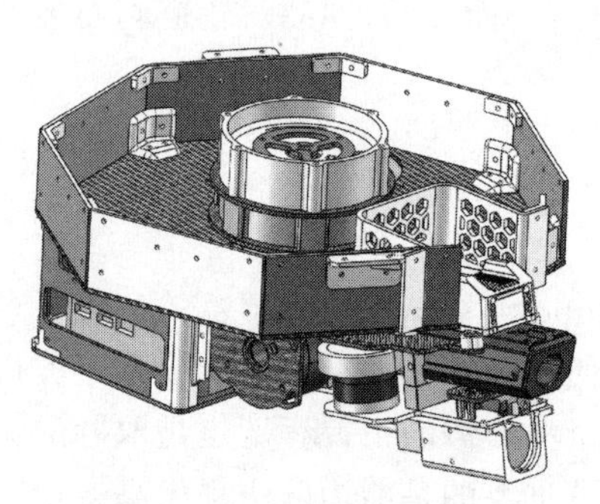

图 7.61 空中机器人云台结构

7.8 飞镖系统与雷达

飞镖系统与雷达都是 2020 赛季新增加的机器人兵种,在 RoboMaster2021 赛季中也是非常重要的作战单位。下面以南京理工大学 Alliance 战队设计的飞镖系统和雷达为例,简单介绍其特点。

7.8.1 飞镖系统

由前文介绍可知,飞镖系统主要靠发射飞镖攻击赛场上的敌方目标。飞镖系统由飞镖和飞镖发射架组成。飞镖示意图如图 7.62 所示,其头部飞镖触发装置由组委会统一提供,其他部件则由参赛队自行设计。

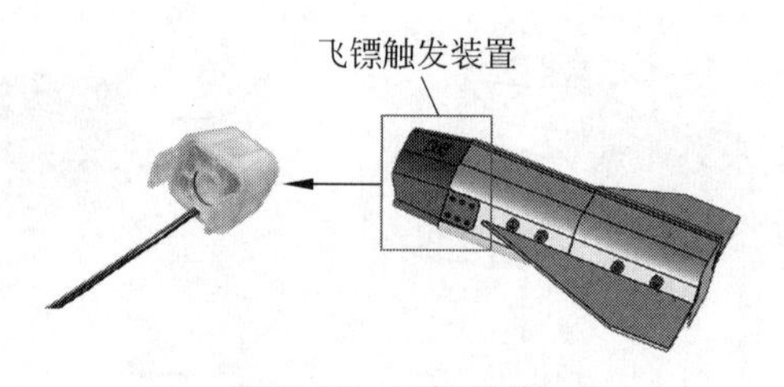

图 7.62 飞镖结构

飞镖发射架由发射装置、装填装置和发射架组成。

从结构上讲，飞镖系统的设计难度主要在于如何保证飞镖飞行轨迹的稳定性。影响飞行轨迹的因素很多，其中一个关键的因素便是推动力的大小与稳定性。而从安全角度考虑，规则已经禁止使用压缩空气直接推动发射飞镖的方案。如图7.63(a)所示，南京理工大学Alliance战队则采用了电机驱动摩擦轮的方案，为了使飞镖飞行时具有足够的动力击中目标，选择了三对共6个大摩擦轮作为驱动方式。

装填装置整体结构为圆柱体，一次可装填四个飞镖，每次旋转90°释放一个飞镖，然后由同步轮运送到发射装置，如图7.63(b)所示。

飞镖架有两个自由度可用来调整发射方向：Pitch轴和Yaw轴。Pitch轴由丝杠调整角度，Yaw轴由滑环旋转调整角度。

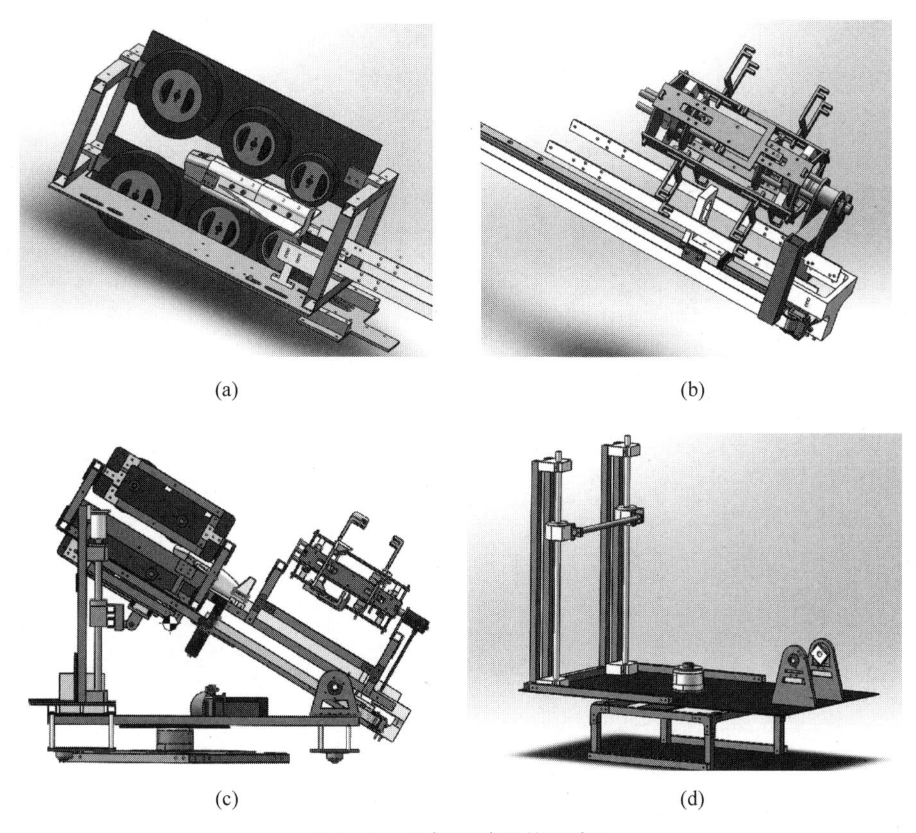

(a)　(b)　(c)　(d)

图7.63　飞镖系统结构示意图

(a) 发射装置；(b) 装填装置；(c) 整机示意图；(d) 发射架

7.8.2　雷达

雷达在赛场上的定位为：①识别导弹并将识别结果发送给其他兵种；②精准识别敌我机器人，为己方提供战场信息。因此，雷达设计重点在于视觉识别方面，其原理图如图7.64所示。

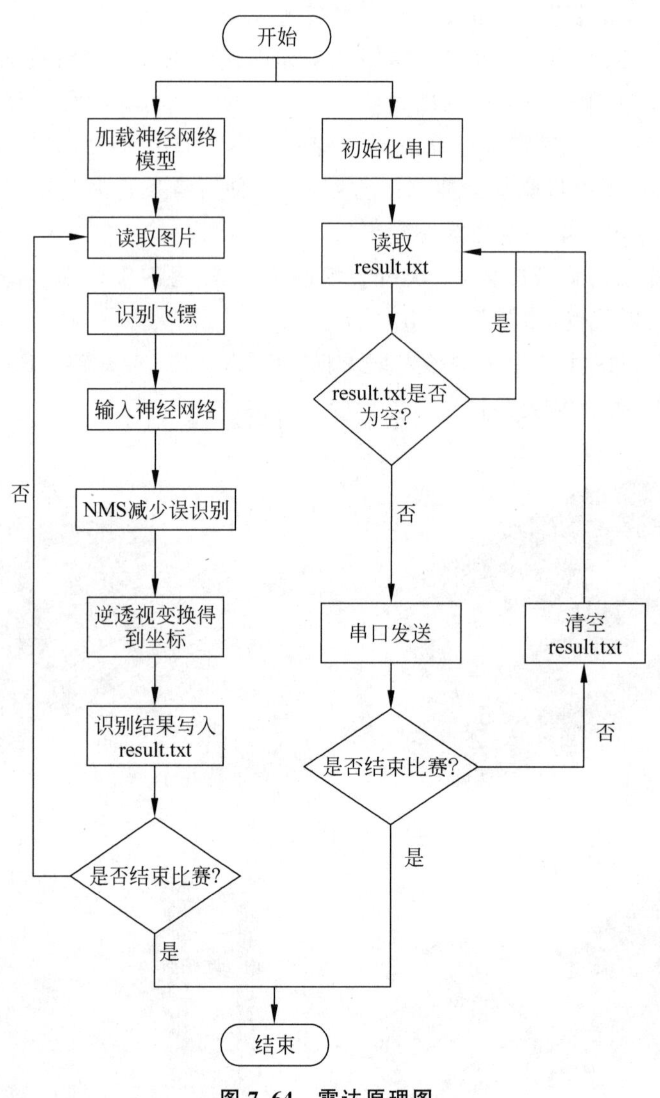

图 7.64 雷达原理图

7.9 结 语

RoboMaster机甲大师赛作为一项具备高度对抗性的赛事,对于朝气蓬勃的大学生来说有着巨大的吸引力。与此同时,比赛的内容糅合了机器人技术的方方面面,从机械设计到生产工艺,从视觉识别到算法优化,学生们能从中掌握书本中难以摄取的知识和技术。在这里也鼓励有志于机器人领域的读者积极参与这项赛事,相信一定会受益匪浅。

参考文献

[1] 朱世强，王宣银. 机器人技术及其应用[M]. 杭州：浙江大学出版社，2019.

[2] 徐文福. 机器人学：基础理论与应用实践[M]. 哈尔滨：哈尔滨工业大学出版社，2020.

[3] 董慧颖. 机器人原理与技术[M]. 北京：清华大学出版社，2014.

[4] 蔡自兴，谢斌. 机器人学基础[M]. 3 版. 北京：机械工业出版社，2020.

[5] 张巨香，于晓伟. 3D 打印技术及其应用[M]. 北京：国防工业出版社，2016.

[6] 王维，王克峰，等. 3D 打印技术概论[M]. 沈阳：辽宁人民出版社，2015.

[7] 范元勋，梁医，张龙. 机械原理与机械设计[M]. 北京：清华大学出版社，2014.

[8] 盛小明，钟康民. 基于固定式无杆活塞缸驱动的增力夹紧机构[J]. 机械制造，2005(10)：69-70.

[9] 郭瑞洁，钟康民. 基于铰杆-杠杆串联增力机构的内夹持气动机械手[J]. 液压与气动，2009(1)：55-56.

[10] 高德东. 大话机器人[M]. 北京：机械工业出版社，2019.

[11] 周娟. 无刷直流电机磁场定向控制(FOC)算法的研究[D]. 武汉：华中科技大学，2017.

[12] 凯勒，布拉德斯基. 学习 OpenCV3(中文版). 阿丘科技，等译. 北京：清华大学出版社，2018.

[13] 赵建伟. 机器人系统设计及其应用技术[M]. 北京：清华大学出版社，2017.

附　　录

附录 A　机器人主要赛事

附录 B　机器人学相关学术期刊和会议

附录 C　机器人视觉识别系统